에너지관리기능장

실기

권오수 · 문덕인 · 가종철 저

감수자
(사)한국에너지기술인협회
회장 | 이충호

MASTER
CRAFTSMAN
ENERGY MANAGEMENT

'에너지'라는 명칭이 들어가는 국가기술자격증에는 에너지관리기능장, 에너지관리기능사, 에너지관리기사, 에너지관리산업기사 등 4가지가 있는데, 이 중에서 가장 상위 자격증이 '에너지관리기능장'이다.

이 책은 바로 이 에너지관리기능장 실기시험을 준비하는 독자들을 위해 기획된 것으로서 특히, 2006년부터 실시되는 실기시험은 배관작업형이 추가되는 복합형으로 그 출제기준이 바뀌었는데, 이를 대비해 실제 도면을 많이 접할 수 있도록 구성하였다.

이 한 권의 책으로 모든 것이 해결된다고는 할 수 없겠으나 기술학원에서 오랫동안 수험생들을 지도해온 실제적인 경험을 토대로 최대한 짧은 시간 안에 효과적으로 시험 준비를 할 수 있도록 구성하여 집필하였다.

최선을 다했지만, 미진하거나 오류인 부분이 없지 않을 것이므로 이에 대해서는 추후 수정 보완해나갈 것이며, 에너지관리기능장 실기시험을 준비하는 독자들에게 이 책이 유용하게 사용되어 소기의 목적을 이루기를 다시 한번 기원하며, 이 책이 출간되기까지 도와주신 분들께 인사의 말을 전한다.

저자 일동

스무 살 초반, 아파트에서 출동경비업체 직원으로 일할 때, 보이지 않는 음지에서 묵묵히 일하는 기관실 직원들의 모습은 제게 동경의 대상이었습니다. 아무도 알아주지 않고, 심지어는 그 존재조차 모르지만 저는 늘 그들을 바라보며 미래의 제 모습으로 그려왔습니다. 이것이 바로, 제가 에너지 관련 자격증을 취득하고 기관실에 입문하게 된 계기입니다.

그저 그 모습이 저에겐 선망의 대상이었기에, 저도 그들처럼 되고 싶어서 에너지관리기능사(당시 보일러기능사)와 가스기능사를 취득하였습니다. 이론서부터 차근차근 이해하고 공부하며, 겨우내 실기연습에 임하여 자격증을 취득했지만 그 어느 곳도 여자인 저를 채용해주는 곳은 없었습니다.

그러나 포기하지 않고 꾸준히 도전한 끝에 드디어 꿈에 그리던 기관실에서 일할 수 있는 기회가 주어졌고 지금까지 수많은 고비와 어려움이 있었지만, 한 번도 전직을 하지 않은 채 꾸준히 자기개발을 하며 한길만을 걸어왔습니다. 동시에 다양한 현장경험을 쌓으며 다수의 국가기술자격증도 취득하였습니다.

제가 국가기술자격증에 도전할 때마다 늘 도움이 되었던 것은 바로 권오수 선생님의 수험서였습니다. 현장경험을 바탕으로 한 핵심이론과 과년도 문제마다의 정확한 해설 및 요약은 자격증을 준비하는 모든 수험생들에게도 큰 도움이 되리라 여겨집니다. 또한 권오수 선생님께서는 자격증 관련 기술카페를 운영하여 다양한 정보와 기술을 공유하며 후배들을 위해 아낌없이 도움을 주고 계십니다.

2009년 에너지관리기능사 취득 때부터 지금까지 언제나 저에 대한 격려와 응원을 아낌없이 해주시는 권오수 선생님의 《에너지관리기능장 실기》의 출간을 축하하며 자격증을 준비하는 모든 분들에게 적극 추천하는 바입니다.

여성기능장 **신지희**
자격증취득 : 에너지관리기능장, 배관기능장, 에너지관리산업기사,
에너지관리기능사, 가스기능사, 공조냉동기능사,
공조냉동산업기사, 용접기능사

우리들은 정년퇴직하기 전까지 (주)남양유업과 (주)한국야쿠르트, (주)우성사료에 근무하면서 기계직종 에너지·보일러 분야에 대한 최고 수준의 기능을 인정받아 대한민국명장으로 선정된 사람들입니다. 명장선정 제도는 전문기능인력이 국가 경제발전에 원동력이 된다는 취지로 기능장려 우대정책의 일환으로 정부에서 매년 직능(24분야 168개 직종) 분야별로 장인정신이 투철하고 동일 직종에 장기 근속하면서 그 분야에 최고의 기능을 보유한 자로서 회사발전과 후배양성, 나아가 국가 기술발전에 기여한 자를 명장으로 선정하고 해당 분야에서 계속 정진할 수 있도록 하는 제도입니다. 명장으로 선정되면 명장증서, 휘장 수여와 일시장려금 2,000만 원, 매년 기능장려연금을 지급받고 또한 해외산업연수와 이 밖에 명장 및 기능경기 관련 행사의 심사위원 위촉, 국가기술자격(기능)시험출제 등 많은 혜택이 주어집니다. 지난 수십 년 동안 에너지 다소비기기인 보일러를 통한 이론과 실무를 바탕으로 자기계발을 하였으며 직장에서는 현장의 문제점들을 찾아 개선하는 절약의식과 기술력 및 창의력을 발휘하여 원가절감과 생산성 향상으로 회사의 경영환경 개선과 정부의 에너지절약시책에 일익을 다하고 있으며 후배양성 및 기업과 국가의 기술경쟁력 향상을 위해 열심히 뛰고 있습니다.

권오수 선생님은 우리가 처음 에너지·보일러 분야에 종사하면서 자격증을 취득하기 위해 공부했던 교재의 저자로서 그 이후 에너지관리기능장, 위험물, 공조냉동 및 환경기사 1급 등 7~8개의 자격증을 취득할 수 있도록 견인을 해주신 분입니다. 2019년 현재까지 보일러, 고압가스, 에너지, 공조냉동 분야에서 45년간의 강사생활과 1백 여 권의 저술을 하신 친애하는 지인으로서 지금껏 소중한 인연을 맺어가고 있습니다.

"성공의 기회는 오는 것이 아니라 내가 만들어 가는 것"이며 직업에 귀천은 없다고 생각합니다. 아무쪼록 이 책을 통하여 보일러 분야 등 기타 국가기술자격증 취득과 현재의 업무에 최선의 노력을 다한다면 반드시 성공할 수 있을 것입니다.

대한민국명장(에너지)
우장균
E-mail : nywoojg@hanmail.net

대한민국명장(에너지)
성광호
E-mail : skh1647@hanmail.net

대한민국명장(에너지)
이충호
E-mail : chungho275@hanmail.net

우리나라 에너지 및 보일러 수험서에 관한 한 최고의 저자이신 권오수 선생님께서는 개척자이고 역사라 해도 과언이 아닙니다. 본 수험서 또한 그간의 집필경험을 살린 것으로, 에너지관리기능장 자격취득을 위하여 공부하는 수험생에게 좋은 길잡이가 될 것이라 믿어 의심치 않습니다.

기능장 자격의 평가기준은 "최상급 숙련기능을 가지고 산업현장에서 작업관리, 소속기능 인력의 지도 및 감독, 현장훈련, 경영계층과 생산계층을 유기적으로 연계시켜주는 현장관리 등의 업무를 수행할 수 있는 능력의 유무"를 국가기술자격법에서 정하고 있습니다. 이렇듯 기능계 최상위 자격자로서 갖추어야 할 엄격한 기준이 있어, 이를 대비해 수많은 에너지 및 보일러 분야 종사자들이 열심히 기능을 연마하고 기능장 자격을 취득하기 위해 공부하고 있습니다.

기능장 자격취득을 위해서는, 이전에 경험했던 기능사 등 여느 자격과는 학습과정이 사뭇 다르기에 철저히 준비하고 꾸준히 노력해야 취득할 수 있음을 선배취득자로서 조언해드리고 싶습니다. 아울러 공부과정에서 무엇보다 어떤 수험서를 선택하느냐에 따라 당락이 결정될 수 있는 만큼 신중히 선택해야 하며, 본 수험서로 꾸준히 준비하고 최선을 다한다면 충분히 합격의 영광을 얻을 수 있는 충실한 안내자가 될 것이라 믿습니다.

에너지관리기능장 국가기술자격취득을 위해 공부하는 모든 수험생들께 합격의 영광이 함께하기를 기원합니다.

[자격증 취득 후 한국에너지관리기능장회에 가입을 원하시는 분들은 한국에너지관리기능장회로 연락주시기 바랍니다.]

한국에너지관리기능장협회 전임회장
최재선
E-mail : josajeon@hanmail.net

한국에너지관리기능장협회 전임회장
이일수
E-mail : islee1112@hanmail.net

직무 분야	환경 · 에너지	중직무 분야	에너지 · 기상	자격 종목	에너지관리기능장	적용 기간	2023.1.1.~2025.12.31.

- 직무내용 : 건물용 및 산업용 보일러의 시공, 취급 및 에너지관리에 관한 숙련기술을 가지고 현장에서 작업관리, 소속 기능인력의 지도, 감독, 현장훈련, 안전 · 환경관리, 경영층과 생산계층을 유기적으로 연계시켜 주는 현장 관리 등을 수행하는 직무이다.
- 수행준거 : 1. 열부하에 맞는 보일러를 선정하고 관리를 할 수 있다.
  2. 보일러 및 부대설비의 도면을 작성 · 해독하고 적산할 수 있다.
  3. 보일러를 설치 시공할 수 있고, 지도 및 관리 감독할 수 있다.
  4. 보일러 점검, 조작 및 고장원인을 진단하고 사고예방 및 유지관리를 할 수 있다.

실기검정방법	복합형	시험시간	7시간 정도(필답형 : 2시간, 작업형 : 5시간 정도)

실기과목명	주요항목	세부항목	세세항목
보일러 시공, 취급 실무	1. 보일러 시공 실무	1. 난방 및 급탕부하 설계하기	1. 난방 및 급탕부하를 계산할 수 있다. 2. 난방 및 급탕설비를 설계할 수 있다.
	2. 시운전	1. 급 · 배수설비 시운전하기	1. 급 · 배수설비의 시운전 계획을 수립하고 준비할 수 있다. 2. 급 · 배수설비가 정상적으로 설치되었는지 확인할 수 있다. 3. 급 · 배수설비의 밸브 등의 개폐상태가 정상인지 확인할 수 있다. 4. 급 · 배수설비의 제어밸브, 센서 등이 정상적으로 설치 완료되었는지 확인할 수 있다. 5. 급수 등의 공급상태가 정상인지 판단할 수 있다. 6. 시운전 시 발생할 수 있는 문제를 예측하고 안전대책을 수립할 수 있다. 7. 시운전 후 비정상일 때 그 원인을 파악하여 수정 및 보완할 수 있다.
	3. 자동제어설비 설치	1. 보일러제어설비 설치하기	1. 보일러 및 보일러 설비의 제어시스템을 파악할 수 있다. 2. 보일러제어설비의 설계도서, 설계도면을 파악 및 검토할 수 있다. 3. 보일러제어설비의 설치계획을 수립할 수 있다. 4. 보일러제어설비의 구성장치의 기능을 파악할 수 있다.
		2. 급 · 배수제어설비 설치하기	1. 급수설비, 배수설비의 제어시스템을 파악할 수 있다. 2. 급 · 배수제어설비의 설계도서, 설계도면을 파악 및 검토할 수 있다. 3. 급 · 배수제어설비의 설치계획을 수립할 수 있다. 4. 급 · 배수제어설비의 구성장치의 기능을 파악할 수 있다. 5. 급 · 배수제어설비 설치에 따른 설계의 적합성을 검토할 수 있다.

실기과목명	주요항목	세부항목	세세항목
	4. 열원설비 설치	1. 급수설비 설치하기	1. 급수방식을 파악하고 급수설비의 배관재료, 시공법을 파악할 수 있다. 2. 급수설비의 설계도서 및 도면을 파악하고 급수설비 설치에 따른 공정계획서를 작성할 수 있다. 3. 급수설비를 적산할 수 있다. 4. 급수배관을 설계도서대로 설치하고 배관 및 용접, 기밀시험, 보온 등을 할 수 있다. 5. 급수설비 설치에 따른 설계의 적합성을 검토할 수 있다.
		2. 연료설비 설치하기	1. 사용하는 연료(위험물 및 LNG, LPG, 도시가스 등)의 특성 및 위험성을 확인하여 공급방식과 시공방법을 파악할 수 있다. 2. 연료설비의 설계도서 및 도면을 파악하고 연료설비 설치에 따른 공정계획서를 작성할 수 있다. 3. 연료설비를 적산할 수 있다. 4. 연료설비를 설계도서대로 설치하고 배관 및 용접, 기밀시험, 보온 등을 할 수 있다. 5. 연료설비 설치에 따른 설계의 적합성을 검토할 수 있다.
		3. 통풍장치 설치하기	1. 통풍방식에 따른 현장 설치여건 및 설계도서를 파악하여 공정계획서를 작성할 수 있다. 2. 통풍장치를 적산할 수 있다. 3. 통풍장치를 설계도서대로 설치하고 설계의 적합성을 검토할 수 있다. 4. 송풍기 및 덕트, 연돌 등의 설치에 따른 문제점을 사전에 검토할 수 있다.
		4. 송기장치 설치하기	1. 증기의 특성을 파악할 수 있다. 2. 송기장치의 시공방법 및 설계도서를 파악하고 설치에 따른 공정계획서를 작성할 수 있다. 3. 송기장치를 적산할 수 있다. 4. 송기장치를 설계도서대로 설치하고 배관 및 용접, 기밀시험, 보온 등을 할 수 있다. 5. 송기장치 설치에 따른 설계의 적합성을 사전에 검토할 수 있다.
		5. 에너지절약장치 설치하기	1. 각종 에너지절약장치의 특성을 확인하고 현장 설치여건을 파악할 수 있다. 2. 에너지절약장치의 설계도서를 파악하여 설치에 따른 공정계획서를 작성할 수 있다. 3. 에너지절약장치를 적산할 수 있다. 4. 에너지절약장치를 설계도서대로 설치하고 설계의 적합성을 검토할 수 있다.

실기과목명	주요항목	세부항목	세세항목
		6. 증기설비 설치하기	1. 압력에 따른 증기의 특성을 확인하고 증기설비의 시공방법 및 설계도서를 파악할 수 있다. 2. 증기설비 설치에 따른 공정계획서를 작성할 수 있다. 3. 증기설비를 적산할 수 있다. 4. 증기설비를 설계도서대로 설치하고 배관 및 용접, 기밀시험, 보온 등을 할 수 있다. 5. 응축수 발생에 따른 문제점을 사전에 검토할 수 있다. 6. 증기설비 설치에 따른 설계의 적합성을 검토할 수 있다.
		7. 난방설비 설치하기	1. 각 난방방식의 특성과 시공법을 확인하고 난방설비의 설계도서를 파악할 수 있다. 2. 난방설비 설치에 따른 공정계획서를 작성할 수 있다. 3. 난방설비를 적산할 수 있다. 4. 난방설비를 설계도서대로 설치하고 배관 및 용접, 기밀시험, 보온 등을 할 수 있다. 5. 난방설비 설치에 따른 설계의 적합성을 검토할 수 있다.
		8. 급탕설비 설치하기	1. 급탕방식 및 배관방식을 확인하고 급탕설비의 배관재료 및 시공방법을 파악할 수 있다. 2. 급탕설비의 설계도서를 파악하고 급탕설비 설치에 따른 공정계획서를 작성할 수 있다. 3. 급탕설비를 적산할 수 있다. 4. 급탕탱크 및 펌프, 배관 등을 설계도서대로 설치하고 배관 및 용접, 기밀시험, 보온 등을 할 수 있다. 5. 급탕설비 설치에 따른 설계의 적합성을 검토할 수 있다.
	5. 에너지관리	1. 단열성능 관리하기	1. 무기질 보온재, 유기질 보온재의 특징을 확인하고 고온유체와 저온유체의 열이동, 보온, 보냉, 방로 시공 등을 분류할 수 있다.
		2. 에너지사용량 분석하기	1. 계측기 보전사항을 파악하고, 정기 및 일상검사를 통하여 에너지사용량을 확인할 수 있다. 2. 시간대별, 일일, 월별, 계절별, 연간, 연도별로 에너지사용량을 집계 분석할 수 있다. 3. 유사 건물과 유사 장비별로 비교 검증하여 에너지별 단위를 통합 TOE로 환산 분석할 수 있다.

실기과목명	주요항목	세부항목	세세항목
	6. 유지보수공사	1. 보일러설비 유지보수 공사하기	1. 보일러 및 부속설비는 사용연수, 가동시간을 기록하고, 각 장치별 성능저하, 마모, 기능불량 발생 시 보수공사를 검토한 후 추진할 수 있다. 2. 보일러 본체 및 부속설비의 법정 제조사 내구연한을 참고하여 기한 도래, 성능저하 시 교체할 수 있다. 3. 난방부하, 급탕부하, 배관부하, 예열부하를 고려하여 보일러 정격출력의 용량선정을 할 수 있다. 4. 사용처별 열부하를 계산하여 작성하고, 각 기기별 용량선정과 관경을 결정할 수 있다. 5. 보수공사 대상 장치, 기기류의 기능과 역할을 이해하고 사양을 결정할 수 있다. 6. 열사용설비의 전체 계통을 파악하고, 단위별 시공 상세 도면을 작성할 수 있다. 7. 각 공사 단위별 품셈에 의한 물량산출 및 단가조사를 통해 공사원가를 산출할 수 있다. 8. 공사방법과 공사일정을 수립하고, 작업 시 주의사항에 대해 설명할 수 있다. 9. 공정표에 의해 공사관리 감독을 수행하고, 안전관리 계획에 의한 위험요소를 발견하여 제거할 수 있다.
		2. 배관설비 유지보수 공사하기	1. 내구연한을 조사하고, 보수공사 기준, 공사 매뉴얼, 절차서 등을 파악할 수 있다. 2. 배관공사는 내구연한을 파악하고 재질과 관에 흐르는 유체의 성질에 따라 교체 및 보수공사를 결정할 수 있다. 3. 배관도면 해독 및 배관적산 방법, 공사비 구성 등을 파악할 수 있다. 4. 배관계통에 설치하는 각종 기기류의 기능과 역할 및 사양을 파악하고, 설치방법과 주의사항을 고려하여 유지보수공사를 수행할 수 있다. 5. 배관재질, 구경, 사용압력, 사용온도, 용도에 따라 배관의 접합방법을 결정할 수 있다. 6. 각 공사의 단위별 품셈에 의한 물량산출 및 단가조사를 통해 공사원가를 산출할 수 있다. 7. 배관설비 전체 계통을 파악하여 시방서 및 절차서, 시공 상세 도면을 작성할 수 있다. 8. 공사도면, 시방서, 공사범위 등 과업내용을 현장 설명할 수 있다. 9. 공사계획을 수립하고, 공정별 고려사항을 확인할 수 있다. 10. 공정표에 의해 공사 감독을 수행하고, 안전관리 계획에 의한 위험요소를 발굴 및 제거할 수 있다.

실기과목명	주요항목	세부항목	세세항목
		3. 덕트설비 유지보수 공사하기	1. 내구연한을 조사하고, 보수공사 기준, 공사 매뉴얼, 절차서 등을 파악할 수 있다. 2. 내구연한을 파악하고 덕트의 재질과 두께에 따라 교체 및 보수공사를 결정할 수 있다. 3. 풍량과 마찰손실에 따른 덕트관경 및 장방형 덕트의 상당직경을 결정할 수 있다. 4. 도면해독 및 덕트적산 방법, 공사비 구성 등을 파악하고 활용할 수 있다. 5. 덕트계통에 설치하는 각종 기기류의 기능과 역할을 파악하고 사양을 결정, 설치방법 및 주의사항 등을 고려하여 유지보수공사를 수행할 수 있다. 6. 덕트이음 시 모서리 세로음, 피츠버그록, 플랜지 이음과 형상보강 등을 사용할 수 있다. 7. 덕트의 형태를 변형하는 경우에는 적정 각도를 파악하고 적정치 이상일 경우 가이드 베인을 설치할 수 있다. 8. 각 공사 단위별 품셈에 의한 물량산출 및 단가조사를 통해 공사원가를 산출할 수 있다. 9. 덕트설비 전체 계통을 파악하고 시방서 및 절차서, 시공 상세 도면을 작성할 수 있다. 10. 공사도면, 시방서, 공사범위 등 과업내용을 현장 설명할 수 있다. 11. 공사계획을 수립하고, 덕트 설치 고려사항에 대하여 파악할 수 있다. 12. 공정표에 의해 공사 감독을 수행하고, 안전관리 계획에 의한 위험요소를 발굴 제거할 수 있다.
		4. 정비 · 세관작업하기	1. 증기보일러의 경우, 에너지합리화법에 의거 최초 설치검사 후 정기적으로 계속사용안전검사를 준비 및 수검할 수 있다. 2. 보일러 개방검사 시 주요기기 등을 분해하여 보일러 내부 튜브 상태 등 스케일 및 부속장치 이상 유무를 확인할 수 있다. 3. 보일러 성능검사 시 운전검사를 통하여 효율을 측정한 후 기준보다 효율이 저하되면 노후 대체할 수 있다. 4. 보일러에 공급되는 도시가스설비 설치 시 공급자 자체검사 및 가스안전공사 완성검사에 합격하고 매년 정기검사를 수행할 수 있다.
	7. 유지보수 안전관리	1. 안전작업하기	1. 장치 및 설비점검보수 작업 전 이상 유무를 점검할 수 있다. 2. 장치 및 설비보수 작업 시 필요한 보호장구를 착용하고 용도에 적합한 수공구를 사용할 수 있다.

실기과목명	주요항목	세부항목	세세항목
			3. 무리한 공구 취급은 금하고 사용 후 일정한 장소에 보관하고 점검할 수 있다. 4. 모든 공구는 반드시 목적 이외의 용도로 사용하지 않고 규격품을 사용할 수 있다.
	8. 열원설비 운영	1. 보일러 관리하기	1. 보일러의 본체, 연소장치, 부속장치 등에 대하여 파악할 수 있다. 2. 보일러의 종류를 파악하고 특성에 맞게 운영 및 관리할 수 있다. 3. 보일러 관리 내용을 연료관리, 연소관리, 열사용관리, 작업 및 설비관리, 대기오염, 수처리 관리 등으로 분류하여 효율적으로 수행할 수 있다. 4. 에너지합리화법, 시행령, 시행규칙 등 관련 법규를 파악할 수 있다. 5. 보일러와 구조물 및 연료 저장 탱크와의 거리, 각종 밸브 및 관의 크기, 안전밸브 크기 등 설치기준을 파악하고 관리할 수 있다. 6. 보일러 용량별 열효율표 및 성능 효율에 대해 파악하고 관리할 수 있다.
		2. 부속장비 점검하기	1. 보일러 부속장치의 종류와 기능 및 역할에 대하여 구분하고 파악할 수 있다. 2. 송기장치, 급수장치, 폐열회수장치 등의 특성을 파악하여 기능을 점검할 수 있다. 3. 분출장치의 필요성, 분출시기, 분출할 때 주의사항, 분출방법 등 파악하여 필요시 분출밸브와 분출 콕을 신속히 열어줄 수 있다. 4. 수면계 부착위치, 수면계 점검시기, 점검순서, 수면계 파손원인, 수주관 역할 등을 확인하고 점검할 수 있다. 5. 급수펌프의 구비조건에 대해서 파악하고 펌프 공동현상의 원인을 분석하여 공동현상 방지법을 이행할 수 있다. 6. 보일러 프라이밍, 포밍, 기수공발의 장애에 대해 파악하고 조치사항을 수행할 수 있다.
		3. 보일러 가동 전 점검하기	1. 난방설비운영 및 관리기준, 보일러 가동 전 점검사항에 대하여 확인할 수 있다. 2. 가동 전 스팀배관의 밸브 개폐상태를 점검할 수 있다. 3. 스팀헤더를 점검하여 응축수가 있을 경우 배출하여 워터해머를 방지할 수 있다. 4. 가스 누설 여부를 점검하고 배관 개폐상태를 점검할 수 있다. 5. 주증기밸브의 개폐상태를 확인하고 자체 압력의 이상 유무를 확인할 수 있다.

실기과목명	주요항목	세부항목	세세항목
			6. 수면계의 정상 유무를 확인하고 급수 측 밸브 개폐상태, 수량계 이상 유무를 확인할 수 있다. 7. 보일러 컨트롤 판넬의 각종 스위치 상태 확인, MCC 판넬의 On 확인, 기동상태를 점검할 수 있다.
		4. 보일러 가동 중 점검하기	1. 보일러 운전 순서를 파악하고 수행할 수 있다. 2. 보일러 점화가 불시착(소화) 시 원인 파악 후 충분히 프리퍼지하여 다시 가동할 수 있다. 3. 수면계, 압력계 등의 정상 여부를 확인 및 점검할 수 있다. 4. 급수펌프의 정상 작동 여부, 수위 불안정이 있는지 확인하고 점검할 수 있다. 5. 송풍기 가동상태, 화염상태의 색상(오렌지색)을 확인할 수 있다. 6. 헤더 및 배관 수격작용은 없는지 점검 및 확인할 수 있다. 7. 응축수탱크의 상태를 확인하고 경수연화장치의 정상 작동 여부에 대하여 점검 및 확인할 수 있다. 8. 급수펌프 가동 시 소음, 누수 여부와 각종 제어판넬 상태를 점검, 확인할 수 있다. 9. 보일러 정지순서를 파악하여 컨트롤 판넬 스위치를 Off, 소화 후 일정시간 송풍기로 프리퍼지하고 연소실, 연도에 있는 잔류가스를 배출하여 폭발위험이 없도록 관리할 수 있다.
		5. 보일러 가동 후 점검하기	1. 보일러 컨트롤 판넬은 Off 상태로 되어 있는지 점검 및 확인할 수 있다. 2. 수면계 수위상태를 파악하여 압력이 남아있는 경우 계속 급수 여부를 확인할 수 있다. 3. 가스공급계통 연료밸브의 개폐 여부를 확인할 수 있다. 4. 보일러실의 각종 밸브류를 확인할 수 있다. 5. 보일러 운전일지를 기록하고 특이사항을 인수인계할 수 있다.
		6. 보일러 고장 시 조치하기	1. 수면계의 수위 부족에도 불구하고 버너가 정지하지 않을 경우 즉시 정지하고 스위치 불량 원인을 제거할 수 있다. 2. 수위 부족에도 버너가 정지하지 않고 계속 운전되어 히터 본체가 과열로 판단될 경우 버너를 정지, 본체를 냉각시킬 수 있다. 3. 정상운전 중 정전 발생 시 버너 순환펌프 스위치를 정지시키고, 복전되면 수위 확인 후 운전을 개시할 수 있다.

실기과목명	주요항목	세부항목	세세항목
			4. 연료가 불착화 정지 시 불시착 원인을 제거 후 재가동시킬 수 있다.
			5. 모터 과부하로 정지될 경우 과대한 전류가 흐르게 되면 서모릴레이가 작동되어 버너가 정지됨을 확인할 수 있다.
			6. 히터온도 과열로 정지될 경우 온수온도 조절 스위치가 불량임을 확인할 수 있다.
			7. 저수위차단 팽창탱크에 부착된 수위조절기, 보급수 전자밸브에 이상이 생기면 연료공급차단 전자밸브가 닫히고 버너가 정지되는 것을 확인할 수 있다.
		7. 증기설비 관리하기	1. 증기의 특성을 파악하여 증기량과 압력에 따라 배관구경을 결정할 수 있다.
			2. 응축수량을 산출하여 배관구경을 결정할 수 있다.
			3. 증기배관 구경에 따라 선도를 보고 증기통과량을 구할 수 있다.
			4. 배관에서 증기의 장애 워터해머링에 대해 파악하고 방지할 수 있다.
			5. 증기배관의 감압밸브, 증기트랩, 스트레이너 등의 작동상태를 점검할 수 있다.
			6. 증기배관 신축장치 볼트, 너트를 견고하게 설치하고, 정상 작동 여부를 확인할 수 있다.
			7. 증기배관 및 밸브의 손상, 부식, 자동밸브, 계기류 작동상태를 점검 및 확인할 수 있다.
			8. 증기배관의 보온상태를 점검 및 확인할 수 있다.
			9. 증기배관의 적산 및 수선비를 산출할 수 있다.
		8. 수처리 관리하기	1. 보일러 청관제 자동주입장치의 역할과 기능을 파악하여 운전 및 관리할 수 있다.
			2. 청관제의 내처리 방법에 대하여 파악하고 관리할 수 있다.
			3. 수처리 관리를 위하여 약품 자동주입장치 설치, 주기적인 청소, 점검을 실시할 수 있다.
		9. 연료장치 관리하기	1. 취급 부주의 시 누출 위험성에 대비하여 도시가스 사용시설관리 및 기술기준에 적합하게 점검 및 관리할 수 있다.
			2. 도시가스 기술검토서를 통하여 안전관리를 수행할 수 있다.
			3. 매년 1회 실시하는 도시가스 정기검사를 통하여 가스사용시설이 적합하게 설치, 유지관리되고 있는지 확인할 수 있다.
			4. 설비의 작동상황을 주기적으로 점검하고 이상이 있을 경우 대응하는 보수조치를 할 수 있다.

에너지설비

에너지관리 실무

에너지관리 및 안전관리

작업형 기출문제 실전도면

과년도 출제문제

기능장 작업형 실기도면 및 연습작품 사진은 네이버카페 '가냉보열'의 기능장 도면 사
진실을 참고하시기 바랍니다.

PART 01

MASTER CRAFTSMAN ENERGY MANAGEMENT

에너지설비

SECTION 01

보일러 종류 및 특성

01 보일러 전열면의 과열 원인을 5가지 쓰시오.

> **해답** ① 보일러수의 이상 감수
> ② 전열면의 스케일 부착
> ③ 전열면의 유지분 부착
> ④ 보일러수의 순환 불량
> ⑤ 국부적인 화염의 집중

> **참고** 전열면적 : 복사전열면적, 대류전열면적

02 증기보일러의 과열방지대책을 5가지만 쓰시오.

> **해답** ① 저수위 사고 방지
> ② 동 내면에 스케일 생성 방지
> ③ 보일러수의 순환 불량 방지
> ④ 보일러수의 과도한 농축 방지
> ⑤ 전열면적의 국부과열 방지

03 특수열매체 보일러의 특징을 3가지만 쓰시오.

> **해답** ① 저압력에서 고온의 증기를 발생시킬 수 있다.
> ② 동결의 염려가 없다.
> ③ 청관제 주입장치가 불필요하다.
> ④ 안전밸브는 밀폐식 구조여야 한다.

> **참고** 열매체 : 증기, 온수, 특수열매체, 전기 등

04 수관식 관류 보일러에 대한 설명이다. 알맞은 말을 쓰시오.

> (①)이 없고 긴 관 한쪽 끝에서 급수를 압입하며 차례로 (②), (③), (④)시켜 관 끝에서
> (⑤) 상태로 증기를 얻는 보일러이다.

해답 ① 드럼　　　　　② 가열　　　　　③ 증발
④ 과열　　　　　⑤ 과열증기

05 개방식 팽창탱크에서 부착된 관의 명칭을 5개만 쓰시오.

해답 ① 오버플로관　　② 방출관　　　　③ 팽창관
④ 급수관　　　　⑤ 배수관

06 일반적으로 중량 G인 물체에 d_Q인 열량이 가해져서 온도가 d_t만큼 상승되었다면 d_t는 d_Q에
비례하고 G에 반비례한다. 이 관계를 식으로 나타내면 다음과 같은 기본식이 성립한다.
$d_Q = C \times G \times d_t$의 식에서 비례상수 C는 무엇이라 하는가?

해답 비열

07 베르누이 연속방정식을 세우시오.

해답 $$H_1 + \frac{P_1}{r} + \frac{V_1{}^2}{2g} = H_2 + \frac{P_2}{r} + \frac{V_2{}^2}{2g}$$
$$= 위치수두 + 압력수두 + 속도수두$$

08 수관 보일러에서 수관의 수랭노벽의 설치 목적 4가지를 쓰시오.

해답 ① 노벽 내화물의 과열 방지
② 노벽 자체의 중량 감소
③ 열효율 증가
④ 가압연소 용이

09 열역학 제1법칙을 다른 말로 무슨 법칙이라 하는가?

> **해답** 에너지 보존의 법칙

10 수관식 보일러의 장점을 5가지만 쓰시오.

> **해답** ① 구조상 고압, 대용량의 제작이 가능하다.
> ② 전열면적이 크고 효율이 좋다.
> ③ 증기발생이 빠르다.
> ④ 동일 용량이면 둥근 보일러에 비하여 설치면적이 작다.
> ⑤ 수관의 배열이 용이하다.

11 보일러 중 증기드럼이 필요없고 부하변동시 압력변화가 심하며 급수량이나 연료공급의 자동제어가 필요한 보일러의 명칭은?

> **해답** 관류 보일러

12 관류보일러에서 증기를 얻는 과정은 증발관에서 (   ), (   ), (   )을 거쳐서 발생된다.
(   ) 안에 알맞은 내용을 써넣으시오.

> **해답** 가열, 증발, 과열

13 보일러를 감시하는 계측장치의 종류를 3가지만 쓰시오.

> **해답** ① 온도계   ② 압력계   ③ 유량계(급수량계, 급유량계, 가스미터기, 증기유량계)

14 물의 임계온도를 쓰시오.

> **해답** 374.15℃
>
> **참고** 임계압력 : 225.65atm

15 원통형 보일러에 사용되는 경판의 종류 4가지를 쓰시오.

> **해답** ① 평형 경판   ② 접시형 경판
> ③ 타원형 경판   ④ 반구형 경판

16 "열은 본질상 일과 같이 에너지의 일종으로서 일은 열로 전환할 수 있고 역전환도 대부분 가능하다. 이때 열과 일 사이의 비열은 항상 일정하다."는 표현은 열역학 제 몇 법칙인가?

> **해답** 열역학 제1법칙

17 온수보일러의 중요한 부속장치 5가지를 쓰시오.

> **해답** ① 수고계   ② 온도계   ③ 팽창관
> ④ 팽창탱크   ⑤ 온수순환펌프   ⑥ 방출관

18 재생, 재열 사이클은 모두 증기원동소의 기본 사이클인 랭킨사이클을 개량한 것으로 둘 다 효율을 증가시키는 데 목적이 있으나 근본목적은 서로 다르다. 재열사이클의 특징을 간단히 설명하시오.

> **해답** 재생사이클은 현저한 열효율의 증가를 가져와 열역학적으로 큰 이익을 주나 재열사이클은 재열 후 증기의 온도를 높임으로써 증기의 작용온도 범위를 넓혀 열역학적인 효율도 좋게 하지만 주로 증기의 건도를 높여 터빈 속에서 마찰손실을 방지하는 등의 기계적 차원의 이익을 가져다준다는 데 그 특징이 있다.

19 다음 ( ) 안에 올바른 내용을 쓰시오.

(1) 인화성 증기를 발생하는 열매체 보일러에서는 안전밸브를 (①) 구조로 하든가 안전밸브로부터 배기를 보일러실 밖의 안전장소로 (②)시키도록 한다.

(2) 온수보일러는 최고사용압력에 달하면 즉시 작동하는 방출밸브, 또는 (①)를 (②)개 이상 갖추어야 하며 (③)을 갖출 때는 방출밸브로 대용할 수 있다.

> **해답** (1) ① 밀폐식   ② 방출
>   (2) ① 안전밸브   ② 1   ③ 방출관

20 일반적으로 중량 G인 물체에 d_θ인 열량이 가해져서 온도가 d_t만큼 상승되었다면 d_t는 d_θ에 (①)하고 G에 (②)한다. 이 관계를 식으로 나타내면 다음과 같은 기본식이 성립한다. $d_\theta = C \times G \times d_t$의 식에서 비례상수 C는 (③)이라 한다. ( ) 안에 알맞은 내용을 쓰시오.

해답 ① 비례   ② 반비례   ③ 비열

21 실제 증기 원동소에서 추기단수는 무수한가? 과정을 설명하시오.

해답 무수하지 않고 급수가열기의 설비 등을 고려하여 보통 5단으로 취하고 있다.

22 다음 보일러들의 형식을 보기에서 골라 쓰시오.

> **▼ 보기**
> ⓐ 스코치 보일러   ⓑ 하우든존슨 보일러   ⓒ 드라이 보팀형 보일러
> ⓓ 램진 보일러   ⓔ 슐처 보일러   ⓕ 가르베 보일러
> ⓖ 쓰네기찌 보일러   ⓗ 바브콕 보일러   ⓘ 코니시 보일러
> ⓙ 랭커셔 보일러   ⓚ 입형횡관 보일러   ⓛ 다쿠마 보일러
> ⓜ 코크란 보일러   ⓝ 멤브레인 수랭벽 보일러   ⓞ 베록스 보일러
> ⓟ 라몽트 보일러   ⓠ 열매체 보일러   ⓡ 하이네 보일러
> ⓢ 버개스 보일러

(1) 입형 보일러   (2) 노통 보일러

(3) 노통 연관 보일러   (4) 자연순환식 수관 보일러

(5) 강제순환식 수관 보일러   (6) 주철제 보일러

(7) 수관식 관류 보일러   (8) 방사 수관 보일러(복사 보일러)

(9) 특수 보일러

해답
(1) ⓚ, ⓜ   (2) ⓘ, ⓙ
(3) ⓐ, ⓑ   (4) ⓖ, ⓗ, ⓕ, ⓛ
(5) ⓟ, ⓞ   (6) ⓒ
(7) ⓓ, ⓔ   (8) ⓝ
(9) ⓠ, ⓡ, ⓢ

23 증기 사이클에서 응축수가 있는 사이클은 어느 곳인가?

해답 복수식 증기 원동소(랭킨 사이클)

24 다음 보일러에서 효율이 높은 순서대로 그 번호를 쓰시오.

▼ 보기
① 입형 보일러　　　　② 관류 보일러　　　　③ 노통연관식 보일러
④ 수관식 보일러　　　⑤ 노통 보일러

해답 ②, ④, ③, ⑤, ①

25 포스트퍼지란 무엇인지 설명하시오. (보일러 운전 중 Post Purge)

해답 보일러 가동 중 운전정지시나 저수위사고 등 비상조치로 보일러 운전을 즉시 차단하거나 실화에 의해 연소가 중단되는 경우 노 내의 미연가스 등에 의해 가스폭발 예방차원에서 노 내 및 연도 내 용적의 4배 이상 공기량으로 퍼지(환기)를 30~60초 동안 실시하는 작업이다.

26 열교환기의 종류를 구조에 따라 3가지만 쓰시오.

해답 ① 다관 원통형　　　② 이중관식　　　③ 단관식
④ 공랭식　　　　　　⑤ 특수식

27 아래 보기를 보고 보일러 운전의 정지 순서를 쓰시오.

▼ 보기
① 연소용 공기 공급을 정지한다.
② 연료공급을 정지한다.
③ 댐퍼를 닫는다.
④ 주증기밸브를 닫고 드레인밸브를 연다.
⑤ 급수를 한 후 증기압력을 저하시키고 급수밸브를 닫는다.

해답 ② → ① → ⑤ → ④ → ③

28 가정용 온수 보일러 팽창탱크 기능 2가지를 쓰시오.

> 해답 ① 보일러수가 팽창하면 팽창수를 저장할 수 있다.
> ② 보일러가 온도상승으로 인한 압력이 상승할 때 압력을 정상화 할 수 있다.
> ③ 보일러수가 부족하면 보충수를 공급할 수 있다.
> ④ 공기빼기를 할 수 있다.

29 증기계통에 사용하는 Flash Tank를 간단히 쓰시오.

> 해답 고압증기 사용설비에서 발생하는 고압의 응축수를 모아 저압의 증기를 발생하여 재사용하는 저압증기 발생장치를 말한다.

30 수관식 보일러 중 관류보일러의 특징 3가지만 쓰시오.

> 해답 ① 관으로만 제작하기 때문에 기수 드럼이 필요 없다.
> ② 관을 자유로이 배치할 수 있어 컴팩트형 구조로 할 수 있다.
> ③ 전열 면적에 비해 보유수량이 적어 증기발생시간이 짧다.
> ④ 부하변동에 의한 큰 압력변동을 야기하기 쉬워서 자동제어 장치가 필요하다.
> ⑤ 급수처리가 심각하다.

31 다음 (   ) 안에 알맞은 말을 쓰시오.

> 보일러 부르동관 압력계와 연결된 증기관은 최고사용압력에 견디는 것으로 그 크기는 황동관 또는 동관을 사용할 때는 (①)mm 이상, 강관을 사용할 때는 (②)mm 이상이어야 하며 증기 온도가 (③)K, 즉 (④)℃를 초과할 때에는 황동관 또는 동관을 사용하여서는 안 된다.

> 해답 ① 6.5   ② 12.7   ③ 483   ④ 210

32 보일러 용량을 표시하는 방법을 5가지만 쓰시오.

> 해답 ① 정격용량   ② 정격출력   ③ 전열면적
> ④ 상당 방열면적   ⑤ 보일러 마력

33 다음 (   ) 안에 알맞은 내용을 써넣으시오.

보일러 마력이란 표준대기압 상태에서 (①)℃ 물 (②)kg을 1시간에 같은 온도의 증기로 변화시킬 수 있는 능력, 즉 (③)lb의 상당증발량을 갖는 보일러를 보일러 1마력이라고 한다.

해답 ① 100　　　　② 15.65　　　　③ 30

참고 70psi(4.9kg/cm²)에서 37.8℃의 급수가 1시간에 13.6kg(30 lb)의 증기를 발생하는 능력을 보일러 1마력이라고 한다.
보일러 1마력을 상당증발량으로 환산하면,
$$G_e = \frac{13.6(658-37.8)}{539} = 15.65 kg/h(상당증발량)$$
$$보일러\ 마력 = \frac{G_e(상당증발량 : kg/h)}{15.65}(마력)$$

34 다음 내용에 해당되는 용어를 기술하시오.

보일러수의 비등에 의한 프라이밍 현상과 수면 부근에 거품이 발생하여 보일러로부터 증기관 편에 보내지는 증기에 물방울이 다량 함유되어 배출되는 현상

해답 캐리오버 현상(기수공발, Carry-over)

35 온수보일러 화실에서 배플플레이트의 설치 목적을 3가지만 쓰시오.

해답 ① 고온 열가스를 확산시켜 전열량을 증가시키기 위하여
② 노 내 압력의 증가로 연소효율을 향상시키기 위하여
③ 열가스의 회전으로 전열면에 그을음 부착을 감소시키기 위하여

36 보일러동 내부에서 발생하는 기수공발 중 기계적, 선택적 캐리오버를 설명하시오.

해답 ① 기계적 캐리오버 : 보일러 수면에서 물방울이 수면 위로 튀어 올라서 증기 내부로 혼입되어 습증기를 유발하는 현상과 유지분 등과 함께 외부로 이송하는 현상이다.
② 선택적 캐리오버 : 송기되는 증기에 무수규산 등이 혼입하여 물거품 등과 함께 포함되어 증기관으로 이송되는 규산캐리오버 현상이다.(실리카 캐리오버)

37 보일러 운전 중 발생할 수 있는 프라이밍(비수) 현상에 대하여 설명하시오.

> **해답** 압력의 급강하 등 보일러 운전 중 수면 위로 물방울이 튀어올라서 증기에 혼입되는 현상(기포
> 가 수면을 파괴하고 교란시켜서 이로 인하여 물방울 수적이 작은 입자로 분해하여 증기와 함
> 께 이탈하는 현상이다.)

38 보일러 부속장치 중 동 내부에 급수내관을 설치할 때 그 장점을 3가지만 쓰시오.

> **해답** ① 내관을 통과하는 급수가 예열된다.
> ② 급수를 보일러동 내부에 산포시켜 열응력을 방지한다.
> ③ 부동팽창을 방지한다.

39 보일러 운전 중 캐리오버(기수공발) 발생 방지법을 4가지만 쓰시오.

> **해답** ① 보일러수를 농축시키지 말 것
> ② 프라이밍, 포밍을 일으키지 말 것
> ③ 과부하 연소를 피할 것
> ④ 주증기밸브를 천천히 열 것
> ⑤ 고수위 운전 방지
> ⑥ 비수방지관, 기수분리기 설치

40 보일러(수관식) 운전에서 순환비를 구하는 공식을 쓰시오.

> **해답** $$순환비 = \frac{순환수량(송수량)}{증기발생량}$$

41 수관식 증기보일러 운전 중 캐리오버(기수공발) 발생 시 나타나는 장해를 4가지만 쓰시오.

> **해답** ① 수면 동요가 심하여 수위 판단이 곤란하다.
> ② 배관 내 응축수 고임에 의한 수격작용이 발생한다.
> ③ 배관 등 열설비계통의 부식을 초래한다.
> ④ 증기의 이송 시 저항이 증가한다.
> ⑤ 습증기가 과다하게 발생한다.
> ⑥ 압력계 및 수면계의 연락관이 막히기 쉽다.

42 캐리오버(기수공발) 현상이 나타날 때 발생하는 장애요인을 5가지만 쓰시오.

해답 ① 증기와 혼입되어 보일러 외부 관으로 송기된다.
② 심하면 압력계 파동 또는 파손현상이 발생한다.
③ 보일러 수위가 요동치며 수위오판이 발생한다.
④ 워터해머현상(수격작용)이 발생하여 관이나 밸브가 파손된다.
⑤ 증기 중에 규산, 나트륨 등 선택적 캐리오버가 발생한다.
⑥ 습증기 발생으로 증기의 건도가 저하되어 증기의 질이 나빠진다.

참고 • 포밍(거품) 현상 : 관수 중 용존고형물, 관수농축, 유지분, 부유물 등이 다량 함유된 경우 증기 발생 시 거품이 계속 생기는 현상
• 건조증기 취출을 위한 기기 : 비수방지관, 기수분리기

기수분리기(기수분리, 증기청정, 증기건조 순) 종류
(1) 배관 설치용
　　① 방향전환 이용　　　　　　② 장애판 이용
　　③ 원심력 이용　　　　　　　④ 여러 겹의 그물망 이용
(2) 증기드럼 내 설치용
　　① 장애판 조립　　　　　　　② 파도형의 다수 강판
　　③ 사이클론식(원심력 분리기 이용)

43 증기사이클에서 터빈에서 팽창 도중의 증기 일부를 추가하여 보일러로 공급되는 급수(물)를 예열하는 데 사용하는 사이클의 명칭을 쓰시오.

해답 재생사이클

44 보일러 운전 중 프라이밍 발생으로 증기 내부에 규산실리카, 칼슘, 나트륨 등이 혼입되어 발생하는 캐리오버(기수공발)는 어떤 종류의 캐리오버에 해당하는가?

해답 선택적 캐리오버(규산캐리오버)
참고 물방울이 수면 위로 튀어올라 송기되는 증기 속에 포함되어 외부로 나가는 현상을 말하며 프라이밍, 포밍, 규산캐리오버 현상으로 구분한다.

45 배플판의 설치목적을 쓰시오.

> **해답** 수관보일러에서 화로나 연도 내의 연소가스 흐름을 기능상 필요로 하는 방향으로 유도하기 위한 내화성의 판 또는 칸막이이다.

46 보일러 동체 내부 캐리오버의 방지대책을 3가지만 쓰시오.

> **해답** ① 고수위 방지 운전 　　　　② 주증기밸브 급개 방지
> ③ 기수분리기 설치 　　　　　④ 비수나 물거품 생성 방지
> ⑤ 보일러수의 농축 방지 　　　⑥ 보일러부하 급변 방지(보일러부하 과대 방지)
> ⑦ 프라이밍, 포밍 방지

47 다음과 같은 내용에 해당되는 알맞은 내용을 써넣으시오.

(1) 보일러 동 수면에서 작은 입자의 물방울이 증기와 함께 튀어오르는 현상

(2) 보일러 동 저부로부터 기포들이 수없이 수면 위로 오르면서 수면부가 물거품으로 덮이는 현상

> **해답** (1) 프라이밍 　　　　　　(2) 포밍

48 수관식 보일러 중 관류보일러의 특징을 4가지만 쓰시오.

> **해답** ① 수관의 배치가 자유롭다.
> ② 전열면적에 비해 보유수량이 적어서 증기발생이 빠르다.
> ③ 관의 배열이 콤팩트하므로 청소나 검사, 수리가 불편하다.
> ④ 드럼이 없이 관으로만 보일러제작이 가능하다.

49 보일러 운전 시 항상 수시점검이 필요한 장치나 계측기기를 3가지만 쓰시오.

> **해답** ① 수면계 　　　　② 압력계 　　　　③ 화염투시구

50 보일러의 3대 구성 요소를 3가지로 구별하여 쓰시오.

해답 ① 보일러 본체 ② 보일러 부속장치 ③ 보일러 연소장치

51 보일러 효율저하를 일으키는 발생요인 3가지만 쓰시오.

해답 ① 과잉공기가 지나치게 공급되어 배기가스 열손실이 증가할 때
② 스케일 생성이 심할 때
③ 완전연소 불량으로 불완전연소 발생이 심할 때
④ 보일러 분출수량이 많이 발생할 때
⑤ 화실 내 그을음이 발생할 때

52 다음에 열거한 보일러의 수면계 설치 시 수면계 하부는 보일러 안전저수위(최저수위)와 일치시킨다. 다음에 열거한 보일러의 안전저수위를 기재하시오.

(1) 입형(직립) 보일러   (2) 입형(직립) 연관보일러

(3) 횡연관(수평) 연관보일러   (4) 노통 연관보일러

(5) 노통 보일러

해답 (1) 연소실 천장판 최고부위 75mm

(2) 연소실 천장판 최고부위 연관길이의 $\frac{1}{3}$

(3) 연관의 최고부 위 75mm

(4) 연관의 최고부 위 75mm

(5) 노통 최고부 위 100mm

53 수관식 보일러 중 관류 보일러의 특징 5가지를 쓰시오.

해답 ① 관의 배치가 자유롭다.
② 고압 대용량에 적합하다.
③ 단관식의 경우 드럼이 없어 순환비가 1이다.
④ 증기 발생이 매우 빠르다.
⑤ 열효율이 높다.

54 다음 공조냉동 선도(냉매 $P-i$ 몰리에르 선도)에 나타난 ㉠~㉴까지의 구역 또는 선의 명칭을 써넣으시오.

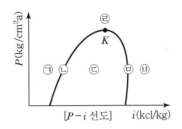 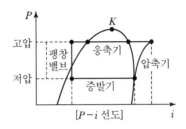

해답 ㉠ 과냉각액　　　㉡ 포화액선　　　㉢ 습포화증기구역

㉣ 임계점　　　㉤ 건포화증기선　　　㉥ 과열증기구역

참고 기준 냉동사이클

- 증발온도 : $-15℃$
- 응축온도 : $30℃$
- 압축기 흡입가스온도 : $-15℃$(건포화증기)
- 팽창밸브 직전 온도 : $25℃$

SECTION 02

보일러 부속장치 종류

01 다음을 읽고 해당되는 내용을 쓰시오.

(1) 물방울이 수면 위로 튀어 올라 송기되는 증기 속에 섞여서 나가는 현상

(2) 관수 중에 용존 고형물 관수농축, 유지분, 부유물에 의해 증기 발생 시 거품이 발생하여 심하면 수위가 판별되지 않고 이 증상이 심하면 저수위 경보기도 작동이 될 수 있는 현상

(3) 비수나 포밍 발생 시 습증기가 보일러 외부 증기관으로 배출되어 관 내에 드레인이 고여서 심하면 수격작용 등을 일으키게 하는 현상

(4) 보일러 운전 중 저수위 사고로 인하여 고저수위 경보기가 작동하는 현상

(5) 증기관 내 드레인이 고여서 증기이송 시 심하면 관이나 밸브에 막대한 타격을 주는 현상

해답 (1) 비수 현상(프라이밍 현상) (2) 포밍 현상(거품발생 현상)
(3) 캐리오버 현상(기수공발 현상) (4) 이상감수
(5) 워터해머(수격작용)

02 관류보일러는 긴 관의 한쪽 끝에서 (①)를 압입하여 차례로 (②), (③), (④)의 과정을 거쳐 과열증기를 얻는 보일러이다. ( ) 안에 알맞은 내용을 쓰시오.

해답 ① 급수 ② 가열 ③ 증발 ④ 과열

03 다음과 같은 특징을 가진 증기트랩은 어떤 트랩인지 그 종류를 쓰시오.

> • 부력을 이용한 기계식
> • 응축수를 증기압력에 의해 밀어 올릴 수 있다.
> • 고압과 중압의 증기배관에 적당하다.
> • 형식은 상향식, 하향식이 있다.

해답 버킷트랩

04 연소장치에서 안전장치 일종인 화염검출기를 2가지만 쓰시오.

해답 ① 플레임 아이   ② 플레임 로드   ③ 스택 스위치

05 다음 (   ) 안에 알맞은 단어 또는 용어를 써넣으시오.

안전밸브는 쉽게 검사할 수 있는 장소에 밸브 축을 (①)으로 하여 가능한 보일러의 (②)에 (③) 부착시켜야 하며 안전밸브와 (④)가 부착된 보일러 동체 등의 사이에는 어떠한 (⑤)도 있어서는 안 된다.

해답 ① 수직   ② 동체   ③ 직접
④ 안전밸브   ⑤ 차단밸브

06 관류보일러용 전극식 수위검출기에서 ①~⑤ 전극봉의 사용용도나 측정용도를 쓰시오.

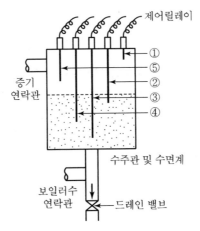

해답 ① 고수위 경보용   ② 급수 개시용   ③ 저수위 차단용
④ 저수위 경보용   ⑤ 급수 정지용

07 보일러 증기압력(트랩 입구 압력)이 1.5MPa, 출구 허용배압이 1.2MPa일 때 스팀트랩의 최고 배압허용도는 몇 %인가?

해답 배압허용도$(\%) = \dfrac{\text{최고 배압허용도 압력}}{\text{입구 증기트랩의 압력}} \times 100(\%)$

$\qquad\qquad\qquad = \dfrac{1.2}{1.5} \times 100 = 80\%$

08 광학적 화염검출기의 종류를 4가지만 쓰시오.

해답 ① 황화카드뮴 광전셀(CdS셀)　　　② 황화납 광전셀(PbS셀)
　　 ③ 자외선 광전관　　　　　　　　　④ 광전관

참고 화염검출기
　　 • 열적 화염검출기 : Stack Switch(서모스탯 이용)
　　 • 광학적 화염검출기 : Flame Eye(화염 빛을 이용 : 적외선, 가시광선, 자외선 이용)
　　 • 전기전도 화염검출기 : Flame Rod(전기전도성 이용)

09 배관의 신축이음에서 벨로스 신축이음(Packless)은 Bellows의 변형에 의해 흡수시키는 구조로서 그 재료는 (①) 및 스테인리스강을 (②)으로 주름 잡아서 아코디언과 같이 만드는데, 미끄럼 내관을 벨로스로 싸고 (③)의 미끄럼에 따라 벨로스가 신축하기 때문에 (④)가 없어도 유체가 새는 것이 방지된다. 설치장소가 적어도 되고 (⑤)이 생기지 않으며 누설은 없으나 고압배관 사용에는 부적당하다. ( ) 안에 알맞은 내용을 써넣으시오.

해답 ① 청동　　　　　　　② 파형　　　　　　　③ 슬리브
　　 ④ 패킹재(패킹)　　　⑤ 응력

10 증기보일러 운전 중 수면계의 점검시기를 3가지만 쓰시오.

해답 ① 두 개의 수면계 수위가 다를 때
　　 ② 포밍, 프라이밍 현상이 발생했을 때
　　 ③ 수위가 의심스러울 때
　　 ④ 보일러 가동 직전과 압력이 오르기 시작할 때

11 다음과 같은 특징을 가진 신축이음쇠는 어떤 신축이음쇠인지 그 명칭을 쓰시오.

> • 설치공간을 많이 차지한다.
> • 신축에 따른 자체 응력이 생긴다.
> • 고온고압의 옥외배관에 많이 사용된다.

해답 루프형 신축이음쇠

12 원심식 펌프의 운전 시 프라이밍 작업을 실시하는데 프라이밍 작업이란 어떤 것인지 간단히 설명하시오.

해답 원심펌프를 운전할 때 물을 채워 넣어서 펌프 내 공기를 제거시키는 작업

13 저수위 안전장치를 설치하려고 할 때 최고사용압력이 몇 MPa을 초과하는 증기보일러에서 해야 하는가?

해답 0.1MPa 초과

14 화염검출기 중 화염의 밝기를 이용하는 광전관인 플레임아이의 종류 4가지를 쓰시오.

해답 ① 황화카드뮴 광도전 셀 　　② 황화납 광도전 셀
　　　③ 적외선 광전관 　　　　　　④ 자외선 광전관

15 보일러 급수장치 중 동 내부에 급수내관을 설치하는 경우 장점 3가지를 쓰시오.

해답 ① 급수가 내관을 통하면서 예열된다.
　　　② 급수를 산포시켜 열응력을 방지한다.
　　　③ 급수로 인한 부동팽창을 방지한다.

참고 설치위치 : 보일러 안전저수위 아래 50mm 지점

16 보일러에 설치하는 안전밸브의 호칭지름을 20A 이상으로 할 수 있는 조건을 5가지만 쓰시오.

> **해답** ① 최고사용압력 0.1MPa 이하의 보일러
> ② 최고사용압력 0.5MPa 이하의 보일러로 동체의 안지름이 500mm 이하이며 동체의 길이
> 가 1,000mm 이하의 것
> ③ 최고사용압력 0.5MPa 이하의 보일러로 전열면적이 $2m^2$ 이하의 것
> ④ 최대 증발량 5t/h 이하의 관류 보일러
> ⑤ 소용량 강철제 보일러, 소용량 주철제 보일러

17 보일러 운전 중 저수위 사고를 방지하기 위한 고·저수위 검출기 종류를 4가지만 쓰시오.

> **해답** ① 맥도널식   ② 전극봉식   ③ 차압식   ④ 코프식(열팽창식)

18 소형 급수설비인 인젝터 급수설비의 작동불능 원인을 3가지만 쓰시오.

> **해답** ① 급수의 온도가 50℃ 이상 높을 때 ② 증기압력이 0.2MPa 이하 또는 1MPa 이상일 때
> ③ 인젝터 자체의 과열   ④ 인젝터 체크밸브 고장
> ⑤ 증기 속의 수분 과다   ⑥ 인젝터 내 공기의 다량 누입

19 증기보일러 부르동관 압력계에 연결된 사이펀관의 안지름은 몇 mm 이상인가?

> **해답** 6.5mm 이상

> **참고** 부르동관 압력계

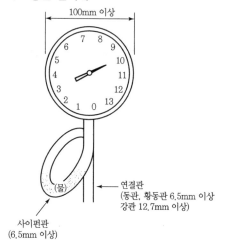

20 작동방법에 따른 감압밸브의 종류를 3가지만 쓰시오.

해답 ① 피스톤식　　② 다이어프램식　　③ 벨로스식

21 다음 설명에 해당하는 화염검출기의 종류를 쓰시오.
(1) 화염 중에 양성자와 중성자의 전리에 근거하여 버너에 글랜드 로드를 부착하여 화염 중에 삽입하고 전기적 신호를 이용하여 화염의 유무를 검출하는 화염검출기
(2) 연소 중에 발생되는 연소가스의 열에 의해 바이메탈의 신축작용으로 전기적 신호를 만들어 화염의 유무를 검출하는 것
(3) 연소 중에 발생하는 화염 빛을 검지부에서 전기적 신호로(자외선, 적외선 등) 바꾸어 화염의 유무를 검출하는 것

해답 (1) 플레임 로드　　(2) 스택 스위치　　(3) 플레임 아이

22 보일러용 과열기 중 열가스 접촉에 의한 종류 3가지와 열가스 흐름방향에 의한 과열기 종류 3가지를 쓰시오.

해답 (1) 열가스 접촉에 의한 분류 3가지
　　① 접촉과열기
　　② 복사접촉과열기
　　③ 복사 과열기
(2) 열가스 흐름에 의한 분류 3가지
　　① 병류형
　　② 향류형
　　③ 혼류형

23 응축수 배관에 스팀트랩의 설치 시 이점을 3가지만 쓰시오.

해답 ① 수격작용을 방지한다.
② 열의 유효한 이용과 증기소비량을 감소시킨다.
③ 관 내 공기의 배출이 가능하여 관 내 부식을 방지한다.
④ 관 내 응축수 배출이 가능하다.

24 보일러 점화 시나 운전 도중 어떤 조건이 충족되지 않으면 전자밸브(솔레노이드 밸브)를 닫아서 사고를 미연에 방지하는 인터록 제어방식이 이용된다. 이 인터록 검출대상을 5가지만 쓰시오.

해답 ① 압력초과   ② 저수위   ③ 프리퍼지
　　　 ④ 불착화   ⑤ 저연소

참고 인터록의 종류
　　 • 압력초과 인터록
　　 • 저수위 인터록
　　 • 프리퍼지 인터록
　　 • 불착화 인터록
　　 • 저연소 인터록
　　 • 배기가스 상한 인터록

25 증기밸브를 처음 열 때 워터해머(수격작용)가 발생하지 않게 하기 위하여 다음 보기에서 그 순서를 기호로 쓰시오.

> **▼ 보기**
> ① 주증기관 내에 소량의 증기를 조금 공급하여 관의 온도를 높인다.
> ② 주증기 밸브를 단계적으로 서서히 연다.
> ③ 증기 송기 측에 연결되어 있는 주증기관이나 헤더 등에 있는 드레인 밸브를 열고 응축수를 배출시킨다.

해답 ③ → ① → ②

26 보일러 스프링식 안전밸브의 누설원인을 3가지만 쓰시오.

해답 ① 밸브와 변좌의 기공이 불량할 때
　　　 ② 이물질이 끼어 있을 때
　　　 ③ 스프링의 장력이 감쇄될 때
　　　 ④ 변좌에 밸브축이 이완되었을 때
　　　 ⑤ 변좌의 마모가 클 때
　　　 ⑥ 조정압력이 낮을 때

27 보일러 운전 중 분출(수면분출, 수저분출)을 하는 목적을 3가지만 쓰시오.

(해답) ① 관수의 불순물 농도를 한계치 이하로 유지하기 위하여
② 관수의 신진대사를 이룩하기 위하여
③ 슬러지분을 배출하여 스케일 생성을 방지하기 위하여
④ 보일러 청소나 장기보존을 위하여
⑤ 보일러수의 pH를 조절하기 위하여

28 다음의 내용에 대해 간단히 설명하시오.

(1) 포밍   (2) 프라이밍

(해답) (1) 포밍 : 보일러수의 표면에 다량의 거품이 기수면을 덮는 현상
(2) 프라이밍 : 발생되는 증기내부에 수분이 혼재되어 물방울이 증기에 실려 함께 증발하는 현상

29 증기축열기(어큐뮬레이터) 설치 시 장점을 3가지만 쓰시오.

(해답) ① 보일러 용량 부족을 해소할 수 있다.
② 연료 소비량을 감소시킬 수 있다.
③ 부하변동에 대한 압력변화가 적다.
④ 저부하 시 잉여증기를 고부하 시에 이용할 수 있다.

30 수관식 보일러 운전 중 캐리오버를 방지할 수 있는 부품명칭과 그 종류를 3가지만 쓰시오.

(해답) (1) 부품명칭 : 기수분리기

(2) 종류
① 스크러버형
② 사이클론형
③ 건조스크린형
④ 배플형

31 평형반사식 수면계 점검순서를 6가지로 구분하여 쓰시오.

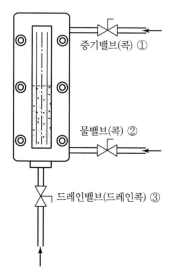

증기밸브(콕) ①

물밸브(콕) ②

드레인밸브(드레인콕) ③

[해답] 1일 1회 이상 수면계 점검순서 6단계
① 증기밸브, 물밸브를 닫는다.
② 드레인밸브를 연다.
③ 물밸브를 열어서 통수 후 닫는다.
④ 증기밸브를 열고 증기분출을 확인한 후 닫는다.
⑤ 드레인밸브를 닫고 증기밸브를 서서히 연다.
⑥ 제일 마지막으로 물밸브를 연다.

[참고] 수면계 파손 시 가장 먼저 물밸브 차단, 그 다음으로 증기 밸브를 차단한다.

32 급수분배기인 급수내관의 설치 시 이점을 3가지만 쓰시오.

[해답] ① 보일러수 교란 방지　　② 급수의 일부 가열　　③ 보일러 부동팽창 방지

33 화실이나 연도에 설치하는 보일러의 방해판(배플)의 역할을 쓰시오.

[해답] 연소가스의 흐름을 조절하고 열손실을 방지하며 완전연소에 일조하고 전열면에 그을음 부착을 방지한다.

34 인젝터(급수설비)의 작동불능 원인을 5가지만 쓰시오.

해답 ① 급수의 온도가 너무 높을 때
② 증기압력이 0.2MPa 이하로 낮을 때나 1MPa 이상일 때
③ 노즐이 폐색됐을 때
④ 인젝터 자체의 온도가 너무 높을 때
⑤ 흡상관에 공기가 누입될 때

참고 0.2MPa(2kg/cm^2), 1MPa(10kg/cm^2)

35 광전관식 화염검출기 설치 시 주의사항을 3가지만 쓰시오.

해답 ① 센서와 화염 사이 거리를 400mm 이하로 설치한다.
② 냉각용 공기라인을 설치하여 과열 및 응축수의 발생을 방지한다.
③ 센서를 태양 직사광선에 노출시키지 않는 곳에 설치한다.
④ 센서는 화염의 Top 부분을 보도록 설치한다.

36 보일러 운전 중 단속 또는 연속 분출의 목적 4가지를 쓰시오.

해답 ① 관수의 순환을 좋게 한다.
② 스케일 부착을 방지한다.
③ 가성취화를 방지한다.
④ 프라이밍 및 포밍을 방지한다.
⑤ 고수위 운전을 방지한다.
⑥ 보일러 수위 농축을 방지한다.

37 증기 안전밸브는 증기압력이 몇 % 이상 도달이 될 때 안전 차원에서 분출시험을 하는가?

해답 75% 이상

38 보일러 폐열회수장치인 공기예열기와 관련된 다음 물음에 알맞은 답을 쓰시오.

(1) 공기예열기와 같은 저온부에서 발생하기 쉬운 부식의 명칭을 쓰시오.

(2) 저온부에서 수분과 반응하여 부식을 촉진하는 물질명을 쓰시오.

(3) 전도식(전열식) 공기예열기의 종류 2가지를 쓰시오.

해답 (1) 저온부식　　　　　(2) 진한 황산　　　　　(3) ① 판형, ② 관형

39 급수설비 인젝터의 작동순서를 4가지로 분류하여 순서대로 쓰시오.

해답 ① 출구정지밸브를 연다.　　　② 흡수밸브를 연다.
　　 ③ 증기밸브를 연다.　　　　　④ 핸들을 연다.

참고 인젝터의 정지순서
　　 ① 핸들을 닫는다.　　　　　② 증기밸브를 닫는다.
　　 ③ 흡수밸브를 닫는다.　　　　④ 출구정지밸브를 닫는다.

40 다음은 증기보일러의 증기압력제어기에 대한 설명이다. (　　) 안에 알맞은 용어를 보기에서 골라 쓰시오.

> 증기압력제어기는 보일러에서 발생하는 증기의 (①)에 따라 (②)과(와) (③)을(를) 조절하여 소정의 증기압력을 유지하기 위하여 설치하는 것으로 증기압력의 검출방식은 (④)식과 (⑤)식이 있다.
>
> ▼ 보기
> • 배가스량　　　　　• 벨로스　　　　　• 공기량
> • 루프　　　　　　　• 부르동관　　　　• 수위
> • 압력　　　　　　　• 증기발생량　　　• 슬리브
> • 연료량

해답 ① 압력　　　　　② 공기량　　　　　③ 연료량
　　 ④ 벨로스　　　　⑤ 부르동관

41 연소실 부착용 화염검출기의 종류에 대한 설명이다. 각각에 해당하는 명칭을 쓰시오.

(1) 화염 중에는 양성자와 중성자가 전리되어 있음을 알고 버너에 글랜드로드를 부착하여 화염 중에 삽입하여 전기적 신호를 전자밸브로 보내어 화염을 검출한다.

(2) 연소 중에 발생되는 연소가스의 열에 의해 바이메탈의 신축작용으로 전기적 신호를 만들어 전자밸브로 그 신호를 보내면서 화염을 검출한다.

(3) 연소 중에 발생하는 화염빛을 검지부에서 전기적 신호로 바꾸어 화염유무를 검출한다.

해답 (1) 프레임로드
(2) 스택 스위치
(3) 프레임아이

42 증기트랩의 구비조건 3가지와 작동원리에 따른 트랩을 3가지로 분류하여 쓰시오.

해답 (1) 구비조건
① 압력이나 유량이 일정 범위 내에서 변화할 때도 동작이 확실할 것
② 내마모성이나 내식성이 클 것
③ 마찰저항이 적을 것
④ 공기빼기가 가능할 것
⑤ 보일러 정지 후에도 응축수 빼기가 가능할 것

(2) 작동원리에 따른 분류
① 기계식 트랩(비중차에 의한 트랩)
② 온도조절식 트랩
③ 유체역학이나 열역학을 이용한 트랩

43 다음 (   ) 안을 채우시오.

> 공기유량 자동조절기능은 가스용 보일러 및 용량 (①)t/h, 난방전용은 (②)t/h 이상인 유류보일러에는 (③)에 따라 (④)를 자동 조절하는 기능이 있어야 한다. 이때 보일러 용량이 kcal/h로 표시되었을 경우 (⑤)만 kcal/h를 1 t/h로 환산한다.

해답 ① 5   ② 10   ③ 공급 연료량
④ 연소용 공기   ⑤ 60

44 회전펌프(원심식)에서 프라이밍 작업에 대하여 설명하시오.

> **[해답]** 펌프시동 전에 펌프 내부에 물을 가득히 붓는 작업을 프라이밍이라 한다.

45 온도조절식 증기트랩을 2가지만 쓰시오.

> **[해답]** ① 바이메탈식　　　　　　　　② 벨로스식

46 보일러 수저분출의 목적을 3가지만 쓰시오.

> **[해답]** ① 관수의 불순물 농도를 한계치 이하로 유지한다.
> ② 관수의 신진대사를 원활하게 한다.
> ③ 슬러지분을 배출하여 스케일 생성을 방지한다.

47 열교환기를 구조에 따라 3가지로 분류하여 쓰시오.

> **[해답]** ① 다관원통형식　　　② 이중관식　　　③ 단관식
> ④ 공랭식　　　　　② 특수식

48 By-pass관에 감압밸브를 설치할 때 필요한 밸브나 장치를 종류별로 쓰고 부속품을 5가지만 쓰시오.(단, 감압밸브와 배관연결재료는 제외한다.)

> **[해답]** ① 안전밸브　　　　② 압력계　　　③ 여과기
> ④ 글로우밸브　　　⑤ 바이패스밸브(슬루스밸브)

49 증기보일러의 압력계 부착방법에 대하여 쓰시오.

> **[해답]** 압력계와 연결된 증기관은 최고사용압력에 견디는 것으로서 크기는 황동관 또는 동관을 사용할 경우 안지름 6.5mm 이상, 강관을 사용할 경우 12.7mm 이상이어야 하며 증기온도가 210℃를 넘을 때는 황동관 또는 동관을 사용해서는 안 된다.

50 과열증기 사용 시의 이점을 3가지만 쓰시오.

> **해답** ① 이론상의 열효율이 증가한다.
> ② 증기의 마찰손실이 적다.
> ③ 같은 압력의 포화증기에 비해 보유열량이 많다.
> ④ 증기 원동소의 터빈 날개의 부식이 적다.

51 보일러 배기가스로 급수를 예열하는 여열장치의 명칭을 쓰시오.

> **해답** 절탄기(이코노마이저)

52 증기압력계의 검사 시기를 3가지만 쓰시오.

> **해답** ① 신설보일러의 경우 압력이 오르기 전
> ② 압력계가 2개이고 지시값이 서로 다를 때
> ③ 프라이밍 또는 포밍 현상이 발생될 때

53 폐열회수장치로서 연도가스의 열대류를 이용하는 장치를 3가지 쓰시오.

> **해답** ① 과열기   ② 절탄기   ③ 공기예열기

54 과열증기란 무엇인지 간단히 설명하시오.

> **해답** 포화증기상태에서 압력은 일정하게 하고 온도만 높인 증기를 말한다.

55 과열증기의 온도 조절방법 4가지를 쓰시오.

> **해답** ① 과열저감기를 사용하는 방법
> ② 열가스 유량을 댐퍼로 조절하는 방법
> ③ 연소실 화염의 위치를 바꾸는 방법
> ④ 폐가스를 연소실로 재순환하는 방법

56 과열증기의 온도를 조절하는 방법을 5가지만 쓰시오.

해답 ① 과열증기를 통하는 연소가스량을 조절하는 방법
② 연소가스의 재순환 방법
③ 과열저감기를 사용하는 방법
④ 연소실의 화염 위치를 조절하는 방법
⑤ 과열증기에 습증기나 급수로 분무하는 방법

참고 • 과열저감기를 사용하는 방법
• 연소 후 배기되는 열가스 유량을 댐퍼로 조절하는 방법
• 연소실 화염의 위치를 바꾸는 방법
• 폐가스를 연소실로 재순환하는 방법

57 분출장치의 설치 목적 4가지를 쓰시오.

해답 ① 보일러수의 농축을 방지한다.
② 포밍이나 프라이밍을 방지한다.
③ 스케일 및 슬러지 생성을 방지한다.
④ 보일러수의 pH를 조절한다.

58 화염검출기인 프레임 아이의 원리와 기능을 쓰시오.

해답 (1) 원리 : 연소 중에 발생하는 화염 빛을 감지부에서 전기적 신호로 바꾸어 화염유무를 검출한다.(화염의 발광체 이용)

(2) 기능
① 잔류가스의 폭발을 방지한다.
② 신속한 연료차단으로 보일러사고를 사전에 예방한다.

59 고압용 증기 계통에 사용하는 Flash Tank를 간단히 쓰시오.

해답 고압증기 사용설비에서 발생하는 고압의 응축수를 모아 저압의 증기를 발생하여 재사용하는 저압증기 발생장치를 말한다.

60 기수분리기의 형식을 3가지만 쓰시오.

> 해답 ① 장애판을 조립한 것
> ② 원심분리기를 사용한 것
> ③ 파도형의 다수강판을 합쳐 조립한 것

61 급수관에서 급수유량계를 설치할 때 고장 시를 대비하여 바이패스관을 연결한다. 이때 필요한 부속품의 수량을 쓰시오.

(1) 엘보　　　　　　　　(2) 티　　　　　　　　　(3) 유니언
(4) 밸브　　　　　　　　(5) 급수유량계

> 해답 (1) 2개　　　　　　(2) 2개　　　　　　(3) 3개
> (4) 3개　　　　　　(5) 1개

62 응축수와 증기의 비중차(기계식)를 이용한 트랩을 2가지만 쓰시오.

> 해답 ① 버킷 트랩　　　　② 플로트식 트랩(다량 트랩)
> 참고 플로트식 트랩
> • 온도차에 의한 트랩 : 벨로스 트랩, 바이메탈 트랩
> • 열역학적 트랩 : 디스크식 트랩, 오리피스 트랩

63 과열기의 형식 중 전열방식에 의한 종류 3가지를 쓰시오.

> 해답 ① 복사과열기　　　② 대류과열기(접촉과열기)　　　③ 복사대류 과열기

64 강철제 보일러 압력계의 점검시기나 시험시기에 대하여 4가지만 쓰시오.

> 해답 ① 보일러를 장기간 휴지한 후 다시 사용하고자 할 때
> ② 프라이밍이나 포밍이 발생할 때
> ③ 지침의 정도가 의심스러울 때
> ④ 안전밸브의 분출작동압력과 실제작동 압력계의 압력과 조정압력이 서로 다를 때

65 다음 보기를 보고 수면계의 기능에 대한 점검순서를 쓰시오.

▼ 보기
① 물콕을 닫는다.   ② 드레인콕을 닫는다.
③ 증기콕을 닫는다.   ④ 물콕을 열고 확인 후 닫는다.
⑤ 증기콕을 열고 확인한다.   ⑥ 드레인콕을 연다.
⑦ 물콕을 서서히 연다.

해답 ① → ③ → ⑥ → ④ → ⑤ → ② → ⑦
     또는 ③ → ① → ⑥ → ④ → ⑤ → ② → ⑦

66 산업용 증기보일러 수면계의 점검순서를 기호로 쓰시오.

▼ 보기
① 증기밸브를 연 후 통기를 확인한다.
② 드레인밸브를 차단하고 물밸브를 연다.
③ 물밸브를 열고 통수를 확인하고 닫는다.
④ 드레인밸브를 열고 배수한다.
⑤ 증기밸브, 물밸브를 차단한다.

해답 ⑤ → ④ → ③ → ① → ②

67 증기트랩의 구비조건 5가지를 간단히 쓰시오.

해답 ① 유체에 대한 마찰저항이 적을 것   ② 작동이 확실할 것
     ③ 공기빼기를 할 수 있을 것   ④ 내구력이 있을 것
     ⑤ 봉수가 확실할 것

68 보일러 청소 시 사용하는 슈트 블로어의 사용상 주의사항 3가지를 쓰시오.

해답 ① 보일러 부하가 50% 이하일 때는 슈트 블로어 사용을 금한다.
     ② 소화 후 슈트 블로어 사용을 금지한다.
     ③ 분출 시에는 유인통풍을 증가시킨다.

69 다음은 화염검출기에 관한 설명이다. 보기에서 골라 해당되는 내용을 쓰시오.

> ▼ 보기
> ① 스택스위치(Stack Switch) ② 플레임로드(Flame Rod)
> ③ 플레임아이(Flame Eye)

(1) 화염의 발광체를 이용한 것으로 연소 중에 화염의 복사선을 광전관으로 잡아 전기 신호를 변환하여 화염의 유무를 검출하는 장치로 버너의 불꽃으로부터 불빛을 잡을 수 있는 위치에 부착한다.

(2) 화염의 이온화를 이용한 것으로 화염 속의 가스는 고온에서 양이온과 자유전자로 전리된다. 이때 불꽃 속에 전극을 넣어 전기흐름의 유무를 검출하는 장치이다. 글랜드 로드(Gland Rod)는 버너에 부착시키며 내열성 금속봉이 사용된다.

(3) 연소가스의 발열체를 이용한 것으로 연도를 통하는 가스의 온도에 의해 감열 소자인 바이메탈의 신축작용으로 불꽃의 유무를 검출하는 장치로 연소실 출구나 연도에 부착한다.

⟨해답⟩ (1) ③   (2) ②   (3) ①

70 캐리오버(Carry Over)에는 선택적 캐리오버와 규산캐리오버가 있다. 캐리오버에 대하여 간단히 설명하시오.

⟨해답⟩ 물방울이 수면 위로 튀어올라 송기되는 증기 속에 포함되어 외부로 나가는 현상을 말하며 프라이밍, 포밍, 규산캐리오버 현상으로 구분한다.

71 보일러 운전 중 발생되는 캐리오버에는 기계적 캐리오버 및 선택적 캐리오버가 있다. 이 중 선택적 캐리오버에 관하여 간단히 기술하시오.

⟨해답⟩ 물속에 용해된 실리카가 증기 중에 용해된 그대로 운반되어 보일러 외부로 배출되는 캐리오버이다.

⟨참고⟩ 기계적 캐리오버 : 증기에 혼입되는 물방울의 액적, 즉 비누나 거품(포밍)이 증기에 혼입되어 배출되는 캐리오버

72 보일러 운전 시 기수공발(Carry Over)을 방지하는 방법을 5가지 쓰시오.

해답 ① 고수위 방지
② 주증기밸브 급개 방지
③ 보일러 부하 과대 방지
④ 기수분리기 설치
⑤ 보일러수 농축방지

73 보일러 운전 중 캐리오버(기수공발)의 발생 시 그 방지대책을 3가지만 쓰시오.

해답 ① 관수의 농축을 방지한다.
② 비수방지관이나 기수분리기를 설치한다.
③ 주증기 밸브를 천천히 연다.
④ 유지분이나 알칼리분, 부유물 생성을 억제한다.
⑤ 고수위 운전을 하지 않는다.

74 다음은 화염검출기에 대한 설명이다. 해당 내용에 필요한 화염검출기의 명칭을 쓰시오.
(1) 화염의 발광체를 이용한 화염검출기
(2) 전기의 전도성을 이용한 화염검출기
(3) 연도에 설치하고 온수보일러, 저압증기보일러에 사용되는 화염검출기(단, 화염의 발열체를 이용한다.)

해답 (1) 플레임 아이
(2) 플레임 로드
(3) 스택 스위치

참고 플레임 아이의 종류
• 황화카드뮴 광도전 셀
• 황화납 광도전 셀
• 적외선 광전관
• 자외선 광전관

75 보일러 안전장치인 가용전 재료 2가지만 쓰시오.

해답 주석, 납

76 다음은 기수분리기에 대한 설명이다. ( ) 안에 알맞은 용어를 쓰시오.

기수분리기는 (①)가 높은 (②)를 얻기 위한 장치이다.

해답 ① 건조도 ② 포화증기

77 분출 장치의 설치 목적 4가지를 쓰시오.

해답 ① 보일러수의 농축을 방지한다.
② 포밍이나 프라이밍을 방지한다.
③ 스케일 및 슬러지 생성을 방지한다.
④ 보일러수의 pH를 조절한다.

78 다음 ( ) 안에 전극식 수위검출기에 대한 이상 유무 점검시기를 써넣으시오.

(1) 1일 ( )회 이상 검출통 내를 분출시킨다.

(2) ( )일 1회 이상 그 작동상황의 이상 유무를 점검한다.

(3) ( )개월에 1회 이상 전극봉을 고운 샌드페이퍼로 닦는다.

(4) 수위계의 누설방지와 ( )을 겸해서 테프론을 사용한다.

(5) 1년에 ( )회 이상 통전시험 및 절연저항을 측정한다.

(6) 전기절연성의 테프론의 내열온도는 ( )K 이상이다.

해답 (1) 1   (2) 1   (3) 6
(4) 전기절연성   (5) 1   (6) 513(240℃)

참고 수면계 : 전극식, 평형반사식, 열팽창관식, 평형투시식, 차압식, 2색식 등이 있다.

79 보일러용 급수펌프의 구비조건을 5가지만 쓰시오.

해답 ① 고온 고압에 잘 견딜 수 있어야 한다.
② 병렬 운전에도 지장이 없어야 한다.
③ 저부하 운전에도 효율이 좋아야 한다.
④ 급격한 부하변동 시 대응할 수 있어야 한다.
⑤ 작동이 확실하고 조작이 간편하여야 한다.

80 보일러 급수장치에서 보일러동 내부에 급수내관을 설치하는 이유나 장점을 3가지만 쓰시오.

해답 ① 동 내부 보일러수 교란 방지　② 관수의 역류 방지
③ 보일러수 부동팽창 방지　④ 관수의 온도분포가 균일하다.

81 다음의 조건을 보고 펌프의 소요동력(kW)을 구하시오.

▼ 조건
• 수량 0.96m³/min
• 펌프에서 수면까지 흡입양정 5m
• 감쇠높이 2m
• 펌프에서 보일러까지 급수필요토출양정 14m
• 펌프의 효율 80%

해답 $동력 = \dfrac{1{,}000 \times 분당\ 급수송출량 \times 전양정}{102 \times 60 \times 효율}$

$= \dfrac{1{,}000 \times 0.96 \times (5 + 14 + 2)}{102 \times 60 \times 0.8} = 4.12\,\mathrm{kW}$

참고 물의 비중량 : 4℃에서 $1{,}000\,\mathrm{kgf/m^3}$

82 펌프 회전수가 1,500rpm 상태에서 양정이 80m이고 유량이 0.6m³/min이면 회전수가 1,800rpm에서 유량은 몇 m³/min인가?

해답 $송풍유량증가 = 기본유량 \times \left(\dfrac{N_2}{N_1}\right) = 0.6 \times \left(\dfrac{1{,}800}{1{,}500}\right) = 0.72\,\mathrm{m^3/min}$

83 보일러 급수송출량은 420m³/h, 급수의 전양정은 10m, 펌프효율 80%에 필요한 급수펌프 축동력(kW)을 계산하시오.

해답 축동력$(P) = \dfrac{r \cdot Q \cdot H}{102 \times \eta} = \dfrac{1,000 \times \left(\dfrac{420}{3,600}\right) \times 10}{102 \times 0.8} = 14.30\text{kW}$

참고 $1\text{kW} = 102\text{kg} \cdot \text{m/s},\ 1$시간$= 3,600\text{sec}$

84 급수펌프의 회전수가 1,000rpm에서 양정이 15m이다. 펌프임펠러 회전수를 1,500rpm으로 증가시키는 경우 양정의 높이(m)를 구하시오.

해답 양정$=$기존양정$\times \left(\dfrac{N_2}{N_1}\right)^2$

$= 15 \times \left(\dfrac{1,500}{1,000}\right)^2 = 33.75\text{m}$

85 원심식 펌프의 회전수가 1,500rpm에서 소요동력이 7.5kW이다. 회전수를 1,800rpm으로 증가변형 시 소요동력은 몇 kW이어야 하는가?

해답 $\text{kW}' = \text{kW} \times \left(\dfrac{N_2}{N_1}\right)^3$

$= 7.5 \times \left(\dfrac{1,800}{1,500}\right)^3 = 12.96\text{kW}$

86 급수펌프에서 동력이 15kW이고 펌프효율이 90%, 물의 비중량이 1,000kg/m³, 급수펌프에 필요한 양정이 10m일 경우 펌프의 급수사용량은 몇 m³/min인가?

해답 동력$= \dfrac{1,000 \times 급수량 \times 양정}{102 \times 60 \times 효율}(\text{kW})$

$15 = \dfrac{1,000 \times G_w \times 10}{102 \times 60 \times 0.9}$

급수사용량$(G_w) = 15 \times \dfrac{102 \times 60 \times 0.9}{1,000 \times 10} = 8.26\text{m}^3/\text{min}$

참고 급수사용량은 분당(min)으로 주어질 경우 $1\text{min} = 60\text{sec}$가 삽입된다.

87 어느 수관 보일러 급수량이 1일 70ton이다. 급수 중 염화물의 농도가 15ppm이고 보일러수의 허용농도는 400ppm이다. 그리고 $(1-R)$은 0.6이라면 분출량(ton/day)은 얼마인가?

> **해답** 보일러 분출량 $= \dfrac{W(1-R)d}{b-d} = \dfrac{70 \times 0.6 \times 15}{400-15} = 1.64 \text{ton/day}$

88 다음은 증기헤더에 관한 설명이다. ( ) 안에 알맞은 용어를 쓰시오.

> 증기헤더(Steam Header)의 크기는 헤더에 부착된 증기관의 가장 큰 지름의 (①) 이상으로 하며 이것을 설치하는 목적은 증기의 (②)을(를) 조절하고 불필요한 (③)을(를) 방지하는 데 있다. 또한 헤더 밑 부분에는 (④)을(를) 설치하며 이 헤더는 (⑤) 압력용기에 속한다.

> **해답** ① 2배   ② 사용량   ③ 열손실
> ④ 트랩   ⑤ 제2종

89 보일러 운전시간이 8시간, 시간당 급수사용량이 3,000kg, 응축수 회수량이 시간당 2,500kg, 급수 중의 염화물의 허용농도가 200ppm, 보일러 관수 중의 염화물의 불순물 허용농도가 400ppm일 경우 일일 분출량은 몇 kg인가?

> **해답** 분출량 $= \dfrac{W(1-R)d}{b-d}$
>
> 응축수 회수율$(R) = \dfrac{2,500}{3,000} \times 100 = 83\%$
>
> $\therefore \ \dfrac{8 \times 3,000(1-0.83) \times 200}{400-200} = 4,080 \text{kg}$

90 터빈 펌프에서 전양정(흡입+수두+토출)이 15m이고 급수송출량이 0.5m³/s이며 펌프의 효율이 80%일 때 이 원심식 펌프의 소요동력은 몇 kW인가?

> **해답** 소요동력 $= \dfrac{1,000 \times Q \times H}{102 \times 60 \times \eta} = \dfrac{1,000 \times 0.5 \times 60 \times 15}{102 \times 60 \times 0.8} = 91.91 \text{kW}$
>
> **참고** 소요마력 $= \dfrac{1,000 \times 0.5 \times 60 \times 15}{75 \times 60 \times 0.8} = 125 \text{PS}$

91 소요전력이 50kW이고, 펌프의 효율이 75%, 흡입양정이 15m, 토출양정이 20m인 급수펌프의 송출량은 몇 m³/min인지 계산하시오.(단, 물의 비중량(γ)은 1,000kgf/m³이다.)

해답 $\dfrac{1,000 \times Q \times (15 + 20)}{102 \times 60 \times 0.75} = 50$

$Q = \dfrac{50 \times 102 \times 60 \times 0.75}{1,000 \times (15 + 20)} = 6.55714285714$

$\therefore \ 6.56\text{m}^3/\text{min}$

92 보일러 수저분출을 하고자 한다. 관수의 불순물의 허용농도가 2,000ppm이고, 급수 중의 불순물의 허용농도가 200ppm일 때 1일 급수 사용량이 25,000kg, 응축수 회수율이 90%라 할 때 분출량(kg/일)을 계산하시오.

해답 분출량 $= \dfrac{W(1-R)d}{\gamma - d}$

$= \dfrac{25,000(1-0.9) \times 200}{2,000 - 200}$

$= 277.78\text{kg/일}$

93 급수펌프의 소요동력이 30kW, 펌프의 축동력이 85%, 전양정이 44m일 때 펌프의 송출량(m³/min)은 얼마인가?

해답 펌프송출량$(Q) = \dfrac{102 \times 60 \times 0.85 \times 30}{1,000 \times 44} = 3.55\text{m}^3$

참고 펌프동력 $= \dfrac{1,000 \times Q \times H}{102 \times 60 \times \eta} = \dfrac{1,000 \times 3.55 \times 44}{102 \times 60 \times 0.85} = 30$

94 다음 조건을 보고 향류형 급수예열기의 열교환면적(m^2)을 계산하시오. (단, 대수평균온도차를 이용한다.)

▼ **조건**
- 급수사용량 : 5,000L
- 증기온도 : 118℃
- 물의 비열 : 1kcal/kg℃
- 급수예열기 출구 급수온도 : 70℃
- 증기압력 : 1.5MPa
- 열관류율 : 340kcal/m^2h℃
- 급수온도 : 40℃

해답

$$\begin{pmatrix} 118 \longrightarrow 118℃ \\ 40 \longrightarrow 70℃ \end{pmatrix} \quad \begin{matrix} 118 - 40 = 78℃ \\ 118 - 70 = 48℃ \end{matrix}$$

$$대수평균온도차(\Delta t_m) = \frac{\Delta t_1 - \Delta t_2}{\ln\left(\dfrac{\Delta t_1}{\Delta t_2}\right)} = \frac{78 - 48}{\ln\dfrac{78}{48}} = 61.79℃$$

$$\therefore \ 열교환면적(A) = \frac{5,000 \times 1 \times (70 - 40)}{340 \times 61.79} = 7\,m^2$$

SECTION 03

보일러, 부속장치 계통도

01 다음 계장도는 플래시탱크(제1종 압력용기)의 계통도이다. ①~③의 용도별 관의 명칭을 쓰시오.

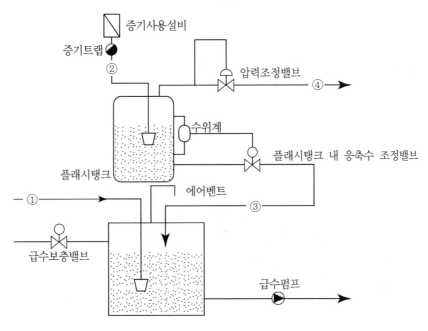

해답 ① 저압증기 응축수 드레인관   ② 플래시탱크 고압응축수 회수관
     ③ 응축수탱크 저압응축수 회수관   ④ 저압증기관(재생증기관)

참고 플래시탱크(증발탱크) 보조도면

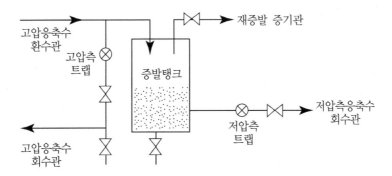

02 보일러 주위 배관도 중 감압변 주위 By – pass 주변도를 도시하시오.

해답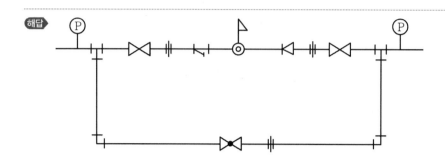

03 다음의 보일러 계통도(노통연관식 보일러)에서 ⑩, ⑯, ㉖, ㉗, ㉜, ㊱, ㊺의 명칭을 쓰시오.

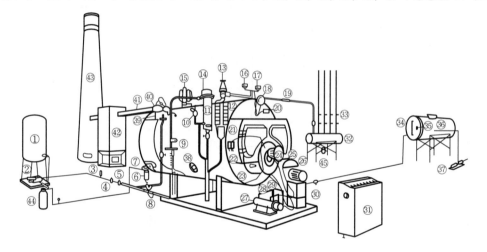

해답 ⑩ 저수위 경보장치   ⑯ 압력제한기   ㉖ 송풍기
　　 ㉗ 연료예열기   ㉜ 증기헤더   ㊱ 서비스탱크
　　 ㊺ 증기트랩

참고 보일러 계통도의 명칭

① 물탱크	② 터빈펌프	③ 온도계	④ 여과기
⑤ 수량계	⑥ 청관제 주입구	⑦ 방폭문	⑧ 여과기
⑨ 인젝터	⑩ 저수위 경보장치	⑪ 수주	⑫ 수면계
⑬ 주증기밸브	⑭ 보조증기밸브	⑮ 안전밸브	⑯ 압력제한기
⑰ 압력조절기	⑱ 압력계	⑲ 신축관	⑳ 보일러명판
㉑ 윈드박스	㉒ 변압기	㉓ 투시구	㉔ 회전식 버너
㉕ 전자밸브	㉖ 송풍기	㉗ 연료예열기	㉘ 연료유온도계
㉙ 유량계	㉚ 연료여과기	㉛ 자동제어 패널	㉜ 증기헤더
㉝ 압력계	㉞ 액면계	㉟ 온도계	㊱ 서비스탱크

㊲ 기어펌프   ㊳ 맨홀   ㊴ 배기가스온도계   ㊵ 통풍기
㊶ 연도   ㊷ 집진기   ㊸ 연돌   ㊹ LPG용기
㊺ 증기트랩

04 다음은 온수보일러의 계통도이다, ①~⑧의 명칭을 쓰시오.

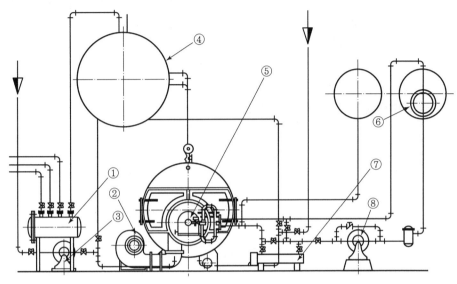

해답 ① 온수해더   ② 압입송풍기   ③ 순환펌프
④ 온수탱크   ⑤ 버너   ⑥ 서비스탱크
⑦ 오일프리히터   ⑧ 오일기어펌프

05 다음은 오일탱크 주위의 배관계통도이다. ①~⑩까지 부속장치의 명칭을 쓰시오.

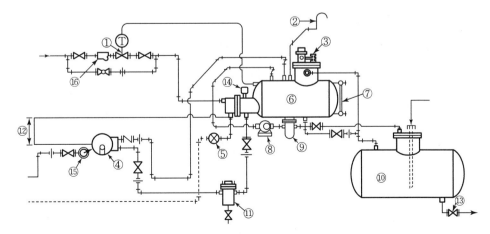

해답 ① 온도조절밸브   ② 통기관(Air Vent)
     ③ 플로트 스위치(Float Switch)   ④ 오일버너(Oil Burner)
     ⑤ 환수트랩   ⑥ 서비스(Oil Service) 탱크
     ⑦ 유면계   ⑧ 급유펌프(Oil Pump)
     ⑨ 기름여과기(Oil Strainer)   ⑩ 저유조(Oil Storage Tank)
     ⑪ 유수분리기   ⑫ 1,500mm 이상(1.5m 이상)
     ⑬ 드레인밸브(Drain Valve)   ⑭ 온도계
     ⑮ 가스점화장치

06 다음 온수보일러 계통도를 완성하시오.

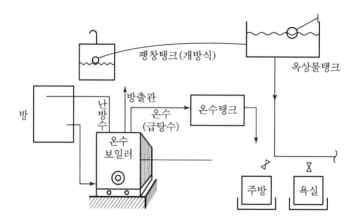

해답

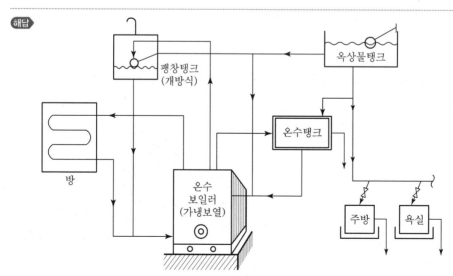

07 증기헤더에서 증기트랩을 거쳐서 응축수가 응축수관으로 흐르는 배관 계통도를 그리시오. (단, 보기의 부속을 이용하시오.)

▼ 보기
- 티 : 3개
- 엘보 : 2개
- 밸브 : 3개
- 여과기 : 1개
- 트랩 : 1개
- 유니언 : 4개

해답

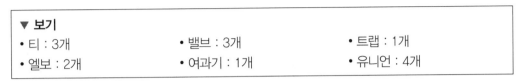

08 하트포드 접속법에서 증기헤드와 환수헤드 사이에 밸런스관을 설치하고자 한다. 보일러 기준 수면에서 몇 mm 아래에 밸런스관을 설치하는가?

해답 50mm

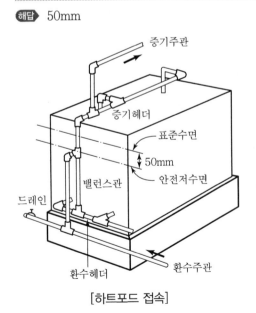

[하트포드 접속]

09 다음 온수보일러에서 ①~⑯에 해당되는 부위의 명칭을 각각 쓰시오.

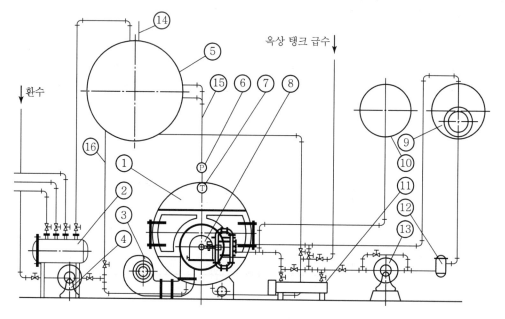

해답 ① 온수보일러   ② 온수헤더   ③ 압입송풍기   ④ 순환펌프
     ⑤ 온수탱크   ⑥ 압력계   ⑦ 온도계   ⑧ 버너
     ⑨ 서비스탱크   ⑩ 경유탱크   ⑪ 오일히터   ⑫ 스테이너
     ⑬ 기어펌프   ⑭ 에어벤트   ⑮ 급탕관   ⑯ 순환관

10 다음 급수수량계 설치 시 부속품의 개수를 쓰시오.

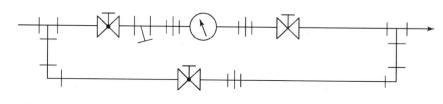

(1) 스트레이너   (2) 유니언   (3) 밸브
(4) 엘보   (5) T이음

해답 (1) 1개   (2) 3개   (3) 3개
     (4) 2개   (5) 2개

11 노통연관보일러에서 평형반사식 수면계 설치에 대하여 ( ) 안에 써넣으시오.

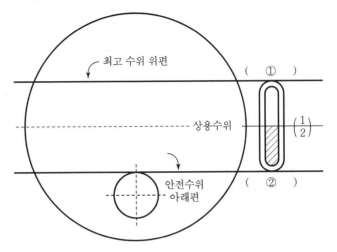

최고 수위 위편
(①)
상용수위
$\left(\dfrac{1}{2}\right)$
안전수위
아래편
(②)

해답 ① 수평 또는 내림 하향 기울기 부착
② 수평 또는 올림 상향 기울기 부착

12 개방식 팽창탱크에서 다음 기호가 나타난 부속장치의 명칭을 쓰시오.

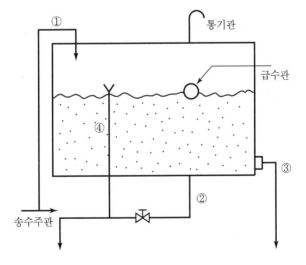

통기관
급수관
①
④
③
②
송수주관

해답 ① 안전관(방출관)   ② 드레인관(배수관)
③ 팽창관   ④ 오버플로관(일수관)

13 다음 서비스 탱크 그림을 보고 ①~⑤까지의 명칭을 쓰시오.

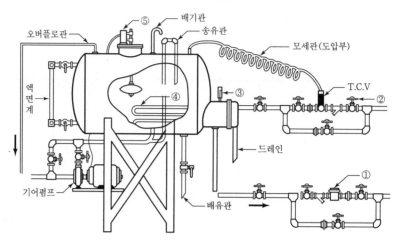

해답 ① 유량계   ② 증기입구   ③ 온도계
　　　④ 가열코일   ⑤ 플로트 스위치

14 다음 그림에서 ①~⑤에 해당하는 것을 보기에서 골라 쓰시오.

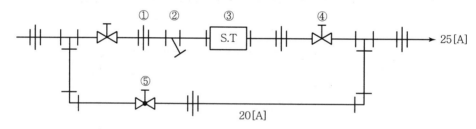

> ▼ 보기
> 글로브 밸브, 게이트 밸브, 유니언, 스트레이너, 증기트랩

해답 ① 유니언   ② 스트레이너   ③ 증기트랩
　　　④ 게이트 밸브   ⑤ 글로브 밸브

15 다음 도면을 보고 부속품의 개수 또는 치수를 기입하시오.

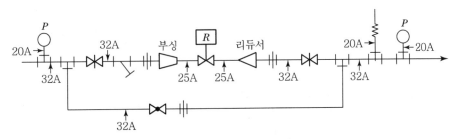

(1) 압력계

(2) 감압밸브

(3) 이경 티

(4) 32A 동경 티

(5) 유니언

(6) 게이트밸브

(7) 부싱 치수

(8) 리듀서 치수

(9) 스프링안전밸브

(10) 정티

해답 (1) 2개   (2) 1개   (3) 3개   (4) 2개   (5) 3개
(6) 2개   (7) 32×25A   (8) 32×25A   (9) 1개   (10) 2개

16 감압밸브 바이패스 배관도이다. 이음쇠를 제외하고 부품의 종류와 밸브를 구분하여 부속을 쓰시오.

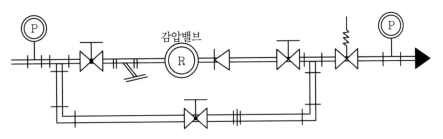

해답 ① 안전밸브   ② 압력계   ③ 스트레이너
④ 글로브밸브   ⑤ 슬루스밸브   ⑥ 유니언

17 다음 도면은 보일러 연소제어계장도이다. ①∼⑥의 명칭을 쓰시오.

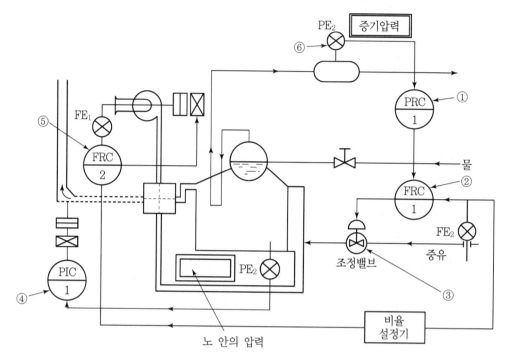

해답 ① 연료압력 조절기　　　　　　② 연료 조절기
③ 연료량을 가감하는 조작부　④ 통풍력 조절기
⑤ 공기유량 조절기　　　　　　⑥ 증기압력 검출기

18 증기배관에서 트랩의 정상 작동 여부를 확인하려 한다. 다음 그림을 참조하여 ( ) 안에 ⓐ, ⓑ 또는 적합한 용어를 쓰시오.

점검밸브인 (①)를 설치하고 출구밸브인 (②)를 잠근 후 밸브 (③)를 열어서 (④)가(이) 배출되면, 트랩이 정상이고 다량의 (⑤)가(이) 배출되면 고장이다.

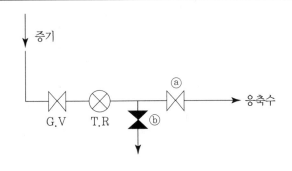

해답 ① ⓑ   ② ⓐ   ③ ⓑ
④ 응축수   ⑤ 증기

19 다음 유류 보일러 계통도를 보고 ①~⑯에 해당되는 부품의 명칭을 쓰시오.

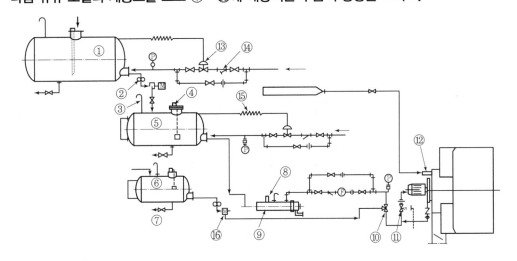

해답 ① 주저장탱크   ② 복식여과기   ③ 배기관
④ 플로트 스위치   ⑤ 서비스탱크   ⑥ 경유탱크
⑦ 드레인밸브   ⑧ 온도계   ⑨ 오일프리히터
⑩ 삼방밸브   ⑪ 전자밸브   ⑫ 점화버너
⑬ 온도조절밸브   ⑭ y자형 여과기   ⑮ 모세관
⑯ 급유펌프

20 슐처보일러의 도면을 보고 명칭을 쓰시오.

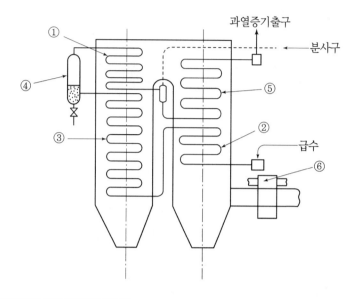

해답
① 복사과열기   ② 절탄기(급수과열기)   ③ 증발관
④ 분리기(기수 염분리기)   ⑤ 대류과열기   ⑥ 공기예열기

참고 관류 벤슨보일러

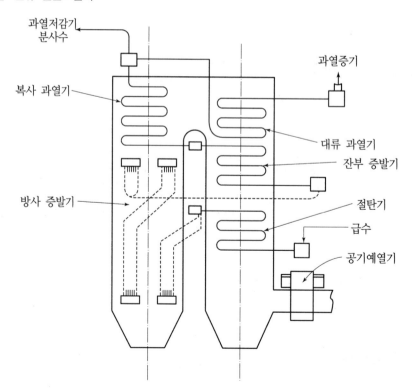

21 보일러 수위제어 검출방식 중 전극식 자동급수 조정장치를 보고 각각의 기능을 쓰시오.

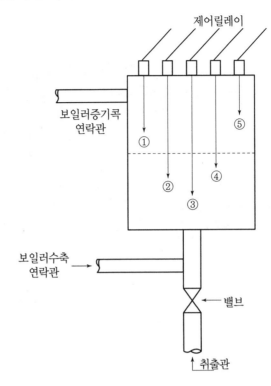

해답 ① 급수 정지용   ② 저수위 경보용   ③ 저수위 차단용
④ 급수 개시용   ⑤ 고수위 경보용

22 다음 도면은 서비스탱크의 주위 배관도이다. ①~④의 명칭과 ⑤에 알맞은 장치명을 쓰시오.

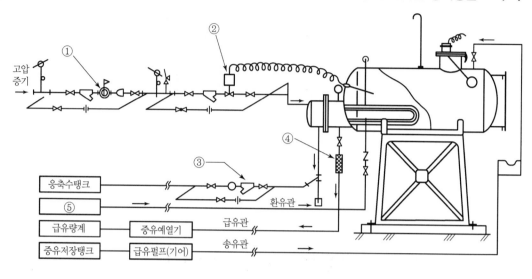

해답 ① 감압밸브 ② 온도컨트롤밸브
③ 여과기 ④ 플렉시블 조인트(신축이음)
⑤ 버너

23 다음 보일러 계통도에서 ①~⑤ 기기의 명칭을 보기에서 골라 쓰시오.

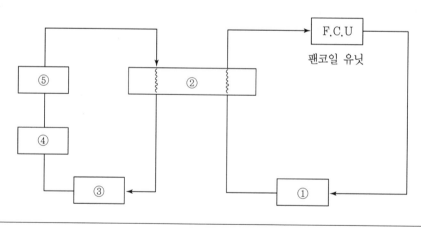

▼ 보기
• 열교환기 • 증기보일러 • 순환펌프
• 증기트랩 • 급수펌프

해답 ① 순환펌프 ② 열교환기 ③ 증기트랩
④ 급수펌프 ⑤ 보일러

24 다음 계통도는 급수설비 및 보일러계장도이다. ①~⑤의 명칭을 쓰시오.

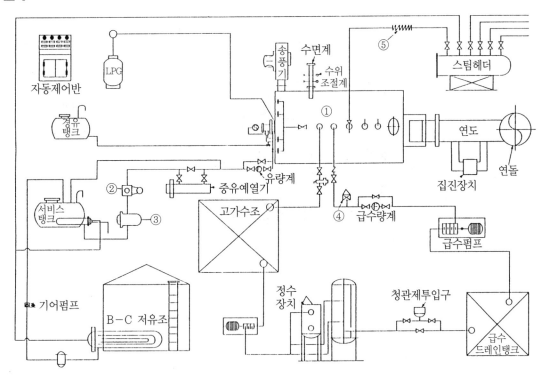

해답 ① 보일러　　　② 분연펌프　　　③ 여과기
④ 급수온도계　　　⑤ 신축조인트

25 다음은 금속관의 열팽창을 이용한 코프식 급수조절장치이다. ①~⑤에 대한 명칭을 쓰시오.

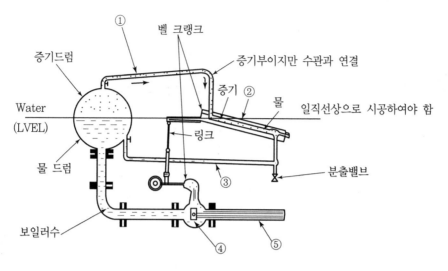

해답 ① 증기연락관
② 열팽창관
③ 수부연락관
④ 급수조절밸브
⑤ 급수관

참고 수관식 보일러의 배플(화염방해판)의 설치목적 또는 장점
• 노 내의 어느 한 부분이 국부적으로 과열되는 것을 방지한다.
• 노 내 연소가스의 체류시간을 연장할 수 있어 전열효율을 높인다.
• 화염의 방향을 원하는 곳으로 보낼 수 있다.

26 감압밸브를 이용하여 증기의 흐름 계통도를 그리시오. (단, 부속장치는 아래와 같으며, 증기는 우측에서 좌측으로 이동한다.)

부속장치 : ① 압력계 : 2개   ② 밸브 : 3개
            ③ 티 : 5개   ④ 유니언 : 3개
            ⑤ 안전밸브 : 1개   ⑥ 감압밸브 : 1개
            ⑦ 엘보 : 2개   ⑧ 여과기 : 1개

해답

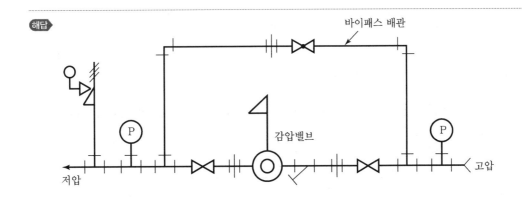

27 다음의 온수보일러 계통도를 보고 ①~⑤가 표시하는 부속품의 명칭을 쓰시오.

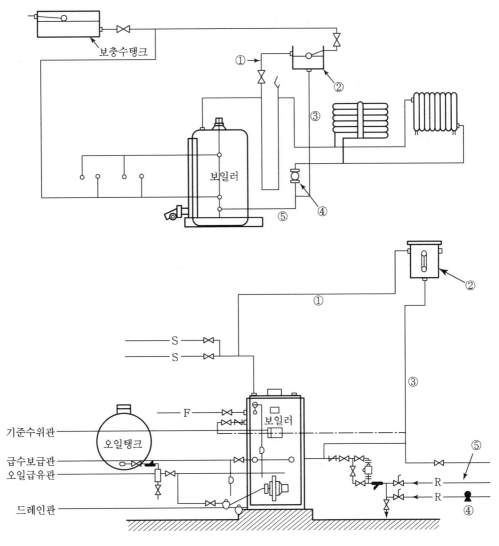

해답 ① 방출관　　　　　　② 팽창탱크　　　　　　③ 팽창관
　　　　 ④ 온수순환펌프　　　⑤ 환수주관

28 다음은 유류용 온수보일러의 설치 개략도이다. 각 부품에 맞는 번호를 개략도에서 찾아 쓰시오.

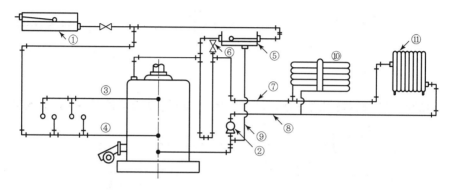

(1) 급탕용 온수공급관　　　　　　　(2) 난방용 온수환수관

(3) 급수탱크　　　　　　　　　　　　(4) 팽창관

(5) 방열관　　　　　　　　　　　　　(6) 방열기

해답 (1) ③　　　　　　(2) ⑧　　　　　　(3) ①
　　　　 (4) ⑨　　　　　　(5) ⑩　　　　　　(6) ⑪

29 다음 개방식 팽창탱크에서 ①~⑥까지 기호가 나타내는 관의 명칭을 쓰시오.

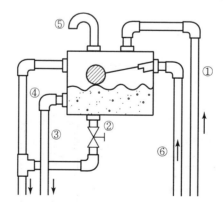

해답 ① 안전관(방출관)　　　② 배수관　　　　　③ 팽창관
　　　　 ④ 오버플로관(일수관)　⑤ 공기빼기관　　　⑥ 급수관

30 아래 도면은 유류용 온수보일러 배관도이다. 도면에서 난방수 공급라인에서 방열코일과 방열기를 통하여 난방환수라인에 이르기까지의 미완성된 배관을 완성하시오.

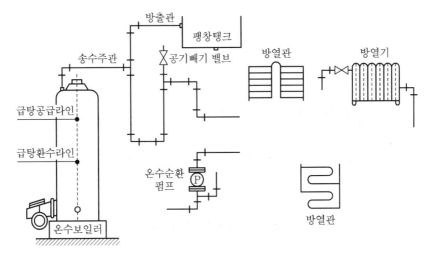

해답▶

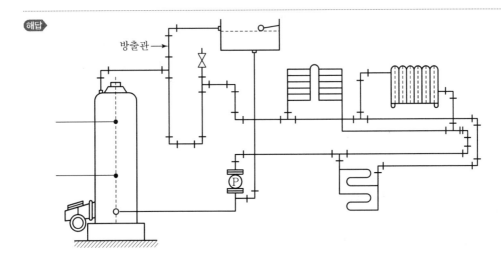

31

다음의 급유량계의 바이패스 배관도를 완성하시오.(단, 부속품은 밸브 3개, 유니언 3개, 티 2개, 90° 엘보 2개, y자형 여과기 1개가 장착된다.)

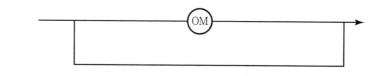

해답

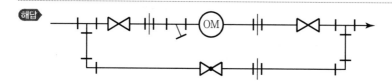

32

온수보일러 설치 계략도를 보고 배관계통도를 완성하시오.

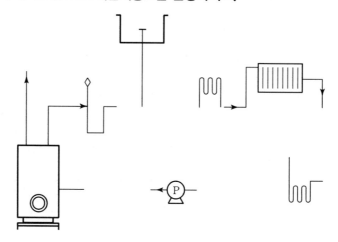

해답

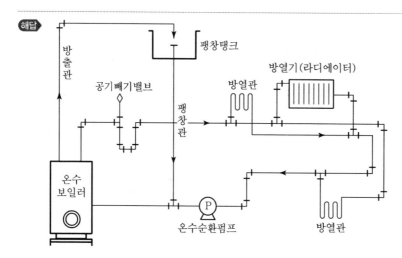

33 다음은 보일러 순환방식 중 중력순환식 온수난방을 나타낸 것이다. 각각 어떤 순환방식인지 쓰시오.

(1)　　　　　　　　　　　　　　　　(2)

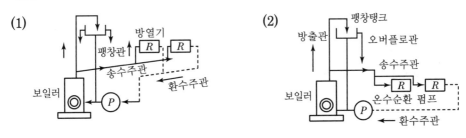

해답 (1) 상향순환식　　　　　　(2) 하향순환식

34 아래 난방배관 계통도를 역순환 배관(Reverse Return) 방식으로 완성하시오.

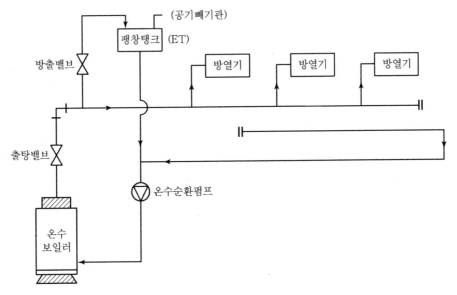

해답

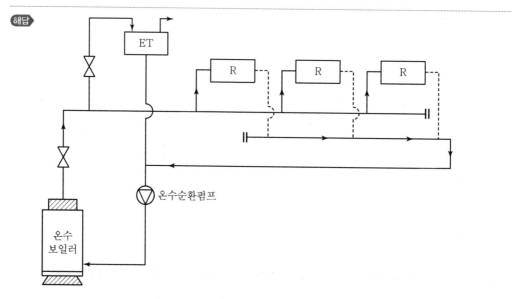

참고 각 방열기 순환길이가 같도록 리버스리턴으로 배관한다.

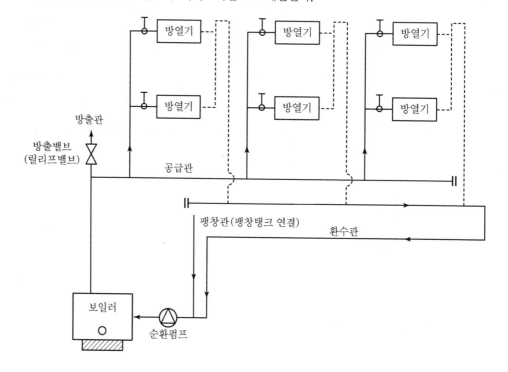

35 다음 그림과 같은 용기의 내용적(m^3)을 간단히 구하시오.

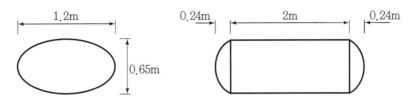

해답 $V = \dfrac{\pi}{4} \times a \times b \times \left(L + \dfrac{l_1 + l_2}{3} \right) m^3$

$= \dfrac{3.14}{4} \times 1.2 \times 0.65 \times \left(2 + \dfrac{0.24 + 0.24}{3} \right) = 1.322 m^3$

36 다음 보일러 계통도를 보고 ①~⑤에 해당되는 장치나 관의 명칭을 쓰시오.

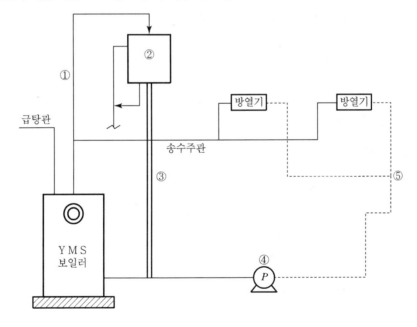

해답 ① 방출관(안전관)　　② 팽창탱크　　③ 팽창관
④ 순환펌프　　⑤ 환수주관(리턴관)

37 다음은 수면계 점검순서이다. 보기에서 골라 알맞은 말을 쓰시오.

▼ 보기
- 증기콕
- 드레인콕
- 물콕

(1) ①~③의 명칭을 쓰시오.

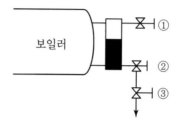

(2) (①), (②)을 잠근다. (③)을 연다.

(3) (①)을 열어 찌거기 등을 청소하고 잠근 후 (②)을 열어 통기시험한 다음 잠근다.

(4) (①)을 잠근다. 그 다음 (②)을 조금 열어 따뜻하게 한 후 (③)을 열어준다.

해답 (1) ① 증기콕 　② 물콕 　③ 드레인콕
　　 (2) ① 증기콕 　② 물콕 　③ 드레인콕
　　 (3) ① 물콕 　② 증기콕
　　 (4) ① 드레인콕 　② 증기콕 　③ 물콕

참고 수면계 점검순서
① 증기밸브와 물밸브를 잠근다.
② 드레인밸브를 연다.
③ 물밸브를 열어 확인한다. 그리고 잠근다.
④ 증기밸브를 열고 통기시험을 한다. 그리고 잠근다.
⑤ 드레인밸브를 잠근다.
⑥ 증기밸브를 연다.
⑦ 마지막으로 물밸브를 연다.

38 다음 연소제어 계장도를 보고 물음에 답하시오.

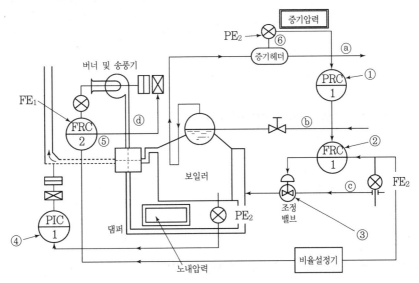

(1) ①~⑥의 명칭을 쓰시오.

(2) ⓐ~ⓓ의 관 내부에 흐르는 유체명을 쓰시오.

해답 (1) ① 연료압력 조절기
　　　② 연료 조절기
　　　③ 연료량을 가감하는 조작부
　　　④ 통풍력 조절기
　　　⑤ 공기유량 조절기
　　　⑥ 증기압 검출기

　　(2) ⓐ 증기　　　　　ⓑ 물
　　　ⓒ 중유　　　　　ⓓ 공기

SECTION 04

통풍 및 집진장치

01 매연 농도를 측정하는 기구 3가지를 쓰시오.

해답 ① 링겔만 농도표
② 광전관식 농도계
③ 매연포집 중량계
④ 로버트 농도표
⑤ 바카라치 스모그테스트

02 공기비가 클 때 일어나는 장해를 2가지만 쓰시오.

해답 ① 노 내 온도가 저하한다.
② 배기가스 손실열량이 많다.

03 송풍기의 풍량 조절방법 3가지를 쓰시오.

해답 ① 송풍기 회전수 변경
② 섹션베인의 개도
③ 가이드베인의 각도 조절

04 자연 통풍방식의 보일러에서 연돌의 통풍력을 증가시키기 위한 방법을 5가지 쓰시오.

해답 ① 굴뚝을 주위건물보다 높인다.
② 배기가스의 온도를 높인다.
③ 연돌의 상부단면적을 크게 한다.
④ 연도의 길이를 짧게 한다.
⑤ 외기 온도 또는 외기 습도가 낮을 때 연소시킨다.

05 보일러 송풍기에서 풍량조절방법을 3가지만 쓰시오.

해답 ① 토출댐퍼에 의한 제어   ② 회전수에 의한 제어
③ 가변피치에 의한 제어   ④ 흡입댐퍼에 의한 제어
⑤ 흡입베인에 의한 제어

06 다음은 보일러 송풍기에 대한 관한 내용이다. ( ) 안에 알맞은 용어를 쓰시오.

동일한 밀도의 기체를 취급하는 동일한 송풍기에서 회전수의 변화가 ±20% 정도의 범위 내에서는 (①)은(는) 송풍기 회전수에 비례하고 (②)은(는) 송풍기 회전수의 제곱에 비례하며 (③)은(는) 송풍기 회전수의 세제곱에 비례한다.

해답 ① 유량   ② 풍압   ③ 동력

07 다음 ( ) 안에 알맞은 용어를 쓰시오.

공기비 증가 시 CO_2는 (①)하고 O_2는 (②)한다.

해답 ① 감소   ② 증가

08 세정식(습식) 집진장치의 종류를 크게 3가지로 분류하여 쓰시오.

해답 ① 유수식   ② 가압수식   ③ 회전식

09 원심식 집진장치인 사이클론식 집진장치의 특징을 3가지만 쓰시오.

해답 ① 원통의 마모가 쉽다.
② 포집입경이 $30 \sim 60\mu$ 정도이다.
③ 소형일수록 성능이 향상된다.

10 습식 집진장치인 가압수식 세정집진장치의 종류를 3가지만 쓰시오.

해답 ① 벤투리 스크러버   ② 사이클론 스크러버
③ 충전탑(세정탑)   ④ 제트 스크러버

11 집진장치에는 건식과 습식이 있다. 습식방법에서 가압수식 집진장치의 종류를 5가지만 쓰시오.

해답 ① 벤투리 스크러버형   ② 제트 스크러버
③ 사이클론 스크러버   ④ 분무탑
⑤ 충진탑

12 보일러 굴뚝의 통풍력을 측정하니 $3mmH_2O$일 때 이 굴뚝(연돌)의 높이는 몇 m인가?(단, 배기가스온도는 $150℃$, 외기온도는 $0℃$, 실제통풍력은 이론통풍력의 80%로 한다.)

해답 실제통풍력$(Z) = H \times \left[\dfrac{353}{273 + t_a} - \dfrac{367}{273 + t_g} \right] \times 0.8$

$3 = x \times \left[\dfrac{353}{273 + 0} - \dfrac{367}{273 + 150} \right] \times 0.8$

연돌높이$(x) = \dfrac{3}{\left(\dfrac{353}{273 + 0} - \dfrac{367}{273 + 150} \right) \times 0.8}$

$= \dfrac{3}{(1.2930 - 0.8676) \times 0.8}$

$= \dfrac{3}{(0.4254) \times 0.8} = \dfrac{3}{0.34032} = 8.82m$

13 다음과 같은 조건하에서 이론통풍력(mmAq)을 구하시오.

▼ 조건
- 굴뚝의 높이 20m
- 배기가스 비중량 1.34kgf/Nm³
- 배기가스 온도 300℃
- 공기의 비중량 1.29kgf/Nm³
- 외기온도 10℃

해답 이론통풍력$(Z) = 273 \times H \left[\dfrac{r_a}{273 + t_a} - \dfrac{r_g}{273 + t_g} \right]$

$\qquad = 273 \times 20 \left[\dfrac{1.29}{273 + 10} - \dfrac{1.34}{273 + 300} \right] = 12.12 \, \text{mmAq}$

14 다음의 내용을 보고 굴뚝의 이론통풍력(mmAq)을 구하시오.

▼ 조건
- 연돌높이 : 80m
- 외기온도 : 28℃
- 배기가스비중량 : 1.35kg/Nm³
- 배기가스온도 : 165℃
- 외기비중량 : 1.29kg/Nm³

해답 이론통풍력$(Z) = 273 \times$ 연돌높이 $\times \left[\dfrac{\text{외기비중량}}{273 + \text{외기온도}} - \dfrac{\text{배기가스비중량}}{273 + \text{배기가스온도}} \right]$

$\qquad = 273 \times 80 \times \left[\left(\dfrac{1.29}{273 + 28} \right) - \left(\dfrac{1.35}{273 + 165} \right) \right]$

$\qquad = 80 \times \left[\dfrac{352.17}{301} - \dfrac{368.55}{438} \right] = 80 \times (1.17 - 0.8414) = 26.29 \, \text{mmAq}$

15 연돌의 높이가 100m, 배기가스의 평균온도가 200℃, 외기온도가 27℃, 대기의 비중량이 1.29kg/Nm³, 배기가스의 비중량이 1.354kg/Nm³인 경우의 이론통풍력 Z는 몇 mmH₂O 인가?

해답 이론통풍력$(Z) = 273 H \left[\dfrac{\gamma_{oa}}{273 + t_a} - \dfrac{\gamma_{og}}{273 + t_g} \right]$

$\qquad = 273 \times 100 \left[\dfrac{1.29}{273 + 27} - \dfrac{1.354}{273 + 200} \right] = 39.24 \, \text{mmH}_2\text{O}$

16 연돌의 실제통풍력을 측정한 결과 2mmH₂O이고, 연소가스의 평균온도가 100℃, 외기온도가 15℃일 때 연돌의 높이는 몇 m인가?(단, 공기의 비중량은 1.295kg/Nm³, 배기가스의 비중량은 1.423kg/Nm³이다.)

해답 연돌높이$(H) = \dfrac{2}{273 \times \left[\dfrac{1.295}{273+15} - \dfrac{1.423}{273+100}\right] \times 0.8} = 13.4\text{m}$

참고 (1) 실제통풍력

$$273 \times H \times \left[\dfrac{\gamma_a}{273+t_a} - \dfrac{\gamma_g}{273+t_g}\right] \times 0.8$$

(2) 이론통풍력

$$273 \times H \times \left[\dfrac{\gamma_a}{273+t_a} - \dfrac{\gamma_g}{273+t_g}\right]$$

이론통풍력으로 주어지면 0.8을 삭제해서 계산한다.

(3) 실제굴뚝높이

$$H = \dfrac{통풍력}{273\left[\dfrac{\gamma_a}{273+t_a} - \dfrac{\gamma_g}{273+t_g}\right] \times 0.8}(\text{m})$$

17 연소가스의 온도가 210℃이고 외기(대기)의 온도가 17℃ 이론통풍력이 9mmH₂O로 유지배출하려 할 때 이 연돌의 높이는 몇 m로 설계하여야 하는가?(단, 대기비중량 : 1.29kg/Nm³, 연소가스비중량 : 1.35kg/Nm³)

해답 이론통풍력$(Z) = 273 \times H\left[\dfrac{r_a}{273+t_a} - \dfrac{r_g}{273+t_g}\right]$

$9 = 273 \times H\left[\dfrac{1.293}{273+17} - \dfrac{1.35}{273+210}\right]$

$\therefore\ H = \left[\dfrac{9}{\dfrac{1.293 \times 273}{290} - \dfrac{273 \times 1.35}{483}}\right] = \dfrac{9}{1.2172 - 0.7630} = 19.82\text{m}$

18 풍량이 300m³/min인 송풍기에서 회전수가 400rpm에서 500rpm으로 상승하였다. 다음 물음에 답하시오.(단, 400rpm에서 동력은 5PS이다.)

(1) 풍량(Q')을 구하시오.

(2) 풍마력(PS')을 구하시오.

> **해답** (1) $Q' = Q \times \left(\dfrac{N_2}{N_1}\right) = 300 \times \left(\dfrac{500}{400}\right)$ $\therefore$ 375m³/min
>
>   (2) $PS' = PS \times \left(\dfrac{N_2}{N_1}\right)^3 = 5 \times \left(\dfrac{500}{400}\right)^3$ $\therefore$ 9.77PS

19 송풍기의 풍량이 100m³/min 풍압이 180mmH₂O일 때 송풍기의 소요동력은 몇 PS인가? (단, 송풍기의 효율은 60%이다.)

> **해답** 소요동력(마력)(N) $= \dfrac{Z \times Q}{75 \times 60 \times \eta} = \dfrac{180 \times 100}{75 \times 60 \times 0.6} = 6.67\,\text{PS}$
>
> **참고** $N = \dfrac{Z \times Q}{102 \times 60 \times \eta} = \dfrac{180 \times 100}{102 \times 60 \times 0.6} = 4.90\,\text{kW}$

20 송풍기의 효율 75%, 송풍량 100m³/sec, 송풍기의 전압력 150mmH₂O, 공기의 비중량 1.293kg/Nm³, 굴뚝의 높이가 5m일 때 송풍기의 소요동력은 몇 PS인가?

> **해답** 소요동력(마력) $= \dfrac{Z \cdot Q}{75 \times 60 \times \eta} = \dfrac{150 \times (100 \times 60)}{75 \times 60 \times 0.75} = 266.67\,\text{PS}$

21 송풍기의 소요동력이 3.7kW일 때 회전수가 2,000rpm이었다. 회전수가 2,400rpm으로 증가하면 동력은 몇 kW로 증가하겠는가?

> **해답** 증가동력 $= (3.7) \times \left(\dfrac{2,400}{2,000}\right)^3 = 6.39\,\text{kW}$
>
> **참고** • 풍량은 회전수 증가에 비례한다.
>   • 풍압은 회전수 증가의 제곱에 비례한다.
>   • 풍마력은 회전수 증가의 세제곱에 비례한다.

22 송풍기의 풍량이 60m³/sec이고 공기의 비중량이 1.29kg/m³이며 압력이 25mmAq일 때 송풍기의 소요동력은 몇 kW인지 구하시오.(단, 송풍기의 효율은 80%이다.)

해답 소요동력$(L_d) = \dfrac{Q \cdot \Delta p}{102 \times 60 \times \eta_f} = \dfrac{60 \times 60 \times 25}{102 \times 60 \times 0.8} = 18.38\,\mathrm{kW}$

23 송풍기 회전수 400rpm에서 풍량이 300m³, 소요동력이 6PS일 때 회전수를 500rpm으로 증가 시 풍량(m³), 소요동력(PS)을 구하시오.

해답 ① 풍량 $= Q \times \left(\dfrac{N_2}{N_1}\right) = 300 \times \left(\dfrac{500}{400}\right) = 375\mathrm{m}^3$

② 동력 $= \mathrm{PS} \times \left(\dfrac{N_2}{N_1}\right)^3 = 6 \times \left(\dfrac{500}{400}\right)^3 = 11.72\mathrm{PS}$

참고 풍압 $= H \times \left(\dfrac{N_2}{N_1}\right)^2 (\mathrm{mmAq})$

(풍량은 회전수에 비례하고, 풍압은 회전수의 2승에 비례, 동력은 회전수의 3승에 비례한다.)

24 연돌높이 18m, 외기온도 20℃, 배기가스온도 270℃, 외기비중량 1.29kg/m³, 배기가스비중량 1.34kg/m³일 때 이론통풍력은 몇 mmAq인가?

해답 이론통풍력$(Z) = 273H\left[\dfrac{\gamma_a}{273t_a} - \dfrac{\gamma_g}{273t_g}\right]$

$= 273 \times 18\left[\dfrac{1.29}{273+20} - \dfrac{1.34}{273+270}\right] = 9.51\,\mathrm{mmAq}$

25 연돌의 높이 120m, 배기가스의 평균온도 t_g : 190℃, 외기온도 t_a : 25℃, 외기의 비중량 r_a : 1.29kg/m³, 가스의 비중량 r_g : 1.354kg/m³일 경우 통풍력을 구하시오.

해답 이론통풍력$(Z) = 273 \times 120 \times \left(\dfrac{1.29}{273+25} - \dfrac{1.354}{273+190}\right) = 46\mathrm{mmH_2O}$

26 연돌의 최소 단면적이 $3,200\text{cm}^2$이고 연소가스량이 $4,000\text{Nm}^3/\text{h}$일 때 연소가스의 유속은 몇 m/s인가?(단, 배기가스 온도는 220℃이다.)

해답 굴뚝상부단면적$(F) = \dfrac{G(1+0.0037t)}{3,600\,W}$, $\quad 3,200\text{cm}^2 = 0.32\text{m}^2$

$$0.32 = \frac{4,000(1+0.0037 \times 220)}{3,600 \times V}$$

연소가스유속$(V) = \dfrac{4,000(1+0.0037 \times 220)}{3,600 \times 0.32} = \dfrac{7,256}{1,152} = 6.30\text{m/s}$

27 배기가스의 폐열회수를 위하여 공기예열기를 설치하여 배기가스온도를 150℃로 전환했을 때 배기가스 손실열량은 몇 kcal/kg인가?(단, 연료의 실제 배기가스량은 $13.5848\text{Nm}^3/\text{kg}$, 배기가스의 평균비열은 $0.33\text{kcal/Nm}^3℃$, 외기온도는 25℃이다.)

해답 배기가스 손실열량(G) = 실제배기가스량 × 배기가스비열 × (배기가스출구온도 − 외기온도)
$\qquad\qquad = 13.5848 \times 0.33 \times (150 - 25) = 560.37\text{kcal/kg}$

참고 실제배기가스량 = 이론배기가스량 + (공기비 − 1) × 이론공기량$(\text{Nm}^3/\text{kg},\ \text{Nm}^3\ 연료)$

SECTION 05

연료 및 연소장치

01 보일러용 액체연료(중유)의 가열온도가 너무 높을 경우 일어나는 장해를 3가지만 쓰시오.

해답 ① 관 내에서 기름의 분해가 일어난다.
② 분무상태가 고르지 못한다.
③ 분무 시 분사각도가 흐트러진다.
④ 탄화물 생성의 원인이 된다.

참고 가열온도가 너무 낮을 경우 현상
• 무화 불량이 발생한다.
• 불길이 한편으로 흐른다.
• 그을음, 분진이 발생한다.

02 보일러 연료에서 중유의 점도가 높을 때 나타나는 장해를 3가지만 쓰시오.

해답 ① 송유가 곤란하다.
② 무화불량 및 완전연소가 불가능하다.
③ 버너 선단에 카본을 부착한다.
④ 화염의 스파크가 발생한다.
⑤ 연소상태가 불량하다.

03 LPG(액화석유가스)의 주성분을 나타낸 표에서 ①~④에 들어갈 분자식을 쓰시오.

분자식	명칭
①	프로판
②	부탄
③	부틸렌
④	프로필렌

해답 ① C_3H_8 ② C_4H_{10} ③ C_4H_8 ④ C_3H_6

04 석유계에서 얻어지는 정유가스에서 액화석유가스의 기체연료 성분을 3가지만 쓰시오.

해답 ① 프로판가스 ② 부탄가스 ③ 프로필렌, 부틸렌, 부타디엔 중 택일

참고 석유계 기체연료 : LPG가스, 나프타, 대체천연가스

05 석유계에서 발생되는 기체연료를 5가지만 쓰시오.

해답 ① 프로판 ② 부탄 ③ 프로필렌
④ 부틸렌 ⑤ 부타디엔

06 중유는 점도에 따라 세 등급으로 분류한다. A급은 저점도로 유동점이 낮아서 예열이 불필요하며, B, C급은 점도가 높아서 송유 저항이 크고 (①)이 나빠 (②)연소로 버너 선단부분에 (③)이 부착되기 때문에 적정한 온도로 (④)하여 점도를 낮춘다. ( ) 안에 들어갈 내용을 쓰시오.

해답 ① 무화성 ② 불완전 ③ 카본 ④ 예열

07 기체연료 사용 시의 장점을 3가지만 쓰시오.

해답 ① 적은 공기로 완전연소가 가능하다.
② 점화 및 소화가 용이하며 연소조절이 수월하다.
③ 회분이나 매연이 적어 청결하다.
④ 연소효율이 높다.

08 보일러 연료로 가스연료를 사용하는 경우 그 장점을 3가지만 쓰시오.

해답 ① 적은 공기비로 완전연소가 가능하다.
② 점화 및 소화 또는 연소조절이 용이하다.
③ 회분이나 매연 발생이 거의 없다.
④ 연소효율이 높다.
⑤ 저발열량의 연료도 완전연소가 가능하다.

09 기체연료의 장점 5가지를 쓰시오.

(해답) ① 과잉공기가 적어도 완전연소가 가능하다.
② 연소효율이 높다.
③ 점화, 소화 및 연소 조절이 용이하다.
④ 회분 매연이 없어 청결하다.
⑤ 저발열량 연료도 완전연소가 가능하다.

10 석탄의 점결성이란 무엇인지 간단히 설명하시오.

(해답) 역청탄 등의 석탄이 350℃ 부근에서 연화 용융되었다가 450℃ 부근에서 다시 굳어지는 성질을 말한다.

11 보일러 연료 중 기체연료의 주성분 2가지를 쓰시오.

(해답) ① 메탄   ② 프로판   ③ 부탄

12 액체연료 중 가연성 성분을 3가지만 쓰시오.

(해답) ① 탄소   ② 수소   ③ 황

13 기체연료의 특징 5가지를 쓰시오.

(해답) ① 공해문제가 거의 없다.
② 연소효율이 높고 연소자동제어에도 용이하다.
③ 적은 공기비로 완전연소가 가능하다.
④ 누설 시 화재 폭발의 위험이 크다.
⑤ 저장이나 수송이 곤란하다.
⑥ 시설비가 많이 들고 설비공사에 기술을 요한다.

14 고체연료에서 연료비란 (①)값을 (②)값으로 나눈 비의 값이다. (   ) 안에 올바른 내용을 쓰시오.

해답 ① 고정탄소   ② 휘발분

참고 고체연료의 공업분석 : 고정탄소, 수분, 휘발분, 회분

15 기름을 사용하는 보일러에서 연소중에 화염이 연속적으로 점멸되는 원인 또는 갑자기 소화되는 원인을 4가지만 쓰시오.

해답 ① 기름의 점도 과대
② 1차 공급 공기의 풍압 과대
③ 기름 내에 수분 함량이 많을 때
④ 기름의 예열온도가 너무 낮을 때
⑤ 연료 공급 상태 불량 및 여과기 폐쇄 등

16 공기조절장치(에어 레지스터)로서 착화를 원활하게 하고 화염의 안정을 도모하며 연소용 공기에 선회운동을 주어 화염상태를 방추형으로 만들어주는 장치를 쓰시오.

해답 ① 보염기
② Stabilizer(스태빌라이저)

17 보일러의 연소장치 중 보염장치의 설치목적과 보염장치 종류를 3가지만 쓰시오.

해답 (1) 설치목적
① 안정된 착화를 도모한다.
② 화염의 형상을 조절한다.
③ 연료의 분무촉진 및 공기와의 혼합을 양호하게 한다.
④ 연소가스의 체류시간을 노 내에 연장시켜 전열효율을 촉진시킨다.
⑤ 연소실의 온도분포를 고르게 하여 안정된 화염을 얻는다.
⑥ 노 내 및 전열면의 국부과열을 방지한다.

(2) 보염장치의 종류
① 윈드박스   ② 스태빌라이저
③ 버너타일   ④ 콤버스터

18 다음 중유 연소 시 보염장치들의 역할을 간단히 쓰시오.

(1) 윈드박스   (2) 스태빌라이저   (3) 콤버스터

해답 (1) 공기와 연료의 혼합촉진을 도우며 연소용 공기의 동압을 정압으로 유지시켜 착화나 화염을 안정시킨다.
(2) 착화된 화염이 공기공급에 의해 불꽃이 꺼지지 않게 하며 안정된 화염을 갖게 하는 장치이다.
(3) 노 내에서 불꽃의 꺼짐을 막아주고 급속연소를 촉진시킨다.

참고 • 윈드박스 : 밀폐상자로 공기를 안정된 압력으로 노 내에 보낸다.
• 보염기 : 착화확실, 불꽃 안정 도모(선회기 방식, 보염판 방식이 있다.)
• 콤버스터 : 급속연소를 일으킨다. 분출흐름의 모양을 다듬고 저온의 노에서 연소초기에 노에서 연소를 안정시킨다.
• 버너타일 : 노벽에 설치한 내화재이며 착화와 불꽃의 안정을 도모한다. 연료와 공기의 속도 분포와 흐름의 방향을 조정하여 기름의 유적과 공기와의 혼합을 양호하게 한다.

19 다음은 오일의 계통도이다. ①~⑤에 알맞은 말을 보기에서 골라 쓰시오.

저유조 → (①) → 기어펌프 → (②) → (③) → 여과기 → (④) → (⑤) → 버너

▼ 보기
• 여과기   • 유전자밸브   • 오일히터
• 서비스탱크   • 유량계

해답 ① 여과기   ② 서비스탱크   ③ 오일히터
④ 유량계   ⑤ 유전자밸브

20 다음 옥내 연료저장탱크에 대한 내용의 (　) 안에 알맞은 답을 쓰시오.

(1) 밸브가 없는 통기관 선단은 건축물 개구부에서 (①)m 이상, 옥외에 (②)m 이상 높이로 설치한다.

(2) 통기관의 직경은 (③)mm 이상으로 해야 하며, 통기관 선단은 수평면보다 (④)도(°) 이상 구부려 빗물 등의 침투를 막는 구조로 해야 한다.

해답 ① 1   ② 4   ③ 40   ④ 45

21 다음에서 설명하는 내용을 읽고 공기조절기인 에어레지스터 종류를 쓰시오.

(1) 착화를 확실하게 해주며 불꽃의 안정을 도모하는 것

(2) 공기와 연료의 혼합을 촉진하며 연소용 공기의 동압을 정압으로 유지시켜 화염을 안정시킨다.

해답 (1) 보염기(스태빌라이저)
   (2) 윈드박스(바람상자)

22 전열면의 그을음 제거를 위한 슈트 블로어 작동 시 주의사항 3가지만 쓰시오.

해답 ① 부하가 50% 이하인 때는 사용금지
   ② 소화 후 슈트 블로어는 폭발을 대비하여 사용금지
   ③ 분출 시에는 유인통풍을 증가시킨다.
   ④ 분출 전에 분출기 내부에 증기가 응축된 드레인을 제거시킨다.

23 가스버너에서 예혼합 연소방식의 특징을 3가지만 쓰시오.

해답 ① 연소 부하가 크다.
   ② 화염의 온도가 높다.
   ③ 역화의 위험이 크다.
   ④ 불꽃의 길이가 짧다.

24 공기조절장치에서 착화를 원활하게 하고 화염의 안정을 도모하며 선회운동을 주어 원추상으로 분사시키는 것의 명칭을 쓰시오.

해답 보염기(Stabilizer, 스태빌라이저)

25 화로는 연소실과 무엇으로 구성되어 있는가?

해답 연소장치

26 중질유 버너인 회전분무식 버너(수평로터리 버너)의 특징을 3가지만 쓰시오.

해답 ① 무화는 분무컵의 회전수와 1차공기와 관계가 있다.
② 유량조절범위는 1 : 5이다.
③ 고점도유는 비교적 무화특성이 불량하다.

27 연소의 3대 구성요소를 3가지만 쓰시오.

해답 ① 점화원　　　　　　② 산소공급원　　　　　③ 가연물

28 연료가스 중 나프탈렌을 정량분석하려면 어떤 용액에 흡수시켜야 하는가?

해답 피크린산

29 다음과 같은 급유계통도에서 (　　) 안에 알맞은 말을 쓰시오.

저장탱크 → 여과기 → 기어펌프 → (①) → 여과기 → (②) → 유압펌프(분연펌프) → 급유온도계 → (③) → 유압계 → 전자밸브 → 버너

해답 ① 서비스탱크　　　　② 오일프리히터　　　　③ 급유량계

30 그을음 제거장치인 슈트 블로어(Soot Blower)의 사용 시 주의사항을 3가지만 쓰시오.

해답 ① 부하가 1/3(50%) 이하일 때는 사용하지 않는다.
② 매연 취출에 앞서서 드레인을 충분히 빼는 것이 필요하다.
③ 매연 취출 시 취출통풍을 증가시킨다.
④ 한 곳에 오래 취출하지 않는다.

31 보일러에 설치되는 버너의 선택 시 고려하여야 할 사항 5가지를 쓰시오.

해답 ① 노 내 압력과 노의 구조에 적합할 것
② 버너용량이 가열용량과 보일러의 용량에 적합할 것
③ 유량조절범위가 부하변동에 응할 수 있을 것
④ 보일러가 자동제어인 경우 자동제어 연결에 편리할 것
⑤ 취급이 용이하고 고장 시 수리 보수가 편리할 것

32 화실이나 연도에 설치한 슈트 블로어(Soot Blower)의 운전 중 사용하는 매체 3가지만 쓰시오.

해답 ① 공기   ② 증기   ③ 물

33 스팀제트버너에서 수분이 함유된 수증기가 연소실 내로 공급할 때 발생되는 장애를 3가지만 쓰시오.

해답 ① 무화상태가 불량하다.
② 노 내 화면이 소멸되는 경우가 있다.
③ 버너 노즐의 부식이 발생된다.
④ 화염의 분사각도가 흐트러진다.

34 다음 물음에 답하시오.

(1) 연료의 발열량을 측정하는 방법을 3가지만 쓰시오.

(2) 고체나 액체 연료의 발열량 측정 발열량계 명칭은?

(3) 기체연료의 발열량 측정 발열량계 2가지 명칭은?

해답 (1) ① 열량계에 의한 방법(봄브식 열량계 사용)
② 원소분석에 의한 방법
③ 공업분석에 의한 방법

(2) 봄브식 열량계(단열식, 비단열식)

(3) ① 윤켈스식
② 시그마식

35 가스버너의 질소산화물(NO_x)의 저감대책을 5가지만 쓰시오.

> **해답** ① 연소 시 과잉공기를 줄인다.
> ② 연소실 내 온도를 너무 높게 하지 않는다.
> ③ 선택적 촉매환원법, 선택적 비촉매환원법을 이용한다.
> ④ 배기가스를 재순환시킨다.
> ⑤ 탈질소설비를 장착한다.
> ⑥ 2단계 연소법을 이용한다.
> ⑦ 수증기 물분사방법을 이용한다.

36 기체연료 및 기화하기가 용이한 액체연료 발열량 측정에 사용되는 발열량계 명칭을 쓰시오.

> **해답** 윤켈스식 유수형 발열량계
>
> **참고** 기체연료 발열량계 : 윤켈스식 유수형식, 시그마식

37 보일러 연료에서 점도가 높은 오일을 사용하는 경우 연소상태에서 나타나는 연소반응에 대하여 어떤 현상이 일어나는지 3가지만 쓰시오.

> **해답** ① 점화가 용이하지 못하다.　　　② 불완전 연소가 일어난다.
> ③ 탄화물(카본)이 발생된다.　　　④ 무화용 매체가 많이 소비된다.

38 연료계통에서 여과기를 설치하여야 할 장소 3곳을 쓰시오.

> **해답** ① 버너 입구 앞쪽　　　② 유량계 앞쪽　　　③ 오일펌프 입구 측

39 매연농도 측정장치인 링겔만 농도표의 사용 시 주의사항을 3가지만 쓰시오.

> **해답** ① 태양을 등지고 관측한다.
> ② 배경이 밝거나 어둡지 않아야 한다.
> ③ 배기가스의 흐름은 관측방향의 직각으로 흐르는 방향이어야 한다.
> ④ 하늘색이나 풍속 연돌 상단부의 지름에 따른 오차 발생에 주의한다.

40 유류용 온수보일러의 연소장치 형식 3가지를 쓰시오.

해답 ① 압력 분무식　　　② 증발식　　　③ 회전 무화식

41 중유연소에서 공기조절장치(에어레지스터)의 종류를 3가지만 쓰시오.

해답 ① 윈드박스(바람상자)
② 안내날개(윈드박스와 동일선으로 생각하면 된다.)
③ 보염기(스태빌라이저)
④ 콤버스터
⑤ 버너타일

42 연소용 공기의 공기량별 불꽃색을 적으시오.(단, 연료는 오일이다.)

(1) 공기량이 부족하다.

(2) 공기량이 이상적이다.

(3) 공기량이 너무 많다.

해답 (1) 암적색
(2) 노란 오렌지색
(3) 눈부신 황백색(또는 희백색)

43 다음 보일러 가동순서에서 (　) 안에 알맞은 내용을 써넣으시오.

| 송풍기 노 내 환기 → 버너 동작 → 노 내 압력 조정 → ① → 화염검출 → ② → 주버너 점화 → (점화버너 작동정지) → ③ → 저·고연소 |

해답 ① 점화버너 작동
② 전자밸브 열림
③ 공기댐퍼 작동

44 질소산화물인 녹스(NO_x)의 저감방법을 3가지만 쓰시오.

> **해답** ① 다단계 연소를 이행한다.
> ② 연소가스를 재순환시킨다.
> ③ 여열장치 등 공기예열기를 폐기하거나 여열장치 등 금속의 표면을 방식시킨다.
> ④ 촉매제를 사용하여 질소산화물(탈질)을 제거하는 장치를 설치한다.
> (SCR, SNCR 등 촉매제 사용)

45 고체연료, 액체연료의 고위발열량과 저위발열량의 차이점을 쓰시오.

> **해답** 연료의 연소 후 배기가스 중 수증기의 응축잠열을 부가한 발열량을 고위발열량이라 하고 수증기의 응축잠열을 제외한 발열량을 저위발열량이라고 한다.

> **참고** 일반적으로 노 내의 온도가 고온이라서 배기가스 배출 시에는 수증기 응축잠열을 회수하지 못하고 일반적으로 저위발열량 상태로 연돌로 배기된다.

46 가스에 대한 다음 물음에 답하시오.

(1) 지하에서 산출되는 가스로서 주성분이 메탄가스인 천연가스를 인공적으로 가공하여 탈황, 탈탄, 탈습시킨 가스의 명칭은?

(2) 인공으로 가공하여 도시가스로 사용하기 위한 가스의 종류 4가지를 기술하시오.

> **해답** (1) 액화천연가스(LNG)
>
> (2) ① 액화석유가스(LPG)
> ② 석탄가스
> ③ 발생로 가스
> ④ 수성 가스
> ⑤ 고로 가스

47 버너의 종류를 4가지 쓰고, 이류체와 회전이류체를 간단히 설명하시오.

해답 (1) 종류
　　① 유압분무식 버너
　　② 기류분무식 버너
　　③ 회전분무식 버너
　　④ 건타입 버너

(2) 이류체 무화식
　　무화매체로 공기 또는 증기를 이용하여 무화시키는 방식

(3) 회전이류체 무화식
　　고속 회전하는 분무컵에 연료를 공급하여 원심력에 의해 연료를 분사시키고 여기에 공기
　　를 가압하여 마찰을 일으켜 안개방울과 같이 무화하는 형식

48 보일러에 사용하는 중유의 예열온도가 너무 높을 때의 문제점 4가지를 쓰시오.

해답 ① 기름이 분해를 일으킨다.
② 분무각도가 흐트러진다.
③ 무화상태가 고르지 못하다.
④ 탄화물 생성의 원인이 된다.

49 다음 조건을 보고 연소실 열부하율($kcal/m^3h$)을 계산하시오.

▼ 조건
- 연소실 용적 : $13m^3$
- 연료의 저위발열량 : 9,700kcal/kg
- 오일연료사용량 : 80kg/h

해답 연소실 부하율 $= \dfrac{\text{연소소비량} \times \text{연료사용량}}{\text{연소실 용적}} = \dfrac{80 \times 9,700}{13} = 59,692.31 \text{kcal}/m^3$

참고 1kcal = 4.1868kJ

50 어떤 보일러의 기름 소비량이 200L/h이고, 연료의 예열온도가 80℃, 예열하기 전 온도가 50℃일 때 전기식 오일프리히터 용량은 몇 kWh인가?(단, 연료의 비중은 0.98, 오일의 비열은 1.8837kJ/kg · K, 전기히터 효율은 85%, 1kWh = 3,600kJ이다.)

[해답] 전기식 히터 용량 $= \dfrac{\text{기름의 현열}}{860} = \dfrac{200 \times 0.98 \times 1.8837(80-50)}{3,600 \times 0.85} = 3.62\text{kWh}$

[참고] 현열(Q) = 오일사용량(L/h) × 연료비중 × 연료비열 × 온도차

51 수관식 보일러의 연소실 열발생률이 350MJ/m³h이며 연료소비량이 100kg/h, 이 연료의 저위발열량이 9.7MJ/kg일 때 연소실 용적은 몇 m³인가?(단, 연소효율은 100%이다.)

[해답] $350\text{MJ} = \dfrac{100 \times 9.7}{V}$

연소실 용적$(V) = \dfrac{100 \times 9.7}{350} = 2.77\text{m}^3$

[참고] 연소실 열발생률 $= \dfrac{\text{연료소비량} \times (\text{연료의 저위발열량} + \text{공기의 현열} + \text{연료의 현열})}{\text{연소실 용적}}$

52 배기가스량 3,000Nm³/h가 배출되는 연도에서 배기가스 온도가 180℃, 외기온도가 20℃이라면 배가가스의 열손실은 몇 kcal/h가 되겠는가?(단, 배기가스 비열은 0.33kcal/m³ · ℃이다.)

[해답] 손실열량(현열) = 가스량 × 비열 × 온도차
$= 3,000 \times 0.33(180-20) = 158,400\text{kcal/h}$

53 보일러 연도로 배기되는 연소가스량이 300kgf/h이며 배기가스의 온도가 260℃ 가스의 비열이 1.4651/kg℃이고 외기온도가 12℃이라면 배기가스에 의한 손실열량(kJ/h)은 얼마인가?

[해답] $300 \times 1.4651 \times (260-12) = 109,003.44\text{kJ/h}$

54 보일러 효율이 80%이고 상당증발량이 2,000kgf/h이며 연료의 발열량이 42,000kJ/kg일 때 연소 시 연료소비량(kg/h)을 구하시오.(단, 100℃의 증발잠열은 2,256kJ/kg이다.)

해답 보일러 용량= $2,000 \times 2,256 = 4,512,000 \text{kJ/h}$

∴ 연료소비량$(G_f) = \dfrac{4,512,000}{42,000 \times 0.8} = 134.29 \text{kgf/h}$

55 연료소비량이 120kg/h이고 사용되는 연료는 중유이며 이 중유의 온도는 85℃, 기름 가열기 입구온도는 유온 65℃, 연료의 비열은 0.45kcal/kg℃, 연료의 비중은 0.97일 때 오일프리히터 용량을 구하시오.(단, 히터 효율은 85%이다.)

해답 전기식 프리히터 용량(kWh) $= \dfrac{G \cdot C_p \cdot (t'' - t')}{860 \times \eta}$

$= \dfrac{120 \times 0.45 \times (85 - 65)}{860 \times 0.85}$

$= 1.48 \text{kWh}$

참고 $1 \text{kWh} = 860 \text{kcal}(3,600 \text{kJ})$

56 다음의 조건을 이용하여 이론연소온도와 실제 배기가스량(Nm³/kg)을 구하시오.

▼ 조건
- 이론공기량 : 10.7Nm³/kg
- 이론배기가스량 : 22Nm³/kg
- 연료의 저위발열량 : 32,340kJ/kg
- 공기비(m) : 1.25
- 배기가스비열 : 1.47kJ/Nm³℃

해답 (1) 이론연소온도(T)

$$T = \dfrac{H_l}{G_o \times C_p} + t_o = \dfrac{32,340}{22 \times 1.47} = 1,000℃$$

(2) 실제 배기가스량

$$G = G_o + (m - 1)A_o = 22 + (1.25 - 1) \times 10.7 = 24.68 \text{Nm}^3/\text{kg}$$

57 연료량 3,500L/h를 사용하는 보일러의 1일 가동시간이 8시간일 때, 연간 300일 가동 시 배기가스 손실열량(kcal/kg)을 구하시오. (단, 가스비열 0.33kgcal/Nm³ · ℃, 가스량 13.77m³/kg, 가스온도 350℃, 실내온도 25℃, 외기온도 10℃이다.)

해답 Q = 비열 × 연소가스량 × (온도차)

$\qquad$ = $0.33 \times 13.77 \times (350 - 10) = 1,544.99$kcal/kg

58 노통연관식 보일러에서 연소실 열발생률이 3,243.408MJ/m³h이다. B－C유 연료소비량이 197kg/h이고, 중유의 저위발열량이 41.16MJ/kg일 때 연소실 용적은 몇 m³인가?(단, 연소효율은 100%이다.)

해답 $3,243.408 = \dfrac{197 \times 41.16}{x}$

$\qquad$ 연소실 용적$(x) = \dfrac{197 \times 41.16}{3,243.408} = 2.5$m³

참고 • 연소실 발생열량 = 연료소비량 × 연료의 발열량
$\qquad$ • 1kcal ≒ 4.2kJ = 4,200J = 0.0042MJ
$\qquad$ • 1MW = 10^6J = 1,000kJ

SECTION 06 보일러 효율 및 용량 계산

01 보일러가 증기발생량 4t/h, 전열면적 42m², 연료사용량 24kg/h, 발생증기엔탈피 2,604kJ/kg, 급수엔탈피 176.4kJ/kg일 때 다음 물음에 답하시오.

(1) 전열면의 증발률(kg/m²h)을 계산하시오.

(2) 전열면의 열부하율(kcal/m²h)을 계산하시오.

해답 (1) 증발률 $= \dfrac{\text{증기 발생량(kg/h)}}{\text{전 열 면 적}(\text{m}^2)} = \dfrac{4 \times 10^3}{42} = 95.24\,\text{kg/m}^2\text{h}$

(2) 열부하율 $= \dfrac{\text{증 기 발 생 량(kg/h)(발생증기엔탈피 } - \text{급 수 엔 탈 피)}}{\text{전 열 면 적}(\text{m}^2)}$

$= \dfrac{4 \times 10^3 (2,604 - 176.4)}{42} = 55,047.62\,\text{kcal/m}^2\text{h}$

참고 증기 1t(톤)$= 10^3\text{kg}$

02 증기온도 400℃ 압력 1MPa의 과열증기 100kg에 온도 20℃의 물(H₂O) 20kg을 주입하여 같은 압력의 온도 179℃의 습증기를 얻었다. 이 습증기의 건도(x)는 얼마인가?(단, 1MPa의 경우 400℃의 과열증기 엔탈피 780kcal/kg, 포화수 엔탈피 181kcal/kg, 물의 증발잠열 482kcal/kg이다.)

해답 주입수량을 x(kg)이라고 할 때 열평형에 의해 계산하면

$(100 \times 780) + (20 \times 20) = (100 + 20)\{181 + 480x\}$

$78,400 = (100 + 20)\{181 + 480 \times x\}$

$480x = \dfrac{78,400}{(100 + 20)} - 181 = 472.33$

∴ 건도$(x) = \dfrac{472.33}{480} = 0.98$

03 표준방열량에서 증기압력이 0.5MPa이고 습증기엔탈피가 650kcal/kg, 포화수엔탈피가 150 kcal/kg, 증기의 건조도가 0.98, 방열기 면적이 10m²일 때, 증기난방에서 방열기 내 응축수량(kg/h)을 구하시오.

해답 증발잠열(γ)$=h_2-h_1=650-150=500\,$kcal/kg

$$\therefore \ \frac{650}{\text{잠열}}\times\text{방열기 면적}=\frac{650}{500}\times10=13\,\text{kg/h}$$

참고 • 배관 내 응축수량을 방열기 내 응축수량의 30%로 본다고 가정한 계산식

$$\frac{650}{500}\times1.3\times10=16.9\,\text{kg/h}$$

• 650kcal/m²h ≒ 0.758kW/m²

04 다음 증기표를 이용하여 보일러 효율을 구하시오.(단, 보일러 증기발생량 22,500kg, 증기게이지 압력 0.5MPa, 급수온도 20℃(84kJ/kg), 증기의 건도 0.9, 연료소비량 1,590kg, 보일러 운전시간 5시간, 연료의 발열량 40,950kJ/kg이다.)

▼ 증기압력표

증기절대압력 (MPa)	포화수엔탈피 (kJ/kg)	증기엔탈피 (kJ/kg)	증발잠열 (kJ/kg)
0.4	609	2,709	2,100
0.5	634.2	2,730	2,095.8
0.6	667.8	2,751	2,083.2

해답 • 습포화증기 엔탈피(h_2')=포화수엔탈피+증기건도×증발잠열

$$=667.8+0.9\times2,083.2=2,542.68\text{kJ/kg}$$

• 증기발생량$=\dfrac{22,500}{5}=4,500\text{kg/h}$, 연료소비량$=\dfrac{1,590}{5}=318\text{kg/h}$

$$\therefore \ \text{보일러 효율}=\frac{G_s\left(h_2'-h_1\right)}{G_f\times H_l}\times100$$

$$=\frac{4,500\times(2,542.68-84)}{318\times40,950}\times100=84.96\%$$

참고 게이지압력+0.1=0.6MPa을 표에서 찾는다.
(급수온도 20℃=급수엔탈피 84kJ/kg이 된다.)

05 중유(벙커C유)를 사용하는 보일러에서(수관식) 다음과 같은 조건으로 운전하였다. 물음에 답하시오.

▼ 조건
- 급수량 : 1,250kg/h
- 압력 : 5kg/cm²g(0.5MPa)
- 건도 : 0.92
- 복사전열면적 : 12m²
- 접촉전열면적 : 8m²
- 급수온도 : 20℃(84kJ/kg)
- 100℃ 물의 잠열 : 2,256kJ/kg

▼ 증기표

절대압력	포화온도(℃)	엔탈피(kJ/kg)		증발열(kJ/kg)
		포화수(h′)	포화증기(h″)	
5kg/cm²ata	151.13	638.946	2,755.326	2,116.38
6kg/cm²ata	158.0	669.06	2,764.02	2,094.96

(1) 상당증발량은 얼마인가?

(2) 전열면의 상당(환산)증발량은 얼마인가?

해답 (1) 습증기엔탈피(h_2)

$$h_2 = 669.06 + 2,094.96 \times 0.92 = 2,596.44 \text{kJ/kg}$$

$$\therefore \ 상당증발량 = \frac{1,250 \times (2,596.44 - 84)}{2,256} = 1,392.09 \text{kg/h}$$

(2) 전열면의 상당(환산)증발량

$$\frac{상당증발량}{전체 \ 전열면적} = \frac{1,387.29}{12 + 8} = 69.36 \text{kg/m}^2/\text{h}$$

06 다음의 조건을 보고 보일러 상당증발량(kg/h)을 계산하시오.

▼ 조건
- 증기발생량 : 2,500kg/h
- 습증기엔탈피 : 2,730kJ/kg
- 전열면적 : 50m²
- 급수온도 : 30℃
- 증기압력 : 5kg/cm²abs
- 포화수엔탈피 : 504kJ/kg
- 100℃ 물의 증발잠열 : 2,256kJ/kg

해답 $$상당증발량 = \frac{증기발생량(습포화증기엔탈피 - 급수엔탈피)}{2,256}$$

$$= \frac{2,500 \times (2,730 - 126)}{2,256} = 2,885.64 \text{kg/h}$$

참고 $$전열면의 \ 상당증발량(\text{kg/m}^2\text{h}) = \frac{증기발생량(습포화증기엔탈피 - 급수엔탈피)}{2,256 \times 전열면적}$$

07 다음의 조건을 보고 보일러 효율을 구하시오.

> ▼ 조건
> • 연료사용량 : x(kg/h)
> • 저위발열량 : H_1(kJ/kg)
> • 상당증발량 : G_e(kg/h)
> • 실제증기발생량 : G_a(kg/h)

해답 효율$(\eta) = \dfrac{G_e \times 2{,}256}{x \times H_1} \times 100(\%)$

08 바닥면적이 20m²인 거실에서 실내온도 17℃, 바닥온도 37℃일 때 바닥으로부터 전열되는 복사열량은 몇 W인가?(단, 방사율은 0.8, 스테판－볼츠만 상수는 5.67×10^{-8}W/m²K⁴이다.)

해답 복사열량$(Q) = \varepsilon \cdot \sigma [T_1^{\,4} - T_2^{\,4}] \times A$

$= 0.8 \times 5.67 \times 10^{-8} \times (310^4 - 290^4)$

$= 98.1 \text{W/m}^2$

09 보일러의 부하율(%) 공식을 쓰시오.

해답 부하율 $= \dfrac{(보일러\ 실제\ 증발량)}{(보일러\ 최대\ 연속증발량)} \times 100$

참고 전열면의 증발률(kg/m²h) $= \dfrac{시간당\ 증기\ 발생량}{전열면적}$

10 보일러에서 증기발생량 1,000kg/h, 발생증기엔탈피 660kcal/kg, 급수엔탈피 60kcal/kg일 때 상당증발량(kg/h)을 계산하시오.(단, $\gamma = 2{,}256$kJ/kg)

해답 상당증발량$(W_e) = \dfrac{G(h_2 - h_1)}{2{,}256}$

$= \dfrac{1{,}000 \times (2{,}772 - 252)}{2{,}256} = 1{,}117.02 \text{kg/h}$

11 증기발생량이 시간당 150kg/h이고 발생증기 엔탈피가 2,520kJ/kg, 급수엔탈피가 210kJ/kg, 연료사용량이 200kg/h, 연료의 저위발열량이 4,200kJ/kg일 때 보일러 효율은 몇 %인가?

해답 효율$(\eta) = \dfrac{G_s \times (h_2 - h_1)}{G_f \times H_l} \times 100 = \dfrac{150 \times (2,520 - 210)}{200 \times 4,200} \times 100 = 41.25\%$

12 어떤 수관 보일러의 증기입력은 10kg/cm²이고 매시 증기발생량이 5,000kg이며 급수온도는 60℃이고 증기엔탈피는 663kcal/kg이다. 저위발열량이 9,600kcal/kg인 연료를 650kg/h씩 소비하는 보일러에서 환산증발배수는 몇 kg/kg인가?

해답 환산증발량(상당증발량)$= \dfrac{\text{시간당 증기발생량(발생증기엔탈피 - 급수엔탈피)}}{539}$

$= \dfrac{5,000(663 - 60)}{539} = 5,593.69 \text{kg/h}$

환산증발배수$= \dfrac{\text{환산증발량(kg/h)}}{\text{연료소비량(kg/h)}} = \dfrac{5,593.69}{650} = 8.60 \text{kg/kg}$

13 보일러 효율 80%에서 상당증발량 2,000kg/h, 연료의 저위발열량 4,200kJ/kg일 때, 사용 시 연료소비량은 몇 kg/h인가?(단, 물의 증발열은 2,256kJ/kg이다.)

해답 $80 = \dfrac{42,000 \times 2,256}{x \times 10,000} \times 100$

연료소비량$(x) = \dfrac{2,000 \times 2,256}{0.8 \times 42,000} = 134.29 \text{kg/h}$

14 다음의 조건을 이용하여 증기보일러 열정산을 할 경우에 증발 흡수열(MJ/h)을 구하시오.

▼ 조건

• 급수량 : 5,000kg/h	• 연료 소모량 : 400kg/h
• 급수엔탈피 : 252kJ/kg	• 발생증기엔탈피 : 2,772kJ/kg

해답 증발흡수열$= 5,000 \times (2,772 - 252) = 12,600 \text{MJ}$

15 상당증발량(G_e)을 구하는 식을 보기의 기호를 이용하여 나타내시오.(단, 물의 증발잠열은 2,256kJ/kg으로 한다.)

> ▼ 보기
> ① 실제증발량(kg/h)
> ② 급수엔탈피(kcal/kg)
> ③ 발생증기 엔탈피(kcal/kg)

해답 $G_e = \dfrac{①(③ - ②)}{2,256}$ (kg/h)

16 보일러 설치 건축물의 상당방열면적은 539m², 물의 증발잠열은 539kcal/kg일 때 응축수 펌프에서 펌프용량(kg/min)을 구하시오.(단, 배관 내에 발생되는 응축수량은 무시하고 펌프는 방열기에서 발생되는 응축수량의 3배 크기로 한다.)

해답 배관에서 발생되는 응축수량을 제외한 전 응축수 발생량 = $\dfrac{650}{539} \times 539 = 650$kg/h

$\therefore$ 응축수 펌프용량 = $\dfrac{장치\ 내\ 응축수량}{60} \times n(배) = \dfrac{650}{60} \times 3 = 32.5$kg/min

참고 • 응축수량 = $\dfrac{650}{\gamma} \times 1.3 \times$ 상당발열면적(kg/h)

여기서, γ : 증발잠열(kcal/kg)

• $650 \times 4.186 = 2,720.9$kJ/kg
• $539 \times 4.186 = 2,256$kJ/kg

17 압력 1MPa, 증기온도 180℃, 보일러에 공급된 급수량 5,000kg/h, 증기엔탈피 2,772kJ/kg, 급수엔탈피 252kJ/kg에서 증기발생에 이용된 흡수열(MJ/h)을 구하시오.

해답 $5,000 \times (2,772 - 252) = 12,600,000$kJ/h
$= 12,600$MJ/h

18 도시가스를 사용하는 수관식 보일러에서 다음과 같은 조건으로 운전할 때 환산증발량(kg/h)을 구하시오.

> ▼ 조건
> • 급수량 : 1,250kg/h
> • 증기건도 : 0.92
> • 급수온도 : 20℃(20kcal/kg)
> • 압력 : 6kg/cm²g
> • 전열면적 : 20m²
> • 100℃의 증발잠열 : 2,256kJ/kg

압력	포화온도	포화수엔탈피	증발잠열	포화증기엔탈피
6kg/cm²a	158.0℃	159.3kcal/kg	498.8kcal/kg	658.1kcal/kg
7kg/cm²a	161.0℃	162.0kcal/kg	496.8kcal/kg	658.8kcal/kg

해답 습증기엔탈피 $= 162.0 + 0.92 \times 496.8 = 619.056$ kcal/kg

∴ 환산증발량 $= \dfrac{1,250 \times (619.056 - 20)}{2,256} = 1,389.28$ kg/h

참고 • $619.056 \times 4.186 = 2,591.14$ kJ/kg
• $20 \times 4.186 = 83.72$ kJ/kg

19 증기보일러 용량 2톤(2,000kg/h)의 연료소비량(kg/h)을 구하시오.(단, 연료의 발열량은 10,000kcal/kg이고 보일러 효율은 80%이다. 소수 첫째 자리에서 반올림하여 정수 자리까지만 기재하며 물의 증발잠열은 539kcal/kg로 한다.)

해답 연료소비량 $= \dfrac{2,000 \times 539}{10,000 \times 0.8} = 135$ kg/h

20 보일러용 연료사용량이 600kg/h이다. 이때 효율을 80%에서 90%로 높일 경우 1일 12시간 30일간 사용한 보일러에서 연료가 절약되는 양은 몇 kg이 되겠는가?

해답 30일간 총 연료 사용량 $= 600 \times 12 \times 30 = 216,000$ kg

∴ 절약되는 연료량 $= 216,000 \times \left(\dfrac{90-80}{90}\right) = 24,000$ kg

21 다음의 기호를 이용하여 상당증발량을 구하는 공식을 쓰시오.

> ▼ 조건
> • 시간당 증기발생량(W)
> • 급수엔탈피(h_1)
> • 물의 증발열(2,256kJ/kg)
> • 발생증기엔탈피(h_2)
> • 보일러 효율(η)
> • 보일러 연료소비량(F)

해답 상당증발량$= \dfrac{W(h_2 - h_1)}{2,256}$(kgf/h)

22 노통연관식 보일러의 전열면적이 49.8m^2, 연소실 용적이 2.5m^3일 때 중유의 소비량이 197kg/h, 보일러 실제 증기발생량 2,500kg/h, 환산증발량(상당증발량) 2,955kg/h일 때 다음을 계산하시오.(단, 중유의 저위발열량은 41,160kJ/kg이다.)

(1) 연소실 열 발생률   (2) 환산증발배수

해답 (1) 연소실 열 발생률

$$\frac{\text{시간당 연소실 열 발생량}}{\text{연소실 용적}} = \frac{197 \times 41,160}{2.5} = 3,243,401\,\text{kJ}$$

(2) 환산증발배수

$$\frac{\text{시간당 환산 증발량}}{\text{시간당 연료 소비량}} = \frac{2,955}{197} = 15\,\text{kg/kg}$$

참고 $1\text{kWh} = 3,600\text{kJ}, \ \dfrac{3,243,401}{3,600} = 900.95\text{kW}$

23 다음과 같은 조건하에서 열효율(%)을 계산하시오.

> ▼ 조건
> • 연료소비량 : 1,200kg/h
> • 연료의 저위발열량 : 9,800kcal/kg
> • 급수온도 : 23℃(96.3kJ/kg)
> • 증기발생량 : 14,000kg/h
> • 발생증기엔탈피 : 723kcal/kg
> • 보일러 압력 : 1MPa

해답 효율(η)$= \dfrac{W_s(h_2 - h_1)}{G_f \times H_L} \times 100\,(\%) = \dfrac{14,000 \times (723 - 23)}{1,200 \times 9,800} \times 100 = 83.33\%$

24 다음의 조건을 이용하여 상당증발량(G_e), 보일러 효율(η)을 계산하시오.(단, 물의 증발잠열 (γ)은 2,257kJ/kg으로 한다.)

▼ 조건
- 발생증기량 : 2,000kg/h
- 발생증기 엔탈피 : 2,860kJ/kg
- 연료의 발열량 : 40MJ/kg
- 급수온도 : 20℃(엔탈피 84kJ/kg)
- 연료소비량 : 150kg/h

해답 상당증발량(G_e) $= \dfrac{W_a(h_2 - h_1)}{\gamma} = \dfrac{2,000 \times (2,860 - 84)}{2,257} = 2,459.90\text{kg/h}$

보일러 효율(η) $= \dfrac{W_a(h_2 - h_1)}{G_f \times H_L} \times 100 = \dfrac{2,000 \times (2,860 - 84)}{150 \times (40 \times 10^3)} \times 100 = 92.53\%$

참고
- $1\text{MJ} = 10^6\text{J} = 10^3\text{kJ}$
- $1\text{kcal} = 4.186\text{kJ} = 4.2\text{kJ}$

25 보일러 효율 80%에서 증기발생량 400kg/h, 급수온도 20℃, 증기의 엔탈피 670kcal/kg (증기압력 10kg/cm²)일 때 연료소비량(kg/h)을 구하시오.(단, 연료의 저위발열량은 10,000 kcal/kg이다.)

해답 $0.8 = \dfrac{400 \times (670 - 20)}{x \times 10,000}$

연료소비량(x) $= \dfrac{400(670 - 20)}{0.8 \times 10,000} = 32.5\text{kg/h}$

26 20℃의 물(84kJ/kg) 70kg이 100℃의 증기(2,683.8kJ/kg)로 변화 시 총 소요되는 열량 (kW)을 구하시오.

해답 $Q = 70 \times (2,683.8 - 84) = 181,986\text{kJ}$

$\therefore \dfrac{181,986}{3,600} = 50.55\text{kW}$

27 보일러 전열면적 중 복사 전열면적이 20m², 대류전열면적이 10m²이다. 보일러 가동시간이 8시간, 총전열면적에서 증기발생량이 12,000kg일 때 전열면의 증발률은 몇 kg/m²h인가?

> **해답** 전열면의 증발률 $= \dfrac{\text{증기발생량}}{\text{전열면적}} = \dfrac{12,000}{(20+10)\times 8} = 50 \text{kg/m}^2\text{h}$

28 증기의 건조도가 0.8, 포화증기엔탈피 663kcal/kg, 포화수엔탈피가 180kcal/kg일 때 습포화증기엔탈피는 몇 kcal/kg인가?(단, 보일러 압력은 1MPa이다.)

> **해답** $h_2 = h' + rx = 180 + 0.8 \times (663 - 180) = 566.4 \text{kcal/kg}$

29 증기보일러 운전 중 증발잠열을 구하고 응축수량(kg/h)을 계산하시오.(단, 보일러 압력은 400kPa, 주철제 방열기에서 표준방열량은 2.73MJ/m² · h로 하고, 방열면적 50m², 증기 엔탈피 2.70MJ/kg, 포화수 엔탈피 0.686MJ/kg이다.)

> **해답** 증발잠열 $= 2.70 - 0.686 = 2.014 \text{MJ}$
>
> 응축수량 $= \dfrac{2.73}{2.014} \times 50 = 67.78 \text{kg/h}$

30 물의 소요공급량이 3,100kg/h인 곳에서 20℃의 물을 80℃까지 예열하는 데 필요한 현열은 몇 kcal/h인가?(단, 물의 비열은 1kcal/kg℃이다.)

> **해답** $3,100 \times 1(80 - 20) = 186,000 \text{kcal/h}$

31 보일러가 동시간 5시간 동안 중유사용량이 800kg을 연소시키는 데 급수온도가 20℃인 보일러수를 1시간에 2,000kg 증기발생 시 증발배수(kg/kg)는 얼마인가?

> **해답** 증발배수 $= \dfrac{\text{증기발생량}}{\text{연료소비량}} = \dfrac{2,000}{\left(\dfrac{800}{5}\right)} = 12.5 \text{kg/kg}$

32 절대압력 $10kgf/cm^2abs$의 압력으로 운전되는 보일러에서 절대압력 $1.5kg/cm^2$의 상태로 감 압해서 어떤 장치에 공급한다. 감압밸브 입구에서 건도가 90%일 때 출구에서의 건도는 몇 %가 되는가?(단, 감압밸브 내에서의 열손실은 없는 것으로 본다.)

압력 kg/cm² abs	포화온도 ℃	엔탈피 kcal/kg		압력 kg/cm² abs	포화온도 ℃	엔탈피 kcal/kg	
		포화수 h_1'	포화증기 h_1''			포화수 h_2'	포화증기 h_2''
10	181	181.19	663.2	1.5	110.79	110.92	642.8

해답 $10kg/cm^2$에서 증발잠열 $= 663.2 - 181.19 = 482.01kcal/kg$

$1.5kg/cm^2$에서 증발잠열 $= 642.8 - 110.92 = 531.88kcal/kg$

$10kg/cm^2$에서 습증기 엔탈피 $= 181.19 + 482.01 \times 0.9 = 615kcal/kg$

감압밸브 내에서 열손실은 없다고 했으므로 습증기 $1.5kg/cm^2$에서도
엔탈피는 $615kcal/kg$

$110.92 + 531.88 \times x = 615$

$531.88 \times x = 615 - 110.92 = 504.08kcal/kg$

$\therefore \dfrac{504.08}{531.88} \times 100 = 94.77\%$

33 건물 내에 설치된 방열기의 상당방열면적이 $1,500m^2$이고 증기 생성시 물의 증발잠열은 $539kJ/kg$(보일러 압력 $0.5MPa$)일 때 전체 응축수량은 몇 kg/h인가?(단, 배관 내 응축수량 은 방열기 내 응축수량의 20%로 본다.)

해답 $\dfrac{650}{\gamma} \times$ 방열기 내 응축수량 $\times EDR = \dfrac{650}{539} \times 1.2 \times 1,500 = 2,170.69kg/h$

참고 $\dfrac{0.76}{\gamma} \times 1.2 \times 1,500 = \dfrac{0.76}{0.63} \times 1.2 \times 1,500 = 2,171.43kg/h$

34 보일러 운전시간이 5시간, 연료사용량이 800kg에서 증기발생량이 $2,000kg/h$일 때 증발배수 (kg/kg)는 얼마인가?

해답 연료사용량 $= \dfrac{800}{5} = 160kg/h$

증발배수 $= \dfrac{\text{시간당 증기발생량}}{\text{시간당 연료소비량}} = \dfrac{2,000}{160} = 12.5kg/kg$

35 보일러 운전 중 급수사용량 3,000kg/h, 보일러 압력 5kg/cm², 증기엔탈피 650kcal/kg, 급수의 온도 20℃일 때 보일러 효율은 몇 %인가?(단, 연료의 발열량 9,750kcal/kg, 연료소비량이 300kg/h이다.)

해답 효율$(\eta) = \dfrac{G(h_2 - h_1)}{G_f \times H_l} \times 100$

$= \dfrac{3,000(650 - 20)}{300 \times 9,750} \times 100 = 64.62\%$

36 표준상태에서 상당방열면적(EDR)이 25m²이고 배관 내 응축수량은 방열기 응축수(드레인) 양의 30%로 계산할 때 응축수량(kg/h), 응축수펌프 용량(kg/min), 응축수 탱크의 용량을 구하시오.(단, 증기방열기 표준방열량은 650kcal/m²h, 증발잠열은 539kcal/kg이다.)

해답 (1) 응축수량

$Q_1 = \dfrac{650}{\gamma}(1 + a)F$

$\therefore \dfrac{650}{539} \times (1 + 0.3) \times 25 = 39.19 \text{kg/h}$

또는, $\dfrac{0.76}{0.63} \times (1 + 0.3) \times 25 = 39.21 \text{kg/h}$

(2) 응축수 펌프용량

$Q_2 = \dfrac{Q_1 \times 3배}{60분} = \dfrac{39.19 \times 3}{60} = 1.96 \text{kg/min}$

(3) 응축수 탱크용량

$Q_3 = Q_2 \times 2배 = 1.96 \times 2 = 3.92 \text{kg}$

참고 • $650 \text{kcal/m}^2\text{h} = 650 \times 4.186 \text{kJ/kg} = 2,721 \text{kJ/kg} = 0.76 \text{kW}$

• $539 \text{kcal/kg} = 539 \times 4.186 \text{kJ/kg} = 2,256 \text{kJ/kg} = 0.63 \text{kW/kg}$

37 외경 56mm, 내경 50.6mm, 길이 5,000mm의 수관을 100개 설치한 수관식 보일러가 있다. 전열면적을 구하시오.

해답 관의 전열면적$(s_b) = \pi DLN = 3.14 \times$외경$\times$관의 길이$\times$사용개수

$= 3.14 \times 0.056 \times 5 \times 100 = 87.92 \text{m}^2$

38 과열증기엔탈피가 780kcal/kg이고 과열기는 방사형으로 전열면적이 2m²이다. 급수온도가 30℃이고 과열증기발생량이 3,000kg/hr이면 과열기 열부하는 얼마인가?(단, 포화증기 엔탈피는 650kcal/kg이다.)

> **해답** 과열기 열부하 $= \dfrac{W_a(h_x - h'')}{s_b}$
>
> $= \dfrac{3,000(780 - 650)}{2}$
>
> $= 195,000\text{kcal/m}^2\text{h} \left(\dfrac{195,000}{3,600} = 54.17\text{kW/m}^2\right)$

39 보일러에 급수되는 물의 온도가 10℃, 발생되는 증기의 엔탈피가 680kcal/kg, 1시간당 발생하는 증기량이 3ton, 1시간에 소모되는 연료량이 250kg일 때 이 보일러의 효율은 몇 %인지 계산하시오.(단, 사용 연료의 발열량은 10,000kcal/kg이다.)

> **해답** 효율$(\eta) = \dfrac{\text{시간당 증기발생량}(\text{발생증기엔탈피} - \text{급수엔탈피})}{\text{시간당 연료소비량} \times \text{연료의 저위발열량}} \times 100(\%)$
>
> $= \dfrac{3,000(680 - 10)}{250 \times 10,000} \times 100 = 80.4\%$

40 보일러 운전 중 연료소비량이 250l/h, 연료의 비중이 0.96, 연료의 저위발열량이 9,750kcal/kg, 연료의 종류는 중유이며 증기발생량이 2,500kg/h, 발생증기엔탈피가 650kcal/kg, 급수의 엔탈피가 20kcal/kg일 때 이 보일러의 효율(%)을 구하시오.

> **해답** 보일러 효율$(\eta) = \dfrac{W_a(h_x - h_l)}{W_f \times d \times h_l} \times 100$
>
> $= \dfrac{2,500(650 - 20)}{250 \times 0.96 \times 9,750} \times 100$
>
> $= 67.31\%$

41 증발압력 5kg/cm²(0.5MPa), 급수온도 60℃, 1시간당 증발량 1,200kg, 증기엔탈피 650kcal/kg일 때 증발계수를 구하시오.(단, 증발잠열＝539kcal/kg이다.)

> **해답** 증발계수$= \dfrac{h'' - h'}{539} = \dfrac{650 - 60}{539} = 1.09$

42 급수량이 1ton/h이며 엔탈피 차가 620kcal/kg이고 발열량이 9,800kcal/kg, 효율이 80%인 보일러의 운전 시 연료량을 구하시오.

해답 효율$(\eta) = \dfrac{W_f \times (h_2 - h_1)}{G_f \times H_l} \times 100$

∴ 연료소비량$(G_f) = \dfrac{1,000 \times 620}{0.8 \times 9,800} = 79.08$kg/h

43 보일러 용량이 5ton/h인 보일러에서 증기엔탈피가 645kcal/kg, 급수엔탈피가 25kcal/kg, 증기압력이 2kgf/cm²라면 증발계수는?(단, 물의 증발잠열은 539kcal/kg이다.)

해답 $\dfrac{h_2 - h_1}{539} = \dfrac{645 - 25}{539} = 1.15$

44 증기보일러 저압증기 난방을 하는 어떤 건물에서 방열기의 전방열 면적이 600m²일 때 다음 물음에 답하시오.

(1) 난방장치 내의 전 응축수량(kg/h)은 얼마인가?(단, 방열기 면적 1m²당 응축수량은 표준량으로 증기배관 내의 응축수량은 방열기내 응축수량의 30%로 본다.)
(2) 응축수 펌프의 양수량(l/min)은 얼마인가?(단, 응축수 1kg은 1l로 본다.)
(3) 응축수 탱크의 크기는 몇 l인가?

해답 (1) $\dfrac{650}{r} \times EDR \times a = \dfrac{650}{539} \times 600 \times 1.3 = 940.6$kg/h

(2) $\dfrac{응축수량 \times 3배}{60분} = \dfrac{940.6 \times 3}{60} = 47.03 l/min$

(3) 응축수 펌프용량 × 2배 = 47.03 × 2 = 94.06l

참고 650kcal/m²h=0.76kW/m², 539kcal/kg=0.63kW/kg

45 5kg/cm²(0.5MPa) 압력하에서 보일러 증기발생량이 2,500kg/h, 급수의 온도가 25℃이고 이 증기압력하에서 증기엔탈피가 640kcal/kg일 때 증발계수(증발력)는 얼마인가?

해답 증발계수(증발력) = $\dfrac{h_2 - h_1}{539} = \dfrac{640 - 25}{539} = 1.14$

46 보일러 증발압력이 0.5MPa이고 급수온도가 60℃(252kJ/kg)일 때 상당증발량(kg/h)을 구하시오.(단, 증기발생량은 2,000kgf/h, 증기엔탈피는 2,696.82kJ/kg이다.)

해답 상당증발량$(W_e) = \dfrac{2,000 \times (2,696.82 - 252)}{2,256} = 2,167.39 \text{kg/h}$

47 평균난방부하가 150kcal/m²·h인 건물에 1일 소요되는 보일러용 경유 소비량은 몇 kg인가?
(단, 난방면적 100m², 효율 80%, 발열량 9,000kcal/kg)

해답 $0.8 = \dfrac{(150 \times 100) \times 24}{G \times 9,000}$

∴ 경유 소비량$(G) = \dfrac{150 \times 24 \times 100}{0.8 \times 9,000} = 50 \text{kg}$

48 저압증기난방을 하는 건물에서 방열기의 전방열 면적이 780m²일 때 전장치 내의 응축수량과, 응축수펌프의 용량, 응축수 탱크의 크기를 결정하시오.(단, 방열기 1m²당 응축수량은 표준량으로 하고 증기배관 내의 응축수량은 방열기 내의 응축수량의 30%로 본다.)

해답 (1) 증기난방 응축수량

$\dfrac{650}{539} \times (1 + 증기배관\ 응축수량) \times 방열기\ 전열면적$

$= \dfrac{650}{539} \times (1 + 0.3) \times 780 = 1,222.82 \text{kg/h}$

또는, $\dfrac{2,721}{2,256} \times (1 + 0.3) \times 780 = 1,223 \text{kg/h}$

(2) 응축수 펌프용량

응축수 펌프용량 $= \dfrac{장치\ 내\ 응축수량(\text{kg/h})}{60} \times 3배$

$\dfrac{1,222.82}{60} \times 3 = 61.14 \text{kg/min}$

(3) 응축수 탱크용량
응축수 탱크용량 = 응축수 펌프용량 × 2배
$61.14 \times 2 = 122.28 \text{kg}$

참고 $650 \times 4.186 \text{kJ} = 2,721 \text{kJ/m}^2 \text{h}$, $539 \times 4.186 \text{kJ/kg} = 2,256 \text{kJ/kg}$

49 어떤 빌딩의 방열기의 면적이 500m²(상당방열면적), 매시 급탕량의 최대가 500l/h, 급탕수의 온도가 70℃, 급수의 온도가 10℃라고 한다. 이 건물에 주철제 증기보일러를 사용하여 난방을 하려고 할 때 보일러의 크기를 구하시오.(단, 배관부하 α = 20%, 예열부하 β = 25%, 증발잠열 539kcal/kg, 물의 비열 1kcal/l℃, 연료는 석탄이며 출력저하계수 K = 0.69이다.)

해답 보일러의 크기 $= \dfrac{(난방부하 + 급탕부하) \times 배관부하 \times 예열부하}{출력저하계수}$

$= \dfrac{\{500 \times 650 + 500 \times 1(70 - 10)\} \times 1.2 \times 1.25}{0.69}$

$= \dfrac{(325,000 + 30,000) \times 1.2 \times 1.25}{0.69}$

$= 771,739.13 \text{kcal/h}$

참고
- $\dfrac{500 \times 650}{3,600} = 90.28 \text{kW}$

- $\dfrac{500 \times 1 \times (70 - 10)}{3,600} = 8.33 \text{kW}$

- $\dfrac{771,739.13}{3,600} = 214.37 \text{kW}$

50 보일러 출력이 300,000kcal/h, 연료의 발열량이 10,000kcal/kg, 보일러 효율이 50%일 때 오일버너의 연료 사용량을 구하시오.

해답 오일버너 사용량 $= \dfrac{보일러 출력}{연료의 발열량 \times 연소효율}$

$= \dfrac{300,000}{10,000 \times 0.5} = 60 \text{kg/h}$

51 20℃의 물 70kg을 100℃의 증기로 변화 시 총소요열량(kcal)을 구하시오.(단, 물의 비열은 1kcal/kg℃이다.)

해답 $Q = 70 \times 1 \times (639 - 20) = 43,330 \text{kcal}$

참고
- 물의 현열 $= 70 \times 1 \times (100 - 20) = 5,600 \text{kcal}$
- 물의 증발열 $= 539 \times 70 = 37,730 \text{kcal}$
- $5,600 + 37,730 = 43,330 \text{kcal}$

52 평균온도 85℃의 온수가 흐르는 길이 100m의 온수관에 효율 80%의 보온피복을 하였다. 외기 온도가 25℃이고 나관의 열관류율이 11kcal/m² · h · ℃인 경우 보온피복한 후의 시간당 손실열량을 구하시오. (단, 관의 표면적은 0.22m²/m이다.)

해답 보온피복 후 손실열량(Q) = (1 − 보온효율) × 열관류율 × 관의 표면적 × 관의 길이 × 온도차
= $(1 - 0.8) \times 11 \times 0.22 \times 100 \times (85 - 25) = 2,904\text{kcal/h}$

53 중유를 연소하는 어느 보일러를 가동 중에 시간당으로 측정한 결과 증기발생량이 3,000kg, 연료사용량이 630kg, 연료의 발열량이 9,800kcal/kg이라 할 때 이 보일러의 연소실 열부하율을 구하시오. (단, 연소실 용적은 20m³이다.)

해답 연소실 열부하율(Q) = $\dfrac{\text{시간당 연료소비량} \times \text{연료의 발열량}}{\text{연소실 용적}}$
= $\dfrac{630 \times 9,800}{20} = 308,700\text{kcal/m}^3 \cdot \text{h}$

54 관의 길이 10m, 관경 100A(0.1m)에서 압력이 1kg/cm²인 증기가 통과할 때 시간당 증기통과량(kg/h)을 구하시오. (단, 포화증기의 유속은 25m/sec, 증기의 비체적은 0.9018m³/kg이다.)

해답 $G = A \times V \times 3,600 \times \dfrac{1}{\text{비체적}}$ (A : 단면적 $\dfrac{\pi}{4}d^2$)
= $\dfrac{3.14}{4} \times (0.1)^2 \times \dfrac{25 \times 3,600}{0.9018} = 783.4\text{kg/h}$

참고 계산기로 계산 시는 3.14 대신 π로 계산한다.

55 상당증발량(W_e)을 구하는 공식을 세우시오.

해답 상당증발량 = $\dfrac{\text{시간당 증기발생량(발생증기엔탈피 − 급수엔탈피)}}{2,256\text{kJ/kg}}$ (kg/h)

참고 2,256kJ/kg = 539kcal/kg

56 열효율, 연소효율, 전열효율을 구하는 식을 쓰시오.

해답 (1) 열효율

$$\frac{유효열}{공급열} \times 100 = 전열효율 \times 연소효율$$

(2) 전열효율

$$\frac{유효열}{실제연소열} \times 100$$

(3) 연소효율

$$\frac{실제연소열}{공급열} \times 100$$

57 증기보일러의 방열기 면적이 300m²이고 급탕량 500kg/h를 20℃에서 70℃로 가열 시 소요 연료량(kg/h)을 구하시오. (단, 배관부하 20%, 시동부하 25%, 연료발열량 10,000kcal/kg, 효율 70%이다.)

해답 $소모량 = \dfrac{보일러\ 출력}{발열량 \times 효율} = \dfrac{330,000}{10,000 \times 0.7} = 47.14\text{kg/h}$

참고 • 보일러 출력 = (난방부하 + 급탕부하) × (1 + 배관부하) × (1 + 시동부하)

$= \{(300 \times 650 + 1 \times 500 \times (70-20)\} \times 1.2 \times 1.25 = 330,000\text{kcal/h}$

• $\dfrac{300 \times 650}{3,600} = 54,166.67\text{W} = 54.17\text{kW}$

58 보일러의 증기발생량이 2,500kg/h, 증기엔탈피가 2,729.272kJ/kg, 급수의 엔탈피가 104.65kJ/kg인 보일러의 상당증발량은 몇 kg/h인가?

해답 $상당증발량 = \dfrac{시간당\ 증기발생량(발생증기엔탈피 - 급수엔탈비)}{2,256}$

$= \dfrac{2,500 \times (2,729.272 - 104.65)}{2,256} = 2,908.16\text{kg/h}$

59 어느 난방용 증기보일러의 상당방열면적은 $1,200\text{m}^2$이다. 증기의 증발잠열이 535kcal/kg이고 증기배관 내의 응축수량은 방열기 내 응축수량의 20%로 할 때 시간당 응축수량을 구하시오.

> **해답** 전장치 응축수량$=\dfrac{650}{\text{증발잠열}}\times EDR\times\alpha$
>
> $\qquad\qquad\qquad =\dfrac{2,721}{\gamma}\times\text{방열기 면적}\times(1+\text{증기배관 내 응축수량})$
>
> $\qquad\qquad\qquad =\dfrac{650}{535}\times 1,200\times(1+0.2)=1,749.53\text{kg/h}$

> **참고** $535\times 4.186=2,240\text{kJ/kg}$

60 다음은 어느 보일러의 운전 결과이다. $0.7\text{MPa}(7\text{kg/cm}^2)$의 발생증기 엔탈피가 $2,766.15\text{kJ}$/kg인 보일러의 연소실 열부하와 전열면의 열부하를 구하시오.

• 전열면적 : 280m²	• 연소실 용적 : 31m³
• 연료발열량 : 40MJ/kg	• 연료량 : 120kg/h
• 급수온도 : 20℃(83.72kJ/kg)	• 증기발생량 : 2,500kg/h

> **해답** (1) 연소실 열부하
>
> $\qquad =\dfrac{\text{시간당 연료소비량}(H_l+\text{공기의 현열}+\text{연료의 현열})}{\text{연소실 용적}}$
>
> $\qquad =\dfrac{120\times 40}{31}=154.84\text{MJ/m}^3\text{h}$
>
> (2) 전열면 열부하
>
> $\qquad =\dfrac{\text{시간당 증기발생량}(\text{발생증기엔탈피}-\text{급수엔탈피})}{\text{전열면적}}$
>
> $\qquad =\dfrac{2,500(2,766.15-83.72)}{280}=23,950.27\text{kJ/m}^2\text{h}$

> **참고** • $1\text{MJ}=10^6\text{J}=10^3\text{kJ}$
>
> $\qquad$ • $1\text{kcal}=4.186\text{kJ}$

61 보일러 열정산 결과 유효열이 90%, 연소효율이 95%이면 전열효율은 몇 %인가?

> **해답** 전열효율$=\dfrac{\text{유효열}}{\text{연소효율}}\times100=\dfrac{0.9}{0.95}\times100=94.74\%$

> **참고** • 열효율$=\dfrac{\text{유효열}}{\text{공급열}}$, 연소효율$=\dfrac{\text{실제연소열}}{\text{공급열}}$
> • 열효율(보일러효율)＝연소효율×전열효율

62 보일러 연소효율을 η_c, 전열면 효율을 η_f 라 할 때 보일러 열효율 η는 어떻게 나타내는지 쓰시오.

> **해답** 보일러 열효율$(\eta)=\eta_c\times\eta_f$

63 입열열량을 10,000kcal/h를 공급하여 운전 중 열손실이 2,000kcal/h로 파악되었다. 이 경우 열효율은 몇 %인가?

> **해답** 열효율$(\eta)=\dfrac{\text{입열량}-\text{손실열량}}{\text{입열량}}\times100=\dfrac{10,000-2,000}{10,000}\times100=80\%$

64 보일러 운전 시 연소효율이 85%, 전열면 효율이 90%라면 열효율은 몇 %인가?

> **해답** 열효율＝연소효율×전열면 효율$=(0.85\times0.9)\times100=76.5\%$

65 배기가스의 현열을 이용하여 절탄기에서 급수를 가열하고자 한다. 배기가스의 온도는 340℃, 절탄기의 출구 배기가스온도는 160℃이고, 배기가스의 비열은 0.33Nm³/Nm³℃, 배기가스의 소비량은 2,500Nm³/h일 때 급수절탄기의 열효율은 몇 %인가?(단, 물의 비열은 1kcal/kg℃, 절탄기 급수사용량은 2,100kg/h이고, 절탄기 입구 급수온도는 10℃, 절탄기 출구 급수온도는 60℃로 보일러에 공급된다.)

> **해답** 배기가스의 현열＝2,500×0.33×(340－160)＝148,500kcal/h
> 절탄기의 현열＝2,100×1×(60－10)＝105,000kcal/h
> ∴ 절탄기의 열효율$=\dfrac{105,000}{148,500}\times100=70.71\%$

66 다음 ( ) 안에 들어갈 내용을 쓰시오.

$$( ) = \frac{\text{실제 증기발생량}(kg/h)}{\text{최대 연속 증기발생량}(kg/h)} \times 100(\%)$$

해답 보일러 부하율(부하율)

67 보일러 압력이 1.5MPa에서 건도 0.98의 습포화증기를 만들려고 한다. 급수온도 20℃를 절탄기를 통하여 95℃까지 올린다면 연료가 몇 %까지 절감이 되는지 계산하시오.(단, 1.5MPa에서 포화수엔탈피는 197kcal/kg, 증발잠열은 466kcal/kg이고, 절탄기 효율은 100%로 본다.)

해답 습증기엔탈피$(h_2) = h_1 + \gamma x = 197 + 0.98 \times 466 = 653.68$kcal/kg

절탄기 현열$(h) = 1 \times (95 - 20) = 75$kcal/kg

$\therefore \frac{75}{653.68} \times 100 = 11.47\%$

68 다음과 같은 조건에서 보일러의 상당증발배수(kg/kg)를 구하시오.

▼ 조건
- 연료소비량 : 350kg/h
- 발생 증기 엔탈피 : 2,730kJ/kg
- 100℃ 물의 증발열 : 2,256kJ/kg
- 증기발생량 : 2,500kg/h
- 급수엔탈피 : 105kJ/kg

해답 상당(환산)증발배수 $= \frac{\text{상당증발량}}{\text{연료소비량}} = \frac{2,500 \times (2,730 - 105)}{2,256 \times 350} = 8.31$kg/kg

참고
- 증발배수 $= \frac{\text{증기발생량}}{\text{연료소비량}} = \frac{2,500}{350} = 7.14$kg/kg
- 상당증발량 $= \frac{\text{시간당 증기발생량(발생증기엔탈피 - 급수엔탈피)}}{2,256}$(kg/h)

69 용기 내의 어떤 가스의 압력이 $6kgf/cm^2$, 체적 50L, 온도 5℃였는데, 이 가스가 상태변화를 일으킨 후 압력이 $6kgf/cm^2$, 온도가 35℃로 변화된 경우, 체적(L)을 구하시오.

해답 $V_2 = V_1 \times \dfrac{T_2}{T_1} \times \dfrac{P_1}{P_2}$

압력은 변동이 없으므로

$\therefore V_2 = V_1 \times \dfrac{T_2}{T_1} = 50 \times \dfrac{273+35}{273+5} = 55.40\text{L}$

70 증기보일러에서 환산증발량(상당증발량)이 5ton/h이고 열효율이 85%인 보일러에서 가스버너 사용 시 버너용량은 몇 Nm^3/h인가?(단, 가스의 발열량은 $92MJ/Nm^3$이다.)

해답 $5\text{ton/h} = 5,000\text{kg/h}$

$5,000 \times 2,256\text{kJ/kg} = 11,280,000\text{kJ}(11,280\text{MJ})$

$\therefore \dfrac{11,280}{92 \times 0.85} = 144.25\text{Nm}^3/\text{h}$

참고 물의 증발잠열$(\gamma) = 2,256\text{kJ/kg}$

71 다음과 같은 조건하에서 보일러 출력(정격용량)은 몇 kW인지 계산하시오.(단, 난방은 증기난방이다.)

▼ **조건**
- 상당방열면적(EDR) : $500m^2$
- 온수공급온도 : 70℃
- 물의 비열 : 1kcal/kg℃
- 배관부하 : 0.25
- 방열기 방열량 : $650kcal/m^2h$
- 온수사용량 : 500kg/h
- 급수공급온도 : 10℃
- 예열부하 : 1.45
- 석탄의 출력저하계수 : 0.69
- 1kcal = 4.2kJ

해답 $Q = \dfrac{(\text{난방부하} + \text{급탕부하}) \times \text{배관부하} \times \text{예열부하}}{\text{출력저하계수}}$

$= \dfrac{[(500 \times 650) + 500 \times 1 \times (70-10)] \times (1+0.25) \times 1.45}{0.69}$

$= \dfrac{(379.17+35) \times 1.25 \times 1.45}{0.69} = 1,087.95\text{kW}$

참고 • 난방부하= $500 \times 650 = 325{,}000 \mathrm{kcal/h}$, $325{,}000 \times 4.2 = 379.17 \mathrm{kW}$

• 급탕부하= $500 \times 1 \times (70-10) = 30{,}000 \mathrm{kcal/h}$, $\dfrac{30{,}000 \times 4.2}{3{,}600} = 35 \mathrm{kW}$

72 다음의 조건하에서 보일러 효율은 몇 %인가?

▼ 조건
- 오일연료사용량 : 2kg/h
- 발생증기엔탈피 : 646.1kcal/kg
- 급수온도 : 10℃
- 연료의 발열량 : 10,000kcal/kg
- 발생증기량 : 20kg/h
- 물의 비열 : 1kcal/kg · K

해답 증기보일러 효율= $\dfrac{20 \times (646.1-10)}{2 \times 10{,}000} \times 100 = 63.61\%$

73 증기발생량이 5,390kgf/h이고, 발생증기 엔탈피가 2,772kJ이며 급수온도가 20℃인 상태에서 급수하는 이 보일러의 마력은 몇 HP인가?(단, 급수온도 20℃ = 84kJ/kg이다.)

해답 $\dfrac{5{,}390 \times (2{,}772-84)}{2{,}256} = 6{,}396.61 \mathrm{kg/h}$

$\therefore \dfrac{6{,}396.61}{15.65} = 408.73 \mathrm{HP}$

74 다음을 참고하여 보일러의 상당증발량을 구하는 식을 나타내시오.

▼ 조건
- D_e : 상당증발량(kgf/h)
- D_a : 시간당 증기발생량(kgf/h)
- h' : 발생습증기엔탈피(kcal/kg)
- h : 급수엔탈피(kcal/kg)
- γ : 증발잠열 539kcal/kg(2,265kJ/kg)

해답 $D_e = \dfrac{D_a \times (h'-h)}{539}$

75 증기압력 0.4MPa에서 대류난방 시 발생되는 증기의 엔탈피가 654.92kcal/kg, 증기의 건도 0.98, 포화수온도 144.92℃인 방열기 내에 생성되는 응축수량은 몇 kg/m²h인가?(단, 표준 증기 방열량은 650kcal/m²h이다.)

해답 응축수량 $= \dfrac{650}{증발잠열}(\text{kg/m}^2\text{h})$

$\gamma(증발잠열) = 발생건포화증기 - 포화수엔탈피 = 654.92 - 144.92 = 510\text{kcal/kg}$

발생습포화증기엔탈피$(h_2) = 포화수엔탈피 + 건조도 \times 증발잠열$

$\qquad\qquad = 144.92 + 0.98 \times 510 = 644.72\text{kcal/kg}$

실제 증발잠열 $= 644.72 - 144.92 = 499.8\text{kcal/kg}$

$\therefore$ 방열기 응축수량 $= \dfrac{650}{499.8} = 1.30\text{kg/m}^2\text{h}$

76 포화수 1kgf와 포화증기 4kgf의 혼합 시 증기의 건도는 얼마인가?

해답 증기건도$(x) = \dfrac{4}{1+4} = 0.8(80\%)$

77 다음 조건을 보고 보일러 여열장치인 공기예열기의 열효율(%)을 계산하시오.

> **▼ 조건**
> • 배기가스 보유량 : 3,600Nm³/h
> • 배기가스 입 · 출구온도 : 300℃, 230℃
> • 공기공급량 : 2,030Nm³/h
> • 공기예열기 입 · 출구온도 : 25℃, 200℃
> • 공기의 비열 : 0.31kcal/Nm³℃
> • 배기가스비열 : 0.47kcal/Nm³℃

해답 배기가스 현열$(Q_1) = 3,600 \times 0.47 \times (300 - 230) = 118,440\text{kcal/h}$

공기의 현열$(Q_2) = 2,030 \times 0.31 \times (200 - 25) = 110,127.5\text{kcal/h}$

$\therefore$ 공기예열기 효율$(\eta) = \dfrac{110,127.5}{118,440} \times 100 = 92.98\%$

참고 $\dfrac{118,440 \times 4.186}{3,600} = 137.72\text{kW}$, $\dfrac{110,127.5 \times 4.186}{3,600} = 128.48\text{kW}$

78 보일러에 사용하는 중화방청 처리로 사용되는 약품을 5가지만 쓰시오.

해답 ① 탄산소다   ② 가성소다   ③ 인산소다
④ 히드라진   ⑤ 암모니아

79 보일러 정격출력 계산 시 해당하는 부하 4가지를 쓰시오.

해답 ① 난방부하   ② 급탕부하
③ 배관부하   ④ 시동부하(예열부하)

80 보일러 용량(크기)을 나타내는 표시방법을 3가지만 쓰시오.

해답 ① 상당증발량   ② 정격출력   ③ 전열면적
④ 상당방열면적   ⑤ 보일러 마력

81 다음 ( ) 안에 알맞은 내용을 써넣으시오.

> 보일러에서 상당증발량이란 (①)℃의 포화수가 (②)℃의 건조포화증기로 발생되었을 때를
> 의미한다.

해답 ① 100   ② 100

82 어느 보일러에서 저위발열량이 40MJ/kg인 중유를 연소시킨 결과 연소실에서 발생한 연소열
량이 37.8MJ/kg이고 증기발생에 이용된 열량이 33.6MJ/kg이라면 연소효율(%)과 열효율
(%)은 얼마인가?

해답 연소효율 $= \dfrac{37.8}{40} \times 100 = 94.5\%$

열효율 $= \dfrac{33.6}{40} \times 100 = 84\%$

83 발열량 10,500kcal/kg의 연료를 연소시키는 보일러에서 배기가스 온도가 300℃일 때 이 보일러 효율은 몇 %인가?(단, 연소가스량 12Nm³/kg, 연소가스비열 0.33kcal/Nm³℃, 외기온도 5℃)

해답 손실열 $= 12 \times 0.33 \times (300 - 5) = 1,168.2$ kcal/kg

효율$(\eta) = \dfrac{\text{입 열} - \text{손 실 열}}{\text{입 열}}$

$= \dfrac{10,500 - 1,168.2}{10,500} \times 100 = \dfrac{9,331.8}{10,500} \times 100 = 88.87\%$

84 열효율 85%의 보일러를 90% 보일러로 교체시키는 보일러 연료의 절감률은 몇 %인가?

해답 연료 절감률$(\eta) = \dfrac{90 - 85}{90} \times 100 = 5.56\%$

SECTION 07 보일러 열정산

01 보일러 열정산 시 보일러에서 발생하는 출열 중 손실열을 2가지만 쓰시오.

> **해답** ① 배기가스 손실열   ② 불완전연소에 의한 손실열
> ③ 미연탄소분에 의한 손실열   ④ 방사열손실
> ⑤ 노 내 분입증기에 의한 열손실

02 보일러 열정산 시 다음의 물음에 답하시오.

(1) 보일러 열정산 시 원칙적으로 정격부하에서 적어도 몇 시간 이상 운전 후 열정산을 하여야 하는가?

(2) 연료의 발열량은 저위발열량, 고위발열량 중 어느 것을 기준하는가?

(3) 열정산에서 시험 시 기준온도는 어느 온도를 기준하는가?

> **해답** (1) 2시간 이상   (2) 고위발열량   (3) 외기온도

03 증기보일러 열정산 시 출열항목을 5가지만 쓰시오.

> **해답** ① 발생증기 보유열   ② 배기가스 열손실
> ③ 미연탄소분에 의한 열손실   ④ 방산열손실(방사열손실)
> ⑤ 노 내 분입증기에 의한 출열   ⑥ 불완전 열손실

04 열정산의 목적을 3가지만 쓰시오.

> **해답** ① 열의 행방 파악   ② 조업방법의 개선
> ③ 열설비의 성능 파악   ④ 노의 개축자료로 이용
> ⑤ 열의 손실 파악

05 열정산 방식에서 출열에 해당되는 것을 3가지만 쓰시오.

해답 ① 배기가스 손실열   ② 방사 열손실
③ 미연탄소분에 의한 열손실   ④ 불완전 열손실
⑤ 노 내 분입증기에 의한 손실열 ⑥ 발생증기 보유열

참고 입열 : 연료의 현열, 공기의 현열, 연료의 연소열, 노 내 분입증기에 의한 입열

06 유효출열의 정의 및 출열 중 열손실이 가장 큰 것을 기술하시오.

해답 (1) 유효출열 : 온수나 증기 발생에 이용된 열(온수의 현열 또는 증기보유열량)
(2) 출열 중 열손실이 가장 큰 것 : 배기가스 현열(배기가스 손실열)

참고 출열 : 배기가스 손실열, 방사 손실열, 미연탄소분에 의한 열손실, 불완전에 의한 열손실, 노
내 분입증기에 대한 손실열, 증기 또는 온수의 보유열

07 보일러 열정산 시 입열항목 3가지를 쓰시오.

해답 ① 연료의 연소열
② 연료의 현열
③ 공기의 현열
④ 노 내 분입증기에 의한 입열

08 보일러 열정산에 대한 다음 물음에 답하시오.
(1) 기준온도   (2) 발열량 기준
(3) 부하 기준   (4) 열정산에 의한 효율표시방법 2가지

해답 (1) 외기온도
(2) 고위발열량
(3) 정격부하
(4) ① 입출열법에 따른 효율
② 열손실법에 따른 효율

09 보일러 열정산 중 입, 출열 항목을 각각 5가지만 쓰시오.

해답 (1) 입열
　　① 연료의 연소열
　　② 연료의 현열
　　③ 연소용 공기의 현열
　　④ 노 내 분입증기에 의한 보유열
　　⑤ 피열물이 가지고 들어오는 열량

　(2) 출열
　　① 증기의 보유열량
　　② 불완전연소의 연소 열량
　　③ 배기가스 보유 열량
　　④ 노벽의 흡수 열량
　　⑤ 방사 열손실
　　⑥ 재의 현열
　　⑦ 기타 열손실

10 다음 강제보일러 열정산 방식에 대하여 (　　) 안에 알맞은 내용을 써넣으시오.

(1) 열정산은 보일러의 실용적 또는 정상조업 상태에 있어서 원칙적으로 (　　)시간 이상의 운전결과에 따른다.

(2) 발열량은 원칙적으로 사용할 때의 연료의 (　　)으로 한다.

(3) 열정산의 기준온도는 시험 시의 (　　)온도로 한다.

해답 (1) 2　　　　　　　(2) 고위발열량　　　　　　(3) 외기

11 열정산 시 운전상태 점검 중 해서는 안 되는 작업 4가지를 쓰시오.

해답 ① 분출 작업　　　　　② 매연 제거 작업
　　　③ 강제 통풍 작업　　　④ 시료 채취 작업

12 보일러 열정산 시 입열항목 5가지를 쓰시오.

해답 ① 연료의 연소열   ② 연료의 현열
③ 공기의 현열   ④ 노 내 분입증기에 의한 입열
⑤ 피열물이 가지고 들어오는 입열

13 보일러의 열정산 시에 고려되는 출열 항목을 5가지 쓰시오.(단, 기타 열손실은 답에서 제외한다.)

해답 ① 발생증기 보유열   ② 방사 열손실
③ 배기가스 열손실   ④ 불완전 열손실
⑤ 미연탄소분에 의한 열손실

14 보일러 열정산에서 연료사용량의 측정에 대한 내용 중 ( ) 안에 올바른 내용을 쓰시오.

(1) 고체연료는 계량 후 (①)의 증발을 피하기 위하여 가능한 한 연소 직전에 계량하고 그때마다 동시에 시료를 취한다. 계량은 원칙적으로 (②)를 사용하고 콜미터 기타의 계량기를 사용하였을 경우에는 지시량을 정확하게 보정한다. 측정의 허용오차는 ±1.5%로 한다.

(2) 액체연료는 중량탱크나 (①)식 또는 (②)식 유량계의 측정체적으로 구해진 것을 (③) 또는 밀도를 곱하여 중량(질량)으로 환산한다. 측정의 허용오차는 ±1.0%로 한다.

(3) 기체연료는 체적식 또는 (①)식 유량계 기타로 측정하고 계측 시의 압력, 온도에 따라 표준상태의 용적 (②)으로 한다. 측정의 허용오차는 ±1.6%로 한다.

해답 (1) ① 수분   ② 계량기
(2) ① 용량탱크   ② 체적   ③ 비중
(3) ① 오리피스   ② Nm^3

SECTION 08 연소공학 계산

01 연료의 원소분석에서 C의 함량이 80%, H의 함량이 15%, S의 함량이 5%일 때 소요 공급량은 몇 Nm^3/kg인가?

해답 이론공기량$(A_o) = 8.89C + 26.67\left(H - \dfrac{O}{8}\right) + 3.33S$

$$= 8.89 \times 0.8 + 26.67 \times 0.15 + 3.33 \times 0.05 = 11.28 Nm^3/kg$$

02 고체연료의 성분이 탄소(C) 62.3%, 수소(H) 4.7%, 산소(O) 11.8%, 황(S) 2.2% 회분이 기타 성분으로 구성되어 있다. 이 연료 1kg을 연소시키는 데 필요한 이론공기량(A_o)은 몇 Nm^3/kg인가?

해답 $A_o = \left[1.867C + 5.6\left(H - \dfrac{O}{8}\right) + 0.7S\right] \times \dfrac{1}{0.21} (Nm^3/kg)$

$A_o = 8.89C + 26.67\left(H - \dfrac{O}{8}\right) + 3.33S \, (Nm^3/kg)$

$\therefore A_o = 8.89 \times 0.623 + 26.67\left(0.047 - \dfrac{0.118}{8}\right) + 3.33 \times 0.022 = 6.47 Nm^3/kg$

03 수소 1kg이 완전연소하는 데 필요한 공기의 양은 표준상태에서 몇 Nm^3인가?

해답 $\dfrac{1}{0.21} \times (5.6 \times 1) = 26.7 Nm^3/kg$

참고 $H_2 + \dfrac{1}{2}O_2 \rightarrow H_2O$

$\quad\quad \downarrow \quad\quad\quad \downarrow \quad\quad\quad \downarrow$

$2kg + 11.2Nm^3 \rightarrow 22.4Nm^3$

$1kg + 5.6Nm^3 \rightarrow 11.2Nm^3$

04 부탄가스(C_4H_{10}) 1kg의 연소 시 필요한 이론산소량, 이론공기량, 이론연소가스양을 계산하시오.(단, 공기 중 산소(O_2)는 용적당 21%이다.)

$$C_4H_{10} \quad + \quad 6.5O_2 \quad \rightarrow \quad 4CO_2 \quad + \quad 5H_2O$$

해답 $\underline{C_4H_{10}} \quad + \quad \underline{6.5O_2} \quad \rightarrow \quad \underline{4CO_2} \quad + \quad \underline{5H_2O}$
　　　58kg　　$6.5 \times 22.4m^3$　$4 \times 22.4m^3$　$5 \times 22.4m^3$

① 이론산소량(O_o) $= (6.5 \times 22.4) \times \dfrac{1}{58} = 2.51 Nm^3/kg$

② 이론공기량(A_o) $= 2.51 \times \dfrac{1}{0.21} = 11.95 Nm^3/kg$

③ 이론습연소가스양(G_{ow}) $= (1-0.21)A_o + CO_2 + H_2O$

$$= (1-0.21) \times 11.95 + (4+5) \times \frac{22.4}{58}$$

$$= 12.92 Nm^3/kg$$

또는 $\left\{ (1-0.21) \times \dfrac{6.5}{0.21} + (4+5) \right\} \times \dfrac{22.4}{58} = 12.92 Nm^3/kg$

참고 이론공기량(A_o) = 이론산소량(O_o) $\times \dfrac{1}{0.21} (Nm^3/kg)$

05 혼합가스에서 프로판가스(C_3H_8)가 50%, 부탄가스(C_4H_{10})가 50%인 이 가스의 발열량은 몇 kcal/m³인가?(단, 프로판가스의 발열량은 24,200kcal/m³, 부탄가스의 발열량은 31,000 kcal/m³이다.)

해답 혼합가스 발열량 $= (24,200 \times 0.5) + (31,000 \times 0.5) = 27,600 kcal/m^3$

06 액체연료 10 kg의 연소 시 소요되는 필요공기량(Nm³)을 계산하시오.

해답 • 이론공기량(A_0) $= 8.89C + 26.67\left(H - \dfrac{O}{8}\right) + 3.33S (Nm^3/kg)$

　　(단, 원소성분은 탄소 85%, 수소 13%, 산소 2%이고, 공기비가 1.2이다.)

• 실제공기량(A) = (이론공기량×공기비) × 연료사용량

$$A_0 = 8.89 \times 0.85 + 26.67\left(0.13 - \frac{0.02}{8}\right)$$

$$= 7.5565 + 3.400425 = 10.956925 Nm^3/kg$$

∴ 실제공기량 $= (10.956925 \times 1.2) \times 10 = 131.48 Nm^3$

07 연소용 공기비가 1.2, 연료의 원소 성분 중 C 72%, H 15%, S 2%, O 1.5% 상태에서 연소과정 중 실제 배기가스량(Nm^3/kg)을 구하시오. (단, 수분은 2%이다.)

해답 실제 습배기가스량(G_w)=이론습배기가스량+(공기비$-$1)$\times$이론공기량

- 이론공기량(A_0)= $8.89C + 26.67\left(H - \dfrac{O}{8}\right) + 3.33S$

$$= 8.89 \times 0.72 + 26.67\left(0.15 - \dfrac{0.015}{8}\right) + 3.33 \times 0.02$$

$$= 6.4008 + 3.95 + 0.0666 = 10.4174 Nm^3/kg$$

- 이론습배기가스량(G_{ow})= $(1 - 0.21)A_0 + 1.867C + 11.2H + 0.7S + 0.8N + 1.244W$

$$= 0.79 \times 10.4174 + 1.867 \times 0.72 + 11.2 \times 0.15 + 0.7 \times 0.02$$

$$+ 0.8 \times 0 + 1.244 \times 0.02$$

$$= 11.2931$$

∴ 실제 습배기가스량= $11.2931 + (1.2 - 1) \times 10.4174 = 13.38 Nm^3/kg$

참고 연소가스 계산에서 질소(N_2) 값이 주어지지 않으므로 $0.8N = 0$이 된다.

08 다음 조건을 이용하여 실제건연소가스량(Nm^3/kg)을 구하시오.

▼ 조건
- 이론공기량 : $11.28 Nm^3/kg$
- 이론건배기가스량 : $10 Nm^3/kg$
- 공기비 : 1.2m

해답 실제건배기가스량(G_d)= $G_{od} + (m - 1)A_o$

$$= 10 + (1.2 - 1) \times 11.28 = 12.26 Nm^3/kg$$

09 프로판가스 $5Nm^3$의 연소 시 이론공기량을 계산하시오. (단, 반응식은 $C_3H_8 + 5O_2 \rightarrow 3CO_2 + 4H_2O$)

해답 $A_o = \left(5 \times \dfrac{100}{21}\right) \times 5 = 119.05 Nm^3$

10 부탄가스(C_4H_{10}) $1Nm^3$의 연소 시 물음에 답하시오.

(1) 연소화학 반응식을 쓰시오.

(2) 이론산소량(Nm^3/Nm^3)을 계산하시오.

(3) 이론습연소가스양(G_{ow})을 계산하시오.

> **해답** (1) 반응식 : $C_4H_{10} + 6.5O_2 \rightarrow 4CO_2 + 5H_2O$
>
> (2) 이론산소량(O_o) $= \dfrac{6.5 \times 22.4}{22.4} = 6.5Nm^3/Nm^3$
>
> (3) 이론습연소가스양(G_{ow}) $= (1-0.21)A_o + CO_2 + H_2O$
>
> $$= (1-0.21) \times \dfrac{6.5}{0.21} + (4+5)$$
>
> $$= 33.45Nm^3/Nm^3$$
>
> **참고** • 이론습연소가스량(G_{ow}) $= (1-0.21)A_o + CO_2 + H_2O$
>
> • 이론공기량(A_o) $= \dfrac{\text{이론산소량}}{0.21}$

11 메탄가스(CH_4) $1Nm^3$가 연소하는 데 필요한 이론공기량(Nm^3/Nm^3)을 구하시오.

> **해답** $CH_4 + 2O_2 \rightarrow CO_2 + 2H_2O$
>
> 이론공기량(A_o) $= 2 \times \dfrac{1}{0.21} = 9.52Nm^3/Nm^3$

12 연료의 원소성분이 C 86%, H 13%, S 1%이고 과잉공기계수(공기비)가 1.2일 때 실제공기량은 몇 Nm^3/kg인가?

> **해답** 실제공기량(A) $= A_o \times m$(이론공기량 × 공기비)
>
> 이론공기량(A_o) $= 8.89C + 26.67\left(H - \dfrac{O}{8}\right) + 3.33S$
>
> $\therefore A = [8.89 \times 0.86 + 26.67 \times 0.13 + 3.33 \times 0.01] \times 1.2$
>
> $$= (7.6454 + 3.4671 + 0.0333) \times 1.2 = 13.37Nm^3/kg$$

13 연료 LPG 사용량이 10,000Nm³/h이다. 공기비가 1.1이고 이론공기량이 25Nm³이면 실제공기량(Nm³/h)은 얼마인가?

> **해답** 전체 실제공기량＝이론공기량×공기비
> $$= (25 \times 1.1) \times 10,000 = 275,000 \text{Nm}^3/\text{h}$$

14 다음 가스의 연소반응식에서 (   ) 안에 들어갈 숫자를 쓰시오.

> - $C_3H_8 + 5O_2 \rightarrow ($ ① $)CO_2 + ($ ② $)H_2O$
> - $C_4H_{10} + 6.5O_2 \rightarrow ($ ③ $)CO_2 + ($ ④ $)H_2O$

> **해답** ① 3   ② 4   ③ 4   ④ 5

15 탄소(C) 10kg의 연소과정에서 발생되는 CO_2 양은 몇 Nm³인가?

> **해답**
> $$\underline{C} \quad + \quad \underline{O_2} \quad \rightarrow \quad \underline{CO_2}$$
> $$12\text{kg} + 22.4 \text{ Nm}^3 \rightarrow 22.4 \text{ Nm}^3$$
> $$12 : 22.4 = 10 : x$$
> $$CO_2(x) = 22.4 \times \frac{10}{12} = 18.67 \text{Nm}^3$$

16 어느 보일러에서 공기비 1.2로 완전 연소시킬 때 공기의 현열은 얼마인가?(단, 가열 후 공기온도는 80℃, 외기온도 20℃, 연료 1kg당 이론공기량은 10Nm³이며 공기비열은 0.31kcal/Nm³℃이다.)

> **해답** 공기의 현열$(Q_a) = A_o \times m \times C_P \times \Delta t$
> $$= 10 \times 1.2 \times 0.31 \times (80 - 20)$$
> $$= 223.2 \text{kcal/kg}$$

17 메탄가스(CH_4) $10Nm^3$의 연소 시 다음을 구하시오.

(1) 이론산소량   (2) 이론공기량

해답 (1) $2 \times 10 = 20Nm^3$

(2) $20 \times \dfrac{1}{0.21} = 95.24Nm^3$

참고 연소반응식 : $CH_4 + 2O_2$(이론산소량) $\rightarrow CO_2 + 2H_2O$

18 다음 프로판가스(C_3H_8) 연료의 연소반응식에 올바른 숫자를 써넣으시오.

$$C_3H_8 + \boxed{①}\ O_2 \rightarrow \boxed{②}\ CO_2 + \boxed{③}\ H_2O$$

해답 ① 5   ② 3   ③ 4

19 메탄가스(CH_4), 프로판가스의 완전연소 시 연소될 때 생성되는 물질 2가지를 쓰시오.

해답 ① 탄산가스(CO_2)   ② 수증기(H_2O)

참고 $CH_4 + 2O_2 \rightarrow CO_2 + 2H_2O$(메탄가스)
$C_3H_8 + 5O_2 \rightarrow 3CO + 4H_2O$(프로판가스)

20 다음 연료의 원소분석치를 이용하여 이론 건연소가스량(Nm^3/kg)을 구하시오.

C 85%, H 13%, S 2%

해답 이론건연소가스량$(G_{od}) = (1 - 0.21)A_0 + 1.867C + 0.7S + 0.8N$

이론공기량$(A_o) = 8.89C + 26.67\left(H - \dfrac{O}{8}\right) + 3.33S$

$= 8.89 \times 0.85 + 26.67 \times 0.13 + 3.33 \times 0.02$

$= 11.0902Nm^3/kg$

$\therefore G_{od} = (1 - 0.21) \times 11.0902 + 1.867 \times 0.85 + 0.7 \times 0.02 = 10.36Nm^3/kg$

참고 성분에서 질소(N) 값은 없으므로 $0.8N = 0$이다.

21 액화석유가스(LPG)의 저위발열량이 33.6MJ/kg이다. 이 연료를 고위발열량 42MJ/kg으로 교체사용한다면 최대 몇 %의 열효율을 높일 수 있는가?

해답 $\eta = \dfrac{42 - 33.6}{42} \times 100 = 20\%$

22 프로판가스(C_3H_8)의 연소 시 필요한 공기량(Nm^3/kg)을 계산하시오. (단, 프로판 1kmol = $22.4m^3$)

해답 이론공기량(A_o) = $\left(5 \times \dfrac{1}{0.21}\right) \times \dfrac{22.4}{44} = 12.12 Nm^3/kg$

참고 • 연소반응식 : $C_3H_8 + 5O_2 \rightarrow 3CO_2 + 4H_2O$

• C_3H_8 분자량 = 44 ($44kg = 22.4 Nm^3$)

23 탄소(C) 6kg의 연소 시 소요되는 이론산소량(Nm^3) 및 이론공기량(Nm^3)을 구하시오.

해답 $\quad$ C $\quad + \quad$ O$_2 \quad \rightarrow \quad$ CO$_2$
$\quad$ 12kg $\quad + \quad 22.4 Nm^3 \rightarrow \quad 22.4 Nm^3$

(1) 이론산소량(O_0)

$\quad 12 : 22.4 = 6 : x$

$\quad \therefore \ x = 22.4 \times \dfrac{6}{12} = 11.2 Nm^3$

(2) 이론공기량(A_0)

$\quad =$ 이론산소량 $\times \dfrac{1}{0.21} = 11.2 \times \dfrac{1}{0.21} = 53.33 Nm^3$

참고 • 산소의 몰수 : $11.2 \times 1,000 = 11,200L$, $\dfrac{11,200}{22.4} = 500 mol(0.5kmol)$

• 공기의 몰수 : $53.33 \times 1,000 = 53,333.33L$, $\dfrac{53,333.33}{22.4} = 2,380.95 mol(2.38kmol)$

• 1mol = 1몰 = 분자량 값 = 22.4L

• $1m^3 = 1,000L$, 1kmol = 1,000mol

24 메탄가스(CH_4) 7Nm³ 연소 시 필요한 이론공기량(Nm³)을 구하시오.

> **해답** 반응식 : $CH_4 + 2O_2 \rightarrow CO_2 \rightarrow 2H_2O$
>
> 이론공기량(A_o) = 이론산소량(O_o) $\times \dfrac{1}{0.21}$ (Nm³/Nm³)
>
> $\therefore \left(2 \times \dfrac{1}{0.21}\right) \times 7 = 66.67$ Nm³

25 탄소(C) 5kg의 연소 시 이론산소량을 각각 중량(kg)과 용적(Nm³)으로 구하시오. (단, 공기 중 산소의 중량당은 23.2%, 용적당은 21%로 한다.)

> **해답** $C + O_2 \rightarrow CO_2$
>
> 12kg + 32kg $\rightarrow$ 44kg
>
> 12kg + 22.4Nm³ $\rightarrow$ 22.4Nm³
>
> (중량당) $5 \times \dfrac{32}{12} = 13.33$kg
>
> (용적당) $5 \times \dfrac{22.4}{12} = 9.33$Nm³
>
> **참고** 탄소 1kmol = 22.4Nm³ = 12kg

26 프로판가스 10Nm³ 연소 시 이론공기량을 계산하시오.

> **해답** 반응식 : $C_3H_8 + 5O_2 \rightarrow 3CO_2 + 4H_2O$
>
> 이론공기량(A_o) = 이론산소량 $\times \dfrac{1}{0.21}$ (Nm³/Nm³)
>
> $A_o = \left(5 \times \dfrac{1}{0.21}\right) \times 10 = 238.10$
>
> $\therefore 238.10$Nm³

27 연료의 원소분석 결과가 다음과 같을 때 이론연소가스양(Nm³/kg)을 구하시오.

탄소 87%, 수소 7%, 황 6%

해답 $G_{ow} = 8.89\text{C} + 32.27\left(\text{H} - \dfrac{\text{O}}{8}\right) + 3.33\text{S} + 0.8\text{N} + 1.25\text{W}$

$= 8.89\text{C} + 32.27\text{H} - 2.63\text{O} + 3.33\text{S} + 0.8\text{N} + 1.25\text{W}$

$= 8.89 \times 0.87 + 32.27 \times 0.07 + 3.33 \times 0.06$

$= 7.7343 + 2.2589 + 0.1998 = 10.19\,\text{Nm}^3/\text{kg}$

참고 $G_{ow} = (1 - 0.21)A_o + 1.867\text{C} + 11.2\text{H} + 0.75 + 0.8\text{N} + 1.244\text{W}\,(\text{Nm}^3/\text{kg})$

28 C_3H_8 70%와 C_3H_6 30%의 혼합가스가 시간당 600kg이 소비될 때 여기에 필요한 공기량은 몇 Nm³/h인가?(단, 과잉공기계수는 1.08이다.)

해답 C 원자량 : 12 　　　　　　H 원자량 : 1

C_3H_8 분자량 : 44 　　　　　C_3H_6 분자량 : 42

탄소 $= \left(\dfrac{12 \times 3}{44} \times \dfrac{70}{100}\right) + \left(\dfrac{12 \times 3}{42} \times \dfrac{30}{100}\right) = 0.82987\text{kg}$

수소 $= 1 - 0.82987 = 0.17013\text{kg}$

실제공기량(A) = 이론공기량 × 공기비

$\therefore\ A = \dfrac{(1.867 \times 0.82987) + (5.6 \times 0.17013)}{0.21} \times 1.08 \times 600 = 7,720.75\,\text{Nm}^3/\text{h}$

또는

$C_3H_8 + 5O_2 \rightarrow 3CO_2 + 4H_2O$

$C_3H_6 + 4.5O_2 \rightarrow 3CO_2 + 3H_2O$

이론산소량 $= \left(5 \times \dfrac{22.4}{44} \times 0.7\right) + \left(4.5 \times \dfrac{22.4}{42} \times 0.3\right) = 2.501818\,\text{Nm}^3$

이론공기량(A_o) $= \dfrac{2.501818}{0.21} = 11.9134\,\text{Nm}^3$

시간당 연료소비량에 의한 실제공기량 = 이론공기량 × 공기비

실제공기량(A) $= (11.9134 \times 1.08) \times 600 = 7,719.90\,\text{Nm}^3/\text{h}$

참고 $C + O_2 \rightarrow CO_2$ 　　　$\dfrac{22.4}{12} = 1.867\,\text{Nm}^3/\text{kg}$(탄소 1kg당 산소값)

$H_2 + \dfrac{1}{2}O_2 \rightarrow H_2O$ 　　　$\dfrac{11.2}{2} = 5.6\,\text{Nm}^3/\text{kg}$(수소 1kg당 산소값)

29 수분 5.3%, 회분 31.2%, 전황분 0.41%, 불연소성 황분 0.16%일 때 연소성황분을 계산하시오.

해답 연소성 황분 = 전황분 $\times \dfrac{100}{100 - 수분}$ - 불연소성 황분

$$= 0.41 \times \dfrac{100}{100 - 5.3} - 0.16 = 0.27\%$$

30 배기가스의 분석결과 CO_2가 12.5%, O_2가 2.5%, CO가 1% 검출되었다. 질소(%)를 구한 후 공기비를 구하시오.

해답 $m = \dfrac{N_2}{N_2 - 3.76\{O_2 - 0.5(CO)\}}$

질소$(N_2) = 100 - (CO_2 + O_2 + CO) = 100 - (12.5 + 2.5 + 1) = 84\%$

$\therefore$ 공기비$(m) = \dfrac{84}{84 - 3.76(2.5 - 0.5 \times 1)} = 1.10$

31 탄소(C) 12kg이 공기비(m) 1.2에서 연소 시 필요한 공기량은 몇 Nm^3인가?(단, 공기중 O_2는 21%이다.)

해답 소비공기량 $(A) = \left(12 \times \dfrac{22.4}{12}\right) \times \dfrac{1}{0.21} \times 1.2 = 128\,Nm^3$

또는, $A = \dfrac{12 \times 1.867 \times 1.2}{0.21} = 128.02\,Nm^3$

참고 공기비(m)가 주어지면 실제공기량(A) 값이 된다.

32 프로판 가스가 530kcal/mol이 되는 과정의 연소반응식을 쓰시오.

해답 $C_3H_8 + 5O_2 \rightarrow 3CO_2 + 4H_2O + 530\,kcal/mol$

참고 $C_4H_{10} + 6.5O_2 \rightarrow 4CO_2 + 5H_2O + 700\,kcal/mol$(부탄의 경우)

33 배기가스 성분 중 CO_2가 12%, O_2가 1.5%, CO 가스가 1.5%일 때 CO가스에 의한 열손실은 몇 kcal/kg인가?(단, 이론배기가스량은 11.443Nm^3/kg, 이론공기량은 10.709Nm^3/kg이다.)

해답 CO가스에 의한 손실열량$(L_3) = 30.5[G_0 + (m-1)A_o](CO)(kcal/kg)$

$$공기비(m) = \frac{N_2}{N_2 - 3.76((O_2) - 0.5(CO))}$$

여기서, $N_2 = 100 - (12 + 1.5 + 1.5) = 85\%$

$$= \frac{85}{85 - 3.76(1.5 - 0.5 \times 1.5)} = 1.03$$

$$\therefore L_3 = 30.5[11.443 + (1.03 - 1) \times 10.709] \times 1.5 = 518.22 kcal/kg$$

34 메탄가스(CH_4) 2.5kg 연소 시 필요한 공기량은 몇 Nm^3인가?(단, 공기 중 산소량은 23%이다.)

해답 $\underline{CH_4} + \underline{2O_2} \rightarrow CO_2 + 2H_2O$

16kg $2 \times 22.4 Nm^3$

이론공기량$(A_0) = $ 이론산소량$\times \dfrac{1}{0.23}$

$$= 2 \times 22.4 \times \frac{2.5}{16} \times \frac{1}{0.23} = 30.44 N m^3$$

참고 메탄의 분자량$= 16$, 산소 1kmol$= 22.4Nm^3$

35 중유의 고위발열량이 10,250kcal/kg(43.050MJ/kg)일 때 저위발열량은 몇 kcal/kg인가? (단, 연료 중 수소의 성분(H) 12%, 수분(W) 0.4%이다.)

해답 $H_l = H_h - 600(9H + W) = 10,250 - 600(9 \times 0.12 + 0.004) = 9,599.6 kcal/kg$

또는 $H_l = 43.050 - 2.52(9 \times 0.12 + 0.004) = 43.050 - 2.73168 = 40.32 MJ/kg$

36 프로판가스의 고위발열량이 23,470kcal/Nm^3이다. 저위발열량은 몇 kcal/Nm^3인가?

$$C_3H_8 + 5O_2 \rightarrow 3CO_2 + 4H_2O$$

해답 $H_l = H_h - 480w_e = 23,470 - 480 \times 4 = 23,470 - 1,920 = 21,550 kcal/Nm^3$

참고 $480 \times 4.2kJ = 2,016kJ \times 10^3 J/kJ = 2.016 MJ/m^3$

37 배기가스 중 산소 6%, 이론 공기량 8.5Nm³/kg일 때 실제 공기량을 구하시오.

해답 실제공기량(A) = 공기비 × 이론공기량 = $\dfrac{21}{21-6} \times 8.5 = 11.9 \, \text{Nm}^3/\text{kg}$

참고 공기비(m) = $\dfrac{21}{21 - \text{산소}}$

38 탄소 10kg을 연소 시 이론공기량을 무게(kg)와 부피(m³)로 구하시오.(단, 공기 중 산소는 체적당 21%, 중량당 23.2%이다.)

해답 (1) 무게

이론공기량(A_o) = $\dfrac{2.667 \times 10}{0.232} = 114.94 \, \text{kg}$

(2) 부피

이론공기량(A_o) = $\dfrac{1.867 \times 10}{0.21} = 88.89 \, \text{Nm}^3$

참고 $C + O_2 \rightarrow CO_2$

$12 \text{kg} + 32 \text{kg} \rightarrow 44 \text{kg}$

$12 \text{kg} + 22.4 \text{Nm}^3 \rightarrow 22.4 \text{Nm}^3$

39 저위발열량을 구하는 식을 세우시오.

해답 $H_l = H_h - 600 \times (9\text{H} + \text{W})(\text{kcal/kg})$

여기서, H_h : 고위발열량

H : 수소

W : 수분

참고 $H_l = H_h - 2.52(9\text{H} + \text{W})(\text{MJ/kg})$

40 연료의 조성이 탄소 90% 수소 10%인 액체연료의 연소 시 필요한 실제공기량(A)을 계산하시오.(단, 공기비(m)는 1.2이다.)

> (해답) 고체, 액체연료의 실제공기량(A) = 이론공기량(A_o) × 공기비(m) = (Nm³/kg)
>
> 이론공기량(A_o) = $8.89C + 26.67\left(H - \dfrac{O}{8}\right) + 3.33S$
>
> 원소성분에서 산소, 황의 성분이 없으므로
>
> ∴ 실제공기량 = $(8.89 \times 0.9 + 26.67 \times 0.1) \times 1.2 = 12.80 \, \text{Nm}^3/\text{kg}$

41 원소성분 중량비가 탄소 80%, 수소 10%, 회분 10%인 연료 100kg의 연소 시 필요한 이론공기량(Nm³)을 구하시오.

> (해답) 이론공기량(A_0) = $8.89C + 26.67\left(H - \dfrac{O}{8}\right) + 3.33S$
>
> $\qquad\qquad = 8.89 \times 0.8 + 26.67 \times 0.1 = 9.779 \, \text{Nm}^3/\text{kg}$
>
> ∴ $9.779 \times 100 = 977.9 \, \text{Nm}^3$

42 LNG 액화천연가스 연소 시 산소농도가 2%인 경우 배기가스 중의 이산화탄소 농도는 몇 %인가?(단, 배기가스 중의 탄산가스 최대량 CO_{2max}는 12%이다.)

> (해답) $CO_{2\,\text{max}} = \dfrac{21 \times CO_2}{21 - O_2}(\%)$
>
> $12 = \dfrac{21 \times CO_2}{21 - 2}$
>
> ∴ $CO_2 = 21 - \dfrac{(21 - 2) \times 12}{21} = 10.86\%$

43 보일러 연소에서 이론공기량과 과잉공기량을 알 때의 공기비 계산식을 쓰시오.

> (해답) 공기비 = $\dfrac{\text{이론공기량} + \text{과잉공기량}}{\text{이론공기량}}$

44 중유 연소 시 공업분석 결과 수분이 1.10%, 원소분석 결과치로 C : 85.59%, H : 11.75%, O : 0.63%, N : 0.45%, S : 0.41%, 기타 0.07%일 때 이 연료의 연소 시 저위발열량은 몇 kcal/kg인가?

해답 $H_L = 8,100C + 28,600\left(H - \dfrac{O}{8}\right) + 2,500S - 600W$

$\qquad = 8,100 \times 0.8559 + 28,600\left(0.1175 - \dfrac{0.0063}{8}\right) + 2,500 \times 0.0041 - 600 \times 0.011$

$\qquad = 6,932.79 + 3,337.9775 + 10.25 - 6.6 = 10,274.42 \text{kcal/kg}$

참고 $H_l = 34.02C + 120.12\left(H - \dfrac{O}{8}\right) + 10.5S - 2.52W \, (\text{MJ/kg})$

45 탄소 20kg을 연소 시 이론공기량을 무게(kg)와 부피(m³)로 구하시오.(단, 공기 중 산소는 용적당 21%, 중량당 23.2% 함유한다.)

해답 ① 무게 $= \dfrac{2.667 \times 20}{0.232} = 229.91 \text{kg}$

$\qquad$ ② 부피 $= \dfrac{1.867 \times 20}{0.21} = 177.81 \text{Nm}^3$

참고 $C \quad + \; O_2 \quad \rightarrow CO_2$

$\qquad 12\text{kg} + 32\text{kg} \rightarrow 44\text{kg}, \; \dfrac{32}{12} = 2.667 \text{kg/kg}$

$\qquad 12\text{kg} + 22.4\text{Nm}^3 \rightarrow 22.4\text{Nm}^3, \; \dfrac{22.4}{12} = 1.867 \text{Nm}^3/\text{kg}$

46 발열량 9,750kcal/kg인 중유연소에서 배기가스온도가 280℃, 외기온도가 15℃, 공기비가 1.59이다. 이 경우 공기비를 1.2로 줄여서 연소가 가능하다면 연료절감효과는 몇 %인가? (단, 배기가스량 11.443Nm³/kg, 이론공기량은 10.709Nm³/kg, 배기가스의 비열 0.33kcal /Nm³℃이다.)

해답 연료절감열량$(Q) = (m - m') \times A_o \times C_p \times \Delta t$

$\qquad\qquad\quad = (1.59 - 1.2) \times 10.709 \times 0.33(280 - 15) = 365 \text{kcal/kg}$

$\qquad \therefore$ 연료절감효과$(\%) = \dfrac{365}{9,750} \times 100 = 3.74\%$

47 보일러용 B－C 중유 성분이 다음과 같을 때, 이 연료 10kg의 연소 시 실제공기량은 몇 Nm^3 인가?

• 원소성분 : 탄소(C) 80%, 수소(H) 20%
• 배기가스 : CO_2 12%, O_2 3%, CO 1%

해답 • 고체, 액체연료의 이론공기량$(A_o) = 8.89\,C + 26.67\left(H - \dfrac{O}{8}\right) + 3.33S$

원소성분 중 산소, 질소, 황의 성분이 없으므로 $A_o = 8.89C + 26.67H$

$A_o = 8.89 \times 0.8 + 26.67 \times 0.2 = 12.446 Nm^3/kg$

$\therefore\ 12.446 \times 10 = 124.46 Nm^3$

• 실제공기량(A) = 이론공기량 × 공기비

질소값$(N_2) = 100 - (CO_2 + O_2 + CO) = 100 - 16 = 84\%$

공기비$(m) = \dfrac{N_2}{N_2 - 3.76(O_2 - 0.5CO)}$

$= \dfrac{84}{84 - 3.76(3 - 0.5 \times 1)} = \dfrac{84}{84 - 9.4} = 1.126$

$\therefore$ 실제공기량$(A) = 124.16 \times 1.126 = 139.80 Nm^3$

참고 계산식 없이 공기비가 주어지면 '이론공기량×공기비'로 계산하면 된다.

SECTION 09

계측기기, 자동제어

01 가스분석에서 물리적인 가스분석계의 종류를 3가지만 쓰시오.

해답 ① 열전도율형 CO_2계   ② 밀도식 CO_2계   ③ 적외선 가스분석계
④ 자기식 O_2계   ⑤ 세라믹식 O_2계

02 화학적인 가스분석계를 3가지만 쓰시오.

해답 ① 오르사트 가스분석기   ② 자동화학식 가스분석기
③ 연소식 O_2계   ④ 미연소 가스분석기

03 대형 보일러에서 공연비 제어를 하고 있다. 공연비 제어에서 검출이 필요한 배기가스 내 어떤 성분을 측정하여 공기량을 제어시키는지 배기가스의 농도 측정 성분을 3가지만 쓰시오.

해답 ① CO_2 가스   ② O_2 가스   ③ CO 가스

04 다음 내용을 읽고 해당되는 온도계의 명칭을 쓰시오.

(1) 열기 전력이 발생하는(제백효과) 원리를 이용한 온도계

(2) 전기저항을 이용하여 정밀측정에 이용되는 온도계

(3) 일정한 용적의 용기 내에 봉입된 유체의 압력이 온도에 의해 변화하는 현상을 이용하며 수은, 알코올, 아닐린 등이 사용되는 온도계

(4) 선팽창계수가 다른 두 종류의 금속판을 하나로 합쳐 만든 온도계

해답 (1) 열전대 온도계
(2) 전기저항 온도계
(3) 액체팽창 압력식 온도계, 또는 압력식 온도계
(4) 바이메탈 온도계

05 오르자트(화학식) 가스분석기에서 검출하는 배기가스의 분석순서대로 사용되는 3가지 흡수용
액 명칭을 쓰시오.

> **해답** ① CO_2 : 수산화칼륨 용액 30%(KOH 30%)
> ② O_2 : 알칼리성 피로갈롤 용액
> ③ CO : 암모니아성 염화제1동 용액

06 전기식 압력계의 장점을 3가지만 쓰시오.

> **해답** ① 정밀도가 높고 측정을 안정하게 할 수 있다.
> ② 지시 및 기록이 쉽다.
> ③ 원격 측정이 가능하다.
> ④ 반응속도가 빠르고 소형 제작이 가능하다.

07 측정범위가 약 600~2,000℃이며 점토, 규석질 등 내열성의 금속 산화물을 배합하여 만든 삼
각추로서 소성온도에서의 연화변형으로 각 단계에서의 온도를 얻을 수 있도록 제작된 온도계
의 명칭을 쓰시오.

> **해답** 제게르콘 온도계

08 물리적 가스 분석기의 종류 5가지를 쓰시오.

> **해답** ① 가스크로마토그래피법(기기분석법)
> ② 세라믹식 O_2계
> ③ 밀도식 CO_2계
> ④ 적외선식 가스분석계
> ⑤ 자기식 O_2계
> ⑥ 열전도율형 CO_2계

09 온도계에 관한 설명을 읽고 보기에서 해당되는 온도계를 찾아 쓰시오.

▼ 보기
- 압력식 온도계
- 제게르콘 온도계
- 바이메탈 온도계
- 열전대 온도계
- 서미스터

(1) 니켈, 망간, 코발트 등의 금속산화물을 소결시켜 만든 반도체를 이용한 것으로 이들의 온도 변화에 따른 전기저항값의 변화를 이용하여 온도를 측정한다.

(2) 노(爐) 내의 온도측정이나 벽돌의 내화도 측정용으로 사용된다.

(3) 서로 다른 2종의 금속선을 양 끝에 접합하여 만든 것을 이용한다.

(4) 수은, 알코올, 아닐린, 에틸렌, 톨루엔 등을 봉입한 것을 이용한다.

(5) 열팽창계수가 다른 2종의 금속 박판을 밀착시켜 만든 것을 이용한다.

해답 (1) 서미스터 온도계 (2) 제게르콘 온도계
(3) 열전대 온도계 (4) 압력식 온도계
(5) 바이메탈 온도계

10 오르사트 가스분석기에 대한 설명이다. 관계되는 것을 보기에서 골라 쓰시오.

▼ 보기
- 수산화칼륨 용액 30%
- 암모니아성 염화제1동 용액
- 알칼리성 피로갈롤 용액
- 옥소수은 칼륨 용액

(1) CO_2 분석 (2) CO 분석 (3) O_2 분석

해답 (1) 수산화칼륨 용액 30%
(2) 암모니아성 염화제1동 용액
(3) 알칼리성 피로갈롤 용액

11 자동급수제어(F.W.C)의 2요소식에서 검출요소를 2가지만 쓰시오.

해답 2요소식 검출 : 수위검출, 증기량 검출

12 자동급수제어 수위 제어에서 단요소식, 2요소식, 3요소식 중 3요소식에 해당하는 3가지를 쓰시오.

해답 ① 수위 제어　　　　　　② 증기량 제어　　　　　　③ 급수량 제어

13 보일러 자동제어에서 긴급을 요하는 인터록 종류를 4가지만 쓰시오.

해답 ① 프리퍼지 인터록　　　② 불착화 인터록　　　　③ 압력초과 인터록
　　　 ④ 저수위 인터록　　　　⑤ 저연소 인터록　　　　⑥ 배기가스 온도조절 인터록

14 보일러 운전의 자동연소제어(A.C.C)에서 제어량 2가지와 조작량 3가지를 쓰시오.

해답 ① 제어량 : 증기압력제어, 노내압력제어
　　　 ② 조작량 : 연료량, 공기량, 연소가스량

15 보일러 자동 연소제어에서 시퀀스 제어 순서에 맞게 (　　) 안을 채우시오.

노 내 환기 → 버너동작 → (①) → (②) → (③) → (④) → (⑤) → (⑥)

▼ 보기
ⓐ 점화용 버너 작동　　　　　　　　ⓑ 화염검출기 작동
ⓒ 착화 점화 정지　　　　　　　　　ⓓ 주버너로 전환 저연소
ⓔ 주버너 전환 고연소 시작　　　　　ⓕ 보일러 정지

해답 ① ⓐ　　　　　　　　② ⓑ　　　　　　　　③ ⓒ
　　　 ④ ⓓ　　　　　　　　⑤ ⓔ　　　　　　　　⑥ ⓕ

16 시퀀스 자동제어에서 유류용 보일러 점화 시 조작순서를 쓰시오.

해답 ① 노 내 환기 → 점화버너 작동 → 화염검출 → 전자밸브 열림 → 주연료 점화 → 공기댐퍼
　　　　 작동 → 저·고연소
　　　 ② 통풍 및 환기 → 버너연료 분사 → 점화용 버너 작동 → 점화용 불꽃점화 → 점화용 불꽃
　　　　 제거 → 연소조절 조작

17 다음 설명은 어떤 자동제어에 해당되는지 쓰시오.

> 미리 정해진 순서 또는 일정한 논리에 의해 정해지는 순서에 따라 제어의 각 단계를 점차 진행해 나가는 정성적 제어

해답 시퀀스 제어

18 보일러 자동제어 중 수위제어의 제어방법으로는 단요소식, 2요소식, 3요소식, 3가지가 있다. 각각 무엇을 검출하여 수위를 제어하는지 쓰시오.

해답 ① 단요소식 : 수위검출
② 2요소식 : 수위, 증기유량 검출
③ 3요소식 : 수위, 증기유량, 급수유량 검출

19 보일러 수위제어의 검출기구를 3가지만 쓰시오.

해답 ① 플루트식(맥도널식)　　　② 전극식
③ 압력차식　　　④ 코프식(서모스탯)

20 자동 보일러 제어의 종류 3가지를 쓰시오.

해답 ① 연소제어(ACC)　　　② 급수제어(FWC)　　　③ 증기온도제어(STC)

21 다음 자동제어의 표시기호가 의미하는 것을 쓰시오.

(1) A.C.C　　　(2) F.W.C　　　(3) S.T.C

해답 (1) 자동연소제어　　　(2) 자동급수제어　　　(3) 증기온도제어

22 자동제어에서 조절기 3가지 중 전송거리가 먼 것부터 순서대로 쓰시오.

해답 전기식 → 유압식 → 공기식

23 다음 설명에 맞는 조건을 골라 보기에서 해당되는 번호를 쓰시오.

▼ 보기
① On-off 동작   ② 비례동작   ③ 적분동작   ④ 미분동작

(1) 제어의 편차에 의해서 정해진 두 개의 접점에 의해서 동작된다.

(2) 제어 편차의 크기에 비례해서 제어가 이루어진다.

(3) 제어가 시간적 누적량에 의해서 제어편차의 변화속도에 비례하여 이루어진다.

(4) 제어가 정해진 조작단의 이동속도에 비례해서 이루어진다.

해답 (1) ①   (2) ②   (3) ④   (4) ③

24 제어편차 변화속도에 비례한 조작량을 내는 연속 제어 동작은?

해답 미분동작

25 자동 연소제어에서 제어가 가능한 제어 3가지는?

해답 ① 증기압력제어   ② 노내압력제어   ③ 증기온도제어

26 다음 (   ) 안에 보일러 자동제어 연속동작의 기호를 써넣으시오.

동작	종류	기호	동작	종류
연속 동작	비례동작	(①)	불연속 동작	2위치 동작(ON-OFF)
	적분동작	(②)		다위치 동작
	미분동작	(③)		불연속 속도동작
	비례적분동작	PI		
	비례미분동작	PD		간헐동작
	비례적분미분동작	(④)		

해답 ① P   ② I   ③ D   ④ PID

27 보일러 자동제어 중 시퀀스 제어를 간단히 설명하시오.

해답 미리 정해진 순서에 따라 순차적으로 제어의 각 단계를 진행하는 자동제어를 말한다.

28 보일러 자동제어에서 조작량이 다음과 같을 때 ①~④를 쓰시오.

제어의 분류	제어량	조작량
자동연소제어(ACC)	(①)	연료량, 공기량
	(②)	연소가스량
자동급수제어(FWC)	(③)	급수량
과열증기온도제어(STC)	(④)	전열량

해답 ① 증기압력   ② 노내압력   ③ 보일러 수위   ④ 증기온도

29 다음 자동제어 물음에 답하시오.

아쿠아 스탯 릴레이와 (①) 릴레이의 기능을 합친 것이 콤비네이션 릴레이이고 LO(②) 이
상이면 계속 작동되고 Hi(③) 이하에서도 계속 작동된다. 난방급탕 겸용식 온수보일러에서는
(④)에 의해 순환펌프가 작동한다.

해답 ① 프로텍터   ② 온도
③ 온도   ④ 실내온도 조절 스위치

참고 • Hi(최고온도) : 버너 정지온도
• LO(순환시작온도) : 순환펌프 작동온도

30 보일러의 자동제어 인터록 종류 5가지를 쓰시오.

해답 ① 압력초과 인터록   ② 프리퍼지 인터록   ③ 저수위 인터록
④ 저연소 인터록   ⑤ 불착화 인터록

31 보일러 자동제어의 목적을 3가지만 쓰시오.

해답 ① 보일러의 안전운전
② 경제적인 증기 이용
③ 증기압력 증기온도를 일정한 기준으로 공급
④ 작업인원의 절감
⑤ 사람이 할 수 없는 일을 해결할 수 있다.

32 피드백 제어의 4대 구성부를 쓰시오.

해답 ① 설정부   ② 조절부
③ 조작부   ④ 검출부

33 보일러 자동제어의 자동급수제어(FWC)에서 수위검출방식 4가지는?

해답 ① 맥도널식(플루트식)   ② 차압식
③ 열팽창식(코프식)   ④ 전극식

34 다음 보일러의 자동제어 기호를 보고 그 해당 제어내용을 쓰시오.

(1) A, B, C   (2) A, C, C   (3) F, W, C   (4) S, T, C

해답 (1) 보일러자동제어   (2) 자동연소제어
(3) 자동급수제어   (4) 증기온도제어

35 다음 보일러 자동제어에서 (   ) 안에 해당되는 제어량이나 조작량을 써넣으시오.

제어장치 명칭	제어량	조작량
자동연소제어(ACC)	(①)	연료량, 공기량
	노내압력	(②)
자동급수제어(FWC)	보일러 수위	(③)
과열증기온도제어(STC)	증기온도	(④)

해답 ① 증기압력   ② 연소가스량   ③ 급수량   ④ 전열량

36 다음 자동제어 방식에 맞는 용어를 쓰시오.

(1) 보일러의 기본 제어로 제어량과 결과치의 비교로 수정이나 정정 동작을 하는 제어

(2) 보일러 운전 중 소정의 구비조건에 맞지 않을 때 작동정지를 시키는 제어

(3) 점화나 소화과정과 같이 미리 정해진 순서 단계를 연소실에서 순차적으로 진행하는 제어

해답 (1) 피드백 제어   (2) 인터록 제어   (3) 시퀀스 제어

37 다음은 보일러의 자동점화 시퀀스 제어 순서이다. (   ) 안에 알맞은 기호를 써넣으시오.

(ⓐ) → 파일럿 버너 점화 → (ⓑ) → 주 버너 점화 → (ⓒ) → 고연소 → (ⓓ) → 배기 가스 배출 송풍기 정지

▼ 보기
① 연료분사정지   ② 화염검출기작동   ③ 점화장치제거   ④ 노 내 환기

해답 ⓐ ④   ⓑ ②   ⓒ ③   ⓓ ①

참고 오일연소 시퀀스제어 순서

노 내 환기 → 버너 동작 → 노 내 압력 조절 → 파일럿 버너 작동 → 화염검출기 화염검출
→ 전자밸브 열림 → 점화 → 공기댐퍼작동 → 저연소 → 고연소

노 내 압력 : 2mmH$_2$O 정도

38 난방, 급탕용 기름 온수보일러 자동제어장치 중 콤비네이션 릴레이를 보일러 본체에 부착하는데 이 장치에 적용되는 버너의 주안전 제어기능을 2가지만 쓰시오.

해답 ① 고온차단   ② 저온점화

에너지관리 실무

SECTION 01

난방설비 및 난방부하 계산

01 다음 냉방부하에서 현열, 잠열에 해당하는 내용을 기호로 구별하시오.

> **▼ 보기**
> ① 벽체로부터 취득열량
> ② 유리로부터 취득열량(직달일사, 전도대류에 의한 취득열량)
> ③ 극간풍(틈새바람)에 의한 취득열량
> ④ 인체의 발생 열량
> ⑤ 기구로부터 발생열량(조리기구 등)
> ⑥ 송풍기 동력에 의한 취득열량
> ⑦ 덕트로부터의 취득열량(기기)
> ⑧ 재열기의 가열량(취득열량)
> ⑨ 외기 도입에 의한 취득열량
> ※ 외벽, 창유리, 지붕, 내벽, 방바닥, 조명기구(형광등) : 현열 발생

(1) 현열만 발생시키는 취득열량

(2) 현열, 잠열을 모두 발생시키는 취득열량

해답 (1) ①, ②, ⑥, ⑦, ⑧
　　　 (2) ③, ④, ⑤, ⑨

02 중앙식 난방법을 3가지로 분류하시오.

해답 ① 직접 난방법
　　　 ② 간접 난방법
　　　 ③ 복사 난방법

03 다음 내용을 읽고 (   ) 안에 알맞은 말을 써넣으시오.

> 표면 결로를 방지하기 위해서는 공기와의 접촉면 온도를 (①) 이상으로 유지해야 한다. 이 방법으로는 유리창의 경우에는 공기층이 밀폐된 (②)를 사용하거나 벽체인 경우 (③)를 부착하여 벽면의 온도가 (④)온도 이상이 되도록 한다. 한편 실내에서는 발생되는 (⑤) 양을 억제하고 다습한 외기를 도입하지 않도록 한다.

해답 ① 노점온도   ② 2중 유리   ③ 단열재
   ④ 노점   ⑤ 수증기

참고 • 결로 현상 : 습공기가 차가운 벽이나 천장, 바닥 등에 닿으면 공기 중 함유된 수분이 응축하여 그 표면에 이슬이 맺히는 현상(결로 현상은 공기와 접한 물체의 온도가 그 공기의 노점온도보다 낮을 때 일어나며 온도가 $0℃$ 이하가 되면 결로 또는 결빙이 된다.)
 • 결로의 피해 : 표면, 내부 결로 발생 시 벽체 및 구조체에 얼룩과 변색, 곰팡이가 발생한다. 또한 부식이 심하고 구조체의 결빙과 해빙이 반복되어 강도의 저하와 파손이 발생하며 단열재의 단열성을 저해한다.

04 다음 설명의 (   ) 안에 알맞은 용어를 고르시오.

> 온수난방 배관시공에서 관경을 바꿀 때 편심이음을 하는데, (① 상향, 하향)구배일 때는 관의 윗면이 수평되게 하며, (② 상향, 하향)구배일 때는 관의 아랫면이 수평되게 하고, 가지관을 주관에서 분기할 경우 주관에 대해 (③ 상향, 하향) 분기하도록 하며, (④ 상향, 하향) 분기할 경우 스케일(Scale) 등을 처리해 주는 배관의 구성이 필요하다.

해답 ① 상향   ② 하향   ③ 하향   ④ 상향

05 진공환수식 증기난방법과 관련된 다음 문제의 (   ) 안에 알맞은 용어를 쓰시오.

(1) 물받이 탱크는 진공도 (   )mmHg 정도로 유지된다.

(2) 진공상태가 과도해지면 (   )에 의해 과부하 운전을 방지하도록 되어 있다.

(3) 방열기 밸브로는 외부 공기가 유입되어 진공도 유지가 곤란하므로 (   )밸브를 사용한다.

해답 (1) 100~250mmHg
   (2) 배큐엄 브레이커(Vacuum Breaker)
   (3) 백 래시(Back Lash)

06 증기난방과 비교한 온수난방의 특징을 5가지만 쓰시오.

> **해답** ① 난방부하의 변동에 따라 온도조절이 용이하다.
> ② 가열시간은 길지만 잘 식지 않아서 배관동결의 우려가 적다.
> ③ 방열기 표면온도가 낮아서 화상의 염려가 적다.
> ④ 실내의 쾌감도가 좋다.
> ⑤ 보일러 취급이 용이하여 소규모 주택에 적합하다.

07 증기난방의 복관 중력 환수식에서 습식 환수관에 대한 물음에 답하시오.

(1) 증기트랩장치를 설치하여야 하는가, 하지 않아도 되는가?

(2) 증기주관은 환수관의 수면보다 약 몇 mm 이상 높게 설치하는가?

> **해답** (1) 설치하지 않아도 된다.
> (2) 400mm

08 MRT와 관계가 있는 난방 방식을 쓰시오.

> **해답** 복사난방
>
> **해설** MRT(Mean Radiant Temperature)란 평균복사온도이다.

09 진공환수식 증기 난방은 대규모 난방에 많이 사용한다. 다음 물음에 답하시오.

(1) 방열기 밸브(RV)는 어떤 밸브를 사용하는가?

(2) 흡수관의 진공도는 얼마를 유지하는가?

> **해답** (1) 앵글밸브
> (2) 100~250mmHg

10 진공환수식 증기난방에서 저압증기 환수관이 진공펌프의 흡입구보다 낮은 위치에 있을 때 응축수를 끊어올리기 위해 환수주관보다 지름이 1~2 정도 작은 치수를 사용하고 1단의 흡상 높이는 1.5m 이내로 설치하는 설비 시설을 무엇이라고 하는가?

[해답] 리프트 피팅(Lift Fitting)

11 진공환수식 증기난방의 장점을 3가지만 쓰시오.

[해답] ① 장치 내 공기를 제거하여 진공상태가 유지되므로 응축수 회수의 순환이 빠르게 된다.
② 응축수의 유속을 빠르게 하므로 환수관의 직경을 적게 할 수 있다.
③ 환수관의 기울기를 낮게 할 수 있어서 대규모 난방에 적합하다.
④ 리프트 이음을 사용하여 환수를 위쪽 환수관으로 올릴 수 있어 방열기 설치 위치에 제한을 받지 않는다.
⑤ 방열기 밸브의 개폐도를 조절하면 방열량을 광범위하게 조절할 수 있다.

12 난방 면적이 120m²인 사무실에 온수로 난방을 하려고 한다. 열손실지수가 150kcal/m²·h일 때, 난방부하(kcal/h)와 방열기 소요 쪽수를 구하시오. (단, 방열기의 방열량은 표준으로 하고, 쪽당 방열면적은 0.2m²이다.)

(1) 난방부하　　　　　　　　　　(2) 방열기 쪽수

[해답] (1) 난방부하 = 난방면적 × 열손실지수 = 120 × 150 = 18,000kcal/h

(2) 온수난방 방열기 쪽수 = $\dfrac{난방부하}{450 \times 쪽당\ 방열면적} = \dfrac{18,000}{450 \times 0.2} = 200$쪽

[참고] 18,000 × 4.186kJ/kcal = 75,348kJ(20.93kW)

13 다음 설명의 ①~③에 알맞은 말을 쓰시오.

> 증기난방배관 시공에서 드레인 포켓과 냉각관(Cooling Leg)의 설치 중 증기주관에서 응축수를 건식환수관에 배출하려면 주관과 동경으로 (①)mm 이상 내리고 하부로 (②)mm 이상 연장해 드레인 포켓(Drain Pocket)을 만들어 준다. 냉각관은 트랩 앞에서 (③)m 이상 떨어진 곳까지 나관배관을 한다.

[해답] ① 100　　　　　　② 150　　　　　　③ 1.5

14 증기난방에서 응축수 환수방법 3가지만 쓰시오.

해답 ① 중력환수식　　　　② 기계환수식　　　　③ 진공환수식

참고 응축수 환수 크기량 순서 : ③ > ② > ①

15 다음 온수난방 방식에 대한 설명으로서 ①~⑤에 알맞은 용어를 각각 쓰시오.

> 온수난방 방식은 분류 방법에 따라 여러 가지가 있는데, 온수의 온도에 따라 분류하면 저온수
> 난방과 (　①　)난방이 있으며, 온수의 순환 방법에 따라 (　②　)식과 (　③　)식으로 구분할
> 수 있으며, 온수의 공급 방향에 따라 (　④　)식과 (　⑤　)식이 있다.

해답 ① 고온수　　　　② 중력순환　　　　③ 강제순환
　　　④ 상향공급　　　⑤ 하향공급

16 저압증기난방장치에서 환수주관을 보일러 수면 밑에 설치하여 생기는 나쁜 결과를 막기 위해
증기관과 환수관 사이에 표준수면 50mm 아래에 균형관을 연결하는 배관은 어떤 연결법을 이
용한 것인가?

해답 하트포드 연결법(Hartford Connection)

17 다음 (　　) 안에 알맞은 내용을 쓰시오.

> 증기난방법에는 증기의 압력에 따라 (　①　)식과 (　②　)식이 있고 응축수 환수방법에는 (　③　)환
> 수식, 기계환수식, 진공환수식이 있으며 배관방식에서는 (　④　)식과 (　⑤　)식이 있다.

해답 ① 고압식　　　　② 저압식　　　　③ 중력
　　　④ 단관식　　　　⑤ 복관식

참고 환수관의 배관법에는 건식 환수관식, 습식 환수관식이 있고 증기공급방법에는 상향공급식,
하향공급식이 있다.

18 다음은 보일러 주위의 배관에서 하드포드 접속법에 대한 설명이다. 보기에서 옳은 것을 고르시오.

> 환수주관을 보일러 하부에 직접 연결하면 보일러의 물이 환수주관에 역류하여 보일러의 수면이 (①) 이하가 되는 수가 있고 환수관의 파손으로 보일러 속의 물이 유출되어 (②) 이하로 내려가는 것을 방지하기 위하여 증기관과 (③) 사이에 (④)을 설치, 환수주관은 보일러 안전저수위면 위치에 연결하는 방법으로 (⑤)보다 (⑥)mm 아래에 연결하며 보일러의 배수는 반드시 간접배수로 한다.
>
> ▼ 보기
> 사용수면(표준수면), 안전저수면, 기준수면, 50, 균형관, 환수관, 안전저수위

해답 ① 안전저수면 ② 안전저수위 ③ 환수관
④ 균형관 ⑤ 사용수면(표준수면) ⑥ 50

19 증기난방에서 응축수 환수방법에 의하여 중력환수식, 기계환수식, 진공환수식이 있다. 이 중 응축수 환수가 빠른 순서대로 기술하시오.

해답 진공환수식 > 기계환수식 > 중력환수식

20 진공환수식 리프팅 피팅 공사에서 처음 흡상 높이는 (①)m로 하고 로프형 배관에서 응축수 출구는 입구배관보다 (②)mm 낮게 하고 하드포드 연결에서 균형관은 표준수면보다 (③)mm 아래에 설치한다. ( ) 안에 들어갈 숫자를 쓰시오.

해답 ① 1.5 ② 25 ③ 50

21 다음 ( ) 안에 들어갈 내용을 쓰시오.

> 증기주관 관말 트랩 배관에서 응축수를 건식 환수관에 배출하려면 주관과 동경으로 (①)mm 이상 내리고 하부로 (②)mm 이상 연장해 드레인 포켓을 만들어 준다. (③)는 트랩 앞에서 1.5m 이상 떨어진 곳까지 배관하나 여기서는 배관의 보온재를 제거하며 냉각레그가 끝나는 지점에 (④)을 설치한다.

해답 ① 100 ② 150 ③ 냉각레그 ④ 버킷트랩

22 다음 문장에서 옳지 않은 내용의 번호를 쓰시오.

① 내화벽돌에는 강력한 화염을 받는 부위에는 스폴링 현상을 방지하는 조치가 필요하나 보일러 본체에는 이를 금한다.
② 연소량 증가 시는 연료량을 먼저 증가시킨 후 나중에 공기량을 증가시킨다.
③ 화격자연소에는 화층의 불균일한 온도변화에 의해 클링커 생성이 발생되나 이것을 발생시키지 않도록 하여야 한다.
④ 노 내 화염의 온도를 적정온도로 유지하기 위해서는 에어레지스터를 제거한 후 연소시킨다.
⑤ 굴뚝으로 배기되는 배기가스량에 의해 통풍력을 조절할 때에는 통풍계에 의해 통풍력을 조절시킨다.
⑥ 보일러 설치 시 보온재나 케이싱 등을 설치하는 이유는 불필요한 외기의 노 내 침입방지 및 노 내 온도를 저온으로 유지하기 위하여 단열 처리한다.

(해답) ②, ④, ⑥

23 다음 도면은 온수온돌방의 180° 벤딩 방열관이다. 유니언에서 유니언까지 총 연장길이는 몇 m인가?(단, 방열관의 피치는 200mm이다.)

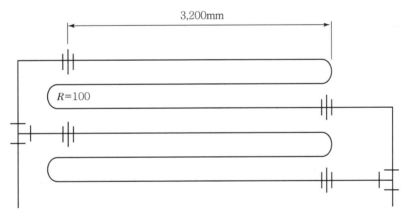

3,200mm

$R=100$

(해답) 180° 벤더가 4개

벤더 계산 $= 2\pi R \dfrac{\theta}{360} = 2 \times 3.14 \times 100 \times \dfrac{180}{360} \times 4 = 1,256\text{mm}$

직관길이(6개) $= (3,200-(100+100)) \times 6 = 18,000\text{mm}$

총 연장길이(L) $= 18,000+1,256 = 19,256\text{mm}(19.256\text{m})$

24 다음에 열거하는 방열기의 벽이나 바닥에서 떨어져야 할 이격거리(mm)를 쓰시오.

해답 ① 주형 방열기 : 벽에서 50~60mm 정도
② 벽걸이형 방열기 : 바닥에서 150mm 정도
③ 베이스보드 히터 : 바닥에서 최대 90mm 정도

25 다음 컨벡터 방열기(Convector, 대류방열기)를 보고 물음에 알맞은 숫자나 기호를 써넣으시오.

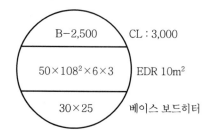

(1) 엘리먼트의 길이　　　　　　　(2) 베이스 길이

(3) 상당방열면적　　　　　　　　(4) 유입－유출관경

(5) 종별　　　　　　　　　　　　(6) 크기

(7) 핀의 피치　　　　　　　　　　(8) 단수

해답 (1) B－2,500　　(2) CL : 3,000　　(3) EDR 10m^2　　(4) 30×25
(5) 50　　　　　(6) 108^2　　　　(7) 6　　　　　　(8) 3

26 상당방열면적(E.D.R) 4.3m^2, 열수는 2열 2주형 방열기로서 유효길이가 1.7m, 유입 및 유출 관경이 25A, 20A일 때 방열기를 도시하시오.

해답
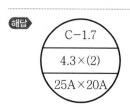

27 다음 베이스보드 히터 방열기의 기호에 보기에서 주어지는 숫자를 써넣으시오.

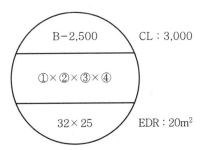

```
        B-2,500        CL : 3,000

       ①×②×③×④

        32×25          EDR : 20m²
```

▼ **보기**
- 핀의 크기 : 108
- 단수 : 2
- 핀의 피치 : 165
- 방열기 내의 관의 관경 : 32

[해답] ① 32   ② 108   ③ 165   ④ 2

[참고] 베이스보드 히터 방열기 특징
- 베이스보드 방열기(대류방열기에서 높이가 낮은 방열기)
- 관과 핀으로 된 엘리먼트와 덮개로 구성되어 실내 벽면 아랫부분의 나비나무 부분을 따라서 부착하여 방열하는 것(바닥에서 90mm 이상 높게 설치한다.)
- 강관 혹은 동관에 1변 108mm 정방형 알루미늄 핀 또는 강철제 핀을 꽂아서 만든 엘리먼트와 강판제의 게이싱으로 이루어진다.

28 주형방열기 5세주형이 높이가 650mm, 유입 측 관경이 25mm, 유출 측 관경이 20mm이고, 건물 전체에서 60개가 설치된 경우 방열기의 도면을 그리시오.(단, 쪽수는 25개이다.)

[해답]

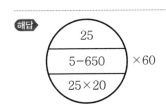

```
      25
   5-650      ×60
   25×20
```

29 주철제 섹션 벽걸이 방열기에서 섹션수가 5쪽인 수평형 방열기에서 유입 측 관의 지름이 25mm, 유출 측 관의 지름이 20mm일 때 방열기를 도시하시오.(단 섹션수는 절수이다.)

해답

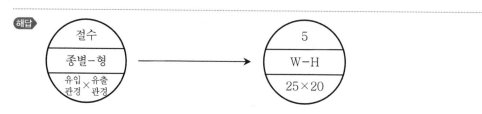

참고 수직형의 경우에는 W−V

30 컨벡터 방열기 표시를 보고 다음 물음에 답하시오.

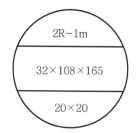

(1) 엘리먼트의 관경   (2) 핀의 치수   (3) 엘리먼트의 단수

해답 (1) 32   (2) 108×165   (3) 2

참고 컨벡터 방열기 표시

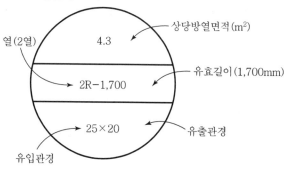

31 다음의 조건을 보고 대류방열기(Convector)를 도시하시오.

▼ 조건
• 베이스 길이 : 1,700mm
• 열수 : 2열
• 방열면적 : 4.3m²
• 유입−유출관경 : 25×20mm

해답 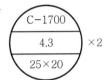 ×2

32 컨벡터(Convector) 방열기 중 베이스보드히터 방열기를 도시하는 내용을 쓰시오.

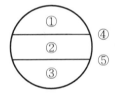

해답 ① 엘리먼트의 길이   ② 종별×크기×핀의 피치×단수
③ 유입관경×유출관경   ④ 베이스 길이
⑤ 상당방열면적

33 주철제 방열기 중 5세주 높이 650mm, 쪽수 20개, 방열기 입출구 배관 25×20mm일 때 방열기를 그림으로 도시하시오.

해답

34 다음과 같은 조건에서 운전되는 방열기인 컨벡터를 그리시오.

> ▼ 조건
> 2열이며 난방면적 43m²이고 유입관경은 25A, 유출관경은 20A, 높이는 1,700(단, 베이스 길이 2,500)

해답

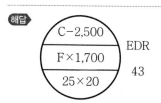

참고 컨벡터(대류방열기)의 표시

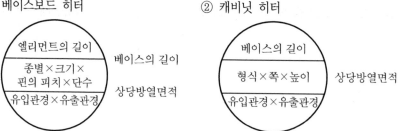

35 다음 컨벡터 방열기 형식을 보고 물음에 답하시오. (단, 다음은 베이스보드히터 표시 형식이다.)

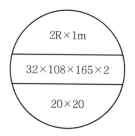

(1) 엘리먼트의 길이

(2) 핀의 크기

(3) 엘리먼트의 관경

(4) 엘리먼트의 수

(5) 1m당 부착된 핀의 개수

(6) 단수

(7) 유입관경×유출관경

해답 (1) 1m (2) 108 (3) 32A (4) 2열
(5) 165 (6) 2 (7) 20×20

36 다음 조건을 보고 방열기를 표시하시오.

> **▼ 조건**
> 3주형, 높이 650mm, 섹션수 20, 유입관 25A, 유출관 20A

해답

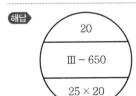

20

Ⅲ − 650

25 × 20

참고
• 벽걸이 수직 : W−V   • 벽걸이 수평 : W−H
• 길드형 : G−S   • 알루미늄 : AR

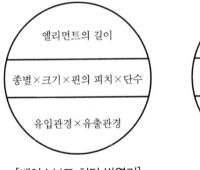

엘리먼트의 길이
종별×크기×핀의 피치×단수
유입관경×유출관경

[베이스보드 히터 방열기]

베이스 길이
형식×쪽수×높이
유입관경×유출관경

[캐비닛 히터 방열기]

37 주형 방열기에서 방열량이 적은 순서대로 4가지를 쓰시오.

해답 2주형 → 3주형 → 3세주형 → 5세주형

38 어떤 주택의 난방부하가 60,000kcal/h이다. 이 경우 난방에 필요한 방열기 쪽수를 구하시오.(단, 주철제 방열기로서 증기난방이며 5세주 650mm 쪽당 방열면적은 0.26m²로 한다.)

해답 증기난방 방열기 쪽수계산 $= \dfrac{\text{난방부하}}{650 \times \text{쪽당 표면적}} = \dfrac{60,000}{650 \times 0.26} = 355$개

참고
- $650 \times 4.186 = 2,720.9 \text{kJ/m}^2\text{h} \left(\dfrac{2,720.9}{3,600} \times 1,000 = 755.81\text{W} \right)$
- $(60,000 \times 4.186) \times \dfrac{1}{3,600} \times 1,000 = 69,766.67\text{W}$

39 난방부하 11,666W에서 방열기 한쪽당 표면적이 0.26m²의 주철제 온수난방일 때 다음 물음에 답하시오.

(1) 방열기 소요 방열면적(EDR)은 몇(m²)인가?(단, 온수표준방열량은 450kcal/m²h(523W/m²)로 한다.)

(2) 방열기 전체 쪽수(EA)는 몇 개인지 계산하시오.

해답 (1) $\text{EDR} = \dfrac{\text{난방부하}}{450} = \dfrac{11,666}{523} = 22.31\text{m}^2$

(2) $\text{EA} = \dfrac{\text{난방부하}}{450 \times \text{한쪽당 표면적}} = \dfrac{11,666}{523 \times 0.26} = 85.80 ≒ 86$쪽(개)

40 난방면적이 50m²인 주택에 온수보일러를 설치하고자 한다. 벽체(문, 창문 포함) 면적은 바닥면적(난방 면적)의 1.8배이고 천장 면적은 난방 면적과 같을 때 다음 조건을 참고하여 난방부하(kW)를 계산하시오.

▼ **조건**
- 외기온도 : −10℃
- 방위에 따른 부가계수 : 1.2
- 1kcal = 4.186kJ
- 열관류율 : 6kcal/m²h℃
- 실내실온 : 20℃

해답 난방부하$(Q) = kF\Delta tB$
$= 6 \times [50 + 50 + (50 \times 1.8)] \times [20 - (-10)] \times 1.2 = 41,040\text{kcal/h}$
$\left(\dfrac{41,040 \times 4.186}{3,600} = 47.72\text{kW} \right)$

참고 전체면적 = 난방면적 $50\text{m}^2 + 50 \times 1.8 + $ 천장 $50\text{m}^2 = 190\text{m}^2$

41 난방면적이 100m²이고 평균 난방부하가 150kcal/m²h일 때 이 건물에 1일당 소요되는 보일러 경유소비량은 몇 kg인가?(단, 열효율은 80%, 경유의 발열량은 9,000kcal/kg이다.)

해답 $\dfrac{(100 \times 150) \times 24}{0.8 \times 9,000} = 50\text{kg/day}$

42 어느 건물의 난방에 소요되는 열량이 22,500kcal/h이다. 5세주 650mm의 주철제 방열기를 이용하여 온수난방을 하고자 할 때 방열기의 쪽수를 계산하시오.(단, 5세주 650mm 주철제 방열기의 쪽당 방열면적은 0.25m²이고 온수난방 방열기 방열량은 표준난방으로 한다.)

해답 온수난방 방열기 쪽수 $= \dfrac{\text{난방부하(kcal/h)}}{450\text{kcal/m}^2\text{h} \times \text{표면적(m}^2)} = \dfrac{22,500}{450 \times 0.25} = 200$쪽(개)

또는

$(22,500 \times 4.186) \times \dfrac{1}{3,600} \times 1,000 = 26,162.5\text{W}$

$\dfrac{26,162.5\text{W}}{523\text{W} \times 0.25\text{m}^2} = 201$쪽

43 석탄이 아닌 오일 연료사용 보일러에서 다음의 조건을 이용하여 보일러의 정격출력(kcal/h)을 계산하시오.

> ▼ **조건**
> - 상당방열면적 : 50m²
> - 온수공급온도 : 80℃
> - 배관부하 : 0.25
> - 출력저하계수 : 1.0
> - 온수의 비열 : 1kcal/kg · ℃
> - 1kcal = 4.186kJ
> - 온수급탕량 : 500kg/h
> - 급수온도 : 20℃
> - 예열부하 : 1.5
> - 보일러열매 : 온수
> - 표준방열량(온수) : 450kcal/m²h

해답 온수보일러 정격출력 $= \dfrac{[(EDR \times 450) + G \times 1(t_2 - t_1)] \times (1+a) \times B}{K}$

$= \dfrac{[(50 \times 450) + 500 \times 1(80 - 20)] \times (1 + 0.25) \times 1.5}{1.0}$

$= (22,500 + 30,000) \times 1.25 \times 1.5 = 98,437.5\text{kcal/h}$

참고 $\dfrac{98,437.5 \times 4.186}{3,600} = 114.46\text{kW}$

44 다음의 수치를 이용하여 방열기의 상당소요방열량(kcal/m²h)을 구하시오.

▼ 조건
- 방열기계수 : 30.24kJ/m²h · K
- 환수온도 : 65℃
- 송수온도 : 85℃
- 실내온도 : 20℃

해답 방열기 내 평균온도 $= \dfrac{85+65}{2} = 75℃$

∴ 소요방열량 $= 30.24 \times (75-20) = 1{,}663.2 \text{kJ/m}^2\text{h}$

45 사무실 난방부하가 252,000kJ/h이고 난방은 온수난방을 선택할 때 5세주 650mm 주철제 방열기 소요쪽수를 계산하시오.(단, 방열기 표준방열량은 0.523kW/m²이고, 한쪽당 방열면적은 0.26m²이다.)

해답 온수난방 방열기 소요쪽수 $= \dfrac{\text{난방부하}}{450 \times \text{쪽당 방열면적}}$

$= \dfrac{252{,}000}{450 \times 0.26} = 515\text{쪽}$

46 석탄 및 오일 겸용을 사용하는 보일러에서 난방부하가 420,000W, 급탕부하가 126,000W인 보일러의 정격출력(W)을 구하시오.(단, 배관부하 25%, 예열부하 20%, 출력저하계수(K) 1이다.)

해답 $Q = \dfrac{(\text{난방부하}+\text{급탕부하}) \times \text{배관부하} \times \text{예열부하}}{\text{출력저하계수}}$

$= \dfrac{(420{,}000+126{,}000) \times (1+0.25) \times (1+0.2)}{1} = 819{,}000\text{W}$

47 온수난방에서 방열기계수 7kcal/m²h℃, 방열기 입구 온수온도 : 80℃, 방열기 출구 온수온도 60℃, 실내온도 20℃일 때 방열기 소요방열량(kcal/m²h)을 구하시오.

해답 온수평균온도 $= \dfrac{80+60}{2} = 70℃$

소요방열량 $=$ 방열기계수 $\times$ (온수의 평균 온도$-$실내온도)

$= 7 \times (70-20) = 350 \text{ kcal/m}^2\text{h}$

48 다음의 조건을 참고하여 난방부하(kcal/h)를 계산하시오.

> ▼ 조건
> • 난방 전체면적 : 105m² • 열관류율 : 5kcal/m²h℃(20.93kJ/m²h · K)
> • 실내외 온도차 : 20℃ • 방위에 따른 부가계수 : 1.1

해답 부하=난방면적×열관류율×실내외온도차×방위에 따른 부가계수
$$= 105 \times 5 \times 20 \times 1.1 = 11,550 \text{ kcal/h}$$

49 보일러 정격출력은 난방부하(H_1), 급탕부하(H_2), 배관부하(H_3), 예열부하(H_4)로 열출력을 구한다. 이 중 상용출력은 어떤 부하로 이루어지는가?

해답 상용출력 $= H_1 + H_2 + H_3$

참고 정격출력 $= H_1 + H_2 + H_3 + H_4$

50 온수난방에서 송수온도가 85℃, 환수온도가 65℃, 실내온도가 20℃일 때 온수방열기의 방열량은 몇 kcal/m²h인가?(단, 방열기의 방열계수는 30.14kJ/m²h · K이다.)

해답 $\Delta t_m = \dfrac{85 + 65}{2} = 75 ℃$

$\therefore Q = 30.14 \times (75 - 20) = 1,657.7 \text{kJ}/\text{m}^2\text{h}$

51 온수난방 방열기의 방열기계수가 10kcal/m²h℃이고 송수온도가 95℃, 환수온도가 85℃, 실내온도를 15℃로 할 때 이 방열기의 방열량은 몇 kcal/m²h인가?

해답 $Q = 10 \times \left[\dfrac{95 + 85}{2} - 15 \right] = 750 \text{kcal/m}^2\text{h}$

52 온수보일러에서 온수의 공급온도가 80℃, 환수온도가 60℃, 외기온도가 20℃에서 방열기의 방열량을 구하시오. (단, 방열기의 방열계수는 7.5kcal/m²h℃)

해답 방열기 내 온수 평균온도 $= \dfrac{80+60}{2} = 70℃$

$\therefore\ Q = 7.5 \times (70-20) = 375\text{kcal/m}^2\text{h}$

53 건물 난방부하가 10,000kcal/h일 때 온수방열기(5세주형 650mm) 주철제용 방열기 쪽수는 몇 개로 하여야 하는가?(단, 방열량은 표준 방열량 450kcal/m²h이고 쪽당 표면적은 0.26m 이다.)

해답 $EA = \dfrac{\text{난방부하}}{450 \times sb} = \dfrac{10,000}{450 \times 0.26} = 85.47 = 86\text{쪽}$

참고 $1\text{W} = 1\text{J/s}, \ 1\text{Wh} = 3,600\text{J}, \ 1\text{kWh} = 3,600\text{kJ}$

54 건물에서 창문을 제외한 벽체 총면적은 48m²이고 실내온도 22℃, 외기온도 −8℃, 건물의 벽체 열관류율이 5kcal/m²h℃일 때 난방부하(kW)를 계산하시오. (단, 건물은 서남향이고 방위에 따른 부가계수는 1.1이다.)

해답 난방부하(Q) = 난방 전면적 × 열관류율 × (실내온도 − 외기온도) × 방위계수

$= 48 \times 5 \times [22-(-8)] \times 1.1 = 7,920\text{kcal/h}$

$\therefore\ \dfrac{7,920 \times 4.186}{3,600} = 9.21\text{kW}$

55 어떤 건물의 난방부하가 100,000kcal/h이고 급탕 부하가 30,000kcal/h일 때 보일러 정격출력(kcal/h)을 계산하시오. (단 배관부하 25%, 예열부하 20%, 출력저하계수 1이다.)

해답 정격출력 $= \dfrac{(\text{난방부하} + \text{급탕부하}) \times \text{배관부하} \times \text{예열부하}}{\text{출력저하계수}}$

$= \dfrac{(100,000+30,000) \times (1+0.25) \times (1+0.2)}{1} = 195,000\text{kcal/h}$

56 어떤 건물의 벽체면적이 가로 28m, 세로 4m(벽체 중간에 유리창이 4개가 있으며, 유리창 1개의 면적은 2.2m×3.0m)일 때 벽체의 열관류율이 2.9kcal/m²h℃, 유리창의 열관류율이 5.5kcal/m²h℃이라면 실내온도 18℃, 외기온도 3℃ 상태에서 벽체와 유리창의 전체 손실열량은 몇 kcal/h인가?(단, 방위에 따른 부가계수는 1.1이다.)

> **해답**
> - 유리창을 통한 벽체 전체면적 : $4 \times 28 = 112 \text{m}^2$
> - 유리창의 면적 : $2.2 \times 3.0 \times 4 = 26.4 \text{m}^2$
> - 벽체 순수면적 : $112 - 26.4 = 85.6 \text{m}^2$
> - 벽체 열손실 $= 2.9 \times 85.6 \times (18 - 3) = 3,723.6 \text{kcal/h}$
> - 유리창의 열손실 $= 5.5 \times 26.4 \times (18 - 3) = 2,178 \text{kcal/h}$
> ∴ $Q = (3,723.6 + 2,178) \times 1.1 = 6,491.76 \text{kcal/h}$

> **참고** $\dfrac{6,491.76 \times 4.186}{3,600} = 7.55 \text{kW}$

57 어떤 빌딩의 방열기의 면적이 500m²(상당방열면적), 매시 급탕량의 최대가 500l/h, 급탕수의 온도가 70℃, 급수의 온도가 10℃라고 한다. 이 건물에 주철제 증기보일러를 사용하여 난방을 하려고 할 때 보일러의 크기를 구하시오.(단, 배관부하 $\alpha = 20\%$, 예열부하 $\beta = 25\%$, 증발잠열 539kcal/kg, 물의 비열 1kcal/l℃, 연료는 석탄이며 출력저하계수 $K = 0.69$이다.)

> **해답** 보일러의 크기 $= \dfrac{\{500 \times 650 + 500 \times 1(70 - 10)\} \times 1.2 \times 1.25}{0.69}$
> $= \dfrac{(325,000 + 30,000) \times 1.2 \times 1.25}{0.69} = 771,739.13 \text{kcal/h}$

> **참고** $650 \text{kcal/m}^2 \text{h} \left(\dfrac{650 \times 4.186}{3,600} = 0.756 \text{kW/m}^2 \right)$

58 어떤 벽체에 열전도도가 0.05kcal/mh℃인 보온재를 두께 50mm로 보온시공하였다. 이때 열전도 계수가 8kcal/m²h℃이면 이 보온재를 통한 열손실은 몇 kcal/m²h인가?(단, 벽체와 보온재 접촉부위는 380℃, 외부온도가 20℃이다.)

> **해답** $Q = K \cdot A \cdot \Delta t_m = 8 \times 1 \times (380 - 20) = 2,880 \text{kcal/m}^2\text{h}$

59 실내 측의 저항이 $0.125\text{m}^2\text{h}℃/\text{kcal}$, 노벽의 두께가 250mm, 열전도율이 $1.5\text{kcal/mh}℃$, 공기층의 저항이 $0.015\text{m}^2\text{h}℃/\text{kcal}$일 때 열관류는 몇 $\text{kcal/m}^2\text{h}℃$인가?

해답 열관류율$(K) = \dfrac{1}{R} = \dfrac{1}{0.125 + \dfrac{0.25}{1.5} + 0.015} = 3.26\,\text{kcal/m}^2\text{h}℃$

참고 • 열전달률$(\text{kcal/m}^2\text{h}℃)$
 • 저항률$(\text{m}^2\text{h}℃/\text{kcal})$

60 온수난방에서 방열기 입구온도가 80℃, 출구온도가 60℃, 방열기의 방열계수가 $30.24\text{kJ/m}^2\text{h}\cdot\text{K}$일 때 온수방열기의 방열량을 구하시오.(단, 실내온도는 18℃이다.)

해답 $30.24 \times \left(\dfrac{80+60}{2} - 18\right) = 1{,}572.48\,\text{kJ/m}^2\text{h}$

61 다음과 같은 조건의 복사난방에서 열관류율$(\text{W/m}^2℃)$을 계산하시오.(단, 구조체 평판의 열전도율은 $1.16\text{W/m}℃$, 두께는 150mm, 내측 열전달률은 $2.33\text{W/m}^2℃$, 외측 열전달률은 $3.55\text{W/m}^2℃$이다.)

해답 열관류율$(K) = \dfrac{1}{\dfrac{1}{a_1} + \dfrac{b}{\lambda} + \dfrac{1}{a_2}} = \dfrac{1}{\dfrac{1}{2.33} + \dfrac{0.15}{1.16} + \dfrac{1}{3.55}} = 0.84\,\text{W/m}^2℃$

참고 $150\text{mm} = 0.15\text{m}$

62 응접실에 설치된 방열기는 보일러 수면으로부터 3.5m 높이에 있는 중력순환식 온수보일러에서 자연순환수두(가득수두)는 몇 mmH_2O인가?(단, 90℃의 온수밀도는 997kg/m^3, 70℃의 환수밀도는 998kg/m^3이다.)

해답 가득수두(순환수두) = 배관높이 $\times (\rho' - \rho)$
 $= 3.5 \times (998 - 997) = 3.5\,\text{mmH}_2\text{O}$
 또는 $3.5 \times (0.998 - 0.997) \times 1{,}000 = 3.5\,\text{mmH}_2\text{O}$

63 정격출력이 35,000W인 온수보일러가 있다. 난방부하 27,000W, 배관부하 3,000W, 예열부하 5,000W일 때 예열에 필요한 시간은 몇 분인가?

해답 예열시간 $= \dfrac{H_4}{H_m - \dfrac{1}{2}(H_1 + H_3)} = \dfrac{5,000}{35,000 - \dfrac{1}{2}(27,000 + 3,000)} = 0.25\,\mathrm{h}$

∴ $0.25 \times 60 = 15$분

64 주철제 온수보일러의 난방부하가 24,000W/h이고 방열기의 쪽당 방열면적이 0.15m²일 때 방열기 쪽수는 몇 개로 해야 하는가?(단, 방열기의 표준방열량은 524W/m²h이다.)

해답 $\dfrac{\text{난방부하}}{\text{표준방열량} \times \text{쪽당 표면적}} = \dfrac{24,000}{(524 \times 0.15)} = 306$개

65 주철제 온수보일러 운전에서 난방부하가 20,000kcal/h이고 방열기 쪽당 방열면적이 0.15m² 일 때 방열기 쪽수는 얼마인가?

해답 $\dfrac{\text{난방부하(kcal/h)}}{450 \times \text{쪽당 방열면적}} = \dfrac{20,000}{450 \times 0.15} = 296.30\,(\mathrm{EA})$

66 증기방열기의 방열면적이 50m²이고 급탕 600ℓ/h이며, 배관부하가 20%, 여열부하가 1.25일 때 정격출력을 구하시오.(단, 급수의 비열은 1kcal/kg℃, 급탕수 온도 70℃, 급수의 온도 20℃, 출력저하계수(K)는 1이다.)

해답 정격출력(H_m)

$H_m = \dfrac{(h_1 + h_2) \times H_3 \times H_4}{K}\,[\mathrm{kcal/h}]$

$= \dfrac{[50 \times 650 + 600 \times 1(70 - 20)] \times (1 + 0.2) \times 1.25}{1}$

$= \dfrac{[32,500 + 30,000] \times 1.2 \times 1.25}{1} = 93,750\,\mathrm{kcal/h}$

67 상당방열면적이 300m²이고 시간당 600kg의 물을 20℃에서 70℃까지 급탕하는 증기보일러에서 배관부하 25%, 예열부하 20%인 보일러의 정격출력(kW)을 계산하시오.(단, 1kWh = 3,600kJ이고 연료는 기름이며 출력저하계수(K)는 1이다.)

> 해답) 난방부하 $= 300 \times 650 = 195,000$kcal/h
> 급탕부하 $= 600 \times 1 \times (70 - 20) = 30,000$kcal/h
> 정격출력 $= \dfrac{(195,000 + 30,000) \times (1 + 0.25) \times (1 + 0.2)}{1} = 337,500$kcal/h
> $\therefore \dfrac{337,500}{3,600} = 93.75$kW

68 평균난방부하가 150kcal/m²h인 건물에 1일 소요되는 보일러용 경유 소비량은 몇 kg인가? (단, 난방면적 100m², 효율 80%, 경유의 발열량 9,000kcal/kg이다.)

> 해답) $\dfrac{150 \times 24 \times 100}{9,000 \times 0.8} = 50$kg

69 평균온도 85℃의 온수가 흐르는 길이 100m의 온수관에 효율 80%의 보온피복을 하였다. 외기온도가 25℃이고 나관의 열관류율이 11kcal/m²h℃인 경우 보온피복한 후의 시간당 손실열량을 구하시오.(단, 관의 표면적은 0.22m²/m이다.)

> 해답) $Q = (1 - 0.8) \times 11 \times 0.22 \times 100 \times (85 - 25) = 2,904$kcal/h

70 다음과 같은 조건에서 노벽 20m²의 손실열량을 구하시오.(단, 내벽의 온도가 1,300℃, 외벽의 온도가 40℃이다.)

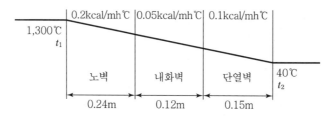

> 해답) 열량(Q) $= \dfrac{A(t_1 - t_2)}{\dfrac{L_1}{\lambda_1} + \dfrac{L_2}{\lambda_2} + \dfrac{L_3}{\lambda_3}} = \dfrac{20 \times (1,300 - 40)}{\dfrac{0.24}{0.2} + \dfrac{0.12}{0.05} + \dfrac{0.15}{0.1}} = 4,941.18$kcal/h

71 난방부하 3,000W, 급탕부하 1,500W일 경우 보일러 정격부하(상용출력)는 몇 W인가?(단, 예열부하는 무시하고, 배관부하는 10%이다.)

해답 정격출력＝(난방부하＋급탕부하)×배관부하×예열부하
＝(3,000＋1,500)×(1＋0.1)＝4,950W(4.95kW)

참고 상용출력＝(난방부하＋급탕부하)×배관부하

72 석탄연료를 사용하는 보일러의 정격출력을 구하는 공식을 쓰시오.(단, 배관부하는 α, 예열부하는 β이며, 출력저하계수 기호는 K이다.)

해답 $$\frac{(난방부하＋급탕부하)×(1＋\alpha)×(1＋\beta)}{K}\text{kcal/h}$$

73 보일러 정격출력 계산 시 해당하는 부하 4가지를 쓰시오.

해답 ① 난방부하 ② 급탕부하 ③ 배관부하 ④ 시동부하(예열부하)

74 온수난방 시 방열기 입구 온수온도가 92℃, 그 출구온도가 70℃이며, 실내공기온도를 18℃로 하려고 할 때 주철제 방열기의 소요방열량(W/m²)을 구하시오.(단, 온수난방 표준온도차는 62℃, 표준방열량은 523W/m²(450kcal/m²h)로 한다.)

해답 $$523×\frac{\left[\dfrac{92＋70}{2}－18\right]}{62}＝531.44\text{W/m}^2$$

75 온수난방에서 보일러, 방열기 및 배관 등의 장치 내에 있는 전수량(全水量)이 1,000kg이고 전철량(全鐵量)이 4,000kg일 때, 이 난방장치를 예열하는 데 필요한 예열부하(kcal)를 구하시오.(단, 물의 비열 1kcal/kg℃, 철의 비열 0.12kcal/kg℃, 운전 시 온수온도의 평균온도 80℃, 운전개시 전 물의 온도 5℃이다.)

해답 예열부하＝(전철량×철의 비열)＋(전수량×비열)×온도차
＝(4,000×0.12＋1,000×1)×(80－5)＝111,000kcal

76 증기보일러 급탕수사용량이 5,000L/h, 압력이 1.5cm²인 상태에서 증기를 이용한 향류 열교환기에서 40℃의 급수를 90℃의 온수로 만들 경우 열교환기 면적은 몇 m²가 소요되는가?(단, 증기조건은 온도 118℃, 열관류율 342kcal/m²h℃, 물의 비중은 1, 물의 비열은 1kcal/kg℃, 증기출구온도는 90℃)

> **해답** 향류형 열교환기의 대수평균온도차(t_m)

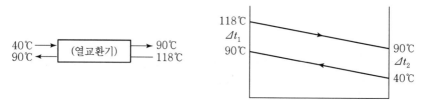

$$90 - 40 = 50, \quad 118 - 90 = 28$$

$$대수평균온도차(\Delta t_m) = \frac{50 - 28}{\ln\frac{50}{28}} = \frac{22}{0.5798} = 37.944℃$$

급탕사용량 $= 5,000 \times 1 = 5,000 \text{kg/h}$

소요열량$(\theta) = 5,000 \times 1(90 - 40) = 250,000 \text{kcal/h}$

$$\therefore \text{ 열교환기 면적}(F) = \frac{Q}{K \cdot LMTD} = \frac{250,000}{342 \times 37.944} = 19.27 \text{m}^2$$

77 배관(나관)의 길이 100m에 규조토보온재를 사용한 결과 보온 효율이 65% 효과를 보았다. 보온재 사용 이후의 배관 열손실은 몇 kcal/h인가?(단, 관의 외경 150mm, 표면온도 120℃, 배관 보온재 외부공기 온도 15℃, 강관 표면 열전달률 20kcal/m²h℃)

> **해답** 나관 1개의 표면적$(S_b) = \pi DL = 3.14 \times 0.15 \times 100 = 47.1 \text{m}^2$
>
> 열손실$(Q) = (1 - e)S_b \cdot K \cdot (t_2 - t_1)$
>
> $\qquad = (1 - 0.65) \times 47.1 \times 20 \times (120 - 15) = 34,618.5 \text{kcal/h}$

78 보온배관에서 보온을 한 후 열손실이 12,600kJ/h이었다. 보온효율이 80%일 때 나관의 열손실은 몇 kJ/h인가?

> **해답** 20%의 열손실이 12,600kJ/h이므로 100% 열손실(나관손실) 중 보온 후 이득 본 열은 50,400kJ/h
>
> $20 : 12,600 \text{kJ/h} = 100 : x$
>
> $\therefore$ 나관의 열손실$(x) = 12,600 \times \frac{100}{20} = 63,000 \text{kJ/h}$

79 8℃의 물 2,000l를 90℃로 가열하여 난방하려는 온수난방장치에서 팽창탱크 설치에 따른 온수 팽창량과 개방식 팽창탱크의 설치 시 그 크기를 온수팽창량의 2.5배 크기로 하려고 할 때 이 팽창탱크의 크기는?(단, 8℃와 90℃의 물의 밀도는 각각 0.99988kg/l, 0.96534kg/l이다.)

해답 (1) 온수팽창량(V_1)

$$V_1 = 2,000 \times \left(\frac{1}{0.96534} - \frac{1}{0.99988} \right) = 71.5688l$$

(2) 개방식 팽창탱크 용량(V_2)

$$V_2 = 71.5688 \times 2.5 = 178.92l$$

80 온수보일러 철금속 중량이 250kg, 비열이 0.12kcal/kg · ℃이고 보일러 내 물의 중량이 80kg, 보일러 가동 전 물의 온도가 5℃이다. 이 보일러를 90℃ 온수로 만들어서 난방수로 공급한다면 보일러 예열부하는 몇 kcal/h인가?(단, 물의 비열은 1kcal/kg · ℃이다.)

해답 예열부하＝(철 무게×비열＋물의 중량)×물의 온도차
＝(250×0.12＋80×1)×(90－5)＝9,350kcal/h

참고 9,350×4.186＝39,139.1kJ＝10.87kW

81 보일러관수량이 600kg(l)이고 90℃의 물의 밀도는 977kg/m³, 20℃의 물의 밀도는 978kg/m³일 때 온수팽창 전수량은 몇 l인가?

해답 온수팽창 전수량＝$600 \times \left(\frac{1}{0.977} - \frac{1}{0.978} \right)$
$= 600 \times (1.02345 - 1.02249) = 0.63l$

82 보일러효율 70%, 연소효율 80%에서 중유사용량이 250kg/h이고 이 연료의 저위발열량이 9,750kcal/kg(40.950MJ)일 때 손실열량(kcal/h)을 구하시오.

해답 $(1-0.7) \times 250 \times 9,750 = 731,250$kcal/h

83 배관이나 온수보일러의 전수량이 $300l$이고 보일러 가동 전 10℃ 물의 비중량(밀도)이 $998l$ /m³, 가동 후 90℃에서 밀도가 $977l$/m³일 때 온수 팽창량은 몇 l인가?

해답 $온수팽창량 = 300 \times \left(\dfrac{1}{0.977} - \dfrac{1}{0.998} \right)$

$\qquad\qquad\quad = 300 \times (1.0235 - 1.0020) = 6.45l$

SECTION 02

보일러 시공 및 배관일반

01 파이프벤딩기의 종류를 현장용, 공장용으로 구분하여 2가지만 쓰시오.

해답 ① 현장용 : 램식
② 공장용 : 로터리식

02 파이프 벤딩머신의 종류를 2가지만 쓰시오.

해답 ① 램식   ② 로터리식

03 다음은 동관용 공구들이다. 관계되는 것끼리 연결하시오.

튜 브 커 터 ·   · 동관의 끝을 확관시킨다.
플레어링 툴 세트 ·   · 동관의 끝을 원형(진원)으로 정형한다.
익 스 팬 더 ·   · 동관의 끝을 나팔형으로 만들어 압축이음에 대비한다.
사 이 징 툴 ·   · 동관의 전용 절단 공구

해답 튜 브 커 터 — 동관의 끝을 확관시킨다.
플레어링 툴 세트 — 동관의 끝을 원형(진원)으로 정형한다.
익 스 팬 더 — 동관의 끝을 나팔형으로 만들어 압축이음에 대비한다.
사 이 징 툴 — 동관의 전용 절단 공구

04 로터리 벤더에 의한 벤딩의 결함에서 관이 타원형으로 되는 원인을 3가지만 쓰시오.

해답 ① 받침쇠가 너무 들어가 있다.
② 받침쇠와 관 내경의 간격이 크다.
③ 받침쇠의 모양이 나쁘다.

05 파이프렌치의 크기를 정의하시오.

해답 파이프렌치 입을 최대로 벌려놓은 상태에서의 전장길이

06 다음은 배관 공작용 공구에 대한 내용이다. 물음에 답하시오.

(1) 강관등의 조립, 벤딩 등 작업을 쉽게 하기 위해 쓰이는 수평바이스의 크기는?

(2) 관접속류 분해 조립 시 쓰이는 파이프렌치의 크기는?

(3) 체인형 파이프렌치는 관경 얼마 이상 크기에 쓰이는가?

해답 (1) 조우(Jow)의 폭
(2) 입을 최대로 벌려 놓은 상태에서 전체길이
(3) 200mm 이상

07 강관용 공작기계에서 다음과 같은 기능을 가진 공구명(동력용 나사절삭기)을 쓰시오.

▼ **기능**
관의 절단, 나사 절삭, 거스러미 제거

해답 다이헤드식

08 다이헤드형 자동나사 절삭기의 기능을 3가지만 쓰시오.

해답 ① 파이프나사 절삭   ② 파이프 절단   ③ 거스러미 제거

09 다음은 강관의 공작용 공구이다. 이 공구의 크기를 나타내는 방법을 간단히 설명하시오.

(1) 쇠톱   (2) 파이프 커터

(3) 파이프 바이스   (4) 파이프 렌치

해답 (1) 톱날을 끼우는 구멍(피팅 - 홀의 간격) 또는 걸개구멍의 간격
(2) 관을 절단할 수 있는 최대의 관경
(3) 고정 가능한 관경의 최대 치수
(4) 입을 최대로 벌려 놓은 전장

10 **동관용 공구에 대한 다음 물음에 답하시오.**

(1) 동관을 90˚, 180˚ 꺾는 데 필요한 공구명을 쓰시오.

(2) 동관의 끝부분을 진원으로 정형하는 공구명을 쓰시오.

(3) 동관의 끝을 나팔관으로 만들어 압축이음 시 사용하는 세트의 공구명을 쓰시오.

해답 (1) 튜브벤더(굴관기, Bender)
     (2) 사이징 툴
     (3) 플레어링 툴 세트

11 **다음 공구의 사용 용도를 쓰시오.**

(1) 파이프 커터   (2) 다이헤드식 나사절삭기

(3) 링크형 파이프 커터   (4) 사이징 툴

(5) 봄볼

해답 (1) 파이프 커터 : 관의 절단
     (2) 다이헤드식 나사절삭기 : 자동나사절삭
     (3) 링크형 파이프커터 : 주철관의 전용 절단
     (4) 사이징 툴 : 동관의 끝부분을 원형으로 교정
     (5) 봄볼 : 연관의 분기관 따내기

12 **다음 동관용 공구의 기능을 간단히 쓰시오.**

(1) 플레어링 툴 세트   (2) 사이징 툴   (3) 익스팬더

해답 (1) 동관 압축용 접합에 사용한다.
     (2) 동관의 끝부분을 원으로 정형한다.
     (3) 동관의 관 끝 직경을 크게 확대한다.

13 **동관의 작업 시 필요한 공구 3가지를 쓰시오.**

해답 ① 플레어링 툴 셋   ② 익스팬더
     ③ 사이징 툴   ④ T뽑기

14 로터리식 벤딩머신의 장점을 3가지만 쓰시오.

> **해답** ① 동일 모양의 벤딩 제품을 다량생산할 수 있다.
> ② 관에 심봉을 넣고 구부리므로 관의 단면 변형이 없다.
> ③ 두께에 관계없이 강관, 스테인리스강관, 동관 등을 쉽게 굽힐 수 있다.

15 강관의 절단 방법 5가지를 쓰시오.

> **해답** ① 파이프 커터 사용　　　　② 가스절단기 사용
> ③ 기계톱 사용　　　　　　　④ 동력 나사절삭기 사용
> ⑤ 고속 숫돌절단기 사용

16 동관의 작업과정에서 동관의 전용공구를 3가지만 쓰시오.

> **해답** ① 토치램프　　　　② 사이징 툴　　　　③ 플레어링 툴 세트
> ④ 익스팬더　　　　⑤ 튜브벤더　　　　⑥ 튜브커터

17 다음 동관 작업 시 사용되는 공구 명칭을 각각 쓰시오.

(1) 동관의 끝부분을 원형으로 정형하는 공구

(2) 동관의 관 끝 직경을 크게 확대하는 데 사용하는 공구

(3) 동관을 압축 이음하기 위하여 관 끝을 나팔 모양으로 만드는 데 사용하는 공구

> **해답** (1) 사이징 툴　　　　(2) 익스팬더　　　　(3) 플레어링 툴 세트

18 배관을 위에서 아래로 하중을 걸어당겨 지지하는 행거의 종류를 3가지만 쓰시오.

> **해답** ① 리지드 행거　　　　② 스프링 행거　　　　③ 콘스탄트 행거

19 동력용 자동 나사절삭기 3가지를 쓰시오.

해답 ① 호브식 　　　　② 다이헤드식 　　　　③ 오스터식

20 플랜지 패킹의 종류를 3가지만 쓰시오.

해답 ① 고무패킹(천연고무, 합성고무), 네오프렌(합성고무)
② 오일시트
③ 펠트
④ 테플론

참고 주요 패킹의 특징
• 천연고무 : 탄성이 크며 흡수성이 없다. 산이나 알칼리에 침식되며, 100℃ 이상의 고온을 취급하는 배관이나 기름 사용 배관에는 사용할 수 없다. 또한 −55℃에서 경화된다.
• 네오프렌 : 천연고무제품의 개선품으로서 내유성, 내산화성, 기계적 성질이 우수하며, 내열온도는 −60~121℃ 사이에서 안전하다. 따라서 120℃ 이하의 배관에 거의 사용이 가능하다.
• 오일시트패킹 : 식물성 패킹, 한지를 여러 겹 붙여서 일정한 두께로 하여 내유가공한 패킹이다.
• 테플론 : 합성수지이며 기름이나 약품에 침식되지 않는다. 탄성이 부족하여 석면, 고무, 파형금속관으로 표면처리하며, −260~260℃까지 사용 가능하다.
• 액상합성수지 : 약품에 강하고 내유성이 크며 내열범위는 −30~130℃이다. 증기나 기름에 약하다.
• 일산화연 : 페인트에 일산화연을 조금 섞어서 사용한다.

패킹의 종류
• 플랜지 패킹 : 고무제품, 네오프렌(합성고무), 오일시트, 가죽, 펠트, 테플론, 금속패킹
• 나사용 패킹 : 페인트, 일산화연, 액상합성수지
• 글랜드 패킹 : 석면각형, 석면얀, 아마존, 몰드

21 강관 공작용 공구의 하나인 파이프렌치의 표시가 250mm, 300mm 등으로 표시되었다면 이 숫자가 표시하는 의미를 쓰시오.

해답 사용치수

참고 파이프렌치의 크기 표시 : 입을 최대로 벌려놓은 전장으로 표시한다.

22 파이프 바이스 호칭번호(#1) 호칭치수 80의 파이프사용 관경은 몇 A인가?

[해답] 6~65A(6~65mm 사용)

[참고]
- 호칭번호(#0) : 호칭치수 50(6~50A)
- 호칭번호(#2) : 호칭치수 105(6~90A)
- 호칭번호(#3) : 호칭치수 130(6~115A)
- 호칭번호(#4) : 호칭치수 170(15~150A)

23 강관공작용 공구에서 파이프렌치의 크기를 쓰시오.(단, 사용치수는 150, 200, 250, 300, 350 등이 있다.)

[해답] 사용이 가능한 최대 관을 물었을 때 전장길이로 표시한다.

24 강관의 벤딩에서 공작기구의 하나인 로터리 벤더에 의해 관이 파손되는 원인을 3가지만 쓰시오.

[해답]
① 압력 조정이 세고 저항이 크다.
② 받침쇠기 너무 나와 있다.
③ 굽힘 반경이 너무 작다.
④ 재료에 결함이 있다.

25 파이프 벤딩머신의 종류를 2가지만 쓰시오.

[해답]
① 강관용 : 램식(수동작 키식), 로터리식(동일 모양의 제품 다량 생산용)
② 동관용 : 튜브벤더
③ 연관용 : 벤드벤

26 공작용 공구 중 동관용 공구 종류를 5가지만 쓰시오.

> **해답** ① 사이징 툴(동관의 끝을 원형으로 교정)
> ② 플레어링 툴 세트(동관 압축접합용)
> ③ 튜브벤더
> ④ 튜브커터
> ⑤ 리이머
> ⑥ 익스팬더(동관 확관용)
> ⑦ 토치 램프
> ⑧ T뽑기

27 동관의 공구에서 다음의 내용을 읽고 해당되는 공구의 명칭을 써넣으시오.

(1) 동관 벤딩용 공구

(2) 동관의 관끝 확관용 공구

(3) 동관의 끝부분을 원형으로 정형

> **해답** (1) 튜브 벤더　　　　(2) 익스팬더　　　　(3) 사이징 툴

28 배관작업 시 강관을 절단하는 데 사용하는 공구를 3가지만 쓰시오.

> **해답** ① 파이프 커터
> ② 쇠톱
> ③ 가스절단기
> ④ 호브식 동력나사 절삭기(호브와 사이드커터를 설치한 경우)

29 바이스 종류에는 평바이스와 파이프바이스가 있다. 각각의 크기를 설명하시오.

> **해답** ① 평바이스 크기 : 고정 가능한 파이프에서 조우의 폭으로 표시한다.
> ② 파이프바이스 크기 : 고정 가능한 관경의 치수로 나타낸다.

30 강관의 공작용 공구로서 관접속부의 분해나 조립 시에 사용하며 보통형, 강력형, 체인형이 있고 그 크기는 입을 최대로 벌려놓은 전장으로 표시하며 150~350mm까지 있는 이 공구의 명칭은?

> **해답** 파이프렌치

31 동력나사절삭기가 할 수 있는 작업 3가지를 쓰시오.

> **해답** ① 나사절삭　　　　　② 파이프 절단　　　　　③ 리밍(거스러미 제거)

32 파이프 절단용 기계를 3가지만 쓰시오.

> **해답** ① 포터블소잉 머신　　② 고정식 기계톱　　③ 커팅휠 절단기

33 판을 굽힐 때 굽힘 하중을 제거하면 굽힘각은 작고 굽힘반경은 커지는 현상을 무엇이라 하는가?

> **해답** 스프링 백

34 파이프 벤딩머신에 대한 내용을 읽고 그 내용에 합당한 벤딩머신의 형식을 쓰시오.

(1) 유압 또는 전동을 이용한 관굽힘기계로 주로 현장용으로 사용하는 형식

(2) 보일러공장 등에서 주로 동일 모양의 벤딩제품을 다량생산하는 적합한 형식

(3) 32A 이하 관굽힘 시 롤러와 포머사이에 관을 삽입 후 핸들을 돌려 180°까지 자유롭게 벤딩하는 형식

> **해답** (1) 램식　　　　　(2) 로터리식　　　　　(3) 수동롤러식

35 펌프나 압축기에서 발생되는 진동이나 밸브류 등의 급속개폐에 따른 수격작용, 충격 및 지진 등에 의한 진동현상 등을 방지하는 지지쇠로서 브레이스가 있다. 다음 물음에 답하시오.(단, 구조에 따라 스프링식과 유압식이 있다.)

(1) 진동방지용으로 쓰이는 브레이스는?

(2) 충격완화용으로 사용되는 브레이스는?

해답 (1) 방진기
(2) 완충기

36 강관에서 동관을 연결하거나 또는 동관을 이종관으로 연결할 때 필요한 부속품을 3가지만 쓰시오.

해답 ① CM어댑터 ② CF어댑터 ③ 경질염화비닐관 이음쇠

37 나사이음에서 동관 직선이음에 필요한 부속품 종류 3가지를 쓰시오.

해답 ① 소켓 ② 유니언 ③ 니플

38 배관 제도에서 다음의 높이 표시를 간단히 설명하시오.

(1) EL + 750 (2) EL − 330BOP (3) EL − 330TOP

해답 (1) 관의 중심이 기준면보다 750mm 높은 장소에 있다.
(2) 관의 밑면이 기준면보다 330mm 낮은 장소에 있다.
(3) 관의 윗면이 기준면보다 330mm 낮은 장소에 있다.

참고 • EL(CEL) : 배관의 높이를 표시할 때 기준선
• 기준선은 지반면이 반드시 수평이 되지 않으므로 지반면의 최고 위치를 기준으로 하여 150 ~200mm 정도의 상부를 기준선이라 한다.

39 배관의 방청도료 5가지를 쓰시오.

해답 ① 광명단 ② 합성수지 ③ 산화철
④ 알루미늄 ⑤ 타르 및 아스팔트

40 다음에 설명하는 패킹제의 명칭을 쓰시오.

(1) 기름에 침해되지 않고 내열범위가 $-260℃\sim260℃$인 패킹제

(2) 화학약품에 강하고 내유성이 크며 내열범위가 $-30℃\sim130℃$인 패킹제

(3) 소형밸브, 수면계의 콕, 기타 소형 그랜드용 패킹제

(4) 고무패킹의 일종으로 합성 고무 제품으로 내유성, 내후성 및 내산화성이 있다.

(5) 탄성이 크고 흡수성이 없고 열과 기름에 약하며 산·알칼리에 침식이 어렵다.

해답 (1) 테프론(합성수지) (2) 액상합성수지 (3) 석면 얀
(4) 네오프렌 (5) 천연고무

41 20mm 강관에서 90° 벤딩을 하고자 한다. 반지름(R)이 100mm일 때 벤딩길이(mm)를 산출하시오.

해답 $L = 2\pi R \times \dfrac{\theta}{360} = 2 \times 3.14 \times 100 \times \dfrac{90}{360} = 157\,\text{mm}$

42 KS 기호에 정해진 강관배관의 약호를 쓰시오.

(1) 고압배관용 탄소강관 (2) 고온배관용 탄소강관

(3) 압력배관용 탄소강관 (4) 보일러 열교환기용 탄소강관

(5) 보일러 열교환기용 스테인리스강관

해답 (1) SPPH (2) SPHT (3) SPPS
(4) STH (5) STS×TB

43 다음 배관기호의 명칭을 쓰시오.

(1) SPP   (2) SPPS   (3) STHB

> **해답** (1) 일반배관용 탄소강 강관
>   (2) 압력배관용 탄소강 강관
>   (3) 보일러 열교환기용 합금강 강관

44 다음 물음에 답하시오.

(1) 동관은 KS 기준에 따라 (①), (②), (③) 형의 3가지로 구분한다.

(2) 동관은 KS 기준에서 질별 특성에 따라 연질, 경질, 반경질이 있다. 두께가 두꺼운 순서대로 쓰시오.

> **해답** (1) ① K   ② L   ③ M
>   (2) 경질 > 반경질 > 연질
>
> **참고** 동관은 반경질, 반연질도 있다.

45 다음 배관기호를 보고 명칭을 쓰시오.

(1) SPP   (2) SPPS   (3) STBH

(4) SPPH   (5) STHA

> **해답** (1) 배관용 탄소 강관   (2) 압력배관용 탄소강 강관
>   (3) 보일러 열교환기용 탄소강 강관   (4) 고압배관용 탄소강 강관
>   (5) 보일러 열교환기용 합금강 강관

46 다음 배관(강관)의 기호를 보고 관의 명칭을 쓰시오.

(1) SPPS   (2) SPHT   (3) STHB

(4) SPPH   (5) STS×TB

> **해답** (1) 압력배관용 탄소강관   (2) 고온배관용 탄소강관
>   (3) 보일러 열교환기용 합금강 강관   (4) 고압배관용 탄소강관
>   (5) 보일러 열교환기용 스테인리스 강관

47 다음 동관에 대한 물음에 답하시오.

(1) 동관의 표준치수는 KS기준에 따라 3가지가 있다. 그 형식을 쓰시오.

(2) KS 기준에서는 질별 특성에 따라 4가지가 있다. 그 종류를 쓰시오.

해답 (1) ① K형   ② L형   ③ M형

(2) ① 연질   ② 반연질

     ③ 경질   ④ 반경질

참고 • 연질(O)   • 반연질(OL)

     • 반경질(1/2H)   • 경질(H)

48 다음 강관의 KS 규격기호를 쓰시오.

(1) 압력배관용 탄소강 강관

(2) 고압배관용 탄소강 강관

(3) 고온배관용 탄소강 강관

해답 (1) SPPS   (2) SPPH   (3) SPHT

49 다음 강관의 표시기호를 쓰시오.

(1) SPPS   (2) SPPH   (3) SPHT

(4) STS×TP   (5) SPP

해답 (1) 압력배관용 탄소강 강관   (2) 고압배관용 탄소강 강관

(3) 고온배관용 탄소강 강관   (4) 배관용 스테인리스 강관

(5) 일반 배관용 탄소강 강관

50 다음 배관용 탄소강 강관의 명칭을 쓰시오.

(1) SPHT   (2) SPLT   (3) STHB

해답 (1) 고온배관용 탄소강 강관

(2) 저온배관용 탄소강 강관

(3) 보일러 열교환기용 합금강 강관

51 동관의 질별 종류 기호 및 그 강도에 대하여 쓰시오.

(1) 연질 동관　　　　　　　　　(2) 반연질 동관

(3) 경질 동관　　　　　　　　　(4) 반경질 동관

해답 (1) O(가장 연하다.)
(2) OL(연질에 약간의 경도, 강도 부여)
(3) H(가장 강하다.)
(4) $\frac{1}{2}$H(경질에 약간의 연성 부여)

52 배관용 강관의 KS 규격기호를 보고 명칭을 쓰시오.

(1) SPPS　　　　　　(2) SPHT　　　　　　(3) SPPW

(4) STH　　　　　　(5) STLT

해답 (1) 압력배관용 탄소강관　　　(2) 고온배관용 탄소강관
(3) 수도용 아연도금 강관　　　(4) 보일러 열교환기용 탄소강관
(5) 저온 열교환기용 탄소강관

53 배관의 사용압력이 40kgf/cm²(4MPa), 관의 인장강도가 20kg/mm²일 때 관의 스케줄 번호(Sch No.)는 얼마인가?(단, 안전효율은 4로 한다.)

해답 Sch $= 10 \times \dfrac{사용압력}{허용응력}$, 허용응력 $= \dfrac{20}{4} = 5$

$\therefore$ Sch $= 10 \times \dfrac{40}{5} = 80$

54 배관 지지쇠의 종류를 분류별로 2개씩 쓰시오.

해답

종류	분류별 종류
행거	리지드 행거, 스프링 행거, 콘스탄트 행거
서포트	스프링 서포트, 롤러 서포트, 리지드 서포트
리스트레인트	앵커, 스톱, 가이드
브레이스	방진기, 완충기

55 다음 동관(구리관)에 대한 물음에 답하시오.

(1) 표준치수 3가지를 쓰시오.

(2) 질별에 의한 종류 3가지를 쓰시오.

(3) 두께별 형식기호를 두께가 두꺼운 기호부터 쓰시오. (단, 3가지로 구분하여 쓰시오.)

해답 (1) K형, L형, M형

(2) • O(연질)   • $\dfrac{1}{2}$H(반경질)

   • OL(반연질)   • H(경질)

(3) K타입 > L타입 > M타입

참고 • 표준치수 : K형(의료배관용), L형(의료배관, 급배수배관, 급탕배관, 냉난방배관용), M형(L 형과 같다.)
   • 용도별 분류 : 워터튜브, ACR 튜브, 콘덴서 튜브
   • 형태별 분류 : 직관, 코일, PMC(온돌난방용)

56 다음 강관의 KS 재료 기호를 보고 명칭을 표기하시오.

(1) SPPS   (2) SPPH   (3) SPLT

(4) SPPW   (5) STLT

해답 (1) 압력배관용 탄소강 강관   (2) 고압배관용 탄소강 강관
   (3) 저온배관용 탄소강 강관   (4) 수도용 아연도금 강관
   (5) 저온 열교환기용 강관

참고 SPP : 배관용 탄소강 강관

57 배관유속 10m/s에서 속도수두를 구하시오.

해답 속도수두$(H) = \dfrac{V^2}{2g} = \dfrac{10^2}{2 \times 9.8} = 5.10\,\mathrm{mAq}$

58 다음은 온수온돌의 시공순서이다. ( ) 안에 들어갈 내용을 보기에서 골라 쓰시오.

바닥콘크리트 → (①) → (②) → (③) → 배관재 설치 → (④) → (⑤) → (⑥) → 양생건조

▼ 보기
• 받침재 설치   • 수압시험   • 방수처리
• 시멘트 모르타르 작업   • 골재충전작업   • 단열처리

해답 ① 방수처리   ② 단열처리   ③ 받침재 설치
④ 수압시험   ⑤ 골재충전작업   ⑥ 시멘트 모르타르 작업

참고 온수온돌 시공순서
배관기초 → 방수처리 → 단열처리 → 받침재 설치 → 배관작업 → 공기방출기 설치 → 보일러 설치 → 팽창탱크 설치 → 굴뚝 설치 → 수압시험 → 온수순환시험 및 경사 조정 → 골재충전작업 → 시멘트 모르타르 바르기 → 양생건조작업

59 배관이음에서 턱걸이이음, 플랜지이음, 나사이음을 그리시오.

해답 ① 턱걸이이음 :
② 플랜지이음 :
③ 나사이음 :

60 배관도면에서 치수기입법 중 높이 표시에 대한 설명이다. 물음에 답하시오.

(1) EL 표시   (2) BOP   (3) TOP
(4) GL   (5) FL

해답 (1) 배관의 높이를 표시할 때 기준선에 의해 높이를 표시하는 법이다. 지반면이 수평이 되지 않으면 지반면의 최고 위치를 기준하여 150~200mm 정도의 상부를 기준선으로 한다.
(2) EL에서 관외경의 밑면까지를 높이로 표시할 때
(3) EL에서 관외경의 윗면까지를 높이로 표시할 때
(4) 지면의 높이를 기준으로 할 때 사용하고 치수 숫자 앞에 기입
(5) 건물의 바닥면을 기준으로 하여 높이를 표시할 때

61 다음 배관도면의 해석은 어느 배관도를 나타내는 것인가?

- 관을 가공하기 위한 관 가공도를 그린다.
- 계통도를 보다 구체적으로 그린다.
- 손실수두 또는 유량 등을 계산할 경우에 사용된다.
- 관(파이프)이나 관의 이음쇠의 재료를 산출할 경우에 사용된다.

해답 입체도

62 강관의 이음방법을 3가지만 쓰시오. 그리고 도시기호도 함께 표시하시오.

해답 ① 나사이음 : ─┼─
② 용접이음 : ─●─ (또는 ─✕─)
③ 플랜지이음 : ─┼┼─

63 배관제도에서 관의 높이 표시를 하였다. 다음에 해당되는 높이 표시를 설명하시오.
(1) EL+5500
(2) EL-600 BOP
(3) EL-350 TOP

해답 (1) 관의 중심이 기준면보다 5500 높은 장소에 있다.
(2) 관의 밑면이 기준면보다 600 낮은 장소에 있다.
(3) 관의 윗면이 기준면보다 350 낮은 장소에 있다.

참고 • BOP : EL에서 관 외경의 밑면까지를 높이로 표시할 때
• TOP : EL에서 관 외경의 윗면까지를 높이로 표시할 때
• GL : 지면의 높이를 기준으로 할 때 사용하고 치수 숫자 앞에 기입
• FL : 건물의 바닥면을 기준으로 하여 높이를 표시할 때
• EL(CEL) : 배관의 높이를 표시할 때 사용하는 기준선으로, 기준선에 의해 높이를 표시하는
법을 EL 표시법이라 한다.(기준선은 평균해면에서 측량된 어떤 기준선이다.)

64 내경 180mm의 관으로 0.05m³/s의 물이 흐르고 있다. 관의 길이가 100m일 때 마찰손실수두를 구하시오.(단, λ = 0.016이다.)

> **해답** $H = \lambda \times \dfrac{L}{d} \times \dfrac{V^2}{2g} = 0.016 \times \dfrac{100}{0.18} \times \dfrac{1.97^2}{2 \times 9.8} = 1.76\text{m}$
>
> 여기서, $V = \dfrac{Q}{A} = \dfrac{0.05}{\left(\dfrac{3.14 \times 0.18^2}{4}\right)} = 1.97\text{m/s}$

65 레이놀즈수 공식에 대하여 설명하고 종류, 천이구역, 난류범위의 수를 쓰시오.

> **해답** $Re = \dfrac{\rho VD}{\mu} = \dfrac{VD}{\upsilon}$
>
> 여기서, ρ : 밀도(kg/m³) V : 유채속도(m/sec)
>
> D : 관경(m) μ : 점성계수
>
> υ : 동점성계수
>
> $2,300 > Re$: 층류, $2,300 \sim 4,000$: 천이구역, $4,000 < Re$: 난류

66 아래의 조건에서 보온효율이 92%인 열기관의 배관열손실(kcal/h)을 계산하시오.

▼ 조건
- 배관 총 길이 : 1,250m
- 배관의 평균 열관류율 : 6kcal/m²h℃
- 배관 1m당 표면적 : 0.3m²
- 관의 내외부 온도차 : 35℃

> **해답** 보온 후 손실열량(Q) $= (1 - 0.92) \times 1,250 \times 0.3 \times 6 \times 35 = 6,300\text{kcal/h}$

67 원주상의 파이프 안지름이 140mm, 두께가 10mm, 최고사용압력이 1MPa, 이음효율이 80%일 때 허용응력(kg/mm²)은 얼마인가?(단, 부식여유치수 C는 없는 것으로 한다.)

> **해답** 파이프 두께(t) $= \dfrac{PD}{2\sigma\eta}$
>
> $10 = \dfrac{1 \times 140}{2 \times \sigma \times 0.8}$
>
> $\therefore$ 허용응력(σ) $= \dfrac{1 \times 140}{2 \times 10 \times 0.8} = 8.75\text{kg/mm}^2$

68 배관 내부의 물의 속도가 14m/s이다. 이를 정수두(m)로 계산하시오.

[해답] $H = \dfrac{V^2}{2g} = \dfrac{14^2}{2 \times 9.8} = 10\,\text{m}$

69 다음 배관의 총 연장길이(m)를 구하시오.

> ▼ 조건
> • 옥내 40 A 배관 200m
> • 관 내 유체의 최초온도 15℃
> • 강관의 체적팽창계수 0.00012/℃
>
> • 옥외 40 A 배관 300m
> • 보일러 운전 후의 온도 75℃

[해답] 온도상승에 의한 강관의 열팽창량 $= (200+300) \times 0.00012 \times (75-15) = 3.6\,\text{m}$
  ∴ 강관의 총 연장길이 $= 3.6 + (200+300) = 503.6\,\text{m}$

[참고] • 신축곡관의 길이(단, 강관의 선팽창계수가 0.000012/℃일 경우)
  $\Delta L = (200+300) \times 0.000012 \times (75-15) \times 1{,}000 = 360\,\text{mm}$(관의 팽창량)
  • 신축관의 길이$(L) = 0.073 \sqrt{A \cdot \Delta L} = 0.073 \sqrt{40 \times 360} = 8.76\,\text{m}$
  • 신축관을 포함한 총 관의 연장길이 = 관의 길이 + 신축관의 길이
    $= 500 + 8.76 = 508.76$

70 곡관형 2동 D형 수관식 보일러에서 관판과 수관의 부착 시 두께감소율은 몇 %인가?

> ▼ 조건
> • 확장 전 관구멍과 관외경과의 차 : 1mm
> • 확관 후 관 내경 : 57.5mm
>
> • 확장 전 관의 내경 : 56mm
> • 확관 전의 관두께 : 4mm

[해답] 두께감소율 $= \left(\dfrac{d_1 - (d_o + c)}{2t} \right) \times 100\,(\%) = \dfrac{57.5 - (56+1)}{2 \times 4} \times 100 = 6.25\%$

71 다음 배관 도면을 보고 물음에 답하시오.

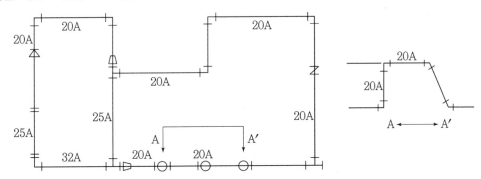

(1) 다음 표의 ①～⑨에 해당하는 부속장치의 개수를 쓰시오.

부속장치명	개수(EA)	부속장치명	개수(EA)
리듀서	①	45° 엘보	⑥
플랜지	②	부싱	⑦
이경엘보	③	이경티	⑧
90℃엘보	④	티	⑨
체크밸브	⑤		

(2) 배관도시기호 ①～⑦까지 그 명칭을 쓰시오.

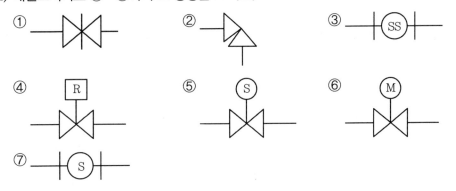

해답 (1) ① 1　　　② 1　　　③ 1　　　④ 7
　　　⑤ 1　　　⑥ 2　　　⑦ 2　　　⑧ 2　　　　⑨ 1
(2) ① 외돌림 게이트 밸브　　② 앵글 밸브
　　③ 기수분리기　　④ 감압 밸브
　　⑤ 전자밸브　　⑥ 전동 밸브
　　⑦ 스트레이너

72 다음 배관의 높이 표시에서 그 내용을 쓰시오.

(1) EL+700

(2) EL+BOP(330)

(3) EL+TOP(300)

(4) EL−BOP(600)

> **해답** (1) 관의 중심이 기준면보다 700 높은 장소에 있다.
> (2) 관의 밑면이 기준면보다 330 높은 장소에 있다.
> (3) 관의 윗면이 기준면보다 300 높은 장소에 있다.
> (4) 관의 밑면이 기준면보다 600 낮은 장소에 있다.

> **참고** 기준선에서 +(상부), −(하부)를 가리킨다.(단, 단위는 mm이다.)

73 다음 관의 높이 표시기호에 대하여 설명하시오.

(1) TOP EL−1,500

(2) BOP EL−1,500

(3) TOB EL−3,000

> **해답** (1) TOP EL−1,500 : 관의 윗면까지의 높이가 1,500mm
> (2) BOP EL−1,500 : 관의 밑면까지의 높이가 1,500mm
> (3) TOB EL−3,000 : 가대(架臺) 윗면까지의 높이가 3,000mm

74 다음의 벤딩을 포함한 관계통도에서 ⓐ~ⓓ 중 ⓐ~ⓒ까지의 거리는 몇 mm인지 계산하시오.

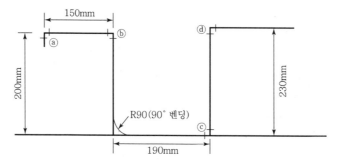

> **해답** 우선 직관 길이 2개 중
> 200−90=110mm
> 190−90=100mm
> 곡관의 길이 $=1.5R+\dfrac{1.5R}{20}=\dfrac{(2\times3.14\times90)\times90}{360}=141\,$mm
> 총길이 $=360+141=501\,$mm

> **참고** 곡관의 길이$(L)=2\pi R\times\dfrac{\theta}{360}=141\,$mm

75 다음 각 배관도시기호에 해당하는 명칭을 쓰시오.

① ─┼─　　　　② ─●─　　　　③ ─╫─

④ ─⟨─　　　　⑤ ─╫┤─

해답 ① 나사이음　　　② 용접이음　　　③ 플랜지 이음
　　　④ 턱걸이 이음　　⑤ 유니언 이음

76 아래에 주어진 평면도를 등각투상도로 나타내시오.

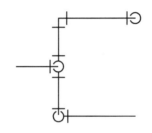

해답

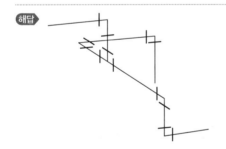

77 배관공사 시 입체도를 그리는 이유를 3가지만 쓰시오.

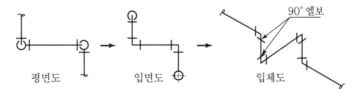

평면도　　　　→　　　입면도　⊕　　　→　　　입체도

해답 ① 관을 가공하기 위해 관의 가공도를 그릴 때
　　　② 계통도를 보다 구체적으로 가리킬 경우
　　　③ 손실수두 또는 유량 등을 계산할 경우
　　　④ 관 및 이음쇠의 재료를 산출할 경우

78 다음의 평면도를 등각투상도로 그리시오.

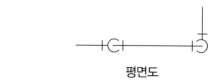

평면도

해답

등각투상도

참고

평면도	등각투상도	평면도	등각투상도

등각투상도 : 물체를 등각(축선 상호 간 간격 120°)이 되도록 회전시킨 투상도

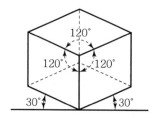

79 다음 배관도면을 보고 입체배관도면을 그리시오.

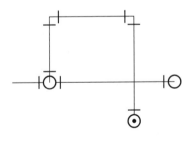

해답

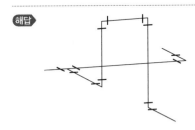

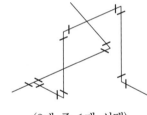

(2개 중 1개 선택)

80 다음의 평면도를 등각도로 그리시오.

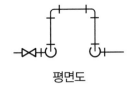

평면도

해답

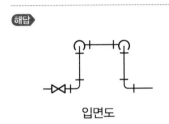

입면도

입체도

81 다음 배관의 도면을 보고 등각투상도를 그리시오.

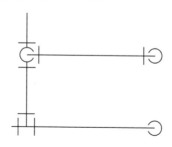

해답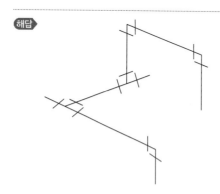

82 다음 평면도를 보고 등각투상도를 그리시오.

(1)

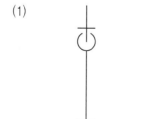

(2)

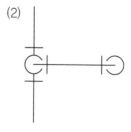

해답 (1)

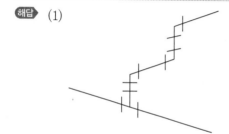

(2)

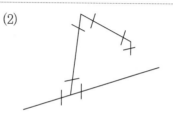

83 다음 (　) 안에 알맞은 용어를 써넣으시오.

> 벨로스형 신축이음은 (　①　)이라고도 하며 관의 재료로는 스테인리스, (　②　)가 사용되며 관의
> 수축 시 (　③　)는 고정되고, 스테인리스는 미끄러지면서 벨로스와의 간극을 없게 한다.

해답 ① 팩리스 신축이음　　　② 인청동제　　　③ 본체

84 방열기 등 입상관에서 엘보를 2개 이상 사용하여 저압 증기난방이나 온수방열기 등에서 필요
로 하는 관의 팽창을 흡수하는 이음의 명칭을 쓰시오.

해답 리프트형 신축이음

85 다음 도면을 보고 부속품의 개수를 기입하시오.

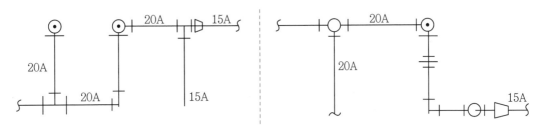

해답 ① 20A 엘보 : 5개　　　② 20×15A 부싱 : 2개
③ 20×20A 티 : 2개　　　④ 20×15A 티 : 1개
⑤ 20A 유니언 : 1개

86 강관의 벤딩부 B → C 구간의 배관길이를 산출하시오.(단, 관은 20A 관이다.)

해답

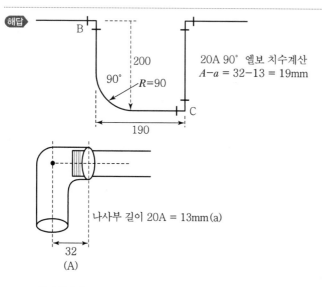

20A 90° 엘보 치수계산
$A-a = 32-13 = 19mm$

나사부 길이 20A = 13mm(a)

32
(A)

반지름$(R)=90mm$

$190-90=100mm$

$200-90=110mm$

$l = ⑤\ 110-(32-13)=91mm$

$ⓐ\ \dfrac{2\times3.14\times90}{4}=\dfrac{565.2}{4}=141.3mm$

$ⓒ\ 100-(32-13)=81mm$

∴ ⑤+ⓐ+ⓒ $=91+141.3+81=313.3mm$

참고 벤딩부 길이$(l)=2\pi R\dfrac{\theta}{360}=2\times3.14\times90\times\dfrac{90}{360}=141.3$

87 온수난방에서 각 방열기까지 급기관과 복귀관의 길이가 거의 같아서 방열량이 거의 일정하여 고르게 따뜻하게 하는 역환수식을 방열기와 도시하시오.

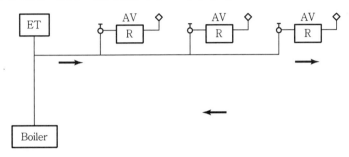

해답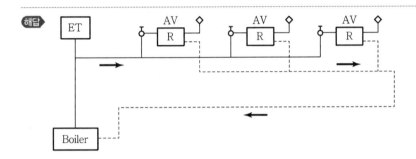

88 다음 배관의 도시기호를 보고 명칭을 쓰시오.

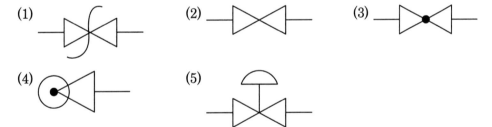

해답 (1) 안전 밸브   (2) 슬루스 밸브   (3) 글로브 밸브
　　(4) 글로브 수평앵글 밸브   (5) 다이어프램 밸브

89 다음 보일러 시공 작업도면을 보고, A−A′의 단면도를 그리시오. (단, 단면도의 높이는 170mm 로 하고, 각 부속 사이의 관경 및 치수도 기입하시오.)

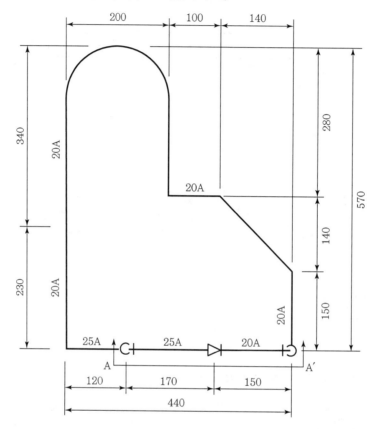

해답

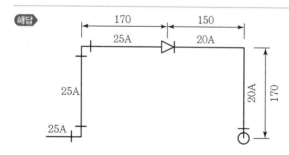

참고 투영에 의한 배관 등의 표시방법

관의 입체적 표시방법 : 1방향에서 본 투영도로 배관계의 상태를 표시하는 방법

화면에 직각방향으로 배관되어 있는 경우

정투영도			각도
관 A가 화면에 직각으로 바로 앞쪽으로 올라가 있는 경우		또는	
관 A가 화면에 직각으로 반대쪽으로 내려가 있는 경우		또는	
관 A가 화면에 직각으로 바로 앞쪽으로 올라가 있고 관 B와 접속하고 있는 경우		또는	
관 A로부터 분기된 관 B가 화면에 직각으로 바로 앞쪽으로 올라가 있으며 구부러져 있는 경우		또는	
관 A로부터 분기된 관 B가 화면에 직각으로 반대쪽으로 내려가 있고 구부러져 있는 경우		또는	

비고 : 정투영도에서 관이 화면에 수직일 때, 그 부분만을 도시하는 경우에는 다음 그림기호에 따른다.

화면에 직각 이외의 각도로 배관되어 있는 경우

정투영도		등각도
관 A가 위쪽으로 비스듬히 일어서 있는 경우		
관 A가 아래쪽으로 비스듬히 내려가 있는 경우		
관 A가 수평방향에서 바로 앞쪽으로 비스듬히 구부러져 있는 경우		
관 A가 수평방향으로 화면에 비스듬히 반대쪽 윗방향으로 일어서 있는 경우		
관 A가 수평방향으로 화면에 비스듬히 바로 앞쪽 윗방향으로 일어서 있는 경우		

비고 : 등각도의 관의 방향을 표시하는 가는 실선의 평행선 군을 그리는 방법에 대하여는 KS A 0111(제도에 사용하는 투상법) 참조

밸브 · 플랜지 · 배관부속품 등의 입체적 표시방법 : 밸브 · 플랜지 · 배관부속품 등의 등각도 표시 방법은 다음 보기에 따른다.

수평방향 배관

〈부도〉 관이음의 도시법

구분		평면도	입면도	입체도
맞대기용접형	90° 엘보			90° ELBOW
	45° 엘보			45° ELBOW 30° 30° 90° 45° ELBOW
	티			TEE
	리듀서			CONCENTRIC REDUCER ECCENTRIC REDUCER
삽입용접형 또는 나사이음형	90° 엘보			90° ELBOW
	티			TEE

〈부도〉 관이음의 도시법

구분		평면도	입면도	입체도
삽입용접 또는 나사이음형	커플링			COUPLING
	유니언			UNION
	캡			BUTT WELD CAP / SCREWD CAP / SOCKET WELD CAP
	보스 및 플러그			PLUC
	스웨이지 블록			SWAGED NIPPLE
룰렛 보강판 및 보스				PFINFORCING SADDLE / O-LET / BOSS

SECTION 03 내화물 및 단열보온재

01 보온재의 습도, 비중, 온도가 상승했을 경우 ( ) 안에 알맞은 말을 고르시오.

(1) 열전도율은 (증가, 감소)한다.　　　　　(2) 보온효율은 (증가, 감소)한다.

(해답) (1) 증가　　　　　　　　　　(2) 감소

02 보온재 사용 시 보온재의 밀도, 습도, 온도에 따라 열전도의 상태 변화를 표시하였다. ( ) 안에 알맞은 말을 고르시오.

(1) 밀도가 크면 열전도율은 (증가, 감소)한다.

(2) 습도가 증가하면 열전도율은 (증가, 감소)한다.

(3) 온도가 상승하면 열전도율은 (증가, 감소)한다.

(해답) (1) 증가　　　　　　　(2) 증가　　　　　　　(3) 증가

(참고) 열전도율 단위 : kcal/m h ℃, W/m℃, kJ/m h K

03 보온재가 물을 흡수했을 때 열전도율과 효율이 각각 어떻게 되는지(증가, 감소) 쓰시오.

(해답) ① 열전도율 증가
　　　② 효율 감소

04 다음 유기질 보온재 중에서 폼류 3가지를 쓰시오.

(해답) ① 경질 폴리우레탄폼
　　　② 폴리스티렌폼
　　　③ 염화비닐폼

05 저온용 유기질 보온재의 종류 3가지를 쓰시오.

해답
① 펠트
② 콜크
③ 기포성 수지(폴리우렌탄폼)

06 보온재의 구비조건 5가지를 쓰시오.

해답
① 열전도율이 작을 것
② 안전사용온도가 높을 것
③ 기계적 성질이 우수할 것
④ 흡습성, 흡수성이 없을 것
⑤ 가격이 싸고 시공이 용이할 것

07 알루미늄박은 금속의 무엇을 이용한 보온재인가?

해답 열의 반사특성

08 500℃ 이하에 사용하는 무기질 보온재의 종류를 3가지만 쓰시오.

해답
① 석면   ② 암면   ③ 규조토
④ 글라스울   ⑤ 탄산마그네슘

09 다음 보온재에 대한 설명 중 ( ) 안에 증가 또는 감소를 써넣으시오.

(1) 각종 재료의 열전도율은 밀도가 크면 ( )한다.

(2) 각종 재료의 열전도율은 습도가 높아지면 ( )한다.

(3) 각종 재료의 열전도율은 온도가 상승하면 ( )한다.

해답 (1) 증가   (2) 증가   (3) 증가

10 다음 물음에 답하시오.

(1) 박락현상이라고도 하며 내화물이 사용 도중에 갈라지든지 떨어져 나가는 현상을 무엇이라 하는가?

(2) 마그네시아 벽돌이나 돌로마이트 벽돌을 저장 중이나 사용 후에 수증기를 흡수하여 체적 변화를 일으켜 분화 떨어져 나가는 현상을 무엇이라 하는가?

(3) 크롬철광을 사용하는 내화물은 1,600℃ 이상에서 산화철을 흡수하여 표면이 부풀어 오르고 떨어져 나가는데, 이 현상을 무엇이라 하는가?

해답 (1) 스폴링 현상
　　 (2) 슬래킹 현상(소화성)
　　 (3) 버스팅 현상

11 박락현상이라고도 하며 내화물이 사용 도중에 갈라지거나 떨어져 나가는 분화현상을 무엇이라 하는가?

해답 스폴링 현상

12 내화물의 열적 성질인 스폴링(Spalling) 현상에 대하여 설명하시오.

해답 스폴링 현상이란 내화물의 사용 중에 구조적, 열적, 조직적 변화 등에 의하여 내화물에서 발생하는 박락현상이다.

13 부정형 내화물의 보강방법 3가지를 쓰시오

해답 ① 앵커　　　　　　② 서포트　　　　　　③ 메탈라스

14 부정형 내화물의 종류 4가지를 쓰시오.

해답 ① 내화모르타르　　② 캐스터블　　　③ 플라스틱　　　④ 래밍믹스

15 내화모르타르의 구비조건 5가지를 쓰시오.

> **해답** ① 내화도가 높을 것
> ② 사용온도에서 연화 변형되지 않을 것
> ③ 내충격성, 내마모성이 클 것
> ④ 화학적으로 안정할 것
> ⑤ 팽창 또는 수축이 적을 것

16 다음 내화물, 보온재, 단열재 등을 사용온도가 낮은 것부터 높은 순서대로 쓰시오.

> **▼ 보기**
> • 무기질 보온재　　　　　• 내화물　　　　　　　• 유기질 보온재
> • 단열재　　　　　　　　• 보냉재　　　　　　　• 내화 단열재

> **해답** 보냉재 → 유기질 보온재 → 무기질 보온재 → 단열재 → 내화단열재 → 내화물

17 내화도 시험에 사용되는 노의 필요조건 3가지를 쓰시오.

> **해답** ① 산화 또는 중성 분위기일 것
> ② 균일한 가열이 가능할 것
> ③ 2,000℃까지 가열할 수 있을 것

18 온도의 변화에 의하여 재료에 생기는 신장 수축이 외부적인 구속에 의하여 저지되어 이로 인하여 재료 내부에 생기는 응력을 무엇이라 하는가?

> **해답** 열응력

19 내화도 측정을 할 때 SK 제게르콘은 몇 도로 세우는가?

> **해답** 80°

20 다음 ①~⑧의 문장 중 옳지 않은 내용을 찾아 번호를 쓰시오.

> ① 내화벽돌에는 강력한 화염을 받는 부위에 스폴링 현상을 방지하는 조치가 필요하나 보일러 본체에는 이를 금한다.
> ② 연소량 증가 시 연료량을 먼저 증가시킨 후 나중에 공기량을 증가시킨다.
> ③ 화격자연소에는 화층의 불균일한 온도 변화에 의해 클링커 생성이 발생하는데 이것이 발생하지 않도록 하여야 한다.
> ④ 노 내 화염의 온도를 적정 온도로 유지하기 위해서는 에어레지스터를 제거한 후 연소시킨다.
> ⑤ 가압연소 시 굴뚝으로 배기되는 배기가스양에 의해 통풍력을 조절할 때에는 통풍계에 의해 통풍력을 조절한다.
> ⑥ 보일러 설치 시 보온재나 케이싱 등을 설치하는 이유는 불필요한 외기의 노 내 침입 방지 및 노 내 온도를 저온으로 유지하기 위하여 단열 처리하는 것이다.
> ⑦ 내화벽돌은 화염이 강한 곳에는 사용이 가능하나 보일러 화실에는 사용이 불가능하다.
> ⑧ 연소실이나 노 내 온도는 가급적 낮추어 저온으로 운전하여 열손실을 줄인다.

해답 ②, ④, ⑥, ⑦, ⑧

참고 ② 연료량 증가 시 공기량을 먼저 증가시킨 후 연료량을 증가시킨다.
　　　 ④ 노 내 화염의 온도를 적정 온도로 유지하기 위하여 에어레지스터(공기조절기)를 사용한다.
　　　 ⑥ 보일러 설치 시 보온재나 케이싱 등을 설치하는 이유는 불필요한 외기의 노 내 침입 방지 및 노 내 온도를 고온으로 유지하기 위하여 단열 처리하는 것이다.
　　　 ⑦ 내화벽돌은 보일러 연소실에 사용이 가능하다.
　　　 ⑧ 연소실이나 노 내 온도는 가급적 고온으로 유지하여 완전연소하게 한다.

21 벽의 단면을 측정한 결과 내측으로부터 노벽 두께가 250mm, 열전도율이 0.4kcal/mh℃인 노가 있다. 노 내의 가스와 노벽 사이의 경막계수(a_1)가 1,500kcal/m²h℃, 노벽과 공기 사이의 경막계수(a_2)가 16kcal/m²h℃일 때 열관류율(kcal/m²h℃)은 얼마인가?

해답 $K = \dfrac{1}{R} = \dfrac{1}{\dfrac{1}{1,500} + \dfrac{0.25}{0.4} + \dfrac{1}{16}} = 1.45\,\text{kcal/m}^2\text{h℃}$

참고 $1.45 \times 4.186 = 6.0697\,\text{kJ/m}^2\text{h} \cdot \text{K}$

22 배관에 보온재를 사용하였을 때 보온효율이 80%일 때 손실열량이 12,600kJ/h이다. 이 배관에서 보온하지 않은 나관의 손실열량을 몇 kJ/h인가?

해답 $Q = \dfrac{12,600}{(1-0.8)} = 63,000\text{kJ}$

23 관의 길이가 2m인 원통관 외부에 석면보온재를 두께 50mm로 시공하였다. 석면의 열전도율은 0.1kcal/mh℃이고 보온층 내면의 온도가 120℃, 외면의 온도가 15℃라고 한다면 이 보온재를 통한 열손실은 몇 kcal/h인가?(단, 관 양단면의 열손실은 없는 것으로 본다. 그리고 관의 내반경은 10cm, 보온재를 포함한 외반경은 15cm이다.)

해답 $Q = n\dfrac{2\cdot\lambda\cdot\pi\cdot L\cdot \Delta t_m}{\ln\left(\dfrac{\gamma_2}{\gamma_1}\right)} = \dfrac{2\times0.1\times3.14\times2\times(120-15)}{\ln\left(\dfrac{0.15}{0.1}\right)} = 325.26\text{kcal/h}$

※ 평균면적 $= \dfrac{2\times3.14\times2\times(0.15-0.1)}{\ln\left(\dfrac{0.15}{0.1}\right)} = 1.548\text{m}^2$로 계산하여

또는 $(Q) = 0.1\times1.548\times\dfrac{120-15}{0.15-0.1} = 325.08\text{kcal/h}$

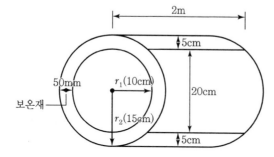

에너지관리 및 안전관리

SECTION 01 보일러 설치검사기준

01 보일러의 설치검사기준에서 배관의 설치 시 가스배관은 그 외부에 표시사항 3가지가 있다. 무엇을 표시하여야 하는가?

해답 ① 사용 가스명
② 가스의 최고사용압력
③ 가스의 흐름방향

02 다음의 최고사용압력을 보고 수압시험압력을 구하시오.

(1) 0.35MPa   (2) 0.6MPa   (3) 1.8MPa

해답 (1) $0.35 \times 2 = 0.7$MPa(0.43MPa 이하는 2배)
(2) $0.6 \times 1.3 + 0.3 = 1.08$MPa($P \times 1.3$배 $+ 0.3$MPa)
(3) $1.8 \times 1.5 = 2.7$MPa(1.5MPa 초과 시는 1.5배)

03 가스용 보일러 연료배관에서 배관의 이음부와 전기계량기 및 전기개폐기와의 거리는 (①) cm 이상, 굴뚝, 전기점멸기, 전기접속기와의 거리는 (②)cm 이상, 절연전선과의 거리는 (③)cm 이상, 절연조치를 하지 아니한 전선과의 거리는 (④)cm 이상의 거리를 유지한다. ( ) 안에 들어갈 내용을 쓰시오.

해답 ① 60   ② 30   ③ 10   ④ 30

04 보일러를 옥외 설치할 경우 주의사항 3가지를 쓰시오.

해답 ① 보일러에 빗물이 스며들지 않도록 케이싱 등의 적절한 방지설비를 한다.
② 노출된 절연재 또는 래킹 등에는 방수처리를 하여야 한다.
③ 강제통풍팬의 입구에는 빗물방지 보호관을 설치하여야 한다.

05 건물 내 보일러 설치 시 조건 5가지를 쓰시오.

해답 ① 보일러는 전용 건물 또는 건물 내의 불연성 물질의 격벽으로 구분한 장소에 설치하여야
한다.
② 보일러 동체 최상부로부터 천장, 배관, 또는 그밖의 보일러 동체 상부에 있는 구조물까지
의 거리는 1.2m 이상이어야 한다.
③ 보일러 및 보일러에 부설된 금속제와 굴뚝, 또는 연도의 외측으로부터 0.3m 이내에 있는
가연성 물체에 대하여는 금속 이외의 불연성 재료로 피복하여야 한다.
④ 보일러 설치장소에 연료가 저장되었을 때는 보일러 외측으로부터 2m 이상 떨어져 있거나
방화격벽이 설치되어 있어야 한다.
⑤ 보일러실의 조명은 보일러에 설비된 계기들을 육안으로 관찰 감식하는 데 지장이 없어야
한다.

06 강철제 보일러의 수압시험시 압력에 따른 시험방법 3가지를 쓰시오.

해답 ① 최고사용압력 $4.3kcal/cm^2$ 이하 : 최고사용압력×2배
② 최고사용압력 $4.3～15kg/cm^2$ 이하 : $1.3P+3kg/cm^2$
③ 최고사용압력 $15kg/cm^2$ 초과 : 최고사용압력×1.5배

07 보일러 설치검사기준에서 유량계는 전기계량기 및 전기안전기와의 거리는 (①)cm 이상, 굴
뚝·전기개폐기 및 전기콘센트와의 거리는 (②)cm 이상, 전선과의 거리는 (③)cm 이상
을 유지해야 한다. ( ) 안에 들어갈 숫자를 쓰시오.

해답 ① 60　　　　　　② 30　　　　　　③ 30

08 보일러 운전 시 배기가스의 온도를 측정하는 장소를 쓰시오.(단, 보일러 열정산일 때)

해답 보일러 전열면 최종출구

09 보일러 최고사용압력이 다음과 같은 조건하에서 수압시험압력을 써넣으시오.

보일러 최고사용압력	수압시험압력
0.43MPa 이하	
0.43MPa 초과~1.5MPa 이하	
1.5MPa 초과	

해답

보일러 최고사용압력	수압시험압력
0.43MPa 이하	최고사용압력×2배
0.43MPa 초과~1.5MPa 이하	최고사용압력×1.3배+0.3MPa
1.5MPa 초과	최고사용압력×1.5배

10 다음은 온수보일러에 관한 설명이다. (   ) 안에 알맞은 용어를 쓰시오.

온수보일러에는 압력이 최고사용압력에 도달하면 즉시 작동하는 (①) 또는 (②)를 1개 이상 갖추어야 한다.

해답 ① 안전밸브   ② 방출밸브

11 유류용 온수보일러의 설치시공 확인서에 명시된 설치시공 검사항목 5가지를 쓰시오.

해답 ① 수압시험
② 보일러의 연소 및 배기성능검사
③ 연료계통의 누설시험
④ 순환펌프에 의한 온수순환시험
⑤ 자동제어에 의한 작동검사

12 보일러 설치 검사에서 체크밸브를 설치하지 않아도 되는 조건을 쓰시오.

해답 최고사용압력 0.1MPa 미만의 보일러

13 전열면적 10m²를 초과하는 보일러에서 급수관경은 몇 A(mm) 이상이어야 하는가?

해답 20A(20mm)

참고 전열면적 10m² 이하의 경우 : 15 A 이상

14 보일러 급수장치에서 주펌프 및 보조펌프세트를 갖춘 급수장치가 있어야 한다. 보조펌프를 생략할 수 있는 조건을 2가지만 쓰시오.

해답 ① 전열면적 12m² 이하의 보일러
② 전열면적 14m² 이하의 가스용 온수보일러 및 전열면적 100 m² 이하의 관류보일러

15 안전밸브 및 압력방출장치에서 그 크기를 호칭지름 25A가 아닌 20A 이상으로 할 수 있는 조건을 5가지만 쓰시오.

해답 ① 최고사용압력 0.1MPa 이하 보일러
② 최고사용압력 0.5MPa 이하 보일러로서 동체의 안지름이 500mm 이하이며, 동체의 길이가 1,000mm 이하인 것
③ 최고사용압력 0.5MPa 이하의 보일러로 전열면적 2m² 이하인 것
④ 최대 증발량 5T/h 이하의 관류보일러
⑤ 소용량 보일러

참고 소용량 보일러 : 0.35MPa 이하, 전열면적 5m² 이하

16 다음 수면계의 부착위치를 쓰시오.

(1) 입형횡관 보일러 : 화실천장판 최고부 위 (   )mm

(2) 수평연관(횡연관) 보일러 : 최상단 연관 최고부 위 (   )mm

(3) 노통연관 보일러 : 최상단 연관 최고부 위 (   )mm

(4) 노통 보일러 : 노통상부 최고부(플랜지부 제외)에서 (   )mm

해답 (1) 75   (2) 75   (3) 75   (4) 100

17 다음 (   ) 안에 알맞은 내용을 써넣으시오.

(1) 보일러는 동체 최상부로부터 천장 배관 등 보일러 상부에 있는 구조물 거리까지는 (   )m 이상이어야 한다.(단, 소형보일러나 주철제보일러는 0.6m 이상으로 할 수 있다.)

(2) 보일러 동체에서 벽, 배관 기타 보일러측부에 있는 구조물까지 거리는 (   )m 이상이어야 한다.

(3) 보일러 금속제 굴뚝 또는 연도의 외측으로부터 (   )m 이내에 있는 가연성 물체에 대하여는 금속 이외의 불연성 재료로 피복한다.

(4) 가스용 보일러 배관의 이음부와 전기계량기 및 전기개폐기와의 거리는 (   )cm 이상이어야 한다.

(5) 급수밸브 및 체크밸브 크기는 전열면적 $10m^2$ 이하에서는 호칭 15A 이상이나 전열면적 $10m^2$를 초과하면 호칭 (   )A 이상이어야 한다.

───────────────────────────────

해답 (1) 1.2　　　　(2) 0.45　　　　(3) 0.3　　　　(4) 60　　　　(5) 20

18 보일러 설치검사 기준에서 안전밸브 및 방출밸브 크기는 호칭지름 25A 이상으로 하여야 한다. 다만 다음의 보일러에는 호칭지름 20A 이상으로 할 수 있다. (   ) 안에 알맞은 내용을 써넣으시오.

(1) 최고사용압력 (   )MPa 이하의 보일러

(2) 최고사용압력 (   )MPa 이하의 보일러로 동체의 안지름이 (   )mm 이하이며 동체의 길이가 (   )mm 이하의 것

(3) 최고사용압력 (   )MPa 이하의 보일러로서 전열면적 (   )m^2 이하의 것

(4) 최대증발량 (   )t/h 이하의 관류보일러

(5) 소용량 강철제 보일러, 소용량 (   ) 보일러

───────────────────────────────

해답 (1) 0.1　　　　　　　　(2) 0.5, 500, 1,000　　　　(3) 0.5, 2
　　　 (4) 5　　　　　　　　 (5) 주철제

참고 $0.1MPa = 1kgf/cm^2$, $1MPa = 10kgf/cm^2$

19 다음 급수밸브와 체크밸브에 대한 물음에 답하시오.

(1) 최고사용압력이 몇 MPa 미만의 보일러에서 체크밸브는 생략되어도 되는가?

(2) 전열면적 10m² 이하 보일러에서 급수밸브나 체크밸브의 크기는 호칭 몇 A 이상이어야 하는가?

해답 (1) 0.1MPa 미만
(2) 15A 이상

20 연료유 저장탱크 천장에 탱크 내 압력을 대기압 이상으로 유지하기 위한 통기관을 설치한다. 다음 (   ) 안에 알맞은 답을 쓰시오.

(1) 통기관 내경의 크기는 최소한 (①)mm 이상이어야 한다.

(2) 개구부의 높이는 지상에서 몇 (②)m 이상이어야 하며 반드시 (③)에 설치한다.

(3) 통기관에는 일체의 (④)를 사용하면 아니 된다.

(4) 주유관은 (⑤)에 부착한다.

(5) 탱크 내외면은 방청페인트를 설치하고 외부는 (⑥)를 38~100mm 두께로 하고 마지막으로 방수시공을 한다.

해답 ① 40   ② 5   ③ 옥외
④ 밸브   ⑤ 탱크상부   ⑥ 보온재

참고 • 기름용 서비스탱크는 보일러 사용 용량 2~3시간 정도 연료량을 저장하고 버너 선단보다 1.5m 정도 높은 곳에 설치하여 자연 압력에 의해 연료 공급이 가능하게 한다. 펌프 없이 자연낙하로 버너에 연료를 공급하는 경우라면 보일러실 바닥으로부터 3m 이상 높이에 설치한다.
• 서비스탱크 오버플로관 크기는 송유관 단면적보다 2배 이상 큰 크기로 한다.
• 탱크 내부 오일의 온도는 점도를 생각하여 최소한 40~60℃ 사이 온도를 유지하나 적정선 온도는 60℃ 정도가 바람직하다.
• 보일러 공급 기름은 기름가열 매체는 온수나 증기를 이용하며 증기로 예열하는 탱크가 많다. 다만 보일러로 공급 시 중유를 사용한다면 A급 중유는 예열하지 않고 B급 중유 예열은 50~60℃, C급 중유는 80~105℃로 버너에 공급한다.

21 보일러 성능검사 시 다음의 온도측정부위는 어디에서 온도가 측정되어야 하는가?

(1) 연료온도 측정위치

(2) 절탄기 설치 시 급수온도

(3) 공기예열기 설치 시 배기가스온도

해답 (1) 버너 급유입구
    (2) 절탄기 전후
    (3) 공기예열기 전후

22 다음은 수압시험에 대한 설명이다. (   ) 안에 알맞은 말을 쓰시오.

(1) 보일러 최고사용압력이 0.43MPa 이하일 때는 그 최고사용압력의 (   )배의 압력으로 한다. 다만 그 시험압력이 0.2MPa 미만인 경우에는 0.2MPa로 한다.

(2) 보일러 최고사용압력이 0.43MPa 초과 1.5MPa 이하일 때에는 그 최고사용압력의 (   )배에 0.3MPa을 더한 압력으로 한다.

(3) 보일러 최고사용압력이 1.5MPa을 초과할 때에는 그 최고사용압력의 (   )배의 압력으로 한다.

(4) 주철제 보일러에서는 증기 보일러에 대하여 (   )MPa로 한다.

(5) 주철제 온수 발생 보일러에 대하여 최고 사용압력의 (   )배의 압력으로 한다. 다만 그 시험압력이 0.1MPa 미만일 경우에는 0.2MPa로 한다.

해답 (1) 2   (2) 1.3   (3) 1.5
    (4) 0.2   (5) 1.5

참고 $4.3\text{kg/cm}^2 = 0.43\text{MPa}$
    $15\text{kg/cm}^2 = 1.5\text{MPa}$
    $1\text{kg/cm}^2 = 0.1\text{MPa}$

23 다음은 강철제 보일러의 최고사용압력이다. 각각 수압시험압력을 쓰시오.

(1) 0.3MPa   (2) 1MPa

해답 (1) $0.3 \times 2 = 0.6\text{MPa}$
    (2) $1 \times 1.3 + 0.3 = 1.6\text{MPa}$

24 보일러 설치검사기준의 보조펌프를 생략할 수 있는 조건에서 전열면적(①)m² 이하인 보일러, 전열면적 (②)m² 이하인 가스용 온수보일러, 전열면적(③)m² 이하인 관류보일러 등이며 또한 급수 배관에서는 보일러에 인접하여 (④)와 (⑤)를 설치하여야 한다. ( ) 안에 알맞은 내용을 쓰시오.

> **해답** ① 12　　　　　② 14　　　　　③ 100
> ④ 급수밸브　　　⑤ 체크밸브

> **참고** 급수밸브나 체크밸브의 크기는 전열면적 10m² 이하의 보일러에서는 호칭 15A 이상, 전열면적 10m² 초과 시는 호칭 20A 이상이다.

25 보일러 설치시공기준에 관한 다음 문장의 ( ) 안에 올바른 내용을 쓰시오.

(1) 보일러 동체 최상부로부터 보일러 상부 구조물까지의 거리는 ( )m이다.(단, 소용량 보일러는 0.6m이어야 한다.)

(2) 보일러 연료저장탱크는 보일러 외측에서 ( )m 이상 떨어져 있거나 방화격벽이어야 한다.(단, 소용량 보일러는 1m 이상이나 반격벽으로 한다.)

> **해답** (1) 1.2
> (2) 2

26 보일러 설치시공기준에서 옥내설치 시 기준이다. ( ) 안에 알맞은 용어를 쓰시오.

(1) 보일러 동체 최상부로부터 천장 배관등 보일러 상부의 구조물까지의 거리는 ( )m 이상이어야 한다.

(2) 위의 (1)에서 소용량 보일러인 경우에는 ( )m 이상으로 한다.

(3) 보일러 및 보일러에 부설된 금속제의 굴뚝 또는 연도의 외측으로부터 가연물과의 거리는 ( )m 이상 떨어져야 한다.

(4) 연료를 저장할 때는 보일러 외측으로부터 ( )m 이상 거리를 두거나 ( )을(를) 설치하여야 한다.

> **해답** (1) 1.2　　　(2) 0.6　　　(3) 0.3　　　(4) 2, 방화격벽

27 보일러에 설치하는 급수 밸브의 크기를 설치 기준에 맞게 쓰시오.

> **해답** 전열면적 $10m^2$ 초과 시는 20A 이상, 전열면적 $10m^2$ 이하는 15A 이상 크기로 설치한다.

28 다음 가스배관의 지지 간격을 쓰시오.

(1) 가스배관의 관경 13mm 미만

(2) 가스배관의 관경 13mm 이상~33mm 미만

(3) 가스배관의 관경 33mm 이상

> **해답** (1) 1m   (2) 2m   (3) 3m

29 다음은 수압시험에 관한 내용이다. 강철제, 주철제 보일러에 대한 수압시험에 대하여 (　) 안에 알맞은 내용을 쓰시오.

> 보일러 최고사용압력이 0.43MPa 이하일 때는 최고사용압력 (①)배의 압력으로 하고 시험압력이 (②)MPa 미만일 경우는 0.2MPa로 한다. 또한 0.43MPa 초과 1.5MPa 이하일 때는 최고사용압력 (③)배에 3을 더한 압력으로 하고 1.5MPa 초과 시에는 (④)배의 압력으로 수압시험을 한다.

> **해답** ① 2   ② 0.2   ③ 1.3   ④ 1.5

30 연료를 저장할 때에는 보일러 외측으로부터 (①)m 이상 거리를 두거나 (②)을 설치하여야 한다. 다만, 소용량 보일러의 거리는 (③)m 이상 거리를 두거나 반격벽으로 할 수 있다. 보일러 상단에 천장 배관 구조물까지의 거리는 (④)m이고 소형의 경우는 (⑤)m이다. (　) 안에 들어갈 내용을 쓰시오.

> **해답** ① 2   ② 방화격벽   ③ 1
> ④ 1.2   ⑤ 0.6

31 급수장치는 전열면적 10m² 이하 시에는 급수밸브의 크기를 (①) 이상으로 하고 전열면적 10m² 초과 시에는 (②) 이상이어야 한다. 다만, 급수설비에 설치하는 체크밸브는 (③) MPa 미만은 생략하여도 무방하다. 그리고 증기관에 설치하는 안전밸브 및 압력방출장치의 크기는 호칭지름 (④)A 이상이어야 하나 최고사용압력이 0.1MPa 이하인 보일러에서는 (⑤) A 이상으로도 할 수 있다. ( ) 안에 알맞은 내용을 쓰시오.

해답 ① 15A   ② 20A   ③ 0.1
      ④ 25   ⑤ 20

32 보일러의 급수밸브 크기를 전열면적에 따라 나누었을 때, 그 크기는 몇 A 이상이어야 하는지 써넣으시오.

전열면적	급수밸브 크기	비고
10m² 이하	(①)A 이상	A(mm)
10m² 초과	(②)A 이상	A(mm)

해답 ① 15
      ② 20

33 보일러 설치검사기준에서 온도계를 설치하여야 할 곳을 3군데만 쓰시오.

해답 ① 급수입구의 급수온도계
      ② 버너급유입구의 급유온도계
      ③ 절탄기나 공기 예열기가 설치된 경우 각 유체의 전후 온도를 측정할 수 있는 온도계
      ④ 보일러 본체 배기가스 온도계
      ⑤ 과열기 또는 재열기가 있는 경우 그 출구 온도계
      ⑥ 유량계를 통과하는 온도를 측정할 수 있는 온도계

34 온수보일러 용량이 25,000kcal/h(열출력)인 경우 송수주관 구경, 팽창관 구경, 급탕관 구경을 각각 쓰시오.

해답 ① 송수주관 구경 : 25A 이상
② 팽창관 구경 : 15A 이상
③ 급탕관 구경 : 15A 이상

참고 보일러 용량 30,000kcal/h 이하
• 송수주관, 환수주관의 크기 : 25mm 이상
• 팽창관, 방출관의 크기 : 15mm 이상
• 급탕관 : 50,000kcal/h 이하는 15mm 이상

35 온수발생 보일러의 방출관의 크기를 써넣으시오.

전열면적(m²)	방출관의 안지름(mm)
10 미만	(①) 이상
10 이상 15 미만	(②) 이상
15 이상 20 미만	(③) 이상
20 이상	(④) 이상

해답 ① 25　　　　② 30　　　　③ 40　　　　④ 50

36 보일러 설치 시공기준에서 수면계의 개수에 대한 내용이다. (　) 안에 알맞은 내용을 쓰시오.

(1) 증기보일러에는 (　)개 이상의 유리수면계를 부착하여야 한다. (소용량 및 소형 관류보일러에는 1개 이상) 다만, 단관식 관류보일러는 제외한다.

(2) 최고사용압력 1MPa(10kgf/cm²) 이하로서 동체 안지름이 (　)mm 미만인 경우에 있어서는 수면계 중 1개를 다른 종류의 수면측정장치로 할 수 있다.

(3) 2개 이상의 원격지시 수면계를 시설하는 경우에 한하여 유리수면계를 (　)개 이상으로 할 수 있다.

해답 (1) 2　　　　(2) 750　　　　(3) 1

37 다음 보일러 설치검사기준에 관한 물음에 답하시오.

(1) 전열면적 10m² 초과 시 급수밸브 체크밸브 크기는 몇 A 이상인가?

(2) 안전밸브나 방출밸브 크기는 호칭지름 몇 A 이상인가?

(3) 액상식 열매체 보일러 및 120℃(393K) 이하의 온수발생보일러의 방출밸브 크기는 지름이 몇 mm 이상인가?

(4) 절탄기, 공기예열기 설치 시 각 유체의 온도 측정부위를 2가지로 쓰시오.

(5) 과열기 재열기의 측정온도계 설치위치를 쓰시오.

해답 (1) 20A 이상

(2) 25A 이상

(3) 20mm 이상

(4) ① 유체의 전에 설치한다(절탄기, 공기예열기 입구).
② 유체의 후부에 설치한다(절탄기, 공기예열기 출구).

(5) 과열기 재열기의 출구 측

---

38 다음 수압시험 방법에 대하여 (　) 안에 맞는 내용을 쓰시오.

(1) 규정된 수압에 도달한 후 (　)분이 경과된 뒤 검사를 실시한다.

(2) 시험수압은 규정된 압력의 (　)% 이상을 초과하지 않도록 한다.

(3) 수압시험 중 또는 시험 후에도 (　)이 얼지 않도록 한다.

해답 (1) 30　　　　　　　(2) 6　　　　　　　(3) 물

---

39 보일러설치 시공기준에서 연료를 저장할 때에는 보일러 외측으로부터 (①)m 이상 거리를 두거나 (②)을 설치하여야 한다. 다만 소형 보일러의 경우에만 (③)m 이상 거리를 두거나 방격벽으로 할 수 있다. (　) 안에 알맞은 내용을 쓰시오.

해답 ① 2　　　　　　　② 방화격벽　　　　　　　③ 1

40 보일러 설치검사기준에서 보조펌프나 체크밸브의 생략조건을 쓰시오.

해답 (1) 보조펌프 설치 생략조건 3가지
　　① 전열면적 $12m^2$ 이하의 보일러
　　② 전열면적 $14m^2$ 이하의 가스용 온수보일러
　　③ 전열면적 $100m^2$ 이하의 관류보일러

(2) 체크밸브(역류방지밸브) 생략조건
　　최고사용압력 0.1MPa 미만의 보일러

참고 급수밸브, 체크밸브의 크기
• 전열면적 $10m^2$ 이하 보일러 : 호칭 15A 이상
• 전열면적 $10m^2$ 초과 보일러 : 호칭 20A 이상

41 강철제 증기보일러 설치 시 반드시 온도계를 부착 설치해야 하는 곳을 3가지만 쓰시오.

해답 ① 급수입구의 급수온도계
② 버너 급유 입구의 급유온도계
③ 절탄기, 공기예열기의 각 유체 전후 온도계
④ 보일러 본체 배기가스 온도계
⑤ 과열기, 재열기의 출구 온도계
⑥ 유량계를 통과하는 온도측정 온도계

SECTION 02

보일러 운전 및 안전관리

01 수분이 함유된 증기가 보일러에서 발생 시 장애가 되는 점을 3가지만 쓰시오.

해답 ① 수격작용(워터해머) 발생   ② 기수공발(캐리오버) 발생
③ 증기의 열손실 발생   ④ 열효율 저하
⑤ 배관 내 부식 발생

02 수격작용을 방지하는 방법을 3가지만 쓰시오.

해답 ① 프라이밍, 포밍을 방지한다.
② 주증기밸브를 서서히 개폐한다.
③ 보일러 고수위를 억제한다.
④ 배관을 설치하고 보온을 철저히 한다.
⑤ 증기트랩, 기수분리기, 비수방지관을 설치한다.
⑥ 증기밸브를 조금 열어 증기배관을 사전에 예열시킨다.

03 보일러 점화 시나 운전 도중 어떤 조건이 충족되지 않으면 전자밸브(솔레노이드 밸브)를 닫아서 사고를 미연에 방지하는 인터록 제어방식이 이용된다. 이 인터록 검출대상을 4가지만 쓰시오.

해답 ① 압력초과   ② 저수위
③ 프리퍼지   ④ 불착화
⑤ 저연소

참고 인터록의 종류
• 압력초과 인터록   • 저수위 인터록
• 프리퍼지 인터록   • 불착화 인터록
• 저연소 인터록   • 배기가스 상한 인터록

04 보일러 신설 후 유지분을 제거하는 데 가장 적합한 방법을 한 가지만 쓰시오.

> **해답** ① 소다보링
> ② 알칼리세관

05 보일러용 수면계의 점검시기에 대하여 5가지로 분류하여 쓰시오.

> **해답** ① 두 개의 수면계 수위가 다를 때
> ② 포밍, 프라이밍 현상이 발생했을 때
> ③ 수위가 의심스러울 때
> ④ 보일러 가동 직전
> ⑤ 증기의 압력이 오르기 시작할 때

06 강재를 사용하여 보일러를 용접으로 제작할 경우 탄소 함유량은 몇 % 이하가 적합한가?

> **해답** 0.35% 이하

07 보일러 안전관리 사항에 관한 다음 설명의 ( ) 안에 알맞은 숫자를 쓰시오.

(1) 체크밸브 및 급수밸브의 크기는 전열면적 $10m^2$ 이하일 경우 (①)A로 하며 $10m^2$는 (②) A로 한다.

(2) 안전밸브의 크기는 (③)A로 한다. 다만, 20A 이상으로 하려면 최대증발량이 (④)t/h 의 관류 보일러이다.

> **해답** ① 15   ② 20   ③ 25   ④ 5

08 보일러 신설치 시 유지분 제거 등에 필요한 소다 끓임 시 사용하는 약제를 3가지만 쓰시오.

> **해답** ① 가성소다
> ② 탄산소다
> ③ 인산소다

09 수격작용에 대하여 간단히 설명하고 방지대책 5가지를 쓰시오.

해답 (1) 수격작용

증기계통 배관에 응축수가 고속의 증기에 밀려 관이나 장치를 타격하는 현상

(2) 방지대책

① 증기트랩을 설치한다.
② 프라이밍, 포밍을 방지한다.
③ 주증기밸브를 서서히 개폐한다.
④ 고수위를 억제하여 보일러를 가동한다.
⑤ 배관의 보온을 완전하게 한다.

10 아래 보기를 보고 보일러 운전의 정지 순서를 쓰시오.

▼ 보기
① 연소용 공기 공급을 정지한다.
② 연료공급을 정지한다.
③ 댐퍼를 닫는다.
④ 주증기밸브를 닫고 드레인밸브를 연다.
⑤ 급수를 한 후 증기압력을 저하시키고 급수밸브를 닫는다.

해답 ② → ① → ⑤ → ④ → ③

11 수면계의 점검순서를 보기에서 골라 쓰시오.

▼ 보기
① 물콕을 열고 통수 확인 후 닫는다.
② 증기콕 및 물콕을 닫는다.
③ 증기콕 및 물콕을 서서히 연다.
④ 드레인콕을 연다.
⑤ 증기콕을 열어 통기 후 닫는다.
⑥ 드레인콕을 닫는다.

해답 ② → ④ → ① → ⑤ → ⑥ → ③

12 스프링식 안전밸브의 누설원인을 3가지만 쓰시오.

해답 ① 밸브와 밸브시트의 가공불량   ② 스프링의 장력 감소
③ 조정압력이 낮을 때   ④ 밸브시트의 밸브축이 이완됨
⑤ 밸브 내의 부착된 이물질   ⑥ 밸브시트의 마모 및 손상

13 보일러 청소 시 외부청소방법을 3가지만 쓰시오.

해답 ① 에어 속킹법(압축공기의 분무법)
② 스팀 속킹법(증기분무법)
③ 워터 속킹법(물 분무법)
④ 샌드 블루법(모래사용법)
⑤ 스틸 쇼트크리닝법(작은 강구 사용법)
⑥ 스크래퍼, 튜브클리너, 와이어브러시 사용법(원통형 보일러에 사용)

14 보일러 긴급운전정지 시 비상 해지 순서를 쓰시오.

▼ **보기**
① 다른 보일러와 접속된 경우는 주증기 밸브를 닫는다.
② 댐퍼는 개방된 상태로 두고 통풍을 한다.
③ 연소용 공기의 공급을 정지한다.
④ 급수를 할 필요가 있는 경우에는 급수를 하며 수위를 유지한다.
⑤ 연료공급을 중지 한다.

해답 ⑤ → ③ → ④ → ① → ②

15 보일러 운전 중 보일러의 과열 원인 5가지를 쓰시오.

해답 ① 보일러수의 이상 감수   ② 전열면에 스케일 부착
③ 전열면의 유지분 부착   ④ 보일러수의 순환 불량
⑤ 화염의 집중

16 보일러에서 압궤가 일어나기 쉬운 부분 3가지를 쓰시오.

해답 ① 노통   ② 연소실   ③ 관판

참고 팽출 : 횡연관보일러 동저부, 수관

17 보일러 이상상태에 의한 긴급정지 운전 시 가장 먼저 취해야 하는 동작은?

해답 연료공급 차단

참고 두 번째는 연소용 공기 차단

18 보일러 연속 운전 중 항상 주의해서 감시해야 할 것 2가지만 쓰시오.

해답 ① 보일러 수면 상태 감시
② 노통 또는 화실이나 연소실 내 연소상태 감시(화염 감시)
③ 압력계 감시
④ 배기가스 온도 감시

19 연소 시 노 내 역화의 원인을 보기에서 단어를 골라 쓰시오.

> ▼ 보기
> 부족한, 과대, 늦은, 많은, 빠른

(1) 프리퍼지가 (   ) 경우   (2) 착화시간이 (   ) 경우
(3) 연료를 (   ) 공급한 경우   (4) 흡입통풍량이 (   ) 경우

해답 (1) 부족한   (2) 늦은   (3) 과대   (4) 부족한

20 보일러 운전 장해 중 프라이밍(비수)이 무엇인지 간단히 설명하시오.

해답 보일러 기수 드럼이나 동에서 증기 발생 시 물방울이 심하게 수면위로 튀어 올라서 습증기 발생을 유발하는 현상이다.

21 보일러 운전 중 역화의 방지책을 3가지만 쓰시오.

해답 ① 프리퍼지를 완벽하게 실시한다.
② 오일배관 내 공기 침입을 예방한다.
③ 연료를 노 내에서 완전 연소시킨다.
④ 노 내에 소요공기량을 풍부하게 공급한다.
⑤ 무리한 분소를 하지 않는다.
⑥ 통풍력을 적당하게 한다.
⑦ 연소기술을 향상시킨다.

22 보일러의 이상 현상 중 캐리오버(Carry-over)에 대하여 간단히 쓰시오.

해답 보일러에 발생되는 증기 속에 물방울이나 기타 불순물이 함유되어 보일러 외부의 배관으로 함께 나가는 현상을 말한다.

23 증기보일러 운전 중 캐리오버(기수공발)의 장애요인을 4가지만 쓰시오.

해답 ① 수격작용(워터해머) 발생　② 배관의 부식
③ 증기 이송 시 저항 증가　④ 밸브 및 부속품 파괴

24 보일러 운전 중 캐리오버(기수공발)의 발생 시 그 방지대책을 3가지만 쓰시오.

해답 ① 관수의 농축을 방지한다.
② 비수방지관이나 기수분리기를 설치한다.
③ 주증기 밸브를 천천히 연다.
④ 유지분이나 알칼리분, 부유물 생성을 억제한다.
⑤ 고수위 운전을 하지 않는다.

25 기계적 캐리오버에 대하여 설명하시오.

해답 보일러 수중에 액적이나 거품, 수분이 증기와 함께 보일러 본체 밖으로 배출되는 현상

참고 선택적 캐리오버 : 실리카 등이 증기 중에 용해된 그대로 운반되어 보일러 본체 외부로 배출되는 현상

26 보일러 정기점검 시기를 3가지만 쓰시오.

> **해답** ① 보일러열효율 저하 시
> ② 연소실 내 온도상승이 느려질 때
> ③ 연소배기가스 출구온도가 상승할 때
> ④ 증기나 온수발생시간이 길어질 때
> ⑤ 보일러 계속 사용 검사 전
> ⑥ 배기가스 중 CO가스 및 O_2 양이 증가할 때
> ⑦ 배기가스 중 CO_2 양이 감소할 때

27 신설보일러 설치 시 유지분, 녹, 페인트를 제거하는 작업의 명칭을 쓰시오.

> **해답** 소다 끓임(소다 보링)

> **참고** 사용약제 : 탄산소다, 가성소다, 제3인산소다, 아황산소다 등

28 팽창탱크의 설치목적을 2가지만 쓰시오. (단, 온수보일러용이다.)

> **해답** ① 온수의 체적팽창 및 이상팽창 시 압력을 흡수한다.
> ② 보일러 장치 내 압력을 일정하게 유지하여 온수 온도를 설정온도로 유지한다.
> ③ 열수의 넘침을 방지하여 온수에 의한 현열손실 방지
> ④ 보일러나 배관 등에서 누수 발생 시 보충수 공급 및 공기침입 방지

29 보일러 운전 중 외부부식에서 고온부식이란 중유연료 연소 시 중유 중에 포함되어 있는 (①)가 연소 시 산화된 후 (②)으로 되어 과열기 등 고온의 전열면에 융착한 후 (③)℃ 이상이 되면 그 부분을 부식시킨다. ( ) 안에 알맞은 내용이나 수치를 써넣으시오.

> **해답** ① 바나듐   ② 오산화바나듐   ③ 550

30 포스트퍼지란 무엇인지 간단히 설명하시오.

> **해답** 보일러 운전 중 소화나 불꽃의 점멸 또는 보일러 운전이 끝난 후 보일러 내 잔류가스를 제거하기 위하여 노 내를 환기시키는 것이다.

31 카본(탄화물) 트러블 현상에 대하여 간단하게 쓰시오.

> **해답** 버너팁에 카본이 퇴적되며 연소실 벽에 클링커가 발생하고 연도에 클링커 등에 의한 퇴적물이 쌓이며 통풍을 저해한다. 또한 연소실 열발생량을 감소시킨다.

32 보일러 운전 중 과열을 방지하기 위한 대책을 3가지만 쓰시오.

> **해답** ① 스케일 생성 방지(스케일, 슬러지 생성 방지)
> ② 관석이 붙은 부분에 국부적 방사열을 받지 않게 한다.
> ③ 보일러 운전 중 저수위 운전을 피한다.
> ④ 보일러의 보일러수 순환을 촉진시킨다.
> ⑤ 고온의 열가스가 고속도로 전열면에 마찰하지 않게 한다.
> ⑥ 화염이 본체의 전열면에 충돌하지 않게 한다.
> ⑦ 관석 부착 상태를 수시로 점검하고 전열면에 고온의 화염을 집중과열되지 않도록 한다.

33 노 내의 연소과정 중 카본이 발생하는 요인을 쓰시오.

> **해답** ① 기름의 점도 과대   ② 중유 연소 시 분무 불량
> ③ 기름의 예열온도 과대   ④ 연소용 공기량 부족
> ⑤ 오일분무가 균일하지 않았을 때   ⑥ 오일 중 카본성분 과대

34 보일러판에서 발생되는 라미네이션과 브리스터 현상에 대하여 설명하시오.

> **해답** ① 라미네이션 : 보일러 강판이 두 장으로 갈라져 층을 형성하는 것
> ② 브리스터 : 라미네이션 발생이 증가하여 외부로 부풀어 오르는 현상

35 보일러 내부 청소 시 수동으로 할 수 있는 공구 명칭을 2가지만 쓰시오.

> **해답** ① 스케일 해머   ② 와이어 브러시

SECTION 03

보일러 급수처리

01 보일러 급수처리 중 외처리 방법에 관한 다음 물음에 답하시오.

(1) 보일러수내처리의 종류를 5가지만 쓰시오.

(2) 현탁질 고형물 처리방법 3가지만 쓰시오.

(3) 용존 고형물 처리방법 3가지만 쓰시오.

해답 (1) ① 청관제 사용법   ② 보호피막에 의한 법
　　　 ③ 페인트 도장법   ④ 아연판 부착법
　　　 ⑤ 전기를 통하게 하는 법
　　 (2) ① 여과법   ② 침강법   ③ 응집법
　　 (3) ① 증류법   ② 이온교환법   ③ 약품처리법

02 보일러 계속사용운전 중에는 급수처리를 실시해야 한다. 급수처리의 목적을 5가지만 쓰시오.

해답 ① 전열면의 스케일 생성 방지   ② 보일러수의 농축 방지
　　 ③ 부식의 방지   ④ 가성취화 방지
　　 ⑤ 기수공발 현상의 방지

03 급수 중 포함되어 있는 가스체의 종류 2가지와 처리방법 2가지를 구분하여 쓰시오.

해답 (1) 가스체 종류
　　　 ① 산소   ② 탄산가스
　　 (2) 처리방법
　　　 ① 탈기법   ② 기폭법

04 다음 보일러 급수처리 수질에 관한 설명에서 산성, 알칼리성에 대하여 (   ) 안에 알맞은 용어나 숫자를 써넣으시오.

> 물이 산성인지 알칼리성인지는 수중의 수소이온 (①)과 수산이온 (②) 양에 따라 정해지는데 이것을 표시하는 방법으로는 수소이온지수 (③)가 쓰인다. 상온에서 pH (④) 미만은 산성, 7은 (⑤), 7을 넘는 것은 (⑥)이다. (⑦)과 (⑧)의 사이에는 다음과 같은 관계가 성립된다. $K = [H^+] \times [OH^-]$. 이 관계를 물의 이온적이라 하고 K로 나타내며 보일러수에는 (⑨)가 이상적이다.

해답 ① H^+　　　　　② OH^-　　　　　③ pH
　　　　④ 7　　　　　　⑤ 중성　　　　　　⑥ 알칼리성
　　　　⑦ H^+　　　　　⑧ OH^-　　　　　⑨ 약알칼리

참고 $K = [H^+] \times [OH^-]$

25℃ 상온에서 $K = [H^+] \times [OH^-] = 10^{-14}$

중성의 물에서는 $[H^+]$와 $[OH^-]$의 값이 같으므로 $[H^+] = [OH^-] = 10^{-7}$이다.

$$pH = \log \frac{1}{[H^+]} = -\log[H^+] = -\log 10^{-7} = 7$$

05 수관식 보일러 운전 중 보일러수의 급수처리 목적을 4가지만 쓰시오.

해답 ① 전열면의 스케일 생성 방지
　　　　② 프라이밍, 포밍 발생 방지
　　　　③ 보일러수나 관수의 농축 방지
　　　　④ 가성취화 방지
　　　　⑤ 캐리오버 발생 방지

06 급수처리 중 내처리에 대한 다음 물음에 답하시오.

(1) 관수 연화제의 종류를 3가지만 쓰시오.

(2) 슬러지 조정제의 종류를 3가지만 쓰시오.

해답 (1) ① 수산화나트륨　　② 탄산나트륨　　③ 인산나트륨
　　　　(2) ① 탄닌　　　　　② 리그린　　　　③ 전분

07 서로 관계되는 것을 연결하시오.

수소이온농도지수·   ·수중에 녹아 있는 탄산수소 등 수중의 알칼리도를 표시

경   도·   ·물 속에 현탁한 불순물에 의하여 물의 탁한 정도를 표시

알 칼 리 도·   ·물의 이온적으로 산성, 중성, 알칼리도를 표시

탁   도·   ·물을 연수와 경수로 구분하는 척도

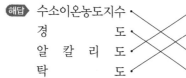

[해답] 수소이온농도지수 ―――――― 수중에 녹아 있는 탄산수소 등 수중의 알칼리도를 표시
경   도 ―――――― 물 속에 현탁한 불순물에 의하여 물의 탁한 정도를 표시
알 칼 리 도 ―――――― 물의 이온적으로 산성, 중성, 알칼리도를 표시
탁   도 ―――――― 물을 연수와 경수로 구분하는 척도

08 보일러 급수처리 중 청관제를 이용한 보일러 내부처리의 종류를 청관제의 사용 목적에 따라 5가지로 간단히 쓰시오.

(1) 용해 고형물 처리(3가지)

(2) 가스분 처리(2가지)

[해답] (1) ① 증류법   ② 약품첨가법   ③ 이온교환법
(2) ① 기폭법   ② 탈기법

09 다음 (   ) 안을 채우시오.

> 보일러 급수를 처리하지 않았을 때는 (①)에 의해 슬러지나 (②)이 생성되며 슬러지 조정제로는 (③), (④), (⑤)가 있다.

[해답] ① 불순물   ② 스케일   ③ 탄닌
④ 리그린   ⑤ 전분(녹말)

10 급수처리에서 폭기법(기폭법)을 이용하여 처리가 가능한 불순물이나 가스 종류를 3가지만 쓰시오.

[해답] ① 탄산가스   ② 황화수소   ③ 철, 망간

11 히드라진(N_2H_4)의 용도 및 반응식을 쓰시오.

(1) 용도   (2) 반응식

해답 (1) 용도 : 탈산소제(산소제거제)
       (2) 반응식 : $N_2H_4 + O_2 \rightarrow N_2 + 2H_2O$

참고 아황산소다(탈산소제) 반응식 : $Na_2SO_3 + \frac{1}{2}O_2 \rightarrow Na_2SO_4$

12 급수처리 시 급수처리가 불안전한 경우 보일러에 미치는 장애를 4가지만 쓰시오.

해답 ① 보일러관 내에 스케일 퇴적
      ② 증기나 급수 순도저하 및 본체의 부식
      ③ 보일러수의 농축
      ④ 보일러의 분출과다로 열손실 초래
      ⑤ 가성취화 발생
      ⑥ 프라이밍, 포밍 발생

13 급수처리에서 현탁질 고형 협잡물 처리법 3가지를 쓰시오.

해답 ① 여과법   ② 침강법   ③ 응집법

참고 용해 고형물 처리법 : 증류법, 약품첨가법, 이온교환법

14 급수처리 외처리에서 용해 고형물 제거방법 3가지를 쓰시오.

해답 ① 약품처리법   ② 이온교환법   ③ 증류법

15 보일러의 내처리 방법 1가지를 쓰시오.

해답 청관제 투입법

16 보일러 청관제 중 탈산소제의 종류를 3가지만 쓰시오.

해답 ① 아황산소다 　　　　② 히드라진 　　　　③ 탄닌

17 보일러 급수처리 중 청관제를 이용한 보일러 내부처리의 종류를 청관제의 사용 목적에 따라 5가지만 간단히 쓰시오.

해답 ① 경수연화제 　　　　　　② pH 및 알칼리 조정제
　　　③ 가성취화 억제제 　　　④ 슬러지 조정제
　　　⑤ 탈산소제

18 보일러에 공급되는 급수 중 불순물 5가지를 쓰시오.

해답 ① 염류 　　　② 알칼리분 　　　③ 산분
　　　④ 유지분 　　　⑤ 가스분

19 경도성분 연화제를 3가지만 쓰시오.

해답 ① 가성소다 　　　　② 탄산소다 　　　　③ 제3인산소다

20 청관제 중 경도성분 연화제의 종류 2가지를 화학식으로 쓰시오.

해답 ① $NaOH$(수산화나트륨) 　　　② Na_2CO_3(탄산나트륨)

21 보일러 신설 후 유지분을 제거하는 데 가장 적합한 방법을 한 가지만 쓰시오.

해답 ① 소다보링 　　　② 알칼리세관

22 보일러 급수처리 중에서 분출을 용이하게 하기 위하여 슬러지를 연화시켜 외부로 배출시키는 역할을 하는 슬러지 조정제를 3가지만 쓰시오.

해답 ① 전분　　　　② 덱스트린　　　　③ 탄닌　　　　④ 리그린

23 보일러 급수처리에서 현탁물 처리방법 및 용해고형물 처리방법을 5가지만 쓰시오.

해답 ① 침강법　　　　　② 응집법　　　　　③ 여과법
　　　④ 이온 교환법　　　⑤ 증류법　　　　　⑥ 약품 첨가법

24 다음 (　　) 안에 알맞은 내용을 쓰시오.

물(수용액)이 산성인지 알칼리성인지는 수중의 수소이온(H^+)과 수산이온(OH^-)의 양에 따라 정해지는데 이것을 표시하는 방법으로는 수소이온지수 pH가 쓰인다. 상온에서 pH 7 미만은 (　①　), 7은 (　②　) 7 이상은 (　③　)이다. 또한 보일러 급수에서는 pH (　④　)가 좋고 보일러수의 pH 범위는 (　⑤　)가 이상적이다.

해답 ① 산성　　　　　　② 중성　　　　　　③ 알칼리성
　　　④ 8.0~9.0　　　　⑤ 10.5~11.8

25 용존고형물 처리에서 이온 교환법의 조작법을 순서대로 쓰시오.

```
①  →  ②  →  ③  →  ④  →  부하처리
```

해답 ① 역세　　　　② 재생　　　　③ 압출　　　　④ 세정

26 독일경도(dH)에 대하여 설명하시오.

> **해답** 물 100cc당 CaO(산화칼슘) 1mg 함유시 1°dH로 표시한다.
>
> **참고** Mg은 MgO으로서 그 값을 1.4배로 하여 CaO에 가한다.

27 급수처리에서 수질 분석 시 독일 경도(1°dH)에 대하여 설명하시오.

> **해답** 물 100cc당 산화칼슘(CaO) 1mg 함유 시 1°dH(독일경도 1 도)로 표시한다.

28 급수처리에서 청관제를 사용할 때의 장점을 3가지만 쓰시오.

> **해답** ① 부식을 방지할 수 있다.
> ② 경수를 연수로 만들 수 있다.
> ③ 스케일 생성을 방지할 수 있다.
> ④ 보일러수 중의 불순물에 대한 악영향을 방지할 수 있다.
> ⑤ 스케일 생성 방지로 전열효과를 크게 할 수 있다.
> ⑥ 연료의 절감 및 열효율을 향상시킬 수 있다.

29 히드라진(N_2H_4)의 용도와 그 화학반응식을 쓰시오.

> **해답** ① 사용용도 : 미량의 용존산소 제거(탈산소제)
> ② 탈산소 반응식 : $N_2H_4 + O_2 \rightarrow N_2 + 2H_2O$

30 이온 교환수지법에서 유동법을 4가지로 구분하여 (   ) 안에 쓰시오.

> (①) → (②) → (③) → (④)

> **해답** ① 역세   ② 통약   ③ 압출   ④ 수세

31 보일러 급수처리 내처리에서 청관제에 해당하는 내용에 다음 보기의 기호를 쓰시오.

▼ 보기
① 탄닌, 아황산소다, 히드라진
② 수산화나트륨, 암모니아, 제1 · 3인산소다
③ 전분, 탄닌, 리그린
④ 탄산나트륨, 인산나트륨

---

(1) 경수(관수)연화제   (2) 탈산소제

(3) 슬러지조정제   (4) pH 알칼리조정제

해답 (1) ④   (2) ①   (3) ③   (4) ②

32 보일러 설치 시 신설보일러의 전열면의 유지분을 제거하기 위한 소다떼기 시 사용하는 약품을 쓰시오.

해답 탄산소다

참고 보일러 세관 시 알칼리세관에 사용되는 화학세관제 종류
가성소다, 탄산소다, 인산소다, 암모니아

SECTION 04

보일러 부식 및 스케일

01 보일러 운전 중 그루빙(구식)이 발생하기 쉬운 곳 3가지만 쓰시오.

해답 ① 수직보일러 화실천장판의 연돌관을 부착하는 플랜지 만곡부 및 화실 하단의 플랜지 만곡부
② 거싯스테이를 부착하는 산 모양의 형강 모퉁이 부분
③ 라벳이음의 판의 겹친 가장자리
④ 접시형 모퉁이의 만곡부
⑤ 경판에 뚫린 급수구멍

참고 그루빙(Grooving) : 도랑형태 부식

02 보일러에 발생하는 부식 중 점식의 방지법 3가지만 쓰시오.

해답 ① 보일러수의 용존산소를 제거한다.
② 보일러에 아연판을 매단다.
③ 방청도장이나 그래파이트(보호피막)를 형성한다.
④ 약한 전류를 통전시킨다.

03 재료가 고온건조한 상태에서 발생하는 부식이 건식이다. 이러한 건식이 나타나는 다양한 형태의 환경이나 현상 5가지를 쓰시오. (단, 철과 산소와의 반응에 의한 부식이다.)

해답 ① 수소에 의한 탈탄작용
② 질소에 의한 질화작용
③ 일산화탄소에 의한 카보닐 작용
④ 염소에 의한 염산작용
⑤ 산소에 의한 산화작용
⑥ 암모니아에 의한 합금작용

04 보일러 부식이 발생하는 경우 부식속도를 측정하는 방법을 3가지만 쓰시오.

해답 ① Tafel 외삽법   ② 선형분극법   ③ 임피던스법
④ 무게감량법   ⑤ 용액분석법

05 보일러 등에서 부식속도 측정법을 5가지만 쓰시오.

해답 ① 선형분극법   ② 임피던스법   ③ 무게감량법
④ 용액분석법   ⑤ Tafel 외삽법(타펠외삽법)   ⑥ 분극저항법

06 보일러의 부식도를 측정방법 3가지만 쓰시오.

해답 ① 침지시험법
② 전기저항법
③ 분극저항법
④ AE법(초음파센서법)
⑤ 적외선 서모그래픽법

07 보일러 내부부식인 점식 방지법 3가지만 쓰시오.

해답 ① 내부에 아연판을 매달아둔다.
② 내면에 도료를 칠한다.
③ O_2나 CO_2 가스체를 배기한다.
④ 염류 등의 불순물을 처리한다.

08 보일러의 내면부식 3가지와 외부부식 2가지를 쓰시오.

해답 ① 내면부식 : 점식, 전면부식, 그루빙(구식)
② 외부부식 : 저온, 고온부식

09 보일러에서 발생하는 스케일의 주성분은 Ca, Mg이다. 스케일의 종류를 4가지만 쓰시오.

> **해답** ① 탄산마그네슘 ② 수산화마그네슘 ③ 인산칼슘
> ④ 탄산칼슘 ⑤ 황산칼슘 ⑥ 염화마그네슘
> ⑦ 황산마그네슘 ⑧ 실리카

10 외부청소 및 스케일을 제거할 수 있는 공구의 명칭을 5가지만 쓰시오.

> **해답** ① 스크레이퍼 ② 슈트 블로어 ③ 튜브 클리너
> ④ 스케일 해머 ⑤ 와이어 브러시

11 스케일의 주성분 4가지를 간단히 쓰시오.

> **해답** ① 탄산칼슘 ② 인산칼슘
> ③ 황산칼슘 ④ 규산칼슘

12 보일러 저온부식 방지대책 3가지를 쓰시오.

> **해답** ① 연료 중의 유황성분을 제거한다.
> ② 저온의 전열면 표면에 내식재료를 사용한다.
> ③ 배기가스 온도를 170℃ 이상 유지한다.
> ④ 배기가스 중 수증기의 노점을 강하시킨다.

13 연도의 폐열회수장치에 일어나는 저온부식의 방지책을 5가지만 쓰시오.

> **해답** ① 연료 중의 황분을 제거한다.
> ② 저온의 전열면 표면에 내식재료를 사용한다.
> ③ 저온의 전열면에 보호피막을 씌운다.
> ④ 배기가스의 온도를 노점온도 이상으로 유지시킨다.
> ⑤ 연료에 첨가제를 사용하여 노점온도를 낮춘다.
> ⑥ 배기가스 중의 CO_2 함량을 높여서 황산가스의 노점을 강하시킨다.

14 저온부식과 고온부식의 원인이 되는 물질을 각각 쓰시오.

> **해답** ① 저온부식 : 황(S)
> ② 고온부식 : 바나듐(V), 나트륨(Na)

15 고온 · 고압보일러에서 알칼리도가 높아져서 생기는 Na, H 성분 등이 강재의 결정 경계에 침투하여 재질을 열화시키는 현상이 무엇인지 쓰시오.

> **해답** 가성취화

16 보일러 운전 중 가성취화가 발생하였는데, 가성취화란 무엇인지 간단히 설명하시오.

> **해답** 보일러판의 국부 리벳 연결부 등이 농알칼리 용액의 작용에 의하여 취화 균열을 일으키는 일종의 부식(철강 조직의 입자 사이가 부식되어 취약하게 되고 결정입자의 경계에 따라 균열이 생긴다.)

17 보일러동 내부에 발생하는 가성취화에 대하여 간단히 쓰시오.

> **해답** 고온 · 고압보일러 운전 중 보일러수의 pH가 12 이상이면 보일러수 내에 알칼리도가 높아져서 Na, H 등이 강재나 강판의 결정경계에 침투하여 재질을 열화시키는 현상이다.

> **참고** 농알칼리에 의하여 수산이온이 증가되어 이것이 강재와 작용해서 생성하는 수소 또는 고온고압하에서 작용하여 생기는 나트륨이 강재의 결정입계를 침입하여 재질을 열화시키는 것

SECTION 05

보일러 세관 및 보존

01 보일러 세관 시 알칼리세관에 사용되는 약품을 3가지만 쓰시오.

해답 ① 가성소다   ② 탄산소다   ③ 제3인산소다

02 산세관 시 사용되는 부식 억제제의 종류를 5가지만 쓰시오.

해답 ① 수지계 물질   ② 알코올류   ③ 알데히드류
④ 케톤류   ⑤ 아민 유도체

03 다음은 보일러 산세관에 대한 설명이다. (　　) 안에 알맞은 말을 쓰시오.

> 보일러에 경질 스케일이 존재할 때 촉진제로 (①)을(를) 첨가하거나 알칼리세관 후 (②)을(를) 넣고 팽윤시킨 후 (③)을(를) 하면 양호한 세관 효과를 얻을 수 있다.

해답 ① 불화수소산   ② 계면활성제   ③ 산세관

04 보일러 세관에서 산세관 방법과 사용약품을 쓰시오.

해답 (1) 산세관 방법
     ① 순환법   ② 침적법   ③ 서징법
(2) 사용약품
     ① 염산   ② 황산   ③ 인산
     ④ 질산   ⑤ 광산

05 보일러 산세관 시 사용하는 약품 중 산의 종류를 3가지만 쓰시오.

해답 ① 염산 　② 황산 　③ 인산 　④ 광산 　⑤ 질산

06 보일러 산세척 처리순서를 5가지로 구분하여 ( ) 안에 쓰시오.

(①) → (②) → (③) → (④) → (⑤)

해답 ① 전처리 　② 수세 　③ 산액처리 　④ 수세 　⑤ 중화방청처리

07 다음 물음에 답하시오.

(1) 만수보존법에 사용하는 사용약품 3가지를 쓰시오.

(2) 건조보존법에 사용하는 사용약품 3가지를 쓰시오.

해답 (1) ① 가성소다 　② 탄산소다 　③ 아황산소다
　　 ④ 하이드라진 　⑤ 암모니아
　 (2) ① 생석회 　② 활성 알루미나 　③ 염화칼슘
　　 ④ 방수제 　⑤ 기화성 방청제

08 보일러 보존 시 사용하는 흡습제의 종류 3가지를 쓰시오.

해답 ① 염화칼슘 　② 실리카겔 　③ 생석회

09 보일러 보존방법에서 건조보존 시 필요한 재료를 3가지만 쓰시오.

해답 ① 생석회 　② 숯 　③ 질소 　④ 기화성 방청제

10 보일러 건조보존 시에 필요한 흡습제의 종류를 2가지만 쓰시오.

해답 ① 생석회 　② 실리카겔 　③ 활성알루미나 　④ 염화칼슘

11 보일러를 사용하지 않을 때의 단기 및 장기 보존방법을 2가지만 쓰시오.

> **해답** ① 만수보존법 　　　　　 ② 건조보존법

12 슬러지(Sludge)의 주성분을 3가지만 쓰시오.

> **해답** ① 탄산염 　　　　　② 수산화물 　　　　　③ 산화철
> 　　　　④ 탄산칼슘 　　　　⑤ 인산칼슘 　　　　⑥ 수산화마그네슘
> 　　　　⑦ 탄산마그네슘

13 보일러에 중화방청 처리로 사용되는 약품을 5가지만 쓰시오.

> **해답** ① 탄산소다 　　　　② 가성소다 　　　　③ 인산소다
> 　　　　④ 히드라진 　　　　⑤ 암모니아

작업형 기출문제 실전도면

2020년 이후 작업형 실기도면은 네이버 카페 '가냉보열'을 활용하여 주시기 바랍니다.

국가기술자격검정 실기시험 문제

자격 종목	에너지관리기능장	작품명	강관 및 동관 조립

비 번 호 :

• 시험시간 : 표준시간 : 5시간,　　　연장시간 : 30분

1. 요구사항

• 지급된 재료를 이용하여 도면과 같이 강관 및 동관의 조립작업을 하시오.

2. 수검자 유의사항

1) 자기가 지참한 공구와 지정된 시설만을 사용하며, 안전수칙을 준수해야 한다.
2) 재료의 재지급은 허용되지 않으며, 도면은 작업이 완료된 후 작품과 동시에 제출한다.
3) 연장시간을 사용하는 경우 연장시간 매 10분마다 총득점에서 5점씩 감점한다.
4) 강관에서 용접표시가 된 곳 또는 강관 플랜지 이음 시 강관과 플랜지의 접합은 전기용접으로 한다.
5) 강관의 나사작업은 검정장의 동력나사절삭기로 가공하는 것이 원칙이며, 검정장 시설이 충분치 못한 경우 또는 수검자가 원하는 경우 수동나사절삭기로 가공할 수 있다.
6) 동관의 접합은 가스용접으로 한다.
7) 관을 절단할 때는 파이프 커터, 튜브 커터 또는 쇠톱을 사용하여 절단한 후 확공기나 원형줄로 파이프 내의 거스러미를 제거해야 한다.
8) 관 조립 시 관 내부에는 불순물을 완전히 제거하고, 관의 나사부에도 칩(Chip) 등을 제거한 후 테프론을 나사부에 감아서 $10kg/cm^2$까지 수압에 누설이 되지 않도록 한다.
9) 지급된 재료 중 이음쇠 부속품이 불량인 경우에는 교환이 가능하나, 조립 중 무리한 힘을 가하여 파손된 경우에는 교환할 수 없다.
10) 다음 사항에 해당하는 작품은 미완성 또는 오작으로 채점대상에서 제외한다.

　• 미완성
　　가) 시험시간(표준시간 + 연장시간)을 초과한 작품
　• 오작
　　가) 도면치수 중 부분치수가 15mm(전체길이는 가로 또는 세로 30mm) 이상 차이 나는 작품
　　나) 수압시험시 $5kg/cm^2$ 미만에서 누수가 되는 작품
　　다) 평행도가 30mm 이상 차이 나는 작품
　　라) 외관 및 기능도가 극히 불량한 작품
　　마) 도면과 상이하게 조립된 작품

작업형 배관 실제길이 절단 시 계산수치표

관경	15mm관	20mm관	25mm관	32mm관
유효나사부	15mm	17mm	19mm	22mm
부속삽입길이	11mm	13mm	15mm	17mm

부속명 ＼ 관경	15A	20A	25A	32A
90° 엘보	A－a	A－a	A－a	A－a
	$27-11=16$	$32-13=19$	$38-15=23$	$48-17=29$
45° 엘보	$21-11=10$	$25-13=12$	$29-15=14$	$34-17=17$
유니언	$21-11=10$	$25-13=12$	$27-15=12$	$30-17=13$
티	$27-11=16$	$32-13=19$	$38-15=23$	$46-17=29$
소켓	$18-11=7$	$20-13=7$	$22-15=7$	$25-17=8$

이경부속 ＼ 이경관경	25A×20A	32A×20A	32A×25	도시 기호
이경티	25A, $32-15=17$	32A, $38-17=21$	32A, $40-17=23$	
	20A, $35-13=22$	20A, $40-13=27$	25A, $42-15=27$	
리듀서	25A, $22-15=7$	32A, $26-17=9$	32A, $25-17=8$	
	20A, $20-13=7$	20A, $22-13=9$	25A, $23-15=8$	
이경엘보	25A, $34-15=19$	32A, $38-17=21$	32A, $41-17=24$	
	20A, $35-13=22$	20A, $40-13=27$	25A, $45-15=30$	

자격 종목 및 등급	에너지관리기능장 2006년 실전문제	작품명	강관 및 동관 조립	척 도	N.S

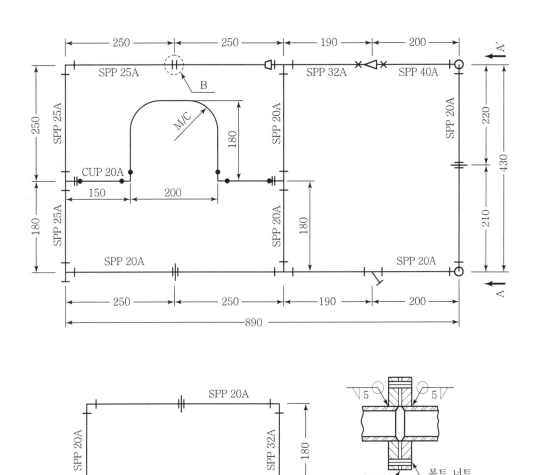

VIEW A-A′

B부 상세도

(구리파이프는 시험 때마다 15A, 20A 등 수시로 바뀔 수 있음)

자격 종목 및 등급	에너지관리기능장 2006년 실전문제	작품명	강관 및 동관 조립	척 도	N.S

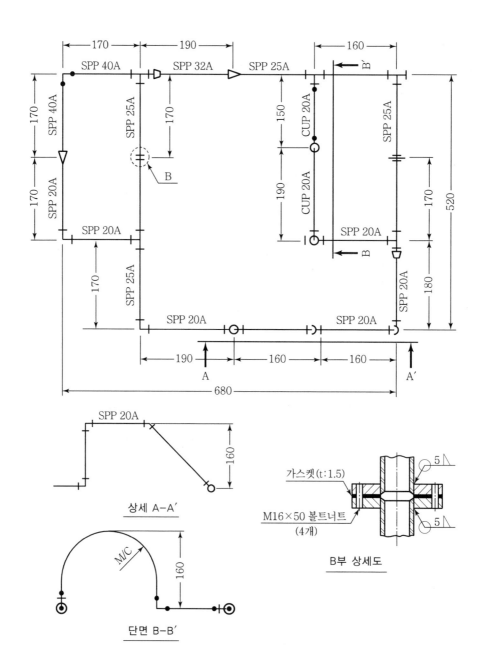

상세 A-A′

단면 B-B′

B부 상세도

자격 종목 및 등급	에너지관리기능장 2007년 실전문제	작품명	강관 및 동관 조립	척 도	N.S

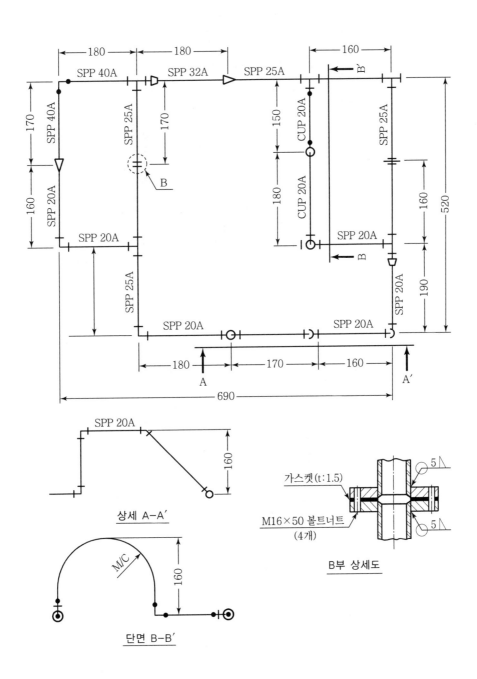

상세 A-A′

단면 B-B′

B부 상세도

자격 종목 및 등급	에너지관리기능장 2007년 실전문제	작품명	강관 및 동관 조립	척 도	N.S

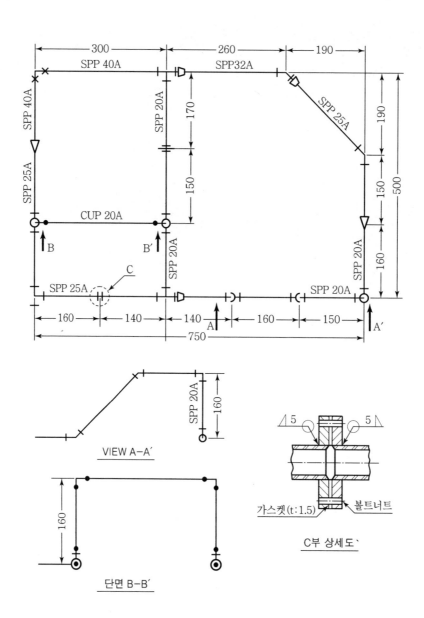

VIEW A-A′

단면 B-B′

C부 상세도

가스켓(t:1.5)   볼트너트

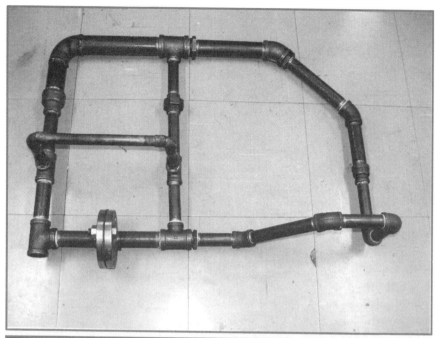

자격 종목 및 등급	에너지관리기능장 2008년 실전문제	작품명	강관 및 동관 조립	척 도	N.S

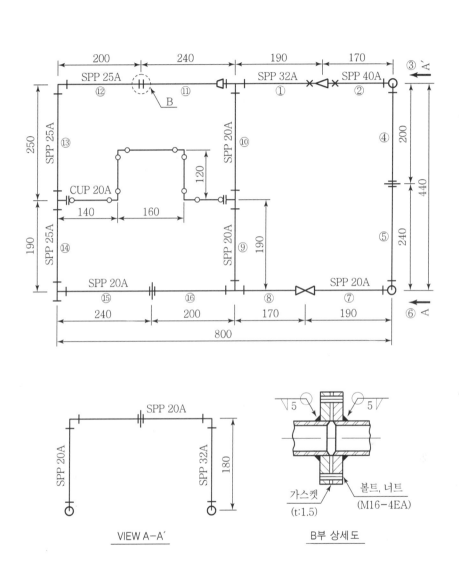

VIEW A-A′

B부 상세도

자격 종목 및 등급	에너지관리기능장 2008년 실전문제	작품명	강관 및 동관 조립	척 도	N.S

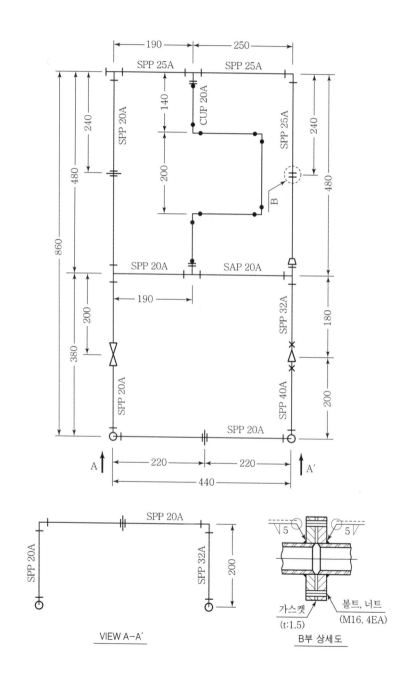

VIEW A-A´

B부 상세도

자격 종목 및 등급	에너지관리기능장 2008년 실전문제	작품명	강관 및 동관 조립	척 도	N.S

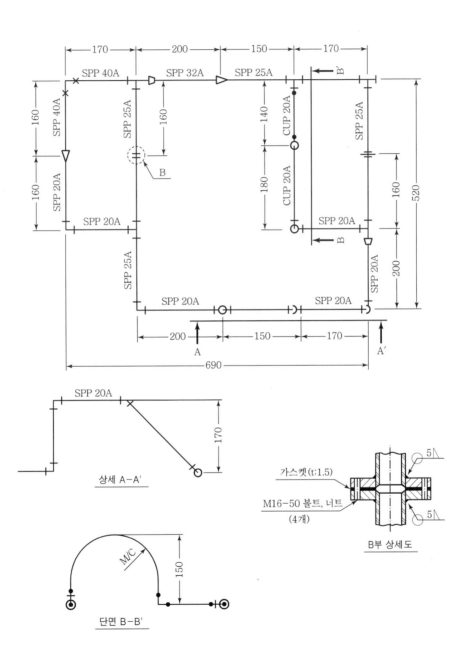

상세 A-A'

단면 B-B'

가스켓(t:1.5)

M16-50 볼트, 너트
(4개)

B부 상세도

자격 종목 및 등급	에너지관리기능장 2008년 실전문제	작품명	강관 및 동관 조립	척 도	N.S

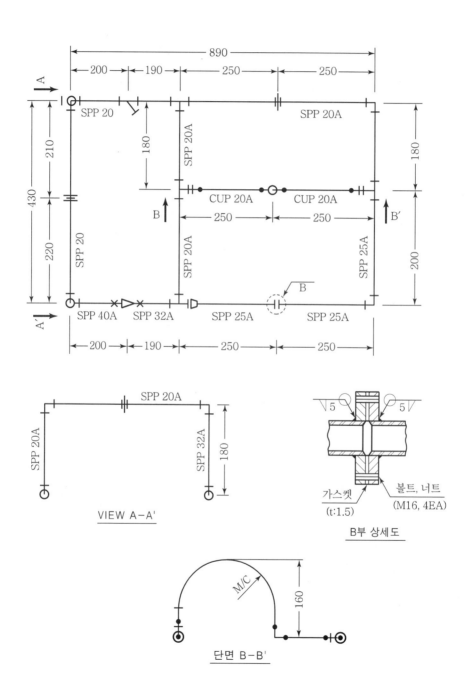

VIEW A-A'

B부 상세도

가스켓 (t:1.5)

볼트, 너트 (M16, 4EA)

단면 B-B'

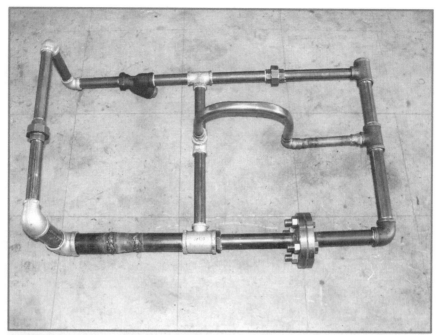

자격 종목 및 등급	에너지관리기능장 2009년 실전문제	작품명	강관 및 동관 조립	척 도	N.S

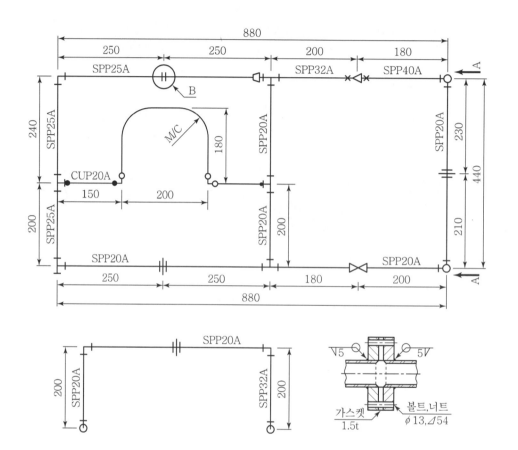

자격 종목 및 등급	에너지관리기능장 2009년 실전문제	작품명	강관 및 동관 조립	척 도	N.S

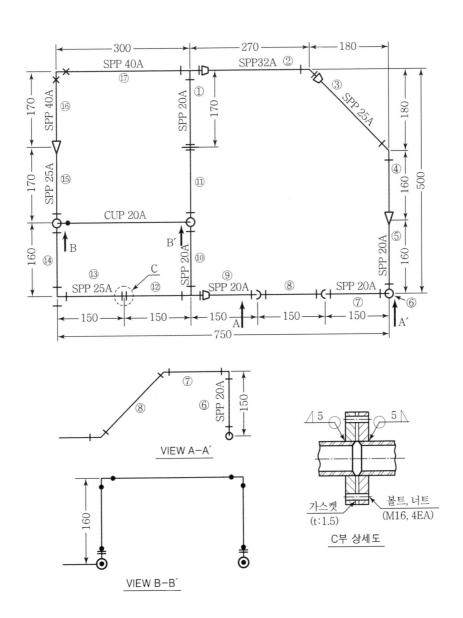

VIEW A-A′

VIEW B-B′

C부 상세도

가스켓 (t:1.5)

볼트, 너트 (M16, 4EA)

※ ①~⑯ : 작업순서도 표시

자격 종목 및 등급	에너지관리기능장 2010년 실전문제	작품명	강관 및 동관 조립	척 도	N.S

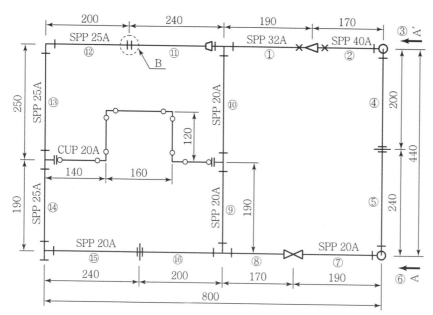

(치수 계산하기)
① 190 − 21 − 32 = 137
② 170 − 32 − 26 = 138
③ 180 − 31 − 21 = 128
④ 200 − 27 − 12 = 161
⑤ 240 − 12 − 19 = 209
⑥ 180 − 19 − 19 = 142
⑦ 190 − 19 − 19 = 152
⑧ 170 − 19 − 19 = 132
⑨ 190 − 19 − 19 = 152
⑩ 250 − 19 − 27 = 204
⑪ 240 − 21 − 10 − 2 = 207
⑫ 200 − 2 − 23 = 175
⑬ 250 − 23 − 19 = 208
⑭ 190 − 19 − 19 = 152
⑮ 240 − 22 − 12 = 206
⑯ 200 − 12 − 19 = 169

※ 동관은 실측
게이트밸브는 실측

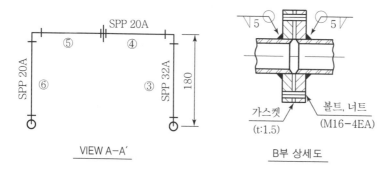

VIEW A–A′

B부 상세도

※ 점선 안 동관작업은 세워서 또는 눕혀서 나올 수 있으므로
도면을 잘 보시기 바랍니다.

자격 종목 및 등급	에너지관리기능장 2010년 실전문제	작품명	강관 및 동관 조립	척 도	N.S

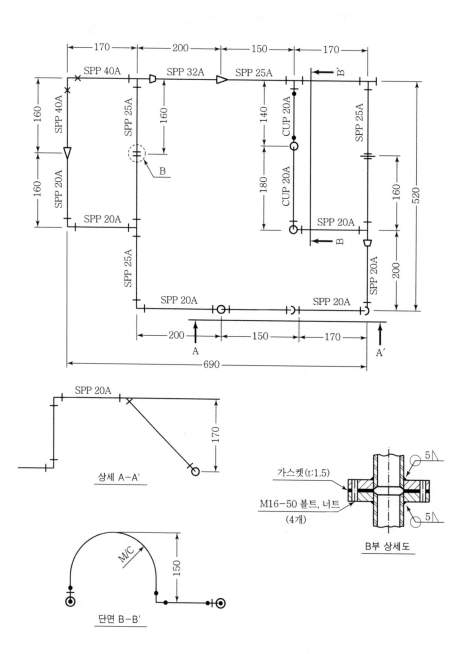

상세 A-A'

단면 B-B'

B부 상세도

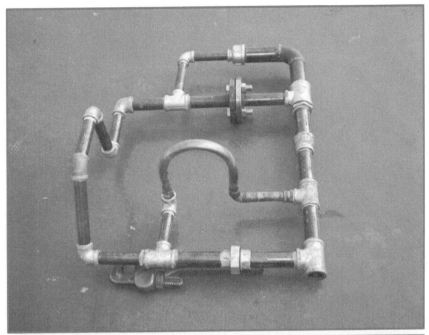

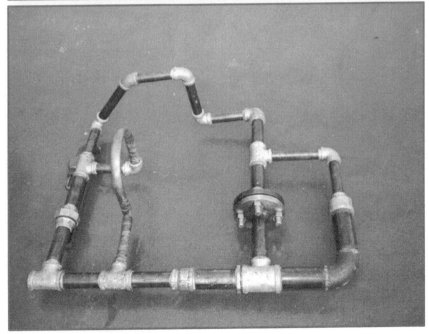

동관벤딩 90°, 180° 구부리기

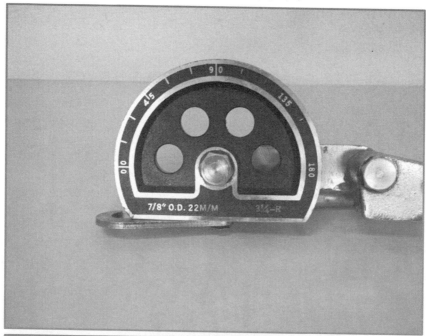

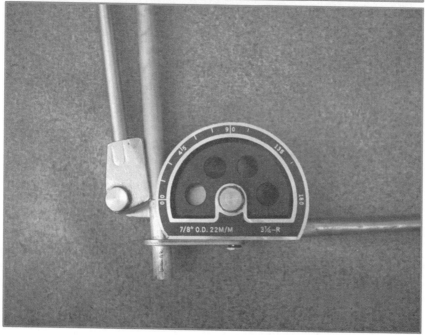

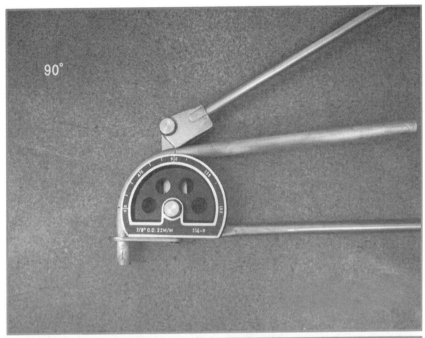

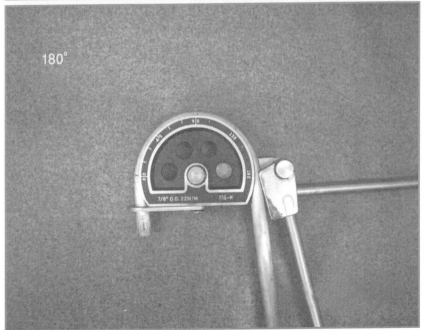

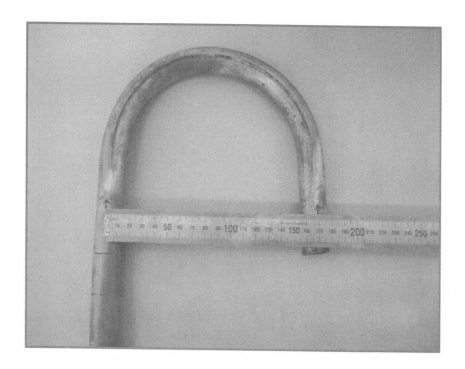

자격 종목 및 등급	에너지관리기능장 2011년 실전문제	작품명	강관 및 동관 조립	척 도	N.S

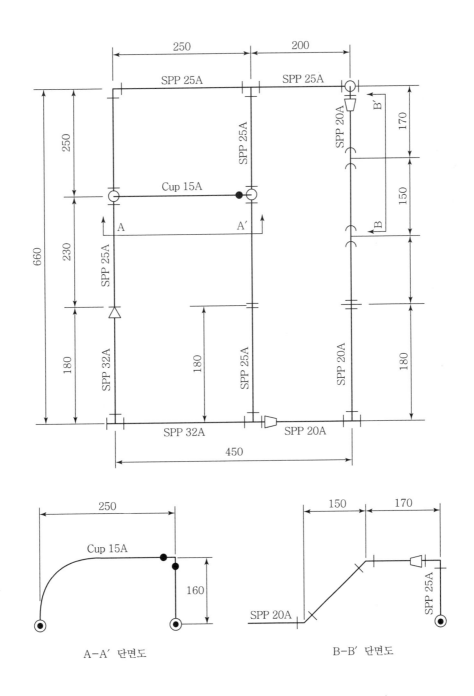

A-A′ 단면도

B-B′ 단면도

자격 종목 및 등급	에너지관리기능장 2011년 실전문제	작품명	강관 및 동관 조립	척 도	N.S

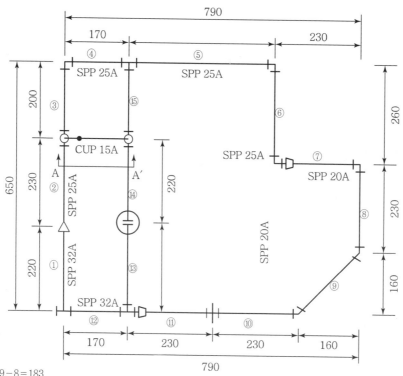

① 220−29−8＝183
② 230−8−17＝205
③ 200−17−23＝160
④ 170−23−23＝124
⑤ 390−23−23＝344
⑥ 360−23−23＝214
⑦ 230−12−10−19＝178
⑧ 230−12−19＝199
⑨ 160×1.414＝226.24−12−12＝202.24
⑩ 230−12−12＝206
⑪ 230−12−10−23＝185
⑫ 170−23−29＝118
⑬ 230−27−3＝200
⑭ 220−3−17＝200
⑮ 200−17−23＝160

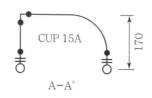

CUP 15A

A−A′

자격 종목 및 등급	에너지관리기능장 2012년 실전문제	작품명	강관 및 동관 조립	척 도	N.S

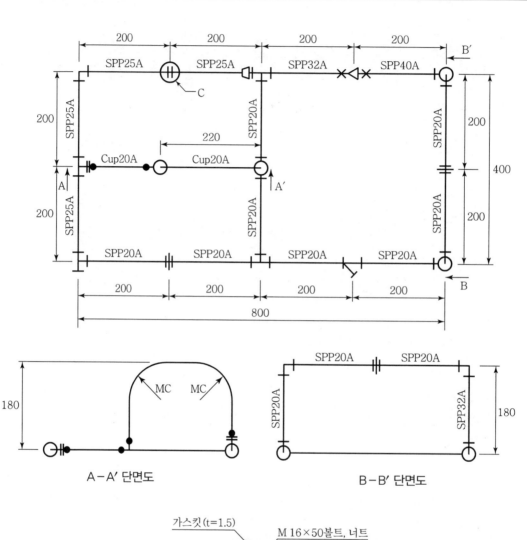

A-A′ 단면도

B-B′ 단면도

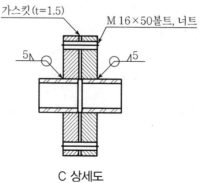

C 상세도

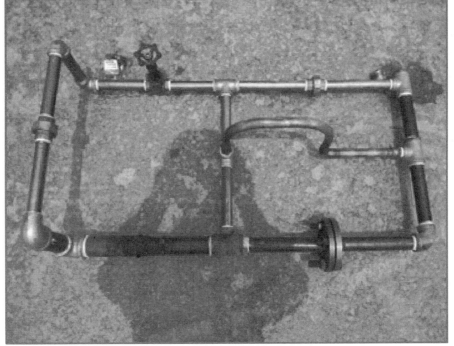

자격 종목 및 등급	에너지관리기능장 2012년 실전문제	작품명	강관 및 동관 조립	척 도	N.S

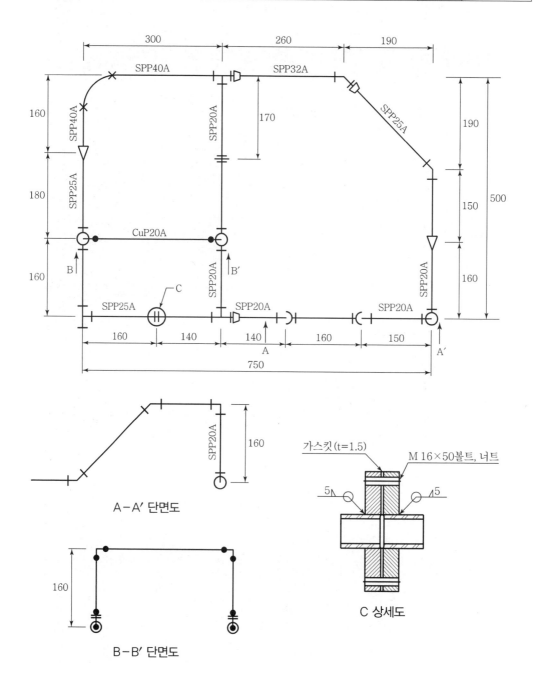

A-A' 단면도

B-B' 단면도

C 상세도

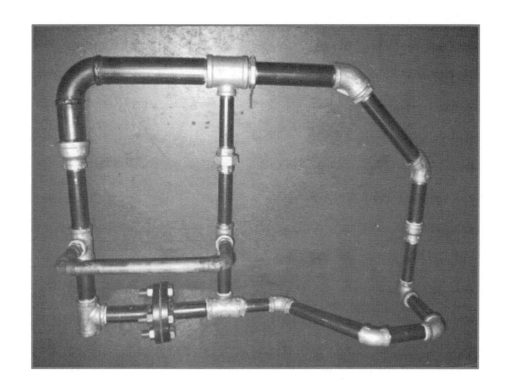

자격 종목 및 등급	에너지관리기능장 2013년 실전문제	작품명	강관 및 동관 조립	척 도	N.S

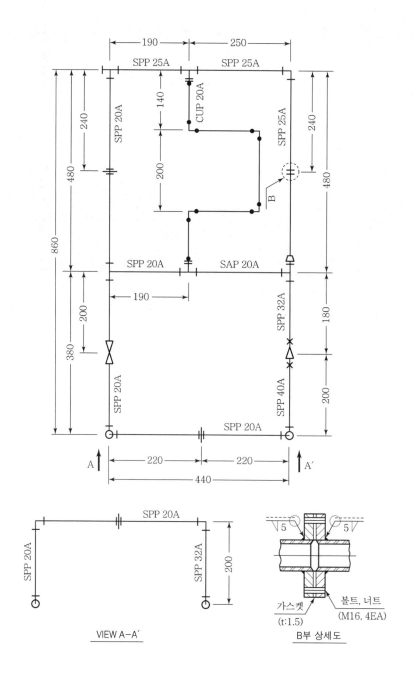

VIEW A-A′

B부 상세도

자격 종목 및 등급	에너지관리기능장 2014년 실전문제	작품명	강관 및 동관 조립	척 도	N.S

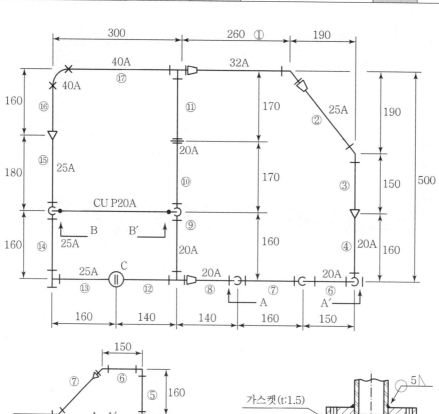

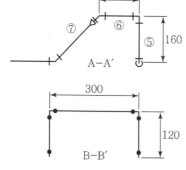

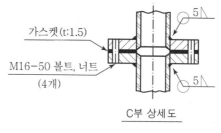

가스켓(t:1.5)

M16-50 볼트, 너트
(4개)

C부 상세도

(치수 계산하기)

① $260-19-38=243$

② $190 \times \sqrt{2}=269,\ 269-19-13-17=211$

③ $150-14-6=130$

④ $160-8-19=133$

⑤ $160-19-19=122$

⑥ $150-19-12=119$

⑦ $226-24=202$

⑧ $140-19-12-12=97$

⑨ $160-19-22=119$

⑩ $170-12-19=139$

⑪ $170-30-12=128$

⑫ $140-19-2=119$

⑬ $160-23-2=135$

⑭ $160-19-23=118$

⑮ $180-11-19=150$

⑯ $160-7-38=115$

⑰ $300-19-38=243$

자격 종목 및 등급	에너지관리기능장 2014년 실전문제	작품명	강관 및 동관 조립	척 도	N.S

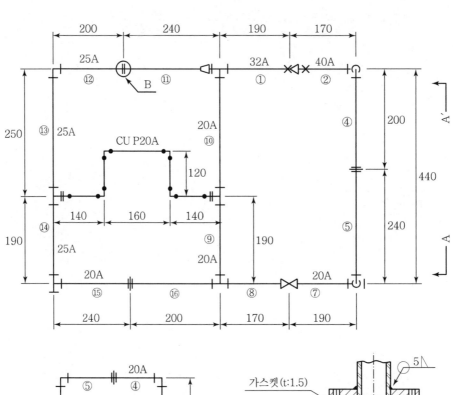

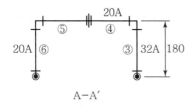

A−A′

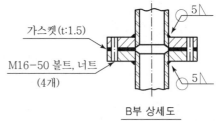

가스켓(t:1.5)

M16−50 볼트, 너트
(4개)

B부 상세도

(치수 계산하기)

① 191−21−32＝137
② 170−32−26＝112
③ 180−31−21＝128
④ 200−27−12＝161
⑤ 240−12−19＝209
⑥ 180−19−19＝142
⑦ 190−19−19＝152
⑧ 170−19−19＝132
⑨ 190−19−19＝152
⑩ 250−19−27＝204
⑪ 240−21−10−2＝207
⑫ 200−2−23＝175
⑬ 250−23−19＝208
⑭ 190−19−19＝152
⑮ 240−22−12＝206
⑯ 200−12−19＝169

※ 동관은 실측, 게이트밸브는 실측

※ 점선 안 동관작업은 세워서 또는 눕혀서 나올 수 있으므로
도면을 잘 보시기 바랍니다.

자격 종목 및 등급	에너지관리기능장 2015년 실전문제	작품명	강관 및 동관 조립	척 도	N.S

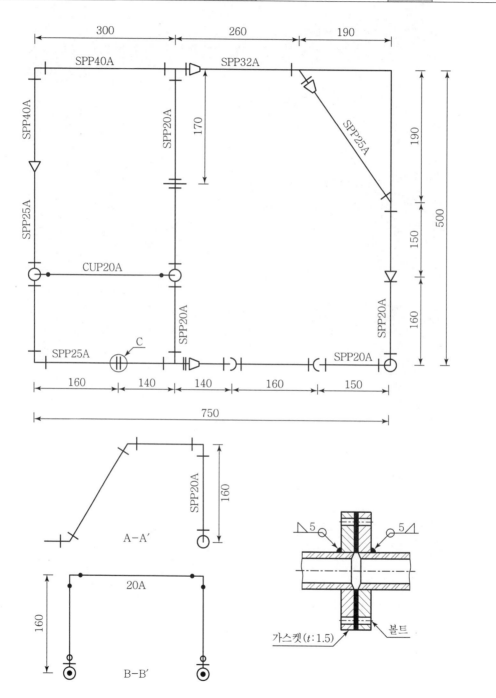

자격 종목 및 등급	에너지관리기능장 2015년 실전문제	작품명	강관 및 동관 조립	척 도	N.S

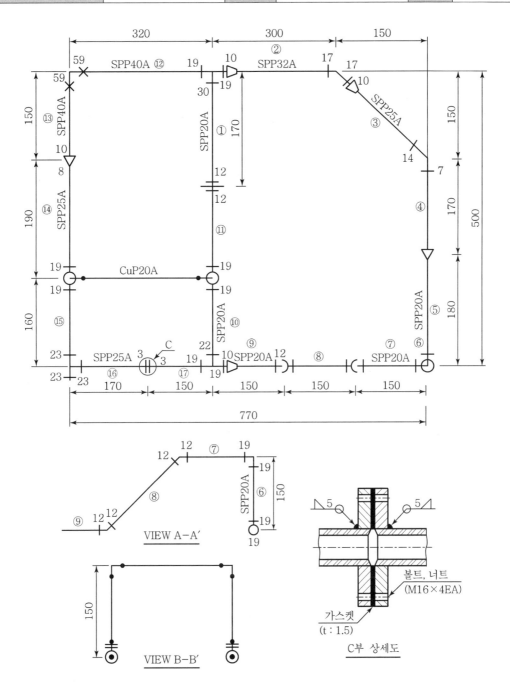

VIEW A-A'

VIEW B-B'

볼트, 너트 (M16×4EA)

가스켓 (t : 1.5)

C부 상세도

(치수 계산하기)
① $170 - (13 + 30) = 127(20A)$
② $300 - (19 + 18 + 17) = 246(32A)$
③ $150 \times \sqrt{2} - (17 + 10 + 14) = 199(25A)$
④ $170 - (14 + 7) = 149(20A)$
⑤ $180 - (19 + 7) = 154(20A)$
⑥ $150 - (19 + 19) = 114(20A)$
⑦ $150 - (19 + 12) = 119(20A)$
⑧ $150 - (12 + 12) = 126(20A)$
⑨ $150 - (19 + 10 + 12) = 119(20A)$
⑩ $160 - (22 + 19) = 119(20A)$
⑪ $190 - (19 + 12) = 159(20A)$
⑫ $320 - (59 + 19) = 251(40A)$
⑬ $150 - (59 + 10) = 81(40A)$
⑭ $190 - (19 + 8) = 163(25A)$
⑮ $160 - (23 - 19) = 118(25A)$
⑯ $170 - (23 + 3) = 144(25A)$
⑰ $150 - (19 + 3) = 128(25A)$

자격 종목 및 등급	에너지관리기능장 2016년 실전문제	작품명	강관 및 동관 조립	척 도	N.S

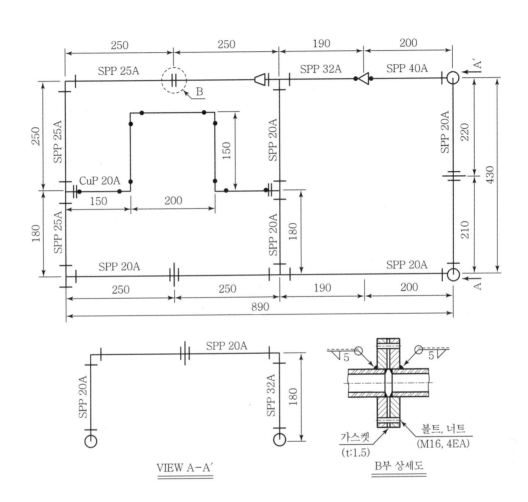

VIEW A-A′

B부 상세도

자격 종목 및 등급	에너지관리기능장 2016년 실전문제	작품명	강관 및 동관 조립	척 도	N.S

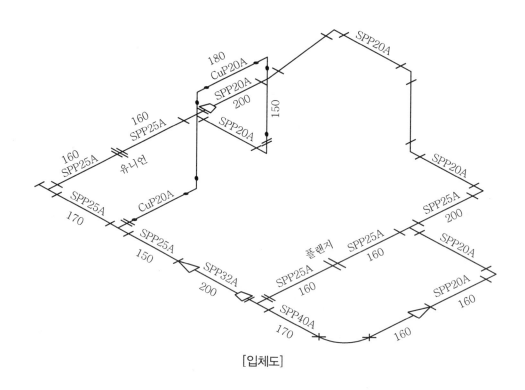

[입체도]

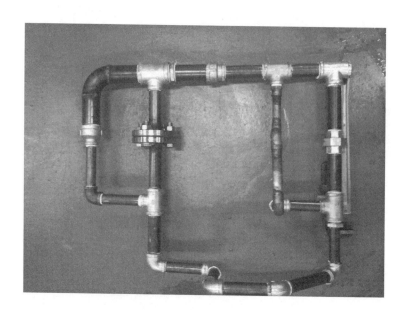

자격 종목 및 등급	에너지관리기능장 2017년 실전문제 1	작품명	강관 및 동관 조립	척도	N.S

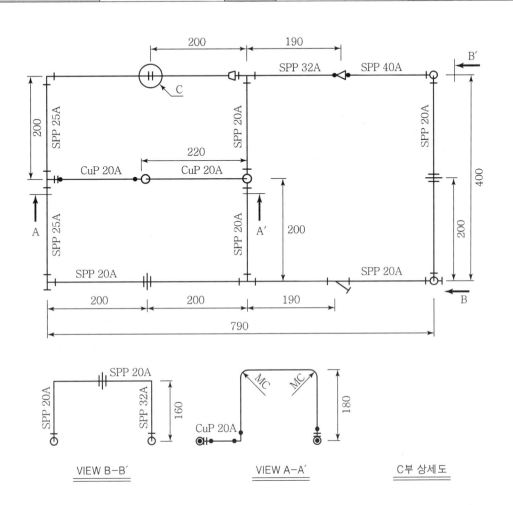

VIEW B-B′   VIEW A-A′   C부 상세도

자격 종목 및 등급	에너지관리기능장 2017년 실전문제 2	작품명	강관 및 동관 조립	척 도	N.S

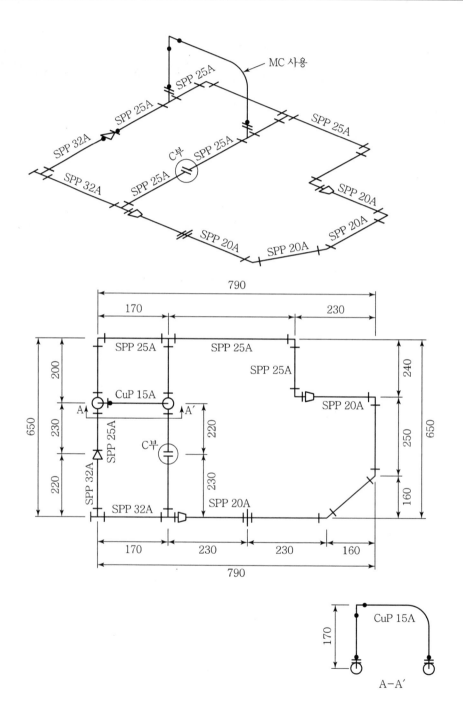

A–A′

과년도
출제문제

2006년부터 에너지관리기능장 실기시험은
필답형이 14~20문제 출제됩니다.

1990년 시행

01 자동제어에서 피드백 제어의 4대 구성부를 쓰시오.

해답 ① 설정부   ② 조절부   ③ 조작부   ④ 검출부

02 증기이송장치인 기수분리기의 형식을 3가지만 쓰시오.

해답 ① 장애판을 조립한 것
      ② 원심분리기를 사용한 것
      ③ 파도형의 다수강판을 합쳐 조립한 것

03 측정범위가 약 600~2,000℃이며 점토, 규석질 등 내열성의 금속 산화물을 배합하여 만든 삼각추로서 소성온도에서의 연화변형으로 각 단계에서의 온도를 얻을 수 있도록 제작된 온도계의 명칭을 쓰시오.

해답 제게르콘 온도계

04 화로는 연소실과 무엇으로 구성되어 있는가?

해답 연소장치

05 보일러 신설 후 유지분을 제거하는 데 가장 적합한 방법을 한 가지만 쓰시오.

해답 ① 소다보링   ② 알칼리세관

06 탄소 10kg을 연소 시 이론공기량을 무게(kg)와 부피(m^3)로 구하시오. (단, 공기 중 O_2는 용적당 21%, 무게당 23.2%이다.)

[해답] (1) 무게

$$이론공기량 = \frac{2.667 \times 10}{0.232} = 114.94 kg$$

(2) 부피

$$이론공기량 = \frac{1.867 \times 10}{0.21} = 88.89 Nm^3$$

[참고] $C + O_2 \rightarrow CO_2$

$12kg + 32kg \rightarrow 44kg$

$12kg + 22.4Nm^3 \rightarrow 22.4Nm^3$

07 다음 ( ) 안에 알맞은 용어를 쓰시오.

공기비 증가 시 CO_2는 (①)하고 O_2는 (②)한다.

[해답] ① 감소 　　　　　　② 증가

08 저위발열량(H_l)을 구하는 식을 세우시오.

[해답] $H_l = H_h - 600 \times (9H + W)$

여기서, H_h : 고위발열량

H : 수소

W : 수분

09 금속질 보온재 중 알루미늄박은 금속의 무엇을 이용한 보온재인가?

[해답] 열의 반사특성

10 과열증기란 무엇인지 간단히 설명하시오.

해답 포화증기상태에서 압력은 일정하게 하고 온도만 높인 증기를 말한다.

11 석탄의 점결성이란 무엇인지 간단히 설명하시오.

해답 역청탄 등의 석탄이 350℃ 부근에서 연화 용융되었다가 450℃ 부근에서 다시 굳어지는 성질을 말한다.

12 기체연료의 특징 5가지를 쓰시오.

해답 ① 과잉공기가 적어도 완전연소가 가능하다.
② 연소효율이 높다.
③ 점화, 소화 및 연소 조절이 용이하다.
④ 회분 매연이 없어 청결하다.
⑤ 저발열량 연료도 완전연소가 가능하다.

13 보일러의 급수처리 중 내처리 방법 1가지를 쓰시오.

해답 청관제 투입법

14 열역학 제1법칙을 다른 말로 무슨 법칙이라 하는가?

해답 에너지 보존의 법칙

15 연소의 3대 구성요소를 3가지만 쓰시오.

해답 ① 점화원　　　② 산소공급원　　　③ 가연물

16 안전밸브의 누설원인을 3가지만 쓰시오.

해답 ① 밸브와 밸브시트의 가공불량　　　② 스프링의 장력 감소
　　 ③ 조정압력이 낮을 때　　　　　　　④ 밸브시트의 밸브축이 이완됨
　　 ⑤ 밸브 내의 부착된 이물질　　　　　⑥ 밸브시트의 마모 및 손상

17 상당증발량을 구하는 공식을 세우시오.

해답 $\text{상당증발량} = \dfrac{\text{시간당 증기발생량}(\text{발생증기엔탈피} - \text{급수엔탈피})}{539}(kg/h)$

18 보일러 수저분출의 목적을 3가지만 쓰시오.

해답 ① 관수의 불순물 농도를 한계치 이하로 유지한다.
　　 ② 관수의 신진대사를 원활하게 한다.
　　 ③ 슬러지분을 배출하여 스케일 생성을 방지한다.

19 관의 길이 10m, 관경 100A(0.1m)에서 압력이 1kg/cm²인 증기가 통과할 때 시간당 증기통과량(kg/h)을 구하시오.(단, 포화증기의 유속은 25m/sec, 증기의 비체적은 0.9018m³/kg이다.)

해답 $\text{증기통과량}(G) = A \times V \times 3,600 \times \dfrac{1}{\text{비체적}}$

$\dfrac{3.14}{4} \times (0.1)^2 \times \dfrac{25 \times 3,600}{0.9018} = 783.4 kg/h$

참고 · 1시간 = 3,600초

　　 · $A(\text{단면적}) = \dfrac{\pi}{4}d^2$ (계산기로는 π를 사용한다.)

20 수관 보일러에서 수랭노벽의 설치 목적 4가지를 쓰시오.

해답 ① 노벽 내화물의 과열 방지　　　② 노벽 자체의 중량 감소
　　 ③ 열효율 증가　　　　　　　　　④ 가압연소 용이

1991년 시행

01 다음은 온수보일러에 관한 설명이다. ( ) 안에 알맞은 용어를 쓰시오.

> 온수보일러에는 압력이 최고사용압력에 도달하면 즉시 작동하는 (①) 또는 (②)를 1개 이상 갖추어야 한다.

해답 ① 안전밸브　　　　　　　　　② 방출밸브

02 보일러 배기가스로 급수를 예열하는 폐열회수장치의 명칭을 쓰시오.

해답 절탄기(이코노마이저)

03 집진처리에서 세정식 중 가압수식 집진기의 종류 2가지를 쓰시오.

해답 ① 벤투리 스크러버　　　　　　② 사이클론스크러버
　　　 ③ 제트스크러버　　　　　　　 ④ 충진탑

04 내화물 중 부정형 내화물의 보강방법 3가지를 쓰시오.

해답 ① 앵커　　　　　② 서포트　　　　　③ 메탈라스

05 외부부식인 연도 내 저온부식과 고온부식의 원인이 되는 물질을 각각 쓰시오.

해답 ① 저온부식 : 황(S)
　　　 ② 고온부식 : 바나듐(V), 나트륨(Na)

06 베르누이 연속방정식을 세우시오.

> **해답** $H_1 + \dfrac{P_1}{r} + \dfrac{V_1{}^2}{2g} = H_2 + \dfrac{P_2}{r} + \dfrac{V_2{}^2}{2g}$
>
> $\qquad\qquad\qquad$ = 위치수두 + 압력수두 + 속도수두

07 증기압력계의 검사 시기를 3가지만 쓰시오.

> **해답** ① 신설보일러의 경우 압력이 오르기 전
> ② 압력계가 2개이고 지시값이 서로 다를 때
> ③ 프라이밍 또는 포밍 현상이 발생될 때

08 B-C유용 회전분무식 버너(수평로터리 버너)의 특징을 3가지만 쓰시오.

> **해답** ① 무화는 분무컵의 회전수와 1차공기와 관계가 있다.
> ② 유량조절범위는 1 : 5이다.
> ③ 고점도유는 비교적 무화특성이 불량하다.

09 레이놀즈수 공식에 대하여 설명하고 종류, 천이구역, 난류범위의 수를 쓰시오.

> **해답** 레이놀즈수$(Re) = \dfrac{\rho VD}{\mu} = \dfrac{VD}{\upsilon}$
>
> $\quad$ 여기서, ρ : 밀도$(\mathrm{kg/m^3})$ $\qquad V$: 유채속도$(\mathrm{m/sec})$
> $\qquad\qquad D$: 관경(m) $\qquad\quad \mu$: 점성계수
> $\qquad\qquad \upsilon$: 동점성계수
> $\quad$ 2,300 > Re : 층류, 2,300~4,000 : 천이구역, 4,000 < Re : 난류

10 증기 사이클에서 응축수가 있는 사이클은 어느 곳인가?

> **해답** 복수식 증기 원동소(랭킨 사이클)

11 어느 난방용 증기보일러의 상당방열면적(EDR)은 1,200m²이다. 증기의 증발잠열이 535kcal/kg이고 증기배관 내의 응축수량은 방열기 내 응축수량의 20%로 할 때 시간당 응축수량을 구하시오.

해답 응축수량 $= \dfrac{650}{증발잠열(\gamma)} \times EDR \times \alpha = \dfrac{650}{535} \times 1,200 \times 1.2 = 1,749.53\,\mathrm{kg/h}$

참고 $650\mathrm{kcal/m^2h}(증기난방\ 표준방열량) = \dfrac{650 \times 4.186\mathrm{kJ/kcal}}{3,600} = 0.76\,\mathrm{kW}$

12 보일러 운전 시 기수공발(Carry Over)을 방지하는 방법을 5가지 쓰시오.

해답 ① 고수위 방지 ② 주증기밸브 급개 방지
③ 보일러 부하 과대 방지 ④ 기수분리기 설치
⑤ 보일러수 농축방지

13 화염검출기 중 화염의 밝기를 이용하는 플레임아이의 종류 4가지를 쓰시오.

해답 ① 황화카드뮴 광도전 셀 ② 황화납 광도전 셀
③ 적외선 광전관 ④ 자외선 광전관

14 소규모 급수설비인 인젝터의 급수불량 원인 5가지를 쓰시오.

해답 ① 급수온도가 50℃ 이상일 경우 ② 증기압력이 0.2MPa(2kg/cm²) 이하일 경우
③ 체크밸브 고장 시 ④ 노즐이 막히거나 마모되었을 경우
⑤ 흡수관으로 공기가 누입될 경우

15 내경 180mm의 관으로 0.05m³/s의 물이 흐르고 있다. 관의 길이가 100m일 때 마찰손실수두를 구하시오.(단, 마찰계수 $\lambda = 0.016$이다.)

해답 $H = \lambda \times \dfrac{L}{d} \times \dfrac{V^2}{2g} = 0.016 \times \dfrac{100}{0.18} \times \dfrac{1.97^2}{2 \times 9.8} = 1.76\,\mathrm{m}$

여기서, $V = Q/A = 0.05/(3.14 \times 0.18^2/4) = 1.97\,\mathrm{m/s}$

16 가스버너에서 예혼합 연소방식의 특징을 3가지만 쓰시오.

> 해답 ① 연소 부하가 크다.　　　　　② 화염의 온도가 높다.
> 　　　③ 역화의 위험이 크다.　　　　④ 불꽃의 길이가 짧다.

17 수분 5.3%, 회분 31.2%, 전황분 0.41%, 불연소성 황분 0.16%일 때 연소성 황분을 계산하시오.

> 해답 연소성 황분 $= 0.41 \times \dfrac{100}{100 - 5.3} - 0.16 = 0.27\%$
>
> 연소성 황분 $=$ 전황분 $\times \dfrac{100}{100 - 수분} -$ 불연소성 황분

18 과열증기의 온도 조절방법 4가지를 쓰시오.

> 해답 ① 과열저감기를 사용한다.
> 　　　② 열가스 유량을 댐퍼로 조절하는 방법
> 　　　③ 연소실 화염의 위치를 바꾸는 방법
> 　　　④ 폐가스를 연소실로 재순환하는 방법

19 정형 내화물이 아닌 부정형 내화물의 종류 4가지를 쓰시오.

> 해답 ① 내화모르타르　　　　　② 캐스터블
> 　　　③ 플라스틱　　　　　　　④ 래밍믹스

20 폐열회수장치로서 연도가스의 열대류 전열을 이용하는 장치를 3가지 쓰시오.

> 해답 ① 과열기　　　　② 절탄기　　　　③ 공기예열기

1992년 시행

01 수격작용에 대하여 간단히 설명하고 방지대책 5가지를 쓰시오.

해답 (1) 수격작용

증기계통 배관에 응축수가 고속의 증기에 밀려 관이나 장치를 타격하는 현상

(2) 방지대책

① 증기트랩을 설치한다.

② 프라이밍, 포밍을 방지한다.

③ 주증기밸브를 서서히 개폐한다.

④ 고수위를 억제하여 보일러를 가동한다.

⑤ 배관의 보온을 완전하게 한다.

02 보일러 급수처리 중 청관제를 이용한 보일러 내부처리의 종류를 청관제의 사용 목적에 따라 5가지만 간단히 쓰시오.

해답 ① 경수연화제   ② pH 및 알칼리 조정제

③ 가성취화 억제제   ④ 슬러지 조정제

⑤ 탈산소제

03 보일러 부속장치인 분출장치의 설치 목적 4가지를 쓰시오.

해답 ① 보일러수의 농축을 방지한다.

② 포밍이나 프라이밍을 방지한다.

③ 스케일 및 슬러지 생성을 방지한다.

④ 보일러수의 pH를 조절한다.

04 보일러 저온부식 방지대책 3가지를 쓰시오.

해답 ① 연료 중의 유황성분을 제거한다.
② 저온의 전열면 표면에 내식재료를 사용한다.
③ 배기가스 온도를 170℃ 이상 유지한다.
④ 배기가스 중 수증기의 노점을 강하시킨다.

05 건물 내 보일러 설치 시 조건 5가지를 쓰시오.

해답 ① 보일러는 전용 건물 또는 건물 내의 불연성 물질의 격벽으로 구분한 장소에 설치하여야
한다.
② 보일러 동체 최상부로부터 천장, 배관, 또는 그밖의 보일러 동체 상부에 있는 구조물까지
의 거리는 1.2m 이상이어야 한다.
③ 보일러 및 보일러에 부설된 금속제와 굴뚝, 또는 연도의 외측으로부터 0.3m 이내에 있는
가연성 물체에 대하여는 금속 이외의 불연성 재료로 피복하여야 한다.
④ 보일러 설치장소에 연료가 저장되었을 때는 보일러 외측으로부터 2m 이상 떨어져 있거나
방화격벽이 설치되어 있어야 한다.
⑤ 보일러실의 조명은 보일러에 설비된 계기들을 육안으로 관찰 감식하는 데 지장이 없어야
한다.

06 보일러의 자동제어 인터록 종류 5가지를 쓰시오.

해답 ① 압력초과 인터록   ② 프리퍼지 인터록
③ 저수위 인터록   ④ 저연소 인터록
⑤ 불착화 인터록

07 배관의 방청도료 5가지를 쓰시오.

해답 ① 광명단   ② 합성수지
③ 산화철   ④ 알루미늄
⑤ 타르 및 아스팔트

08 자동제어에서 신호조절기의 전송거리가 먼 것부터 순서대로 쓰시오.

> **해답** 전기식 → 유압식 → 공기식

09 스케일(관석)의 주성분 4가지를 간단히 쓰시오.

> **해답** ① 탄산칼슘　　② 인산칼슘　　③ 황산칼슘　　④ 규산칼슘

10 기체연료의 장점 5가지를 쓰시오.

> **해답** ① 적은 과잉공기로 완전연소가 가능하다.
> ② 연소효율이 높다.
> ③ 점화, 소화 및 연소조절이 용이하다.
> ④ 회분 매연이 없어 청결하다.
> ⑤ 저발열량 연료도 완전연소가 가능하다.

11 유류용 온수보일러의 연소장치 형식 3가지를 쓰시오.

> **해답** ① 압력 분무식　　② 증발식　　③ 회전 무화식

12 링겔만 매연 농도표의 사용 시 주의사항 3가지만 쓰시오.

> **해답** ① 태양을 등지고 관측한다.
> ② 배경이 밝거나 어둡지 않아야 한다.
> ③ 배기가스의 흐름은 관측방향의 직각으로 흐르는 방향이어야 한다.
> ④ 하늘색이나 풍속 연돌 상단부의 지름에 따른 오차 발생에 주의한다.

13 다음 도면은 보일러의 연소제어 계장도이다. ①~⑥의 명칭을 쓰시오.

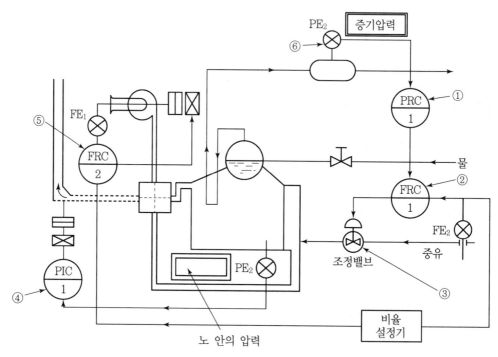

해답
① 연료압력 조절기
② 연료 조절기
③ 연료량을 가감하는 조작부
④ 통풍력 조절기
⑤ 공기의 유량 조절기
⑥ 증기압 검출기

14 사이클론식 집진장치의 특징을 3가지만 쓰시오.

해답
① 원통의 마모가 쉽다.
② 포집입경이 $30 \sim 60\mu$ 정도이다.
③ 소형일수록 성능이 향상된다.

15 가압수식 집진장치의 종류를 3가지만 쓰시오.

해답
① 벤투리 스크러버
② 사이클론 스크러버
③ 충진탑(세정탑)
④ 제트 스크러버

16 제어편차 변화속도에 비례한 조작량을 내는 연속 제어 동작은?

해답 미분동작

17 자동 연소제어에서 제어가 가능한 제어 3가지는?

해답 ① 증기압력제어   ② 노내압력제어   ③ 온수온도제어

18 배관의 하중을 위에서 걸어 당기는 기구 3가지를 쓰시오.

해답 ① 리지드 행거   ② 스프링 행거   ③ 콘스탄트 행거

19 온수보일러의 부속장치 5가지를 쓰시오.

해답 ① 수고계   ② 온도계   ③ 팽창관
④ 팽창탱크   ⑤ 온수순환펌프   ⑥ 방출관

20 수소 1kg이 완전연소하는 데 필요한 공기의 양은 표준상태에서 몇 Nm^3인가?

해답 이론공기량(A_o)＝이론산소량$(O_o)\times\dfrac{1}{0.21}=\dfrac{1}{0.21}\times(5.6\times1)=26.7Nm^3/kg$

참고 $H_2 + \dfrac{1}{2}O_2 \rightarrow H_2O$

$\downarrow \qquad \downarrow \qquad \downarrow$

$2kg+11.2Nm^3 \rightarrow 22.4Nm^3$

$1kg+5.6Nm^3 \rightarrow 11.2Nm^3$

01 일반적으로 중량 G인 물체에 d_Q인 열량이 가해져서 온도가 d_t만큼 상승되었다면 d_t는 d_Q에 비례하고 G에 반비례한다. 이 관계를 식으로 나타내면 다음과 같은 기본식이 성립한다. $d_Q = C \times G \times d_t$의 식에서 비례상수 C는 무엇이라 하는가?

해답 비열 (단위 : $W/m^2 ℃$)

02 재생, 재열 사이클은 모두 증기원동소의 기본 사이클인 랭킨사이클을 개량한 것으로 둘 다 효율을 증가시키는 데 목적이 있으나 근본목적은 서로 다르다. 재열사이클의 특징을 간단히 설명하시오.

해답 재생사이클은 현저한 열효율의 증가를 가져와 열역학적으로 큰 이익을 주나 재열사이클은 재열 후 증기의 온도를 높임으로써 증기의 작용온도 범위를 넓혀 열역학적인 효율도 좋게 하지만 주로 증기의 건도를 높여 터빈 속에서 마찰손실을 방지하는 등의 기계적 차원의 이익을 가져다준다는 데 그 특징이 있다.

03 "열은 본질상 일과 같이 에너지의 일종으로서 일은 열로 전환할 수 있고 역전환도 대부분 가능하다. 이때 열과 일 사이의 비열은 항상 일정하다."는 표현은 열역학 제 몇 법칙인가?

해답 열역학 제1법칙

04 실제 증기 원동소에서 추기단수는 무수한가?

해답 무수하지 않고 급수가열기의 설비 등을 고려하여 보통 5단으로 취하고 있다.

05 물의 임계온도를 쓰시오.

해답 374.15℃(225.65atm)

06 보일러에 사용되는 경판의 종류 4가지를 쓰시오.

해답 ① 평형 경판   ② 접시형 경판
③ 타원형 경판   ④ 반구형 경판

참고 강도세기 : ④ > ③ > ② > ①

07 보온재의 구비조건 5가지를 쓰시오.

해답 ① 열전도율이 작을 것
② 안전사용온도가 높을 것
③ 기계적 성질이 우수할 것
④ 흡습성, 흡수성이 없을 것
⑤ 가격이 싸고 시공이 용이할 것

08 부정형 내화물의 종류 4가지를 쓰시오.

해답 ① 내화 모르타르   ② 캐스터블
③ 플라스틱   ④ 래밍믹스

09 내화물은 요로용으로 사용한다. 내화도 시험에 사용되는 노의 필요조건 3가지를 쓰시오.

해답 ① 산화 또는 중성 분위기일 것
② 균일한 가열이 가능할 것
③ 2,000℃까지 가열할 수 있을 것

10 내화모르타르의 구비조건 5가지를 쓰시오.

해답 ① 내화도가 높을 것
② 사용온도에서 연화 변형되지 않을 것
③ 내충격성, 내마모성이 클 것
④ 화학적으로 안정할 것
⑤ 팽창 또는 수축이 적을 것

11 판을 굽힐 때 굽힘 하중을 제거하면 굽힘각은 작고 굽힘반경은 커지는 현상을 무엇이라 하는가?

> **해답** 스프링 백

12 강재를 사용하여 보일러를 용접으로 제작할 경우 탄소 함유량은 몇 % 이하가 적합한가?

> **해답** 0.35% 이하

13 온도의 변화에 의하여 재료에 생기는 신장 수축이 외부적인 구속에 의하여 저지되어 이로 인하여 재료 내부에 생기는 응력을 무엇이라 하는가?

> **해답** 열응력

14 내화도 측정을 할 때 SK 제게르콘은 KS에서는 몇 도로 세우는가?

> **해답** 80°

15 연료의 고위발열량과 저위발열량의 차이점을 쓰시오.

> **해답** 연료 성분 중 수소와 수분의 증발잠열을 제거하지 않은 열량을 고위발열량이라 하고 잠열을 제거한 열량을 저위발열량이라 한다.

16 습식 집진장치 중 세정식 집진장치의 종류를 크게 3가지로 분류하여 쓰시오.

> **해답** ① 유수식   ② 가압수식   ③ 회전식

17 열정산 시 운전상태 점검 중 해서는 안 되는 작업 4가지를 쓰시오.

> **해답** ① 분출 작업   ② 매연 제거 작업
> ③ 강제 통풍 작업   ④ 시료 채취 작업

18 연료계통에서 여과기를 설치하여야 할 장소 3곳을 쓰시오.

해답 ① 버너 입구 앞쪽　　　② 유량계 앞쪽　　　③ 오일펌프 입구 측

19 매연 농도를 측정하는 기구 3가지를 쓰시오.

해답 ① 링겔만 농도표　　　　② 광전관식 농도계
③ 매연포집 중량계　　　④ 로버트 농도표
⑤ 바카라치 스모그테스트

20 증기계통에 사용하는 Flash Tank를 간단히 쓰시오.

해답 고압증기 사용설비에서 발생하는 고압의 응축수를 모아 저압의 증기를 발생하여 재사용하는 저압증기 발생장치를 말한다.(재증발증기 발생 탱크)

1996년 시행

01 배관 내부의 물의 속도가 14m/s이다. 이를 정수두(m)로 계산하시오.

해답 $H = \dfrac{V^2}{2g} = \dfrac{14^2}{2 \times 9.8} = 10\,\text{m}$

참고 유속 $V = \sqrt{2gH}\,(\text{m/s})$

02 다음 KS 기호에 정하여진 배관의 기호를 쓰시오.

(1) 압력배관용 탄소강관   (2) 고압배관용 탄소강관

(3) 고온배관용 탄소강관   (4) 보일러 열교환기용 탄소강관

(5) 보일러 연교환기용 스테인리스강관

해답   (1) SPPS   (2) SPPH   (3) SPHT
             (4) STH   (5) STS×TB

03 유류용 온수보일러의 설치시공 확인서에 명시된 설치시공 검사항목 5가지를 쓰시오.

해답   ① 수압시험
        ② 보일러의 연소 및 배기성능검사
        ③ 연료계통의 누설시험
        ④ 순환펌프에 의한 온수순환시험
        ⑤ 자동제어에 의한 작동검사

04 강관의 파이프 절단 방법 5가지를 쓰시오.

해답   ① 파이프 커터 사용   ② 가스절단기 사용
        ③ 기계톱 사용   ④ 동력 나사절삭기 사용
        ⑤ 고속 숫돌절단기 사용

05 급수관에서 급수유량계를 설치할 때 고장 시를 대비하여 바이패스관을 연결한다. 이때 필요한 부속품의 수량을 쓰시오.

(1) 엘보   (2) 티   (3) 유니언

(4) 밸브   (5) 급수유량계

> **해답** (1) 2개   (2) 2개   (3) 3개
>   (4) 3개   (5) 1개

06 증기보일러의 방열기 면적이 300m²이고 급탕량 500kg/h를 20℃에서 70℃로 가열 시 소요 연료량(kg/h)을 구하시오. (단, 배관부하 20%, 시동부하 25%, 연료발열량 10,000kcal/kg, 효율 70%이다.)

> **해답** 연료소모량 $= \dfrac{보일러\ 출력}{발열량 \times 효율} = \dfrac{330,000}{10,000 \times 0.7} = 47.14\text{kg/h}$
>
> **참고** 보일러출력 = (난방부하 + 급탕부하) × (1 + 배관부하) × (1 + 시동부하)
> $= \{(300 \times 650 + 1 \times 500 \times (70 - 20)\} \times 1.2 \times 1.25 = 330,000\text{kcal/h}$
>
> $\dfrac{330,000}{3,600} = 91.67\text{kW}$

07 보일러의 실내 설치 기준이다. ( ) 안에 적당한 용어나 숫자를 쓰시오.

(1) 보일러 동체 최상부로부터 천장, 배관 등 보일러 상부에서 구조물까지의 거리는 ( )m 이상이어야 한다.

(2) ①에서 소용량 보일러는 ( )m 이상이어야 한다.

(3) 보일러 및 보일러에 부설된 금속제의 굴뚝, 또는 연도의 외측으로부터 가연물과의 거리는 ( )m 이상 떨어져야 한다.

(4) 연료를 저장할 때는 보일러 외측으로부터 ( )m 이상 거리를 두거나 ( )을(를) 설치하여야 한다.

> **해답** (1) 1.2   (2) 0.6
>   (3) 0.3   (4) 2, 방화격벽

08 탄소 10kg을 연소 시 이론공기량을 무게(kg)와 부피(m^3)로 구하시오.(단, 공기 중 산소는 용적당 21%, 중량당 23.2%이다.)

해답 ① 무게=$\dfrac{2,667 \times 10}{0.232}$ = 114.96 kg

② 부피=$\dfrac{1.867 \times 10}{0.21}$ = 88.9 Nm^3

참고 $C + O_2 \rightarrow CO_2$

12kg + 32kg → 44kg, $\dfrac{32}{12}$ = 2.667(이론산소량)

12kg + 22.4Nm^3 → 22.4Nm^3, $\dfrac{22.4}{12}$ = 1.867(이론산소량)

09 증기 계통에 사용하는 Flash Tank를 간단히 쓰시오.

해답 고압증기 사용설비에서 발생하는 고압의 응축수를 모아 저압의 증기를 발생하여 재사용하는 저압증기 발생장치를 말한다.

10 보일러 전열면의 과열 원인을 5가지 쓰시오.

해답 ① 보일러수의 이상 감수 ② 전열면의 스케일 부착
③ 전열면의 유지분 부착 ④ 보일러수의 순환 불량
⑤ 국부적인 화염의 집중

11 보일러에 설치하는 급수 밸브의 크기를 설치 기준에 맞게 쓰시오.

해답 전열면적 10m^2 초과 시는 20A 이상, 전열면적 10m^2 이하는 15A 이상 크기로 설치한다.

12 송풍기의 풍량 조절방법 3가지를 쓰시오.

해답 ① 송풍기 회전수 변경에 의한 방법
② 섹션베인의 개도에 의한 방법
③ 가이드베인의 각도 조절에 의한 방법

13 보일러 보존 시 사용하는 흡습제의 종류 3가지를 쓰시오.

> **해답** ① 염화칼슘   ② 실리카겔   ③ 생석회

14 연료의 저위발열량이 7,700kcal/kg이고, 가스의 비열이 0.35kcal/m³℃, 이론가스량이 22Nm³/kg일 때 실온을 ℃ 기준으로 하여 이론연소온도를 구하시오.

> **해답** 연소실 이론연소온도$(t) = \dfrac{H_t}{C_p \times G_o}(℃) = \dfrac{7,700}{0.35 \times 22} = 1,000℃$

15 보일러 급수처리 방법 중 외처리 방식의 종류를 쓰시오.

(1) 용해 고형물(3가지) 처리

(2) 가스분(2가지) 처리

> **해답** (1) ① 증류법   ② 약품첨가법   ③ 이온교환법
> (2) ① 기폭법   ② 탈기법

16 수관식 보일러의 일종인 관류 보일러의 특징 5가지를 쓰시오.

> **해답** ① 관의 배치가 자유롭다.
> ② 고압 대용량에 적합하다.
> ③ 단관식의 경우 드럼이 없어 순환비가 1이다.
> ④ 증기 발생이 매우 빠르다.
> ⑤ 열효율이 높다.

17 자동보일러, 제어의 종류 3가지를 쓰시오.

> **해답** ① 연소제어(ACC)   ② 급수제어(FWC)   ③ 증기온도제어(STC)

18 연료량 3,500L/h를 사용하는 보일러의 1일 가동시간이 8시간일 때, 연간 300일 가동 시 배기가스 손실열량(kcal/kg)을 구하시오. (단, 가스비열 0.33kgcal/Nm³℃, 가스량 13.77m³/kg, 가스온도 350℃, 실내온도 25℃, 외기온도 10℃이다.)

해답 $Q = $ 비열 $\times$ 연소가스량 $\times$ (온도차) $= 0.33 \times 13.77 \times (350 - 10) = 1,544.99\text{kcal/kg}$

19 열교환기의 종류를 구조에 따라 3가지만 쓰시오.

해답 ① 다관 원통형　　　② 이중관식　　　③ 단관식
④ 공랭식　　　⑤ 특수식

20 20℃의 물 70kg을 100℃의 증기로 변화 시 총소요열량(kcal)을 구하시오. (단, 증기엔탈피는 639kcal/kg, 증발잠열은 539kcal/kg, 물의 비열은 1kcal/kg℃이다.)

해답 물의 현열 $= 70 \times 1(100 - 20) = 5,600\text{kcal}$
물의 증발열 $= 539 \times 70 = 37,730\text{kcal}$
$\therefore \ 5,600 + 37,730 = 43,330\text{kcal}$

참고 $1\text{kcal} = 4.186\text{kJ}, \ 539\text{kcal/kg} = \left(\dfrac{539 \times 4.186}{3,600} = 0.63\text{kW} \right)$

1996년 시행

01 연돌의 높이 120m, 배기가스의 평균온도 t_g : 190℃, 외기온도 t_a : 25℃, 외기의 비중량 r_a : 1.29kg/m³, 가스의 비중량 r_g : 1.354kg/m³일 경우 통풍력을 구하시오.

해답 이론통풍력$(Z) = 273 \times H \times \left[\dfrac{r_a}{273 + t_a} - \dfrac{r_g}{273 + t_g} \right]$

$$= 273 \times 120 \times \left(\dfrac{1.29}{273 + 25} - \dfrac{1.354}{273 + 190} \right) = 46 \, \mathrm{mmH_2O}$$

02 연료가스 중 나프탈렌을 정량분석하려면 어떤 용액에 흡수시켜야 하는가?

해답 피크린산

03 보일러 출력이 300,000kcal/h, 연료의 발열량이 10,000kcal/kg, 보일러 효율이 50%일 때 오일버너의 연료 사용량을 구하시오.

해답 버너 연료소비량 $= \dfrac{300,000}{10,000 \times 0.5} = 60 \mathrm{kg/h}$

04 20℃의 물 70kg을 100℃의 증기로 변화 시 총 소요되는 열량(kcal)을 구하시오.

해답 $Q = 70 \times (639 - 20) = 43,330 \mathrm{kcal}$

참고 $43,330 \mathrm{kcal} \times 4.186 \mathrm{kJ/kcal} = 181,379.38 \mathrm{kJ}$

05 다음 도면은 보일러의 연소제어 계장도이다. ①~⑥의 명칭을 쓰시오.

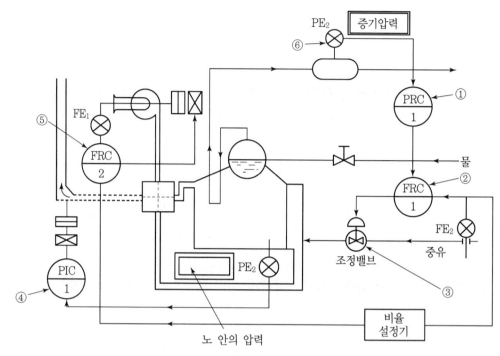

해답 ① 연료압력 조절기　　　　　② 연료 조절기
③ 연료량을 가감하는 조작부　④ 통풍력 조절기
⑤ 공기의 유량 조절기　　　　⑥ 증기압 검출기

06 다음은 기수분리기에 대한 설명이다. (　) 안에 알맞은 용어를 쓰시오.

> 기수분리기는 (①)가 높은 (②)를 얻기 위한 장치이다.

해답 ① 건조도　　　　　　　　　② 포화증기

07 보일러 청소 시 사용하는 슈트 블로어(그을음 제거기)의 사용상 주의사항 3가지를 쓰시오.

해답 ① 보일러 부하가 50% 이하일 때는 슈트 블로어 사용을 금한다.
② 소화 후 슈트 블로어 사용을 금지한다.
③ 분출 시에는 유인통풍을 증가시킨다.

08 수저분출에서 분출장치의 설치 목적 4가지를 쓰시오.

> **해답** ① 보일러수의 농축을 방지한다.   ② 포밍이나 프라이밍을 방지한다.
> ③ 스케일 및 슬러지 생성을 방지한다.   ④ 보일러수의 pH를 조절한다.

09 보일러 급수처리 중 청관제를 이용한 보일러 내부처리의 종류를 청관제의 사용 목적에 따라 5가지로 간단히 쓰시오.

> **해답** ① 경수연화제   ② pH 및 알칼리 조정제
> ③ 가성취화 억제제   ④ 슬러지 조정제
> ⑤ 탈산소제

10 외경 56mm, 내경 50.6mm, 길이 5,000mm의 수관을 100개 설치한 수관식 보일러가 있다. 전열면적을 구하시오.

> **해답** 파이프 전열면적$(sb) = \pi DLN = 3.14 \times$ 외경 $\times$ 관의 길이 $\times$ 사용개수(m^2)
> $= 3.14 \times 0.056 \times 5 \times 100 = 87.92 m^2$

참고

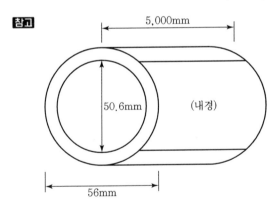

5,000mm

50.6mm (내경)

56mm

11 증기트랩의 구비조건 5가지를 간단히 쓰시오.

> **해답** ① 유체에 대한 마찰저항이 적을 것   ② 작동이 확실할 것
> ③ 공기빼기를 할 수 있을 것   ④ 내구력이 있을 것
> ⑤ 봉수가 확실할 것

12 보일러에 설치하는 안전밸브는 25A 이상으로 설치를 해야 한다. 20A 이상으로 설치할 수 있는 조건 5가지를 쓰시오.

해답 ① 최고사용압력 $1kg/cm^2$(0.1MPa) 이하인 보일러
② 최고사용압력 $5kg/cm^2$(0.5MPa) 이하의 보일러로서 동체의 안지름이 500mm 이하, 동체의 길이가 1,000mm 이하인 보일러
③ 최고사용압력 $5kg/cm^2$(0.5MPa) 이하의 보일러로서 전열면적 $2m^2$ 이하인 보일러
④ 최대증발량 5ton/h 이하의 관류보일러
⑤ 소용량 보일러

13 보일러의 실내 설치기준이다. (   ) 안에 적당한 용어나 숫자를 쓰시오.

(1) 보일러 동체 최상부로부터 천장, 배관 등 보일러 상부에서 구조물까지의 거리가 (   )m 이상이어야 한다.

(2) ①에서 소용량 보일러는 (   )m이어야 한다.

(3) 보일러 및 보일러에 부설된 금속제의 굴뚝, 또는 연도의 외측으로부터 가연물과의 거리는 (   )m 이상 떨어져야 한다.

(4) 연료를 저장할 때는 보일러 외측으로부터 (   )m 이상 거리를 두거나 (   )을(를) 설치하여야 한다.

해답 (1) 1.2   (2) 0.6
(3) 0.3   (4) 2, 방화격벽

14 보일러에 사용하는 중유의 예열온도가 너무 높을 때의 문제점 4가지를 쓰시오.

해답 ① 기름이 분해를 일으킨다.
② 분무각도가 흐트러진다.
③ 무화상태가 고르지 못하다.
④ 탄화물 생성의 원인이 된다.

15 주형 방열기에서 방열량이 적은 순서대로 4가지를 쓰시오.

해답 2주형 → 3주형 → 3세주형 → 5세주형

16 연료의 저위발열량이 7,700kcal/kg이고, 가스의 비열이 0.35kcal/m³℃, 이론가스량이 22Nm³/kg일 때 실온을 0℃ 기준으로 하여 이론연소온도를 구하시오.

> **해답** 이론연소온도$(t) = \dfrac{H_l}{C \times G_{ow}} = \dfrac{7,700}{0.35 \times 22} = 1,000℃$

17 어느 난방용 증기보일러의 상당방열면적은 1,200m²이다. 증기의 증발잠열이 535kcal/kg 이고 증기배관 내의 응축수량을 방열기 내 응축수량의 20%로 할 때 시간당 응축수량을 구하 시오.

> **해답** 증기 응축수량 $= \dfrac{650}{증발잠열} \times 상당발열면적 \times 배관\ 내\ 응축수량$
>
> $= \dfrac{650}{535} \times 1,200 \times 1.2 = 1,749.53 \mathrm{kg/h}$

> **참고** $535 \times 4.1868\mathrm{kJ} = 2,240\mathrm{kJ/kg}$

18 연소실 내의 화염검출기 중 화염의 밝기를 이용하는 플레임아이의 종류 4가지를 쓰시오.

> **해답** ① 황화카드뮴 광도전 셀   ② 황화납 광도전 셀
> ③ 적외선 광전관   ④ 자외선 광전관

19 다음 그림과 같은 횡치원통형 용기의 내용적(m³)을 간단히 구하시오.

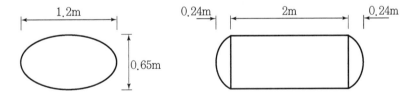

> **해답** 내용적$(V) = \dfrac{\pi}{4} \times a \times b \times \left(L + \dfrac{l_1 + l_2}{3} \right)$
>
> $= \dfrac{3.14}{4} \times 1.2 \times 0.65 \times \left(2 + \dfrac{0.24 + 0.24}{3} \right) = 1.322\mathrm{m}^3$

20 버너의 종류를 4가지 쓰고 이류체와 회전이류체 무화방식을 간단히 설명하시오.

해답 (1) 종류

① 유압분무식 버너   ② 기류분무식 버너

③ 회전분무식 버너   ④ 건타입 버너

(2) 이류체 무화식

무화매체로 공기 또는 증기를 이용하여 무화시키는 방식

(3) 회전이류체 무화식

고속 회전하는 분무컵에 연료를 공급하여 원심력에 의해 연료를 분사시키고 여기에 공기를 가압하여 마찰을 일으켜 안개방울과 같이 무화하는 형식

01 다음 강관의 표시기호를 쓰시오.

(1) SPPS   (2) SPPH   (3) SPHT

(4) STS×TP   (5) SPP

해답 (1) 압력배관용 탄소강 강관
　　　 (2) 고압배관용 탄소강 강관
　　　 (3) 고온배관용 탄소강 강관
　　　 (4) 배관용 스테인리스 강관
　　　 (5) 일반 배관용 탄소강 강관

02 로터리 벤더에 의한 벤딩의 결함에서 관이 타원형으로 되는 원인을 3가지만 쓰시오.

해답 ① 받침쇠가 너무 들어가 있다.
　　　 ② 받침쇠와 관 내경의 간격이 크다.
　　　 ③ 받침쇠의 모양이 나쁘다.

03 보일러의 증기발생량이 2,500kg/h, 증기엔탈피가 652kcal/kg, 급수의 엔탈피가 25kcal/kg 인 보일러의 상당증발량은 몇 kg/h인가?

해답 상당증발량$(W_e) = \dfrac{\text{시간당 증기발생량(발생증기엔탈피} - \text{급수엔탈피})}{539}$

$$= \frac{2,500 \times (652 - 25)}{539} = 2,908.16 \text{kg/h}$$

참고 $539 \text{kcal/kg} \times 4.1868 \text{kJ/kcal} = 2,257 \text{kJ/kg}$

04 수관식 보일러의 장점을 5가지만 쓰시오.

해답 ① 구조상 고압대용량의 제작이 가능하다.
② 전열면적이 크고 효율이 좋다.
③ 증기발생이 빠르다.
④ 동일 용량이면 둥근 보일러에 비하여 설치면적이 작다.
⑤ 수관의 배열이 용이하다.

05 보일러 내부처리에서 O_2 제거용 청관제인 탈산소제를 3가지만 쓰시오.

해답 ① 아황산소다　　　② 하이드라진　　　③ 탄닌

06 열효율 85%의 보일러를 90% 보일러로 교체시키는 보일러 연료의 절감률은 몇 %인가?

해답 연료 절감률 $= \dfrac{90-85}{90} \times 100 = 5.56\%$

07 열사용기기의 열효율, 연소효율, 전열효율을 구하는 식을 쓰시오.

해답 (1) 열효율
$$\frac{유효열}{공급열} \times 100 = 전열효율 \times 연소효율$$

(2) 전열효율
$$\frac{유효열}{실제연소열} \times 100$$

(3) 연소효율
$$\frac{실제연소열}{공급열} \times 100$$

08 외부청소 및 스케일을 제거할 수 있는 공구의 명칭을 5가지만 쓰시오.

해답 ① 스크레이퍼　　　② 슈트 블로어　　　③ 튜브 클리너
④ 스케일 해머　　　⑤ 와이어 브러시

09 보일러 급수처리에서 현탁물 처리방법 및 용해 고형물 처리방법을 5가지만 쓰시오.

해답 ① 침강법   ② 응집법   ③ 여과법
      ④ 이온 교환법   ⑤ 증류법   ⑥ 약품 첨가법

10 보일러 세관 중 산세관에 사용되는 약품 5가지만 쓰시오.

해답 ① 염산   ② 황산   ③ 인산
      ④ 질산   ⑤ 광산

11 염산 등 산세관 시 사용되는 부식 억제제의 종류를 5가지만 쓰시오.

해답 ① 수지계 물질   ② 알코올류   ③ 알데히드류
      ④ 케톤류   ⑤ 아민 유도체

12 혼합가스에서 프로판가스(C_3H_8)가 50%, 부탄가스(C_4H_{10})가 50%인 이 가스의 발열량은 몇 kcal/m³인가?(단, 프로판가스의 발열량은 24,200kcal/m³, 부탄가스의 발열량은 31,000 kcal/m³이다.)

해답 혼합가스 발열량(H) = (24,200 × 0.5) + (31,000 × 0.5) = 27,600kcal/m³

13 일반적으로 중량 G인 물체에 d_θ인 열량이 가해져서 온도가 d_t만큼 상승되었다면 d_t는 d_θ에 (①)하고 G에 (②)한다. 이 관계를 식으로 나타내면 다음과 같은 기본식이 성립한다. $d_\theta = C \times G \times d_t$의 식에서 비례상수 C는 (③)이라 한다. (　) 안에 알맞은 내용을 쓰시오.

해답 ① 비례   ② 반비례   ③ 비열

14 실내 측의 저항이 $0.125m^2h℃/kcal$, 노벽의 두께가 250mm, 열전도율이 $1.5kcal/mh℃$, 공기층의 저항이 $0.015m^2h℃/kcal$일 때 열관류율은 몇 $kcal/m^2h℃$인가?

해답 열관류율$(K) = \dfrac{1}{R + \dfrac{b}{\lambda} + R'} = \dfrac{1}{0.125 + \dfrac{0.25}{1.5} + 0.015} = 3.26 kcal/m^2h℃$

15 물의 소요공급량이 3,100kg/h인 곳에서 20℃의 물을 80℃까지 예열하는 데 필요한 현열은 몇 kcal/h인가?(단, 물의 비열은 1kcal/kg℃이다.)

해답 현열$(Q) = 3,100 \times 1(80 - 20) = 186,000 kcal/h$

16 전기식 압력계의 장점을 3가지만 쓰시오.

해답 ① 정밀도가 높고 측정을 안정하게 할 수 있다.
② 지시 및 기록이 쉽다.
③ 원격 측정이 가능하다.
④ 반응속도가 빠르고 소형 제작이 가능하다.

17 가압수식 세정집진장치를 3가지만 쓰시오.

해답 ① 벤투리 스크러버   ② 사이클론 스크러버   ③ 충진탑(세정탑)

18 연료의 원소분석에서 C의 함량이 80%, H의 함량이 15%, S의 함량이 5%일 때 소요 공급량은 몇 Nm^3/kg인가?

해답 이론공기량$(A_o) = 8.89C + 26.67\left(H - \dfrac{O}{8}\right) + 3.33S$

$= 8.89 \times 0.8 + 26.67 \times 0.15 + 3.33 \times 0.05 = 11.28 Nm^3/kg$

19 중앙식 난방법을 3가지로 분류하시오.

해답 ① 직접 난방법　　　　② 간접 난방법　　　　③ 방사 난방법

20 파이프 절단용 기계를 3가지만 쓰시오.

해답 ① 포터블소잉 머신　　　② 고정식 기계톱　　　③ 커팅휠 절단기

1999년 시행

과년도 출제문제

01 동력나사절삭기가 할 수 있는 작업 3가지를 쓰시오.

해답 ① 나사절삭
② 파이프 절단
③ 리밍(거스러미 제거)

02 배기가스 중 산소 6%, 이론공기량 8.5Nm³/kg일 때 실제공기량을 구하시오.

해답 실제공기량(A) = 이론공기량 × 공기비 = $\dfrac{21}{21-6} \times 8.5 = 11.9\,\text{Nm}^3/\text{kg}$

참고 공기비$(m) = \dfrac{21}{21-\text{산소}}$

03 저온용 유기질 보온재의 종류 3가지를 쓰시오.

해답 ① 펠트
② 콜크
③ 기포성 수지(폴리우렌탄폼)

04 보일러 열정산 시 출열항목 5가지를 쓰시오.

해답 ① 발생증기 보유열　　　　　② 배기가스 손실열
③ 불완전연소에 의한 손실열　　④ 미연탄소분 의한 손실열
⑤ 노벽방산열에 의한 손실열

05 중유를 연소하는 어느 보일러를 가동 중에 시간당으로 측정한 결과 증기발생량이 3,000kg, 연료사용량이 630kg, 연료의 발열량이 9,800kcal/kg이라 할 때 이 보일러의 연소실 열부하율을 구하시오.(단, 연소실 용적은 20m³이다.)

해답 연소실 열부하율$(Q) = \dfrac{\text{시간당 연료소비량} \times \text{연료의 발열량}}{\text{연소실 용적}}(\text{kcal/m}^3\text{h})$

$= \dfrac{630 \times 9,800}{20} = 308,700\text{kcal/m}^3\text{h}$

06 보일러의 과열 원인 5가지를 쓰시오.

해답 ① 보일러수의 이상 감수 ② 전열면 스케일 부착
③ 전열면의 유지분 부착 ④ 보일러수의 순환 불량
⑤ 화염의 집중

07 보일러 자동제어 중 시퀀스 제어(정성적 제어)를 간단히 설명하시오.

해답 미리 정해진 순서에 따라 순차적으로 제어의 각 단계를 진행하는 자동제어를 말한다.

08 보일러 연료 중 기체연료의 주성분 2가지를 쓰시오.

해답 ① 메탄 ② 프로판 ③ 부탄

09 평균온도 85℃의 온수가 흐르는 길이 100m의 온수관에 효율 80%의 보온피복을 하였다. 외기온도가 25℃이고 나관의 열관류율이 11kcal/m²h℃인 경우 보온피복한 후의 시간당 손실열량을 구하시오.(단, 관의 표면적은 0.22m²/m이다.)

해답 손실열량$(Q) = (1 - \text{보온효율}) \times \text{열관류율} \times \text{관의 표면적} \times \text{관의 길이} \times \text{온도차}$
$= (1 - 0.8) \times 11 \times 0.22 \times 100 \times (85 - 25) = 2,904\text{kcal/h}$

참고 관의 표면적$(A) = \pi D L \eta (\text{m}^2)$

10 보일러 주위 배관도 중 감압변 주위 By-pass 주변도를 도시하시오.

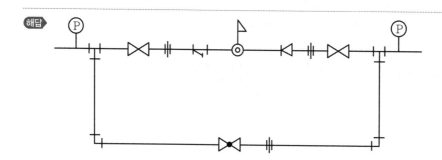

11 보일러의 이상 현상 중 캐리오버(Carry-over)에 대하여 간단히 쓰시오.

> **해답** 보일러에 발생되는 증기 속에 물방울이나 기타 불순물이 함유되어 보일러 외부의 배관으로
> 함께 나가는 현상을 말한다.

12 보일러 송풍기 풍량 조절방법 3가지를 간단히 쓰시오.

> **해답** ① 송풍기 회전수 변경
> ② 섹션베인의 개도
> ③ 가이드베인의 각도 조절

13 외기온도가 28℃일 때 벙커 C유를 80℃로 가열하여 버너에 공급하였다. 연료의 비열이
0.45kcal/kg℃라면 이 연료의 현열을 구하시오.

> **해답** 오일 연료의 현열(Q) = 연료의 비열 × 온도차
> $$= 0.45 \times (80 - 28) = 23.4 \text{kcal/kg}$$

14 보일러에 공급되는 급수 중 5대 불순물 5가지를 쓰시오.

> **해답** ① 염류　　　　　② 알칼리분　　　　　③ 산분
> ④ 유지분　　　　　⑤ 가스분

15 강철제 보일러의 수압시험 시 압력에 따른 시험방법 3가지를 쓰시오.

해답 ① 최고사용압력 $4.3kcal/cm^2$ 이하 : 최고사용압력$\times 2$배
② 최고사용압력 $4.3\sim 15kg/cm^2$ 이하 : $1.3P+3kg/cm^2$
③ 최고사용압력 $15kg/cm^2$ 초과 : 최고사용압력$\times 1.5$배

16 평균난방부하가 $150kcal/m^2h$인 건물에 1일 소요되는 보일러용 경유 소비량은 몇 kg/day인가?(단, 난방면적 $100m^2$, 효율 80%, 발열량 9,000kcal/kg)

해답 경유 소비량$(G) = \dfrac{150\times 24\times 100}{0.8\times 9,000} = 50kg/day$

17 급수설비인 인젝터의 작동불량 원인 5가지를 쓰시오.

해답 ① 증기 속에 수분이 많이 포함되었을 때
② 증기압력이 $2kg/cm^2$ 이하이거나 $10kg/cm^2$ 초과 시
③ 급수온도가 높다.(50℃ 이상)
④ 흡입측의 공기 누입
⑤ 노즐부의 마모 및 파손시

참고 $0.2MPa(2kg/cm^2)$, $1MPa(10kg/cm^2)$

18 상당방열면적(EDR) $4.3m^2$, 열수는 2열 2주형 방열기로서 유효길이가 1.7m, 유입 및 유출관경이 25A, 20A일 때 방열기를 도시하시오.

해답
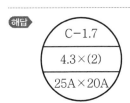

19 보일러를 옥외 설치할 경우 주의사항 3가지를 쓰시오.

해답 ① 보일러에 빗물이 스며들지 않도록 케이싱 등의 적절한 방지설비를 한다.
② 노출된 절연재 또는 래킹 등에는 방수처리를 하여야 한다.
③ 강제통풍팬의 입구에는 빗물방지 보호관을 설치하여야 한다.

20 증기 보일러의 압력계 부착방법에 대하여 쓰시오.

해답 압력계와 연결된 증기관은 최고사용압력에 견디는 것으로서 크기는 황동관 또는 동관을 사용할 경우 안지름 6.5mm 이상, 강관을 사용할 경우 12.7mm 이상이어야 하며 증기온도가 210℃를 넘을 때는 황동관 또는 동관을 사용해서는 안 된다.

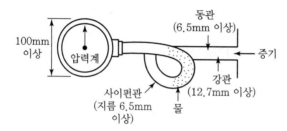

1999년 시행

01 보일러에서 압궤가 일어나기 쉬운 부분 3가지를 쓰시오.

해답 ① 노통   ② 연소실   ③ 관판

참고 팽출 : 횡연관보일러 동저부, 수관

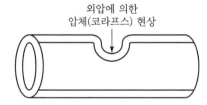

외압에 의한
압체(코라프스) 현상

02 보일러를 사용하지 않을 때의 보존방법을 2가지만 쓰시오.

해답 ① 만수보존법   ② 건조보존법

03 열교환기를 구조에 따라 3가지로 분류하여 쓰시오.

해답 ① 다관원통형식   ② 이중관식   ③ 단관식
        ④ 공랭식   ⑤ 특수식

04 기체연료 사용 시의 장점을 3가지만 쓰시오.

해답 ① 적은 공기로 완전연소가 가능하다.
      ② 점화 및 소화가 용이하며 연소조절이 수월하다.
      ③ 회분이나 매연이 적어 청결하다.
      ④ 연소효율이 높다.

05 다음과 같은 급유계통도에서 ( ) 안에 알맞은 말을 쓰시오.

> 저장탱크 → 여과기 → 기어펌프 → (①) → 여과기 → (②) → 유압펌프(분연펌프) → 급
> 유온도계 → (③) → 유압계 → 전자밸브 → 버너

해답 ① 서비스탱크　　　　② 오일프리히터　　　　③ 급유량계

06 온수보일러 용량이 25,000kcal/h(열출력)인 경우 송수주관 구경, 팽창관 구경, 급탕관 구경
을 각각 쓰시오.

해답 ① 송수주관 구경 : 25A 이상
② 팽창관 구경 : 15A 이상
③ 급탕관 구경 : 15A 이상

참고 보일러 용량 30,000kcal/h 이하
- 송수주관, 환수주관의 크기 : 25mm 이상
- 팽창관, 방출관의 크기 : 15mm 이상
- 급탕관 : 50,000kcal/h 이하는 15mm 이상

07 급수 중 포함되어 있는 가스체의 종류 2가지와 처리방법 2가지를 구분하여 쓰시오.

해답 (1) 가스체 종류
① 산소
② 탄산가스

(2) 처리방법
① 탈기법
② 기폭법

08 보일러 열정산 시 입열항목 5가지를 쓰시오.

해답 ① 연료의 연소열　　　　　② 연료의 현열
③ 공기의 현열　　　　　　④ 노 내 분입증기에 의한 입열
⑤ 피열물이 가지고 들어오는 입열

09 평균온도 85℃의 온수가 흐르는 길이 100m의 온수관에 효율 80%의 보온피복을 하였다. 외기 온도가 25℃이고 내관의 열관류율이 11kcal/m²h℃인 경우 보온 피복한 후의 시간당 열손실 (kcal/h)을 구하시오. (단, 관의 표면적은 0.22m²/m이다.)

해답 보온 후의 열손실$(Q) = (1 - 0.8) \times 11 \times 0.22 \times 100 \times (85 - 25) = 2,904 \text{kcal/h}$

참고 파이프 표면적 = 외경 $\times \pi \times$ 길이 $\times$ 개수(m^2)

10 송기장치인 온도조절식 증기 트랩을 2가지만 쓰시오.

해답 ① 바이메탈식　　　　　　　　　② 벨로스식

11 연료의 원소분석 결과가 다음과 같을 때 이론연소가스량(Nm^3/kg)을 구하시오.

탄소 87%, 수소 7%, 황 6%

해답 이론습배기가스량$(G_{ow}) = 8.89\text{C} + 32.27\left(\text{H} - \dfrac{\text{O}}{8}\right) + 3.33\text{S} + 0.8\text{N} + 1.25\text{W}$

$\qquad\qquad = 8.89\text{C} + 32.27\text{H} - 2.63\text{O} + 3.33\text{S} + 0.8\text{N} + 1.25\text{W}$

$\qquad\qquad = 8.89 \times 0.87 + 32.27 \times 0.07 + 3.33 \times 0.06$

$\qquad\qquad = 7.7343 + 2.2589 + 0.1998 = 10.19 \text{Nm}^3/\text{kg}$

참고 O(산소)가 주어지지 않으면 $\left(\text{H} - \dfrac{\text{O}}{8}\right)$는 제외하고 32.27H가 된다.

12 프로판가스의 고위발열량이 23,470kcal/Nm³이다. 저위발열량은 몇 kcal/Nm³인가?(단, 증 발잠열은 480kcal/m³이다.)

$\text{C}_3\text{H}_8 + 5\text{O}_2 \rightarrow 3\text{CO}_2 + 4\text{H}_2\text{O}$

해답 저위발열량$(H_l) = H_h - 480w_e$

$\qquad\qquad = 23,470 - 480 \times 4 = 23,470 - 1,920 = 21,550 \text{kcal/Nm}^3$

13 화실이나 연도에 설치하는 보일러의 방해판(배플)의 역할을 쓰시오.

> **해답** 연소가스의 흐름을 조절하고 열손실을 방지하며 완전연소에 일조하고 전열면에 그을음 부착을 방지한다.

14 강철제 보일러의 수압시험을 3단계로 구별하여 쓰시오.

(1) 최고사용압력 $4.3kg/cm^2$ 이하

(2) 최고사용압력 $4.3kg/cm^2$ 초과 $15kg/cm^2$ 이하

(3) 최고사용압력 $15kg/cm^2$ 초과

> **해답** (1) 최고사용압력의 2배
> (2) 최고사용압력 × 1.3배 + $3kg/cm^2$
> (3) 최고사용압력 × 1.5배
>
> **참고** $4.3kg/cm^2 = 0.43MPa$
> $15kg/cm^2 = 1.5MPa$

15 보일러 설치시공기준에서 옥내설치 시 기준이다. (   ) 안에 알맞은 용어를 쓰시오.

(1) 보일러 동체 최상부로부터 천장 배관등 보일러 상부의 구조물까지의 거리는 (   )m 이상이어야 한다.

(2) 위의 (1)에서 소용량 보일러인 경우에는 (   )m 이상으로 한다.

(3) 보일러 및 보일러에 부설된 금속제의 굴뚝 또는 연도의 외측으로부터 가연물과의 거리는 (   )m 이상 떨어져야 한다.

(4) 연료를 저장할 때는 보일러 외측으로부터 (   )m 이상 거리를 두거나 (   )을(를) 설치하여야 한다.

> **해답** (1) 1.2   (2) 0.6   (3) 0.3   (4) 2, 방화격벽
>
> **참고**

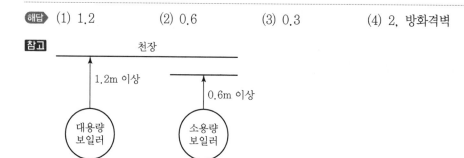

16 보일러 자동제어에서 조작량이 다음과 같을 때 ①~④를 쓰시오.

제어의 분류	제어량	조작량
자동연소제어(ACC)	(①)	연료량, 공기량
	(②)	연소가스량
자동급수제어(FWC)	(③)	급수량
과열증기온도제어(STC)	(④)	전열량

해답 ① 증기압력 ② 노내압력
③ 보일러 수위 ④ 증기온도

17 다음 중유 3가지는 연소 시 연소 보존장치이다. 각 보염장치들의 역할을 간단히 쓰시오.

(1) 윈드박스 (2) 스태빌라이저 (3) 콤버스터

해답 (1) 공기와 연료의 혼합촉진을 도우며 연소용 공기의 동압을 정압으로 유지시켜 착화나 화염을 안정시킨다.
(2) 착화된 화염이 공기공급에 의해 불꽃이 꺼지지 않게 하며 안정된 화염을 갖게 하는 장치이다.
(3) 노 내에서 불꽃의 꺼짐을 막아주고 급속연소를 촉진시킨다.

18 100℃ 물의 증발잠열 539kcal/kg의 저압증기난방을 하는 건물에서 방열기의 전방열 면적이 780m²일 때 전장치 내의 응축수량과, 응축수펌프의 용량, 응축수 탱크의 크기를 결정하시오. (단, 방열기 1m²당 응축수량은 표준량으로 하고 증기배관 내의 응축수량은 방열기 내의 응축수량의 30%로 본다.)

해답 ① 응축수량 $= \dfrac{650}{539} \times (1 + 0.3) \times 780 = 1,222.82\,\mathrm{kg/h}$

② 응축수 펌프용량 $= \dfrac{1,222.82}{60} \times 3 = 61.14\,\mathrm{kg/min}$

③ 응축수 탱크용량 $= 61.14 \times 2 = 122.28\,\mathrm{kg}$

참고 응축수 펌프용량 $= \dfrac{\text{장치 내 응축수량(kg/h)}}{60} \times 3$배

응축수 탱크용량 $=$ 응축수 펌프용량 $\times$ 2배

19 다음 도면을 보고 부속품의 개수를 기입하시오.

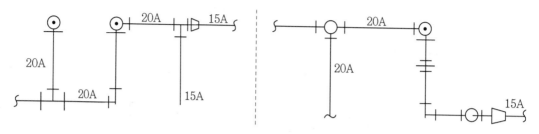

해답 ① 20A 엘보 : 5개
　　　③ 20×20A 티 : 2개
　　　⑤ 20A 유니언 : 1개

　② 20×15A 부싱 : 2개
　④ 20×15A 티 : 1개

20 다음은 금속관의 열팽창을 이용한 코프식 급수조절장치이다. ①~⑤의 명칭을 쓰시오.

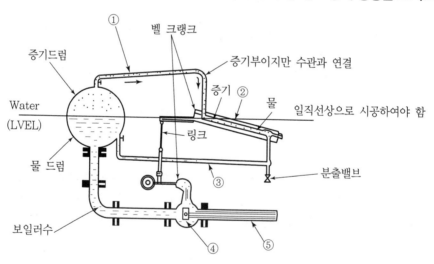

해답 ① 증기연락관　　　② 열팽창관　　　③ 수부연락관
　　　④ 급수조절밸브　　　⑤ 급수관

참고 수관식 보일러의 배플(화염방해판)의 설치목적 또는 장점
　• 노 내의 어느 한 부분이 국부적으로 과열되는 것을 방지한다.
　• 노 내 연소가스의 체류시간을 연장할 수 있어 전열효율을 높인다.
　• 화염의 방향을 원하는 곳으로 보낼 수 있다.

2000년 9월 24일 시행

과년도 출제문제

01 로터리식 벤딩머신의 장점을 3가지만 쓰시오.

해답 ① 동일 모양의 벤딩 제품을 다량 생산할 수 있다.
② 관에 심봉을 넣고 구부리므로 관의 단면 변형이 없다.
③ 두께에 관계없이 강관, 스테인리스강관, 동관 등을 쉽게 굽힐 수 있다.

02 진공환수식 증기 난방은 대규모 난방에 많이 사용한다. 물음에 답하시오.

(1) 방열기 밸브(RV)는 어떤 밸브를 사용하는가?

(2) 흡수관의 진공도는 얼마를 유지하는가?

해답 (1) 앵글밸브
(2) 100~250mmHg

03 보일러의 설치검사기준에서 배관의 설치 시 가스배관은 그 외부에 표시사항 3가지가 있다. 무엇을 표시하여야 하는가?

해답 ① 사용 가스명
② 가스의 최고사용압력
③ 가스의 흐름방향

04 보일러 계속사용운전 중에는 급수처리를 실시해야 한다. 급수처리의 목적을 5가지만 쓰시오.

해답 ① 전열면의 스케일 생성 방지
② 보일러수의 농축 방지
③ 부식의 방지
④ 가성취화 방지
⑤ 기수공발 현상의 방지

05 보일러에 설치되는 안전밸브의 크기는 호칭지름 25A 이상으로 하여야 하나 몇 가지 경우에는 20A 이상으로 할 수 있다. 20A 이상으로 할 수 있는 경우를 5가지만 쓰시오.

> (해답) ① 최고사용압력이 0.1MPa(1kg/cm^2) 이하의 보일러
> ② 최고사용압력 0.5MPa(5kg/cm^2) 이하의 보일러로 동체의 안지름이 500mm 이하이며 동체의 길이가 1,000mm 이하의 것
> ③ 최고사용압력이 0.5MPa(5kg/cm^2) 이하의 보일러로 전열면적이 2m^2 이하의 것
> ④ 최대증발량이 5T/h 이하의 관류보일러
> ⑤ 소용량 강철제 보일러, 소용량 주철제 보일러

06 강철제 보일러 압력계의 점검시기나 시험시기에 대하여 4가지만 쓰시오.

> (해답) ① 보일러를 장기간 휴지한 후 다시 사용하고자 할 때
> ② 프라이밍이나 포밍이 발생할 때
> ③ 지침의 정도가 의심스러울 때
> ④ 안전밸브의 분출작동압력과 실제작동 압력계의 압력과 조정압력이 서로 다를 때

07 자동 보일러 제어에 관한 다음 물음에 답하시오.

(1) A.C.C 제어는 어떤 제어인가?

(2) F.W.C 제어는 어떤 제어인가?

(3) S.T.C 제어는 어떤 제어인가?

> (해답) (1) 자동연소제어   (2) 자동급수제어   (3) 증기온도제어

08 중유연소에서 보염장치의 설치 목적을 쓰고 그 종류 3가지를 쓰시오.

> (해답) (1) 목적
> 연소용 공기의 흐름을 조절하고 확실한 착화 및 화염의 안정과 형상을 도모하며 연료와 공기의 혼합을 좋게 하며 노 내의 온도 분포를 균일하게 한다.
>
> (2) 종류
> ① 윈드박스   ② 스태빌라이저(보염기)
> ③ 버너타일   ④ 컴버스터

09 관에서 발생하는 워터해머(수격작용)의 방지법 5가지를 쓰시오.

해답 ① 주증기 밸브를 천천히 연다.
② 증기배관의 보온을 철저히 한다.
③ 응축수 빼기를 철저히 한다.
④ 포밍 및 프라이밍을 방지한다.
⑤ 송기 전에 냉각된 증기배관을 소량의 증기관으로 예열시킨다.
⑥ 기수분리기나 비수방지관을 설치한다.
⑦ 증기트랩을 설치한다.

10 보일러 운전시간이 5시간, 연료사용량이 800kg에서 증기발생량이 2,000kg/h일 때 증발배수 (kg/kg)는 얼마인가?

해답 시간당 연료사용량 $= \dfrac{800}{5} = 160$kg/h

∴ 증발배수 $= \dfrac{\text{시간당 증기발생량}}{\text{시간당 연료소비량}} = \dfrac{2,000}{160} = 12.5$kg/kg

11 다음 배관의 도시기호를 보고 명칭을 쓰시오.

(1)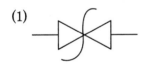

(2)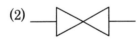

(3)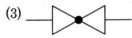

(4)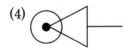

(5)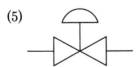

해답 (1) 안전 밸브
(2) 슬루스 밸브
(3) 글로브 밸브
(4) 글로브 수평앵글 밸브
(5) 다이어프램 밸브

12 다음의 조건을 이용하여 실제 배기가스량(Nm^3/kg)을 구하시오. 또한 이론연소온도를 구하시오.

▼ **조건**
- 이론공기량 : $10.7Nm^3/kg$
- 이론배기가스량 : $22Nm^3/kg$
- 연료의 저위발열량 : $7,700kcal/kg$
- 공기비(m) : 1.25
- 배기가스비열 : $0.35kcal/Nm^3℃$

해답 (1) 이론연소온도(T)

$$T = \frac{H_l}{G_o \times C_p} + t_o = \frac{7,700}{22 \times 0.35} = 1,000℃$$

(2) 실제 배기가스량(G)

$$G = G_o + (m-1)A_o$$
$$= 22 + (1.25 - 1) \times 10.7 = 24.68Nm^3/kg$$

13 석탄용 보일러의 정격출력을 구하는 공식을 쓰시오.(단, 배관부하는 α, 예열부하는 β이며, 출력저하계수 기호는 K이다.)

해답 정격출력 $= \dfrac{(난방부하 + 급탕부하) \times (1+\alpha) \times (1+\beta)}{K}$ (kcal/h)

14 보일러 증기압력(트랩 입구 압력)이 $15kg/cm^2$, 트랩의 최고허용 배압이 $12kg/cm^2$일 때 트랩의 배압허용도는 몇 %인가?

해답 증기트랩 배압허용도(%) $= \dfrac{최고허용배압\,(kg/cm^2)}{입구압력\,(kg/cm^2)} \times 100$

$$= \frac{12}{15} \times 100 = 80\%$$

15 다음 조건을 이용하여 실제 건연소가스량(Nm^3/kg)을 구하시오.

> ▼ 조건
> • 이론공기량 : 11.28Nm^3/kg • 이론 건배기가스량 : 10Nm^3/kg
> • 공기비 : 1.2m

> **해답** 실제 건연소가스량(G_d) $= G_{od} + (m-1)A_o$
> $$= 10 + (1.2-1) \times 11.28 = 12.26 Nm^3/kg$$

16 송풍기의 효율 75%, 송풍량 100m^3/sec, 송풍기의 전압력 150mmH₂O, 공기의 비중량 1.293kg/Nm^3, 굴뚝의 높이가 5m일 때 송풍기의 소요동력은 몇 PS인가?

> **해답** 송풍기 소요동력(PS) $= \dfrac{Z \cdot Q}{75 \times 60 \times \eta} = \dfrac{150 \times (100 \times 60)}{75 \times 60 \times 0.75} = 266.67 PS$

17 증기 안전밸브는 운전 중 증기압력이 몇 % 이상 도달이 될 때 분출시험을 하는가?

> **해답** 75% 이상

18 보일러 급수 처리방법에 관한 다음 물음에 답하시오.

(1) 보일러수 내처리의 종류를 5가지만 쓰시오.

(2) 현탁질 고형물 처리방법을 3가지만 쓰시오.

(3) 용존 고형물 처리방법을 3가지만 쓰시오.

> **해답** (1) ① 청관제 사용법   ② 보호피막에 의한 법   ③ 페인트 도장법
>   ④ 아연판 부착법   ⑤ 전기를 통하게 하는 법
>   (2) ① 여과법   ② 침강법   ③ 응집법
>   (3) ① 증류법   ② 이온교환법   ③ 약품처리법

19 관류보일러 보일러 수위제어 검출방식 중 전극식 자동급수 조정장치를 보고 각각의 기능을 쓰시오.

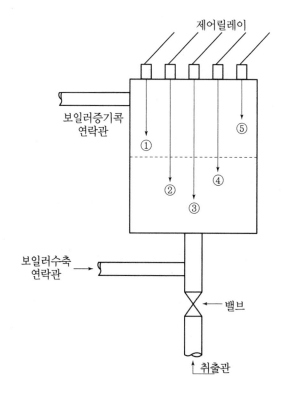

해답 ① 급수 정지용　　　　　② 저수위 경보용
③ 저수위 차단용　　　　　④ 급수 개시용
⑤ 고수위 경보용

20 매연방지 집진장치에는 건식과 습식이 있다. 습식방법에서 가압수식 집진장치의 종류를 5가지만 쓰시오.

해답 ① 벤투리 스크러버형　　　② 제트 스크러버
③ 사이클론 스크러버　　　④ 분무탑
⑤ 충진탑

참고 건식 : 여과식, 사이클론식, 관성식 등

2001년 4월 22일 시행

과년도 출제문제

01 보일러에 설치하는 안전밸브나 압력방출장치의 크기가 호칭지름 20A 이상으로 할 수 있는 조건을 3가지만 쓰시오.

> **해답** ① 최고사용압력 0.1MPa(1kg/cm²) 이하의 보일러
> ② 최고사용압력 0.5MPa(5kg/cm²) 이하의 보일러로 동체의 안지름이 500mm 이하이며 동체의 크기가 1,000mm 이하의 것
> ③ 최고사용압력 0.5MPa(5kg/cm²) 이하의 보일러로 전열면적 2m² 이하인 것
> ④ 최대증발량 5t/h 이하의 관류보일러
> ⑤ 소용량 강철제 보일러, 소용량 주철제 보일러

02 주철제 벽걸이형 방열기에서 수평형 벽걸이의 섹션(쪽)수가 5, 방열기 흡입관의 지름이 25mm, 유출관경이 20mm일 때 도시기호를 표시하시오.

> **해답**
>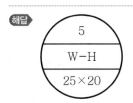
>
> **참고** • W : 벽걸이
> • H : 수평용
> • V : 수직용

03 보일러의 크기가 100마력일 경우 상당증발량으로 표시하면 몇 kg/h이 되는지 쓰시오.

> **해답** 보일러 1마력은 상당증발량 15.65kg/h 발생능력이다.
> ∴ 상당증발량 = 100 × 15.65 = 1,565kg/h

04 LPG(액화석유가스)의 주성분을 나타낸 표에서 ①~④에 들어갈 분자식을 쓰시오.

분자식	명칭
(①)	프로판
(②)	부탄
(③)	부틸렌
(④)	프로필렌

해답 ① C_3H_8 ② C_4H_{10} ③ C_4H_8 ④ C_3H_6

05 KS 기호에 정해진 강관배관의 약호를 쓰시오.

(1) 고압배관용 탄소강관   (2) 고온배관용 탄소강관

(3) 압력배관용 탄소강관   (4) 보일러 열교환기용 탄소강관

(5) 보일러 열교환기용 스테인리스강관

해답 (1) SPPH   (2) SPHT   (3) SPPS
(4) STH   (5) STS×TB

06 관을 굽힐 때 굽힘 하중을 제거하면 굽힘각은 작고 굽힘반경은 커지는 현상을 무엇이라 하는가?

해답 스프링 백

07 송풍기의 소요동력이 3.7kW일 때 회전수가 2,000rpm이었다. 회전수가 2,400rpm으로 증가하면 동력은 몇 kW로 증가하겠는가?

해답 동력증가$(P') = 3.7 \times \left(\dfrac{2,400}{2,000} \right)^3 = 6.39\text{kW}$

참고 • 풍량은 회전수 증가에 비례한다.
• 풍압은 회전수 증가의 제곱에 비례한다.
• 풍마력은 회전수 증가의 세제곱에 비례한다.

08 프로판 가스가 530kcal/mol이 되는 과정의 연소반응식을 쓰시오.

> **해답** $C_3H_8 + 5O_2 \rightarrow 3CO_2 + 4H_2O + 530kcal/mol$
>
> **참고** $C_4H_{10} + 6.5O_2 \rightarrow 4CO_2 + 5H_2O + 700kcal/mol$(부탄의 경우)

09 보일러 본체에서 발생하는 가성취화에 대하여 간단히 쓰시오.

> **해답** 고온고압보일러 운전 중 보일러수의 pH가 12 이상이면 보일러수 내에 알칼리도가 높아져서 Na, H 등이 강재나 강판의 결정경계에 침투하여 재질을 연화시키는 현상이다.

10 그을음 제거장치인 슈트 블로어(Soot Blower)의 운전 중 사용하는 매체 3가지만 쓰시오.

> **해답** ① 공기   ② 증기   ③ 물

11 연도 등에서 발생하는 저온부식의 방지책을 5가지만 쓰시오.

> **해답** ① 연료 중의 황분을 제거한다.
> ② 저온의 전열면 표면에 내식재료를 사용한다.
> ③ 저온의 전열면에 보호피막을 씌운다.
> ④ 배기가스의 온도를 노점온도 이상으로 유지시킨다.
> ⑤ 연료에 첨가제를 사용하여 노점온도를 낮춘다.
> ⑥ 배기가스 중의 CO_2 함량을 높여서 황산가스의 노점을 강하시킨다.

12 보일러 설치검사기준에서 온도계를 설치하여야 할 곳을 3군데만 쓰시오.

> **해답** ① 급수입구의 급수온도계
> ② 버너급유입구의 급유온도계
> ③ 절탄기나 공기 예열기가 설치된 경우 각 유체의 전후 온도를 측정할 수 있는 온도계
> ④ 보일러 본체 배기가스 온도계
> ⑤ 과열기 또는 재열기가 있는 경우 그 출구 온도계
> ⑥ 유량계를 통과하는 온도를 측정할 수 있는 온도계

13 다음 자동제어의 표시기호가 의미하는 것을 각각 쓰시오.

(1) A.C.C (2) F.W.C (3) S.T.C

 (1) 자동연소제어
(2) 자동급수제어
(3) 증기온도제어

14 보일러에 설치되는 버너의 선택 시 고려하여야 할 사항 5가지를 쓰시오.

해답 ① 노 내 압력과 노의 구조에 적합할 것
② 버너용량이 가열용량과 보일러의 용량에 적합할 것
③ 유량조절범위가 부하변동에 응할 수 있을 것
④ 보일러가 자동제어인 경우 자동제어 연결에 편리할 것
⑤ 취급이 용이하고 고장 시 수리 보수가 편리할 것

15 열사용기기 운전 중 긴급이상 시 발생하는 인터록을 5가지로 구별하여 쓰시오.

해답 ① 저수위 인터록
② 압력초과 인터록
③ 불착화 인터록
④ 저연소 인터록
⑤ 프리퍼지 인터록

16 급수처리의 목적 5가지를 쓰시오.

해답 ① 전열면의 스케일 생성 방지
② 보일러수의 농축 방지
③ 부식 방지
④ 가성취화 방지
⑤ 기수공발현상 방지

17 보일러 운전 중 연료소비량이 250ℓ/h, 연료의 비중이 0.96, 연료의 발열량이 9,750kcal/kg, 연료의 종류는 중유이며 증기발생량이 2,500kg/h, 발생증기 엔탈피가 650kcal/kg, 급수의 엔탈피가 20kcal/kg일 때 이 보일러의 효율(%)을 구하시오.

> **[해답]** 보일러 효율$(\eta) = \dfrac{W_a(h_x - h_l)}{W_f \times d \times h_l} \times 100$
>
> $\qquad\qquad\qquad = \dfrac{2,500(650 - 20)}{250 \times 0.96 \times 9,750} \times 100 = 67.31\%$

> **[참고]** 연료소비량$(\ell) \times$ 비중 $=$ kg

18 평균난방부하가 150kcal/m²h인 건물에 1일 소요되는 보일러용 경유 소비량은 몇 kg인가? (단, 난방면적 100m², 효율 80%, 경유의 발열량 9,000kcal/kg이다.)

> **[해답]** 경유 소비량$(G_f) = \dfrac{150 \times 24 \times 100}{9,000 \times 0.8} = 50\text{kg}$

19 다음은 보일러 주위의 배관에서 하드포드 접속법에 대한 설명이다. 보기에서 옳은 것을 고르시오.

> 환수주관을 보일러 하부에 직접 연결하면 보일러의 물이 환수주관에 역류하여 보일러의 수면이 (①) 이하가 되는 수가 있고 환수관의 파손으로 보일러 속의 물이 유출되어 (②) 이하로 내려가는 것을 방지하기 위하여 증기관과 (③) 사이에 (④)을 설치, 환수주관은 보일러 안전저수위면 위치에 연결하는 방법으로 (⑤)보다 (⑥)mm 아래에 연결하며 보일러의 배수는 반드시 간접배수로 한다.
>
> ▼ **보기**
> 사용수면(표준수면), 안전저수면, 기준수면, 50, 균형관, 환수관, 안전저수위

> **[해답]** ① 안전저수면　　② 안전저수위　　③ 환수관
> 　　　　④ 균형관　　　　⑤ 사용수면(표준수면)　　⑥ 50

20 (1)~(9)에 해당하는 보일러의 형식을 보기에서 골라 기호를 쓰시오.

> ▼ 보기
> ⓐ 스코치 보일러   ⓑ 하우든존슨 보일러   ⓒ 드라이 보팀형 보일러
> ⓓ 램진 보일러   ⓔ 슐처 보일러   ⓕ 가르베 보일러
> ⓖ 쓰네기찌 보일러   ⓗ 바브콕 보일러   ⓘ 코니시 보일러
> ⓙ 랭커셔 보일러   ⓚ 입형횡관 보일러   ⓛ 다쿠마 보일러
> ⓜ 코크란 보일러   ⓝ 멤브레인 수랭벽 보일러   ⓞ 베록스 보일러
> ⓟ 라몽트 보일러   ⓠ 열매체 보일러   ⓡ 하이네 보일러
> ⓢ 버개스 보일러

(1) 입형 보일러

(2) 노통 보일러

(3) 노통 연관 보일러

(4) 자연순환식 수관 보일러

(5) 강제순환식 수관 보일러

(6) 주철제 보일러

(7) 수관식 관류 보일러

(8) 방사 수관 보일러

(9) 특수 보일러

해답 (1) ⓚ, ⓜ   (2) ⓘ, ⓙ   (3) ⓐ, ⓑ
(4) ⓖ, ⓗ, ⓕ, ⓛ   (5) ⓟ, ⓞ   (6) ⓒ
(7) ⓓ, ⓔ   (8) ⓝ   (9) ⓠ, ⓡ, ⓢ

2001년 11월 4일 시행

과년도 출제문제

01 보일러 점화 전 프리퍼지 이외에 포스트퍼지가 있다. 포스트퍼지란 무엇인지 설명하시오.(보일러 운전 중 Post Purge)

> **해답** 보일러 가동 중 운전정지 시나 저수위사고 등 비상조치로 보일러 운전을 즉시 차단하거나 실화에 의해 연소가 중단되는 경우 노 내의 미연가스 등에 의해 가스폭발 예방차원에서 노 내및 연도 내 용적의 4배 이상 공기량으로 퍼지(환기)를 30~60초 동안 실시하는 작업이다.

02 습식 집진장치에서 가압수식(스크러버) 집진장치 3가지를 쓰시오.

> **해답** ① 벤투리 스크러버　　　② 제트 스크러버　　　③ 사이클론 스크러버

03 보일러 급수처리의 외처리 중에서 분출을 용이하게 하기 위하여 슬러지를 연화시켜 외부로 배출시키는 역할을 하는 슬러지 조정제를 3가지만 쓰시오.

> **해답** ① 전분　　　　　　　② 덱스트린
> ③ 탄닌　　　　　　　④ 리그린

04 서로 관계되는 것을 연결하시오.

수소이온지수 ·　　　　　　　· 수중에 녹아있는 탄산수소 등 수중의 알칼리도를 표시

경　　　　도 ·　　　　　　　· 물 속에 현탁한 불순물에 의하여 물의 탁한 정도를 표시

알 칼 리 도 ·　　　　　　　· 물의 이온적으로 산성, 중성, 알칼리로 표시

탁　　　　도 ·　　　　　　　· 물을 연수와 경수로 구분하는 척도

> **해답**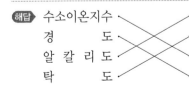
> 수소이온지수　　　　　 수중에 녹아있는 탄산수소 등 수중의 알칼리도를 표시
> 경　　　　도　　　　　 물 속에 현탁한 불순물에 의하여 물의 탁한 정도를 표시
> 알 칼 리 도　　　　　 물의 이온적으로 산성, 중성, 알칼리로 표시
> 탁　　　　도　　　　　 물을 연수와 경수로 구분하는 척도

05 프로판가스 5Nm³의 연소 시 이론공기량을 계산하시오. (단, 반응식은 $C_3H_8 + 5O_2 \rightarrow 3CO_2 + 4H_2O$)

해답 이론공기량$(A_o) = $이론산소량$(O_o) \times \dfrac{1}{0.21} = \left(5 \times \dfrac{100}{21}\right) \times 5 = 119.05 \, \text{Nm}^3$

참고 $C + O_2 \rightarrow CO_2$

$H_2 + \dfrac{1}{2} O_2 \rightarrow H_2O$

06 보일러 자동제어에 관한 내용이다. 다음 ①~④에 알맞은 내용을 쓰시오.

자동제어	제어량	조작량
자동연소제어(ACC)	(①), (②)	연소량, 공기량
자동급수제어(FWC)	(③)	급수량
증기온도제어(STC)	(④)	전열량

해답 ① 증기압력   ② 노내압력
③ 보일러 수위   ④ 증기온도

07 증기난방법에는 증기의 압력에 따라 (①)식과 (②)식이 있고 응축수 환수방법에는 (③) 환수식, 기계환수식, 진공환수식이 있으며 배관방식에서는 (④)식과 (⑤)식이 있다. ( ) 안에 들어갈 내용을 기술하시오.

해답 ① 고압식   ② 저압식   ③ 중력
④ 단관식   ⑤ 복관식

참고 환수관의 배관법에는 건식 환수관식, 습식 환수관식이 있고 증기공급방법에는 상향공급식, 하향공급식이 있다.

08 온수난방에서 방열기 입구온도가 80℃, 출구온도가 60℃, 방열기의 방열계수가 7.2kcal/m²h℃일 때 온수방열기의 방열량을 구하시오. (단, 실내온도는 18℃이다.)

해답 $Q = $방열계수$\times \left(\dfrac{\text{입출구 온도}}{2} - \text{실내온도}\right)$

$= 7.2 \times \left(\dfrac{80 + 60}{2} - 18\right) = 374.4 \, \text{kcal/m}^2\text{h}$

09 배관이나 온수보일러의 전수량이 300l이고 보일러 가동 전 10℃ 물의 비중량(밀도)이 998l /m³, 가동 후 90℃에서 밀도가 977l/m³일 때 온수 팽창량은 몇 l인가?

해답 온수 팽창량(V') = 전수량 $\times \left(\dfrac{1}{\text{온수밀도}} - \dfrac{1}{\text{가동 전 물의 밀도}} \right)$

$$= 300 \times \left(\frac{1}{0.977} - \frac{1}{0.998} \right) = 300 \times (1.0235 - 1.0020) = 6.45l$$

10 동관의 질별 종류 기호 및 그 강도에 대하여 쓰시오.

(1) 연질 동관   (2) 반연질 동관

(3) 경질 동관   (4) 반경질 동관

해답 (1) O(가장 연하다.)

(2) OL(연질에 약간의 경도, 강도 부여)

(3) H(가장 강하다.)

(4) $\frac{1}{2}$H(경질에 약간의 연성 부여)

11 By-pass관에 감압밸브를 설치할 때 필요한 밸브나 장치를 종류별로 쓰고 부속품을 5가지만 쓰시오.(단, 감압밸브와 배관연결재료는 제외한다.)

해답 ① 안전밸브   ② 압력계

③ 여과기   ④ 글로우밸브

⑤ 바이패스밸브(슬루스밸브)

12 보일러 설치검사기준의 보조펌프를 생략할 수 있는 조건에서 전열면적 (①)m² 이하인 보일 러, 전열면적 (②)m² 이하인 가스용 온수보일러, 전열면적(③)m² 이하인 관류보일러 등 이며 또한 급수 배관에서는 보일러에 인접하여 (④)와 (⑤)를 설치하여야 한다. (　　) 안 에 알맞은 내용을 쓰시오.

해답 ① 12   ② 14   ③ 100

④ 급수밸브   ⑤ 체크밸브

참고 급수밸브나 체크밸브의 크기는 전열면적 10m² 이하의 보일러에서는 호칭 15A 이상, 전열면 적 10m² 초과 시는 호칭 20A 이상이다.

13 다음 자동제어의 설명에 맞는 조건을 골라 보기에서 해당되는 번호를 쓰시오.

▼ 보기
① On-off 동작 　　② 비례동작 　　③ 적분동작 　　④ 미분동작

(1) 제어의 편차에 의해서 정해진 두 개의 접점에 의해서 동작된다.

(2) 제어 편차의 크기에 비례해서 제어가 이루어진다.

(3) 제어가 시간적 누적량에 의해서 제어편차의 변화속도에 비례하여 이루어진다.

(4) 제어가 정해진 조작단의 이동속도에 비례해서 이루어진다.

해답 (1) ①　　　　(2) ②　　　　(3) ④　　　　(4) ③

14 보일러 설치검사기준에서 유량계는 전기계량기 및 전기안전기와의 거리는 (①)cm 이상, 굴뚝·전기개폐기 및 전기콘센트와의 거리는 (②)cm 이상, 전선과의 거리는 (③)cm 이상을 유지해야 한다. ( ) 안에 알맞은 내용을 쓰시오.

해답 ① 60　　　　　　② 30　　　　　　③ 30

15 어떤 빌딩의 방열기의 면적이 500m²(상당방열면적), 매시 급탕량의 최대가 500l/h, 급탕수의 온도가 70℃, 급수의 온도가 10℃라고 한다. 이 건물에 주철제 증기보일러를 사용하여 난방을 하려고 할 때 보일러의 크기를 구하시오.(단, 배관부하 $\alpha = 20\%$, 예열부하 $\beta = 25\%$, 증발잠열 539kcal/kg, 물의 비열 1kcal/l℃, 연료는 석탄이며 출력저하계수 $K = 0.69$이다.)

해답 보일러의 크기 $= \dfrac{(\text{난방부하} + \text{급탕부하}) \times \text{배관부하} \times \text{예열부하}}{\text{출력저하계수}}$

$= \dfrac{\{500 \times 650 + 500 \times 1 \times (70-10)\} \times 1.2 \times 1.25}{0.69}$

$= \dfrac{(325,000 + 30,000) \times 1.2 \times 1.25}{0.69}$

$= 771,739.13 \text{kcal/h} \left(\dfrac{771,739.13\text{kcal/h}}{3,600\text{kJ/kWh}} = 214.37\text{kW} \right)$

16 중유(벙커C유)를 사용하는 보일러에서(수관식) 다음과 같은 조건으로 운전하였다. 물음에 답하시오.

▼ **조건**
- 급수량 : 1,250kg/h
- 건도 : 0.92
- 접촉전열면적 : 8m²
- 압력 : 5kg/cm²g
- 복사전열면적 : 12m²
- 급수온도 : 20℃

▼ **증기표**

압력	포화온도(℃)	엔탈피(kcal/kg)		증발열(kcal/kg)
		포화수(h')	포화증기(h'')	
5kg/cm²ata	151.13	152.13	656.03	503.9
6kg/cm²ata	158.0	159.3	658.1	498.8

(1) 상당증발량은 얼마인가?

(2) 전열면의 상당(환산)증발량은 얼마인가?

해답 (1) 습증기엔탈피

$$h_2 = 159.3 + 498.8 \times 0.92 = 618.20 \text{kgal/kg}$$

$$\therefore \text{상당증발량} = \frac{1,250 \times (618.2 - 20)}{539} = 1,387.29 \text{kg}$$

(2) 전열면의 상당(환산)증발량

$$\frac{1,387.29}{12 + 8} = 69.36 \text{kg/m}^2/\text{h}$$

참고 5kgf/cm²g + 1ata = 6kgf/cm²ata

17 보일러 운전 중 다음과 같은 현상이 발생할 때의 조치사항을 보기에서 골라 쓰시오.

> **▼ 보기**
> ① 송풍기의 용량 증가
> ② 오일프리히터 온도조절기 점검
> ③ 감압밸브의 조절
> ④ 버너 노즐의 막힘 여부
> ⑤ 기름탱크의 기름확인 및 저수위 안전장치의 작동 여부

(1) 기름의 점도가 과대하다.

(2) 통풍력이 부족하다.

(3) 압력이 불균일하다.

(4) 버너에서 기름이 분사되지 않는다.

(5) 운전 도중 소화가 된다.

해답 (1) ②　　　　(2) ①　　　　(3) ③
　　　 (4) ④　　　　(5) ⑤

18 다음은 화염검출기에 관한 설명이다. 해당되는 기호를 보기에서 골라 쓰시오.

> **▼ 보기**
> ① 스택스위치(Stack Switch)
> ② 플레임로드(Flame Rod)
> ③ 플레임아이(Flame Eye)

(1) 화염의 발광체를 이용한 것으로 연소 중에 화염의 복사선을 광전관으로 잡아 전기 신호를 변환하여 화염의 유무를 검출하는 장치로 버너의 불꽃으로부터 불빛을 잡을 수 있는 위치에 부착한다.

(2) 화염의 이온화를 이용한 것으로 화염 속의 가스는 고온에서 양이온과 자유전자로 전리된다. 이때 불꽃 속에 전극을 넣어 전기흐름의 유무를 검출하는 장치이다. 글랜드 로드(Gland Rod)는 버너에 부착시키며 내열성 금속봉이 사용된다.

(3) 연소가스의 발열체를 이용한 것으로 연도를 통하는 가스의 온도에 의해 감열 소자인 바이메탈의 신축작용으로 불꽃의 유무를 검출하는 장치로 연소실 출구나 연도에 부착한다.

해답 (1) ③　　　　(2) ②　　　　(3) ①

19 보일러 FWC에서 수위제어의 검출기구를 3가지만 쓰시오.

해답 ① 플루트식(맥도널식)　　　　② 전극식
　　 ③ 압력차식　　　　　　　　　④ 코프식(서모스탯)

20 다음은 관류보일러인 슐처보일러(Sulzer Boiler)의 계통도이다. ①∼⑥의 명칭을 쓰시오.

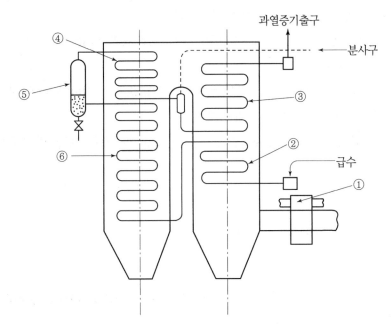

해답 ① 공기예열기　　　　　　　　② 절탄기(급수가열기)
　　 ③ 대류과열기　　　　　　　　④ 복사(방사)과열기
　　 ⑤ 염분리기(기수분리기)　　　⑥ 증발관

2002년 5월 26일 시행

01 안전밸브 및 압력방출장치의 크기는 호칭지름 25A 이상으로 하여야 한다. 다만 다음 보일러에서는 호칭지름 20A 이상으로 할 수 있다. ( ) 안에 알맞은 말을 넣으시오.

(1) 최고사용압력 ( )kg/cm² 이하의 보일러

(2) 최고사용압력 ( )kg/cm² 이하의 보일러로 동체의 안지름이 ( )mm 이하이며 그 길이가 ( )mm 이하의 것

(3) 최고사용압력 5kg/cm² 이하의 보일러로 전열면적 ( )m² 이하의 것

(4) 최대증발량 ( )t/h 이하의 관류 보일러

(5) 소용량 강철제 보일러, 소용량 ( ) 보일러(이하 "소용량보일러"라 한다.)

해답 (1) 1   (2) 5, 500, 1,000   (3) 2
     (4) 5   (5) 주철제

참고 $1kg/cm^2 = 0.1MPa$

02 온수보일러 시공업자는 보일러를 설치한 후 가동 전에 6가지 사항에 대하여 적합 여부를 확인하여야 한다. 설치시공 확인 6가지 중 5가지를 쓰시오.

해답 ① 수압 및 안전장치
② 보일러의 연소 및 배기성능 관계
③ 연소계통의 누설상태
④ 온수순환
⑤ 자동제어에 의한 성능관계
⑥ 보온상태

03 보일러수 중의 슬러지(Sludge)의 주성분을 3가지만 쓰시오.

해답 ① 탄산염   ② 수산화물   ③ 산화철
     ④ 탄산칼슘   ⑤ 인산칼슘   ⑥ 수산화마그네슘
     ⑦ 탄산마그네슘

04 보일러 운전 중 단속 또는 연속 분출의 목적 4가지를 쓰시오.

해답 ① 관수의 순환을 좋게 한다.
② 스케일 부착을 방지한다.
③ 가성취화를 방지한다.
④ 프라이밍 및 포밍을 방지한다.
⑤ 고수위 운전을 방지한다.
⑥ 보일러 수위 농축을 방지한다.

05 증기원동소의 과열증기 사용 시의 이점 3가지만 쓰시오.

해답 ① 이론상의 열효율이 증가한다.
② 증기의 마찰손실이 적다.
③ 같은 압력의 포화증기에 비해 보유열량이 많다.
④ 증기 원동소의 터빈 날개의 부식이 적다.

06 다음은 수압시험에 대한 설명이다. (   ) 안에 알맞은 말을 쓰시오.

(1) 보일러 최고사용압력이 $4.3kg/cm^2$ 이하일 때는 그 최고사용압력의 (   )배의 압력으로 한다. 다만 그 시험압력이 $2kg/cm^2$ 미만인 경우에는 $2kg/cm^2$로 한다.

(2) 보일러 최고사용압력이 $4.3kg/cm^2$ 초과 $15kg/cm^2$ 이하일 때에는 그 최고사용압력의 (   )배에 $3kg/cm^2$를 더한 압력으로 한다.

(3) 보일러 최고사용압력이 $15kg/cm^2$를 초과할 때에는 그 최고사용압력의 (   )배의 압력으로 한다.

(4) 주철제 보일러에서는 증기 보일러에 대하여 (   )kg/cm^2로 한다.

(5) 주철제 온수 발생 보일러에 대하여 최고 사용압력의 (   )배의 압력으로 한다. 다만 그 시험압력이 $1kg/cm^2$ 미만일 경우에는 $2kg/cm^2$로 한다.

해답 (1) 2   (2) 1.3   (3) 1.5
(4) 2   (5) 1.5

참고 $4.3kg/cm^2 = 0.43MPa$
$15kg/cm^2 = 1.5MPa$
$1kg/cm^2 = 0.1MPa$

07 오르사트 가스분석기에 대한 설명이다. 관계되는 것을 보기에서 골라 쓰시오.

> ▼ 보기
> • 수산화칼륨 용액 30% • 암모니아성 염화제1동 용액
> • 알칼리성 피로갈롤 용액 • 옥소수은 칼륨 용액

(1) CO_2 분석 　　　　　　(2) CO 분석 　　　　　　(3) O_2 분석

───────────────────────────

해답 (1) 수산화칼륨 용액 30%
　　 (2) 암모니아성 염화제1동 용액
　　 (3) 알칼리성 피로갈롤 용액

08 배기가스의 폐열회수를 위하여 공기예열기를 설치하여 배기가스온도를 150℃로 전환했을 때 배기가스 손실열량은 몇 kcal/kg인가?(단, 연료의 실제 배기가스량은 13.5848Nm³/kg, 배기가스의 평균비열은 0.33kcal/Nm³℃, 외기온도는 25℃이다.)

───────────────────────────

해답 배기가스 손실열량(G) = 실제 배기가스량 × 배기가스 비열 × (배기가스출구온도 − 외기온도)
　　　　　　　　　 = 13.5848 × 0.33 × (150 − 25) = 560.37kcal/kg

참고 실제 배기가스량 = 이론 배기가스량 + (공기비 − 1) × 이론공기량(Nm³/kg, Nm³연료)

09 보온재의 습도, 비중, 온도가 상승했을 경우 (　) 안에 알맞은 말을 써넣으시오.
(1) 열전도율은 (　)한다. 　　　　　　(2) 보온효율은 (　)한다.

───────────────────────────

해답 (1) 증가 　　　　　　(2) 감소

10 산업용 증기보일러 수면계의 점검순서를 기호로 쓰시오.

> ▼ 보기
> ① 증기밸브를 연 후 통기를 확인한다. 　② 드레인밸브를 차단하고 물밸브를 연다.
> ③ 물밸브를 열고 통수를 확인하고 닫는다. 　④ 드레인밸브를 열고 배수한다.
> ⑤ 증기밸브, 물밸브를 차단한다.

───────────────────────────

해답 ⑤ → ④ → ③ → ① → ②

11 연돌의 실제통풍력을 측정한 결과 2mmH₂O이고, 연소가스의 평균온도가 100℃, 외기온도가 15℃일 때 연돌의 높이는 몇 m인가?(단, 공기의 비중량은 1.295kg/Nm³, 배기가스의 비중량은 1.423kg/Nm³이다.)

해답 굴뚝높이$(H) = \dfrac{2}{273 \times \left[\dfrac{1.295}{273+15} - \dfrac{1.423}{273+100} \right] \times 0.8} = 13.4\text{m}$

참고 (1) 실제통풍력

$$273 \times H \times \left[\frac{\gamma_a}{273+t_a} - \frac{\gamma_g}{273+t_g} \right] \times 0.8$$

(2) 이론통풍력

$$273 \times H \times \left[\frac{\gamma_a}{273+t_a} - \frac{\gamma_g}{273+t_g} \right]$$

(3) 실제굴뚝높이

$$H = \frac{통풍력}{273 \left[\dfrac{\gamma_a}{273+t_a} - \dfrac{\gamma_g}{273+t_g} \right] \times 0.8} \text{(m)}$$

12 5kg/cm²(0.5MPa) 압력하에서 보일러 증기발생량이 2,500kg/h, 급수의 온도가 25℃이고 이 증기압력하에서 증기엔탈피가 640kcal/kg일 때 증발계수(증발력)는 얼마인가?

해답 증발계수(증발력) $= \dfrac{h_2 - h_1}{539} = \dfrac{640 - 25}{539} = 1.14$

13 그을음 제거기인 슈트 블로어의 사용 시 분무매체 3가지를 쓰시오.

해답 ① 공기   ② 증기   ③ 물

14 다음 연소제어 계장도를 보고 물음에 답하시오.

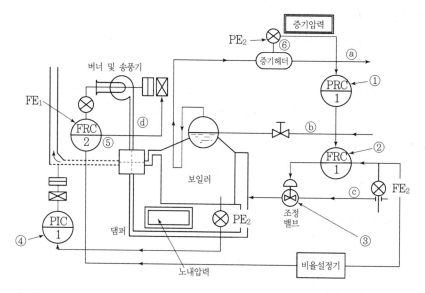

(1) ①~⑥의 명칭을 쓰시오.

(2) ⓐ~ⓓ의 관 내부에 흐르는 유체명을 쓰시오.

해답 (1) ① 연료압력 조절기 　　② 연료 조절기
　　　　③ 연료량을 가감하는 조작부 　④ 통풍력 조절기
　　　　⑤ 공기유량 조절기 　　　　⑥ 증기압 검출기

　　　(2) ⓐ 증기 　　　　　　ⓑ 물
　　　　　ⓒ 중유 　　　　　　ⓓ 공기

15 송풍기의 풍량이 100m³/min 풍압이 180mmH₂O일 때 송풍기의 소요동력은 몇 PS인가?
(단, 송풍기의 효율은 60%이다.)

해답 송풍기 소요동력(N) $= \dfrac{Z \times Q}{75 \times 60 \times \eta} = \dfrac{180 \times 100}{75 \times 60 \times 0.6} = 6.67\,\text{PS}$

참고 $N = \dfrac{Z \times Q}{102 \times 60 \times \eta} = \dfrac{180 \times 100}{102 \times 60 \times 0.6} = 4.90\,\text{kW}$

16 증기보일러 저압증기 난방을 하는 어떤 건물에서 방열기의 전방열 면적이 600m²일 때 다음 물음에 답하시오.

(1) 난방장치 내의 전 응축수량(kg/h)은 얼마인가?(단, 방열기 면적 1m²당 응축수량은 표준량으로 증기배관 내의 응축수량은 방열기내 응축수량의 30%로 본다.)

(2) 응축수 펌프의 양수량은(*l*/min) 얼마인가?(단, 응축수 1kg은 1*l*로 본다.)

(3) 응축수 탱크의 크기는 몇 *l*인가?

해답 (1) $\dfrac{650}{r} \times EDR \times a = \dfrac{650}{539} \times 600 \times 1.3 = 940.6\,\text{kg/h}$

(2) $\dfrac{\text{응축수량} \times 3\text{배}}{60\text{분}} = \dfrac{940.6 \times 3}{60} = 47.03\,l/\text{min}$

(3) 응축수 펌프용량 $\times 2$배 $= 47.03 \times 2 = 94.06\,l$

참고 • $650\,\text{kcal/m}^2\text{h} = 650 \times 4.186\,\text{kJ} = 2,721\,\text{kJ/m}^2\text{h},\ \dfrac{2,721}{3,600} = 0.756\,\text{kW}$

• $539\,\text{kcal/kg} = 539 \times 4.186\,\text{kJ/kg} = 2,256\,\text{kJ/kg}$

17 응접실에 설치된 방열기는 보일러 수면으로부터 3.5m 높이에 있는 중력순환식 온수보일러에서 자연순환수두(가득수두)는 몇 mmH₂O인가?(단, 90℃의 온수밀도는 997kg/m³, 70℃의 환수밀도는 998kg/m³이다.)

해답 자연순환수두(H) $= 3.5 \times (998 - 997) = 3.5\,\text{mmH}_2\text{O}$
또는 $3.5 \times (0.998 - 0.997) \times 1,000 = 3.5\,\text{mmAq}$

18 다음은 동관용 공구들이다. 관계되는 것끼리 연결하시오.

튜 브 커 터 ·   · 동관의 끝을 확관시킨다.

플레어링 툴 세트 ·   · 동관의 끝을 원형(진원)으로 정형한다.

익 스 팬 더 ·   · 동관의 끝을 나팔형으로 만들어 압축이음에 대비한다.

사 이 징 툴 ·   · 동관의 전용 절단 공구

해답 튜 브 커 터 — 동관의 끝을 확관시킨다.
플레어링 툴 세트 — 동관의 끝을 원형(진원)으로 정형한다.
익 스 팬 더 — 동관의 끝을 나팔형으로 만들어 압축이음에 대비한다.
사 이 징 툴 — 동관의 전용 절단 공구

19 배관도면에서 치수기입법 중 높이 표시에 대한 설명이다. 물음에 답하시오.

(1) EL 표시　　　　　　　(2) BOP　　　　　　　　(3) TOP

(4) GL　　　　　　　　　(5) FL

──

해답 (1) 배관의 높이를 표시할 때 기준선에 의해 높이를 표시하는 법이다. 지반면이 수평이 되지 않으면 지반면의 최고 위치를 기준하여 150~200mm 정도의 상부를 기준선으로 한다.

(2) EL에서 관외경의 밑면까지를 높이로 표시할 때

(3) EL에서 관외경의 윗면까지를 높이로 표시할 때

(4) 지면의 높이를 기준으로 할 때 사용하고 치수 숫자 앞에 기입

(5) 건물의 바닥면을 기준으로 하여 높이를 표시할 때

20 가연성 가스에 대한 다음 물음에 답하시오.

(1) 지하에서 산출되는 가스로서 주성분이 메탄가스인 천연가스를 인공적으로 가공하여 탈황, 탈탄, 탈습시킨 가스의 명칭은?

(2) 인공으로 가공하여 도시가스로 사용하기 위한 가스의 종류 4가지를 기술하시오.

──

해답 (1) 액화천연가스(LNG)

(2) ① 액화석유가스(LPG)　　　② 석탄가스

　　③ 발생로 가스　　　　　　④ 수성 가스

　　⑤ 고로 가스

2003년 5월 14일 시행

01 보일러 자동제어 중에서 수위제어의 제어방법으로는 단요소식(1요소식), 2요소식, 3요소식, 3가지가 있다. 각각 무엇을 검출하여 수위를 제어하는지 쓰시오.

> **해답** ① 단요소식 : 수위검출
> ② 2요소식 : 수위, 증기유량 검출
> ③ 3요소식 : 수위, 증기유량, 급수유량 검출

02 다음 ( ) 안에 올바른 내용을 쓰시오.

(1) 인화성 증기를 발생하는 열매체 보일러에서는 안전밸브를 (①) 구조로 하든가 안전밸브로부터 배기를 보일러실 밖의 안전장소로 (②)시키도록 한다.

(2) 온수보일러는 최고사용압력에 달하면 즉시 작동하는 방출밸브, 또는 (①)를 (②)개 이상 갖추어야 하며 (③)을 갖출 때는 방출밸브로 대용할 수 있다.

> **해답** (1) ① 밀폐식　　　　　② 방출
> (2) ① 안전밸브　　　　② 1　　　　　　③ 방출관

03 고체연료의 성분이 탄소(C) 62.3%, 수소(H) 4.7%, 산소(O) 11.8%, 황(S) 2.2%, 회분이 기타 성분으로 구성되어 있다. 이 연료 1kg을 연소시키는 데 필요한 이론공기량(A_o)은 몇 Nm³/kg인가?

> **해답** 이론공기량$(A_o) = \left[1.867C + 5.6\left(H - \dfrac{O}{8}\right) + 0.7S \right] \times \dfrac{1}{0.21}$
>
> $= 8.89C + 26.67\left(H - \dfrac{O}{8}\right) + 3.33S$
>
> $= 8.89 \times 0.623 + 26.67\left(0.047 - \dfrac{0.118}{8}\right) + 3.33 \times 0.022$
>
> $= 6.47 Nm^3/kg$

04 다음 (   ) 안에 알맞은 내용을 쓰시오.

> 물(수용액)이 산성인지 알칼리성인지는 수중의 수소이온(H^+)과 수산이온(OH^-)의 양에 따라 정해지는데 이것을 표시하는 방법으로는 수소이온지수 pH가 쓰인다. 상온에서 pH 7 미만은 (①), 7은 (②), 7 이상은 (③)이다. 또한 보일러 급수에서는 pH (④)가 좋고 보일러수의 pH 범위는 (⑤)가 이상적이다.

해답 ① 산성   ② 중성   ③ 알칼리성
④ 8.0~9.0   ⑤ 10.5~11.8

05 보일러 전열면적 중 복사 전열면적이 20m², 대류전열면적이 10m²이다. 보일러 가동시간이 8시간 총전열면적에서 증기발생량이 12,000kg일 때 전열면의 증발률은 몇 kg/m²h인가?

해답 전열면의 증발률 $= \dfrac{증기발생량}{전열면적}$

$$= \frac{12,000}{(20+10)\times 8} = 50 \text{kg/m}^2\text{h}$$

06 연돌의 높이가 100m, 배기가스의 평균온도가 200℃, 외기온도가 27℃, 대기의 비중량이 1.29kg/Nm³, 배기가스의 비중량이 1.354kg/Nm³인 경우의 이론통풍력(Z)은 몇 mmH₂O(Aq)인가?

해답 이론통풍력$(Z) = 273H\left[\dfrac{\gamma_{oa}}{273+t_a} - \dfrac{\gamma_{og}}{273+t_g}\right]$

$$= 273 \times 100\left[\frac{1.29}{273+27} - \frac{1.354}{273+200}\right] = 39.24 \text{mmH}_2\text{O}$$

07 화확적인 가스분석계의 종류를 3가지만 쓰시오.

해답 ① 오르사트 가스분석기   ② 헴팰식 가스분석기
③ 연소식 O_2계   ④ 미연소 가스분석기
⑤ 자동화학식 가스분석기

08 개방식 팽창탱크에서 부착된 관의 명칭을 5개만 쓰시오.

해답 ① 오버플로관　　　　② 방출관　　　　　③ 팽창관
　　　④ 급수관　　　　　　⑤ 배수관

09 보일러 장기보존, 보존방법에서 건조보존 시 필요한 재료 3가지만 쓰시오.

해답 ① 생석회　　　　② 숯　　　　③ 질소　　　　④ 기화성 방청제

10 다음 동관에 대한 물음에 답하시오.
(1) 동관의 표준치수는 KS 기준에 따라 3가지가 있다. 그 형식을 쓰시오.
(2) KS 기준에서는 질별 특성에 따라 4가지가 있다. 그 종류를 쓰시오.

해답 (1) ① K형　　　② L형　　　③ M형
　　　(2) ① 연질　　　② 반연질　　　③ 경질　　　④ 반경질

참고 • 연질(O)　　　　• 반연질(OL)
　　　• 반경질(1/2H)　• 경질(H)

11 중유연소에서 공기조절장치(에어레지스터)의 종류를 3가지만 쓰시오.

해답 ① 윈드박스(바람상자)
　　　② 안내날개(윈드박스와 동일선으로 생각하면 된다.)
　　　③ 보염기(스태빌라이저)
　　　④ 콤버스터
　　　⑤ 버너타일

참고 • 윈드박스 : 밀폐상자로 공기를 안정된 압력으로 노 내에 보낸다.
　　　• 보염기 : 착화 확실, 불꽃 안정 도모(선회기 방식, 보염판 방식이 있다.)
　　　• 콤버스터 : 급속연소를 일으킨다. 분출흐름의 모양을 다듬고 저온의 노에서 연소초기에 노
　　　　에서 연소를 안정시킨다.
　　　• 버너타일 : 노벽에 설치한 내화재이며 착화와 불꽃의 안정을 도모한다. 연료와 공기의 속도
　　　　분포와 흐름의 방향을 조정하여 기름의 유적과 공기와의 혼합을 양호하게 한다.

12 다음 보일러 계통도에서 ①~⑤ 기기의 명칭을 보기에서 골라 쓰시오.

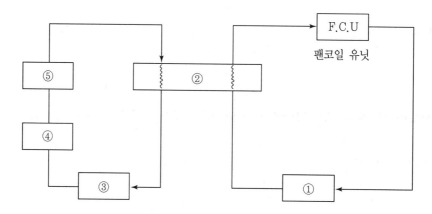

▼ **보기**

• 열교환기	• 증기보일러	• 순환펌프
• 증기트랩	• 급수펌프	

해답 ① 순환펌프   ② 열교환기   ③ 증기트랩
④ 급수펌프   ⑤ 보일러

13 다음 배관(강관)의 기호를 보고 관의 명칭을 쓰시오.

(1) SPPS   (2) SPHT   (3) STHB

(4) SPPH   (5) STS×TB

해답 (1) 압력배관용 탄소강관
(2) 고온배관용 탄소강관
(3) 보일러 열교환기용 합금강 강관
(4) 고압배관용 탄소강관
(5) 보일러 열교환기용 스테인리스 강관

14 다음은 온수보일러의 계통도이다. ①~⑧의 명칭을 쓰시오.

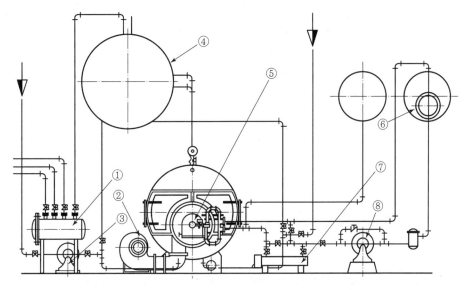

해답
① 온수해더   ② 압입송풍기   ③ 순환펌프
④ 온수탱크   ⑤ 버너   ⑥ 서비스탱크
⑦ 오일프리히터   ⑧ 오일기어펌프

15 주철제 섹션 벽걸이 방열기에서 섹션수가 5쪽인 수평형 방열기에서 유입 측 관의 지름이 25mm, 유출 측 관의 지름이 20mm일 때 방열기를 도시하시오.(단 섹션수는 절수이다.)

해답
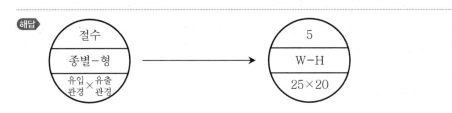

참고 수직형의 경우에는 W-V

16 슈트 블로어(Soot Blower)의 사용 시 주의사항을 3가지만 쓰시오.

해답
① 부하가 1/3(50%) 이하일 때는 사용하지 않는다.
② 매연 취출에 앞서서 드레인을 충분히 빼는 것이 필요하다.
③ 매연 취출 시 취출통풍을 증가시킨다.
④ 한 곳에 오래 취출하지 않는다.

17 어떤 수관 보일러의 증기입력은 $10kg/cm^2$이고 매시 증기발생량이 5,000kg이며 급수온도는 60℃이고 증기엔탈피는 663kcal/kg이다. 저위발열량이 9,600kcal/kg인 연료를 650kg/h 씩 소비하는 보일러에서 환산증발배수는 몇 kg/kg인가?

> **해답** (1) 환산증발량(상당증발량)
>
> $$W_e = \frac{\text{시간당 증기발생량}(\text{발생증기엔탈피} - \text{급수엔탈피})}{539}\,kg/h$$
>
> $$= \frac{5,000(663 - 60)}{539} = 5,593.69\,kg/h$$
>
> (2) 환산증발배수
>
> $$\frac{\text{환산증발량}(kg/h)}{\text{연료소비량}(kg/h)} = \frac{5,593.69}{650} = 8.60\,kg/kg$$

18 벽의 단면을 측정한 결과 내측으로부터 노벽 두께가 250mm, 열전도율이 0.4kcal/mh℃인 노가 있다. 노 내의 가스와 노벽 사이의 경막계수(a_1)가 $1,500kcal/m^2h℃$, 노벽과 공기 사이의 경막계수(a_2)가 $16kcal/m^2h℃$일 때 열관류율($kcal/m^2h℃$)은 얼마인가?

> **해답** 열관류율$(K) = \dfrac{1}{R} = \dfrac{1}{\dfrac{1}{1,500} + \dfrac{0.25}{0.4} + \dfrac{1}{16}} = 1.45\,kcal/m^2h℃$

19 8℃의 물 2,000l를 90℃로 가열하여 난방하려는 온수난방장치에서 팽창탱크 설치에 따른 온수 팽창량과 개방식 팽창탱크의 설치 시 그 크기를 온수팽창량의 2.5배 크기로 하려고 할 때 이 팽창탱크의 크기는?(단, 8℃와 90℃의 물의 밀도는 각각 0.99988kg/l, 0.96534kg/l이다.)

> **해답** (1) 온수팽창량(V')
>
> $$V' = 2,000 \times \left(\frac{1}{0.96534} - \frac{1}{0.99988}\right) = 71.5688\,l$$
>
> (2) 개방식 팽창탱크 용량(V'')
>
> $$V'' = \text{온수팽창량} \times a$$
> $$= 71.5688 \times 2.5 = 178.92\,l$$

20 다음 배관 도면을 보고 물음에 답하시오.

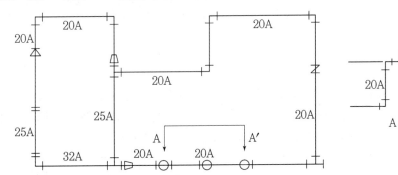

(1) 다음 표의 ①~⑨에 해당하는 부속장치의 개수를 쓰시오.

부속장치명	개수(EA)	부속장치명	개수(EA)
리듀서	(①)	45°엘보	(⑥)
플랜지	(②)	부싱	(⑦)
이경엘보	(③)	이경티	(⑧)
90°엘보	(④)	티	(⑨)
체크밸브	(⑤)		

(2) 배관도시기호 ①~⑦의 명칭을 각각 쓰시오.

① 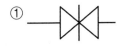 ②   ③

④ 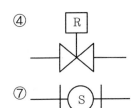 ⑤ 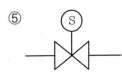 ⑥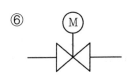

⑦ ─┤(S)├─

해답 (1) ① 1　　② 1　　③ 1
　　　　④ 7　　⑤ 1　　⑥ 2
　　　　⑦ 2　　⑧ 2　　⑨ 1

　　(2) ① 외돌림 게이트 밸브　② 앵글 밸브　③ 기수분리기
　　　　④ 감압 밸브　　　　　⑤ 전자밸브　⑥ 전동 밸브
　　　　⑦ 스트레이너

2003년 8월 30일 시행

과년도 출제문제

01 절대압력 10kgf/cm²abs의 압력으로 운전되는 보일러에서 절대압력 1.5kg/cm²의 상태로 감압해서 어떤 장치에 공급한다. 감압밸브 입구에서 건도가 90%일 때 출구에서의 건도는 몇 %가 되는가?(단, 감압밸브 내에서의 열손실은 없는 것으로 본다.)

압력 kgf/cm² abs	포화온도 ℃	엔탈피 kcal/kg		압력 kg/cm² abs	포화온도 ℃	엔탈피 kcal/kg	
		포화수 h_1'	포화증기 h_1''			포화수 h_2'	포화증기 h_2''
10	181	181.19	663.2	1.5	110.79	110.92	642.8

해답 10kg/cm²에서 증발잠열 = 663.2 − 181.19 = 482.01kcal/kg

1.5kg/cm²에서 증발잠열 = 642.8 − 110.92 = 531.88kcal/kg

10kg/cm²에서 습증기 엔탈피 = 181.19 + 482.01 × 0.9 = 615kcal/kg

감압밸브 내에서 열손실은 없다고 했으므로 습증기 1.5kg/cm²에서도

엔탈피는 615kcal/kg

110.92 + 531.88 × x = 615

531.88 × x = 615 − 110.92 = 504.08kcal/kg

∴ 증기건도(x) = $\dfrac{504.08}{531.88} \times 100 = 94.77\%$

02 다음은 배관 공작용 공구에 대한 내용이다. 물음에 답하시오.

(1) 강관등의 조립, 벤딩 등 작업을 쉽게 하기 위해 쓰이는 수평바이스의 크기는?

(2) 관접속류 분해 조립 시 쓰이는 파이프렌치의 크기는?

(3) 체인형 파이프렌치는 관경 얼마 이상 크기에 쓰이는가?

해답 (1) 조우(Jow)의 폭

(2) 입을 최대로 벌려 놓은 상태에서 전체길이

(3) 200mm 이상

03 다음은 온수온돌의 시공순서이다. ( ) 안에 들어갈 내용을 보기에서 골라 쓰시오.

바닥콘크리트 → (①) → (②) → (③) → 배관재 설치 → (④) → (⑤) → (⑥) →
양생건조

▼ 보기
• 받침재 설치   • 수압시험   • 방수처리
• 시멘트 모르타르 작업   • 골재충전작업   • 단열처리

해답 ① 방수처리   ② 단열처리   ③ 받침재 설치
④ 수압시험   ⑤ 골재충전작업   ⑥ 시멘트 모르타르 작업

참고 온수온돌 시공순서
배관기초 → 방수처리 → 단열처리 → 받침재 설치 → 배관작업 → 공기방출기 설치 → 보일
러 설치 → 팽창탱크 설치 → 굴뚝 설치 → 수압시험 → 온수순환시험 및 경사 조정 → 골재
충전작업 → 시멘트 모르타르 바르기 → 양생건조작업

04 다음 급수수량계 설치 시 부속품의 개수를 쓰시오.

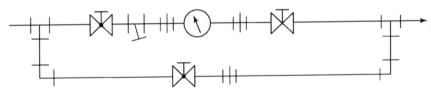

(1) 스트레이너   (2) 유니언   (3) 밸브
(4) 엘보   (5) T이음

해답 (1) 1개   (2) 3개   (3) 3개   (4) 2개   (5) 2개

05 다음 조건에서 강철제 보일러 및 온수보일러의 수압시험 시 작동압력을 쓰시오.

(1) 최고사용압력이 0.43MPa(4.3kg/cm²) 이하

(2) 최고사용압력이 0.43MPa(4.3kg/cm²) 초과 1.5MPa(15kg/cm²) 이하

(3) 최고사용압력이 1.5MPa(15kg/cm²) 초과

해답 (1) 2배
(2) 최고사용압력×1.3배＋0.3MPa(3kg/cm²)
(3) 최고사용압력×1.5배

06 풍량이 $300m^3/min$인 송풍기에서 회전수가 400rpm에서 500rpm으로 상승하였다. 다음 물음에 답하시오.(단, 400rpm에서 동력은 5PS이다.)

(1) 풍량(m^3/min)을 구하시오.

(2) 풍마력(PS)을 구하시오.

해답 (1) $Q' = Q \times \left(\dfrac{N_2}{N_1}\right) = 300 \times \left(\dfrac{500}{400}\right) = 375m^3/min$

(2) $PS' = PS \times \left(\dfrac{N_2}{N_1}\right)^3 = 5 \times \left(\dfrac{500}{400}\right)^3 = 9.77PS$

07 보일러 안전관리 사항에 관한 다음 물음에 답하시오.

(1) 체크밸브 및 급수밸브의 크기는 전열면적 $10m^2$ 이하일 경우 (①)A로 하며 $10m^2$는 (②)A로 한다.

(2) 안전밸브의 크기는 (①)A로 한다. 다만, 20A 이상으로 하려면 최대증발량이 (②)t/h의 관류 보일러이다.

해답 (1) ① 15   ② 20

(2) ① 25   ② 5

08 어느 수관 보일러 급수량이 1일 70ton이다. 급수 중 염화물의 농도가 15ppm이고 보일러수의 허용농도는 400ppm이다. 그리고 $(1-R)$은 0.6이라면 분출량(ton/day)은 얼마인가?

해답 분출량 $= \dfrac{W(1-R)d}{b-d} = \dfrac{70 \times 0.6 \times 15}{400 - 15} = 1.64ton/day$

여기서, R : 응축수 회수율

09 진공 환수식 리프팅 피팅 공사에서 처음 흡상 높이는 (①)로 하고 로프형 배관에서 응축수 출구는 입구배관보다 (②) 낮게 하고 하드포드 연결에서 균형관은 표준수면보다 (③) 아래에 설치한다. ( ) 안에 알맞은 수치를 쓰시오.

해답 ① 1.5m   ② 25mm   ③ 50mm

10 다음과 같은 조건에서 운전되는 방열기인 컨벡터를 그리시오.

▼ 조건
2열이며 난방면적 43m²이고 유입관경은 25A, 유출관경은 20A, 높이는 1,700(단, 베이스 길이 2,500)

해답
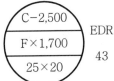

EDR

43

참고 컨벡터(대류방열기)의 표시
① 베이스보드 히터

엘리먼트의 길이	베이스의 길이
종별×크기×편의 피치×단수	
유입관경×유출관경	상당방열면적

② 캐비닛 히터

베이스의 길이	
형식×쪽×높이	상당방열면적
유입관경×유출관경	

11 급수량이 1ton/h이며 엔탈피 차가 620kcal/kg이고 발열량이 9,800kcal/kg, 효율이 80%인 보일러의 운전 시 연료량을 구하시오.

해답 보일러 효율$(\eta) = \dfrac{w_f \times (h_2 - h_1)}{G_f \times H_l} \times 100$

$G_f = \dfrac{1,000 \times 620}{0.8 \times 9,800} = 79.08 \text{kg/h}$

12 관류 보일러에 대한 설명이다. ( ) 안에 알맞은 말을 쓰시오.

(①)이 없고 긴 관 한쪽 끝에서 급수를 압입하며 차례로 (②), (③), (④)시켜 관 끝에서 (⑤) 상태로 증기를 얻는 보일러이다.

해답 ① 드럼   ② 가열   ③ 증발
④ 과열   ⑤ 과열증기

13 다음은 오일의 계통도이다. ①~⑤에 알맞은 말을 보기에서 골라 쓰시오.

> 저유조 → (①) → 기어펌프 → (②) → (③) → 여과기 → (④) → (⑤) → 버너
>
> ▼ 보기
> • 여과기　　　　　　　• 유전자밸브　　　　　　• 오일히터
> • 서비스탱크　　　　　• 유량계

해답 ① 여과기　　　　　　② 서비스탱크　　　　　③ 오일히터
　　　④ 유량계　　　　　　⑤ 유전자밸브

14 급수처리 중 내처리에 대한 다음 물음에 답하시오.

(1) 관수 연화제(경수 연화제)의 종류를 3가지만 쓰시오.

(2) 슬러지 조정제의 종류를 3가지만 쓰시오.

해답 (1) ① 수산화나트륨　　② 탄산나트륨　　　③ 인산나트륨
　　　(2) ① 탄닌　　　　　　② 리그린　　　　　　③ 전분

15 프로판가스 $10Nm^3$ 연소 시 이론공기량을 계산하시오.

> 반응식 : $C_3H_8 + 5O_2 \rightarrow 3CO_2 + 4H_2O$

해답 이론공기량$(A_o) =$ 이론산소량 $\times \dfrac{1}{0.21}$

$$= \left(5 \times \frac{1}{0.21}\right) \times 10 = 238.10Nm^3$$

16 최근 보일러에서 운전 중 이상상태에 적용되는 인터록 5가지를 쓰시오.

해답 ① 압력초과 인터록　　　　② 저수위 인터록
　　　③ 프리퍼지 인터록　　　　④ 저연소 인터록
　　　⑤ 불착화 인터록　　　　　⑥ 배기가스 온도조절스위치

17 보일러 열정산 시 보일러의 출열을 5가지만 쓰시오.

[해답] ① 발생증기 보유열 ② 불완전 열손실
③ 미연탄소분에 의한 열손실 ④ 배기가스에 의한 열손실
⑤ 방사에 의한 열손실

18 어느 보일러에서 공기비 1.2로 완전 연소시킬 때 공기의 현열은 얼마인가?(단, 가열 후 공기 온도는 80℃, 외기온도 20℃, 연료 1kg당 이론공기량은 10Nm³이며 공기비열은 0.31kcal/Nm³℃이다.)

[해답] $Q_a = A_o \times m \times C_p \times \Delta t = 10 \times 1.2 \times 0.31 \times (80 - 20) = 223.2 \text{kcal/kg}$

19 다음은 어느 보일러의 운전 결과이다. 0.7MPa(7kg/cm²)의 발생증기 엔탈피가 660.81kcal/kg인 보일러의 연소실 열부하와 전열면의 열부하를 구하시오.

- 전열면적 : 280m²
- 연소실 용적 : 31m³
- 연료발열량 : 9,700kcal/kg
- 연료량 : 120kg/h
- 급수온도 : 20℃
- 증기발생량 : 2,500kg/h

[해답] (1) 연소실 열부하

$$= \frac{\text{시간당 연료소비량}(H_l + \text{공기의 현열} + \text{연료의 현열})}{\text{연소실 용적}} (\text{kcal/m}^3\text{h})$$

$$= \frac{120 \times 9,700}{31} = 37,548.39 \text{kcal/m}^3\text{h}$$

(2) 전열면 열부하

$$= \frac{\text{시간당 증기발생량}(\text{발생증기엔탈피} - \text{급수엔탈피})}{\text{전열면적}} (\text{kcal/m}^2\text{h})$$

$$= \frac{2,500(660.81 - 20)}{280} = 5,721.52 \text{kcal/m}^2\text{h}$$

20 다음은 수면계 점검순서이다. 보기에서 골라 알맞은 말을 쓰시오.

▼ 보기
• 증기콕   • 드레인콕   • 물콕

(1) ①~③의 명칭을 쓰시오.

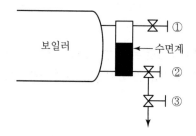

(2) (①), (②)을 잠근다. (③)을 연다.

(3) (①)을 열어 찌거기 등을 청소하고 잠근 후 (②)을 열어 통기시험한 다음 잠근다.

(4) (①)을 잠근다. 그 다음 (②)을 조금 열어 따뜻하게 한 후 (③)을 열어준다.

해답 (1) ① 증기콕   ② 물콕   ③ 드레인콕
　　　 (2) ① 증기콕   ② 물콕   ③ 드레인콕
　　　 (3) ① 물콕   ② 증기콕
　　　 (4) ① 드레인콕   ② 증기콕   ③ 물콕

참고 수면계 점검순서
　① 증기밸브와 물밸브를 잠근다.
　② 드레인밸브를 연다.
　③ 물밸브를 열어 확인한다. 그리고 잠근다.
　④ 증기밸브를 열고 통기시험을 한다. 그리고 잠근다.
　⑤ 드레인밸브를 잠근다.
　⑥ 증기밸브를 연다.
　⑦ 마지막으로 물밸브를 연다.

2004년 5월 16일 시행

01 연료를 저장할 때에는 보일러 외측으로부터 (①)m 이상 거리를 두거나 (②)을 설치하여 야 한다. 다만, 소용량 보일러의 거리는 (③)m 이상 거리를 두거나 반격벽으로 할 수 있다. 보일러 상단에 천장 배관 구조물까지의 거리는 (④)m이고 소형의 경우는 (⑤)m이다. ( ) 안에 알맞은 말을 쓰시오.

해답 ① 2   ② 방화격벽   ③ 1
④ 1.2   ⑤ 0.6

02 증발압력 5kg/cm²(0.5MPa), 급수온도 60℃(252kJ/kg), 1시간당 증발량 1,200kg, 증기 엔탈피 650kcal/kg일 때 증발계수를 구하시오.(단, 100℃의 증발잠열은 2,265kJ/kg이다.)

해답 증발계수 $= \dfrac{h'' - h'}{2,265} = \dfrac{2,730 - 252}{2,265} = 1.09$

03 연료소비량이 120kg/h이고 사용되는 연료는 중유이며 이 중유의 온도가 85℃, 기름 가열기 입구온도가 유온 65℃, 연료의 비열은 0.45kcal/kg℃, 연료의 비중은 0.97일 때 오일프리히 터 용량을 구하시오.(단, 히터효율은 85%이다.)

해답 프리히터용량(kWh) $= \dfrac{G \cdot C_p \cdot (t'' - t')}{860 \times \eta}$

$\qquad\qquad\qquad\qquad = \dfrac{120 \times 0.45 \times (85 - 65)}{860 \times 0.85}$

$\qquad\qquad\qquad\qquad = 1.48 \text{kWh}$

참고 1kWh = 860kcal(3,600kJ)

04 주철제 온수보일러 운전에서 난방부하가 20,000kcal/h이고 방열기 쪽당 방열면적이 $0.15m^2$일 때 방열기 쪽수는 몇 EA인가?

해답 $방열기\ 쪽수(R_{ea}) = \dfrac{난방부하(kcal/h)}{450 \times 쪽당\ 방열면적}$

$= \dfrac{20,000}{450 \times 0.15} = 296.30\,EA$

05 보일러 설치시공기준에 관한 다음 설명의 ( ) 안에 올바른 내용을 쓰시오.

(1) 보일러 동체 최상부로부터 보일러 상부 구조물까지의 거리는 ( )m이다.(단, 소용량 보일러는 0.6m이어야 한다.)

(2) 보일러 연료저장탱크는 보일러 외측에서 ( )m 이상 떨어져 있거나 방화격벽이어야 한다.(단, 소용량 보일러는 1m 이상이나 반격벽으로 한다.)

해답 (1) 1.2
(2) 2

06 과열증기엔탈피가 780kcal/kg이고 과열기는 방사형으로 전열면적이 $2m^2$이다. 급수온도가 30℃이고 과열증기발생량이 3,000kg/hr이면 과열기 열부하는 얼마인가?(단, 포화증기 엔탈피는 650kcal/kg이다.)

해답 $과열기\ 열부하 = \dfrac{W_a(h_x - h'')}{s_b}$

$= \dfrac{3,000(780 - 650)}{2}$

$= 195,000kcal/m^2h\left(\dfrac{195,000 \times 4.186}{3,600} = 226.74kW\right)$

07 보일러의 내면부식 3가지와 외부부식 2가지를 쓰시오.

해답 ① 내면부식 3가지 : 점식, 전면부식, 그루빙(구식)
② 외부부식 2가지 : 저온, 고온부식

08 증기 트랩의 작동원리에 따라서 트랩의 종류를 1가지씩만 쓰시오.

해답

작동원리	트랩의 종류
기계식 트랩 종류	버켓트 트랩
온도조절식 트랩 종류	바이메탈 트랩
열역학적 트랩 종류	오리피스 트랩

09 물리적 가스 분석기의 종류 5가지를 쓰시오.

해답
① 가스크로마토그래피법　　　　② 세라믹식 O_2계
③ 밀도식 CO_2계　　　　　　　④ 적외선식 가스분석계
⑤ 자기식 O_2계　　　　　　　　⑥ 열전도율형 CO_2계

10 포스트퍼지를 하는 이유를 쓰시오.

해답 보일러 운전을 정지한 후 노 내의 미연소가스를 송풍기로 불어내 신선한 공기로 치환함으로써 잔류가스로 인한 가스폭발을 방지한다.

11 화염검출기 종류에 대한 설명이다. 다음 물음에 답하시오.

(1) 화염 중에는 양성자와 중성자가 전리되어 있음을 알고 버너에 글랜드로드를 부착하여 화염 중에 삽입하여 전기적 신호를 전자밸브로 보내어 화염을 검출하는 것은?

(2) 연소 중에 발생되는 연소가스의 열에 의해 바이메탈의 신축작용으로 전기적 신호를 만들어 전자밸브로 그 신호를 보내면서 화염을 검출하는 것은?

(3) 연소 중에 발생하는 화염빛을 검지부에서 전기적 신호로 바꾸어 화염 유무를 검출하는 것은?

해답 (1) 프레임로드
(2) 스택 스위치
(3) 프레임아이

12 관류보일러 중 슐처보일러의 도면을 보고 ①~⑥의 명칭을 쓰시오.

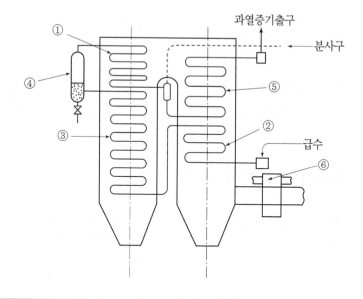

해답 ① 복사과열기   ② 절탄기(급수과열기)
     ③ 증발관   ④ 분리기(기수 염분리기)
     ⑤ 대류과열기   ⑥ 공기예열기

13 감압밸브 바이패스 배관도이다. 이음쇠를 제외하고 부품의 종류와 밸브를 구분하여 부속을 쓰시오.

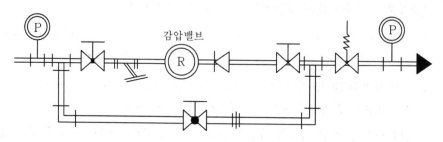

해답 ① 안전밸브   ② 압력계   ③ 스트레이너
     ④ 글로브밸브   ⑤ 슬루스밸브   ⑥ 유니언

14 독일경도(dH)에 대하여 설명하시오.

해답 물 100cc당 CaO(산화칼슘) 1mg 함유 시 1°dH로 표시한다.

참고 Mg은 MgO으로서 그 값을 1.4배로 하여 CaO에 가한다.

15 다음 보일러 급수처리 수질에 관한 설명에서 산성, 알칼리성에 대하여 (   ) 안에 알맞은 용어나 숫자를 써넣으시오.

물이 산성인지 알칼리성인지는 수중의 수소이온 (①)과 수산이온 (②) 양에 따라 정해지는데 이것을 표시하는 방법으로는 수소이온지수 (③)가 쓰인다. 상온에서 pH (④) 미만은 산성, 7은 (⑤), 7을 넘는 것은 (⑥)이다. (⑦)과 (⑧)의 사이에는 다음과 같은 관계가 성립된다. $K = [H^+] \times [OH^-]$. 이 관계를 물의 이온적이라 하고 K로 나타내며 보일러수에는 (⑨)가 이상적이다.

해답
① H^+　　　　　② OH^-　　　　　③ pH
④ 7　　　　　⑤ 중성　　　　　⑥ 알칼리성
⑦ H^+　　　　　⑧ OH^-　　　　　⑨ 약알칼리

참고 $K = [H^+] \times [OH^-]$

25℃ 상온에서 $K = [H^+] \times [OH^-] = 10^{-14}$

중성의 물에서는 $[H^+]$와 $[OH^-]$의 값이 같으므로 $[H^+] = [OH^-] = 10^{-7}$이다.

$$pH = \log\frac{1}{[H^+]} = -\log[H^+] = -\log 10^{-7} = 7$$

16 다음 설명이 옳은 문장이 되도록 (   ) 안에서 고르시오.

(1) 복사난방은 구조체를 가열 대상으로 하므로 방의 높이에 따라 온도편차가 (작고, 크고) 쾌감도가 좋다. 또한 환기에 따른 손실열량도 그 만큼 (많게, 적게) 든다.

(2) 가열 대상의 열용량이 크므로 필요에 따라 즉각적인 대응이 (곤란하고, 쉽고) 시공이 어려우며 하자 발생시 위치 확인이 (쉽다, 어렵다).

해답 (1) 작고, 적게
　　　(2) 곤란하다, 어렵다

17 보일러 자동 연소제어 중 시퀀스 제어순서에 맞게 ( ) 안을 채우시오.

> 노 내 환기 → 버너동작 → (①) → (②) → (③) → (④) → (⑤) → (⑥)
>
> ▼ 보기
> ⓐ 점화용 버너 작동 　　　　　　ⓑ 화염검출기 작동
> ⓒ 착화 점화 정지 　　　　　　　ⓓ 주버너로 전환 저연소
> ⓔ 주버너 전환 고연소 시작 　　　ⓕ 보일러 정지

 ① ⓐ 　　　　　② ⓑ 　　　　　③ ⓒ
　　　④ ⓓ 　　　　　⑤ ⓔ 　　　　　⑥ ⓕ

18 연료 LPG 사용량이 10,000Nm³/h이다. 공기비가 1.1이고 이론공기량이 25Nm³이면 실제공기량(Nm³/h)은 얼마인가?

 실제공기량＝이론공기량×공기비
　　　　　＝25×1.1×10,000＝275,000Nm³/h

19 다음 물음에 답하시오.

(1) 압력계 크기는 (①)mm 이상으로 하여야 하나 60mm 이상으로 할 수 있는 경우는 전열면적 (②)m² 이하이다.

(2) 압력계는 증기로부터 압력계가 직접적으로 닿는 것을 보호하기 위하여 (①)을 설치하고 구경은 (②)mm 이상으로 한다.

 (1) ① 100 　　　　② 2
　　　(2) ① 사이펀관 　　② 6.5

20 증기방열기의 방열면적이 50m²이고 급탕 600*l*/h이며, 배관부하가 20%, 여열부하가 1.25일 때 정격출력을 구하시오.(단, 급수의 비열은 1kcal/kg℃, 급탕수 온도 70℃, 급수의 온도 20℃, 출력저하계수(K)는 1이다.)

해답 정격출력(H_m) $= \dfrac{(h_1 + h_2) \times H_3 \times H_4}{K}$ [kcal/h]

$$= \frac{[50 \times 650 + 600 \times 1(70-20)] \times (1+0.2) \times 1.25}{1}$$

$$= \frac{[32,500 + 30,000] \times 1.2 \times 1.25}{1} = 93,750 \, \text{kcal/h}$$

참고 관류 벤슨보일러

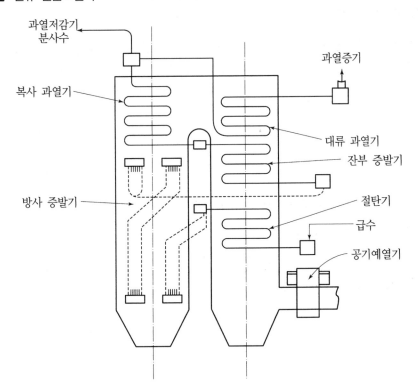

2004년 8월 29일 시행

과년도 출제문제

01 연료의 연소 시 공기비가 클 때 일어나는 장해를 2가지만 쓰시오.

해답 ① 노 내 온도가 저하한다.　　　　　② 배기가스 손실열량이 많다.

02 다음은 수압시험에 관한 내용이다. 강철제, 주철제 보일러에 대한 수압시험에 대하여 (　) 안에 알맞은 내용을 쓰시오.

> 보일러 최고사용압력이 0.43MPa 이하일 때는 최고사용압력 (　①　)배의 압력으로 하고 시험압력이 (　②　) 미만일 경우는 0.2MPa로 한다. 또한 0.43MPa 초과 1.5MPa 이하일 때는 최고사용압력 (　③　)배에 3을 더한 압력으로 하고 1.5MPa 초과 시에는 (　④　)배의 압력으로 수압시험을 한다.

해답 ① 2　　　　② 0.2MPa　　　③ 1.3　　　④ 1.5

03 다음 가스배관의 지름에 따른 관의 지지 간격을 쓰시오.

(1) 가스배관의 관경 13mm 미만

(2) 가스배관의 관경 13mm 이상~33mm 미만

(3) 가스배관의 관경 33mm 이상

해답 (1) 1m　　　　　(2) 2m　　　　　(3) 3m

04 다음 보기를 보고 수면계의 점검순서를 쓰시오.

> **▼ 보기**
> ① 물콕을 열고 통수 확인 후 닫는다.　　② 증기콕 및 물콕을 닫는다.
> ③ 증기콕 및 물콕을 서서히 연다.　　　④ 드레인콕을 연다.
> ⑤ 증기콕을 열어 통기 후 닫는다.　　　⑥ 드레인콕을 닫는다.

해답 ② → ④ → ① → ⑤ → ⑥ → ③

05 수면계의 점검시기에 대하여 5가지로 분류하여 쓰시오.

> **해답** ① 두 개의 수면계 수위가 다를 때
> ② 포밍, 프라이밍 현상이 발생했을 때
> ③ 수위가 의심스러울 때
> ④ 보일러 가동 직전
> ⑤ 증기의 압력이 오르기 시작할 때

06 보온재가 물을 흡수했을 때 열전도율과 효율이 각각 어떻게 되는지(증가, 감소) 쓰시오.

> **해답** (1) 열전도율 증가
> (2) 효율 감소

07 보일러 설치검사기준에서 급수장치는 전열면적 $10m^2$ 이하 시에는 급수밸브의 크기를 (①) 이상으로 하고 전열면적 $10m^2$ 초과 시에는 (②) 이상이어야 한다. 다만, 급수설비에 설치하는 체크밸브는 (③)MPa 미만은 생략하여도 무방하다. 그리고 증기관에 설치하는 안전밸브 및 압력방출장치의 크기는 호칭지름 (④)A 이상이어야 하나 최고사용압력이 0.1MPa 이하인 보일러에서는 (⑤)A 이상으로도 할 수 있다. ( ) 안에 알맞은 내용을 쓰시오.

> **해답** ① 15A　　　　　② 20A　　　　　③ 0.1
> ④ 25　　　　　⑤ 20

08 다음 배관기호를 보고 명칭을 쓰시오.
(1) SPP　　　　　(2) SPPS　　　　　(3) STBH
(4) SPPH　　　　(5) STHA

> **해답** (1) 배관용 탄소 강관
> (2) 압력배관용 탄소강 강관
> (3) 보일러 열교환기용 탄소강 강관(약칭 STH)
> (4) 고압배관용 탄소강 강관
> (5) 보일러 열교환기용 합금강 강관

09 다음 자동제어 물음에 답하시오.

> 아쿠아 스탯 릴레이와 (①) 릴레이의 기능을 합친 것이 콤비네이션 릴레이이고 LO(②) 이 상이면 계속 작동되고 HI(③) 이하에서도 계속 작동된다. 난방급탕 겸용식 온수보일러에서는 (④)에 의해 순환펌프가 작동한다.

해답 ① 프로텍터 ② 온도
③ 온도 ④ 실내온도 조절 스위치

참고 • Hi(최고온도) : 버너 정지온도
• LO(순환시작온도) : 순환펌프 작동온도

10 동력용 나사절삭기 3가지를 쓰시오.

해답 ① 호브식 ② 다이헤드식 ③ 오스터식

11 상당방열면적이 $300m^2$이고 시간당 600kg의 물을 20℃에서 70℃까지 급탕하는 증기보일러에서 배관부하 25%, 예열부하 20%인 보일러의 정격출력(kcal/h)을 계산하시오. (단, 연료는 기름이고 출력저하계수(K)는 1이다.)

해답 난방부하(H_1) = $300 \times 650 = 195,000$kcal/h
급탕부하(H_2) = $600 \times 1 \times (70 - 20) = 30,000$kcal/h

$\therefore$ 정격출력 = $\dfrac{(195,000 + 30,000) \times (1 + 0.25) \times (1 + 0.2)}{1} = 337,500$kcal/h

참고 $1kWh = 3,600kJ$, $\dfrac{337,500}{3,600} = 93.75$kW

12 보일러관수량이 600kg(l)이고 90℃의 물의 밀도는 $977kg/m^3$, 20℃의 물의 밀도는 $978kg/m^3$일 때 온수팽창 전수량은 몇 l인가?

해답 온수팽창 시 팽창수량 = $600 \times \left(\dfrac{1}{0.977} - \dfrac{1}{0.978} \right)$
$= 600 \times (1.02345 - 1.02249) = 0.63l$

13 송풍기의 풍량이 60m³/sec이고 공기의 비중량이 1.29kg/m³이며 압력이 25mmAq일 때 송풍기의 소요동력은 몇 kW인지 구하시오.(단, 송풍기의 효율은 80%이다.)

> **해답** 소요동력$(L_d) = \dfrac{Q \cdot \Delta p}{102 \times 60 \times \eta_f}$
> $= \dfrac{60 \times 60 \times 25}{102 \times 60 \times 0.8} = 18.38\text{kW}$

14 보일러효율 70%, 연소효율 80%에서 중유사용량이 250kg/h이고 이 연료의 저위발열량이 9,750kcal/kg일 때 손실열량(kcal/h)을 구하시오.

> **해답** 손실열량$(Q) = (1-0.7) \times 250 \times 9,750 = 731,250\text{kcal/h}$

15 다음 배관의 높이 표시에서 그 의미를 쓰시오.

(1) EL+700 (2) EL+BOP(330)

(3) EL+TOP(300) (4) EL-BOP(600)

> **해답** (1) 관의 중심이 기준면보다 700 높은 장소에 있다.
> (2) 관의 밑면이 기준면보다 330 높은 장소에 있다.
> (3) 관의 윗면이 기준면보다 300 높은 장소에 있다.
> (4) 관의 밑면이 기준면보다 600 낮은 장소에 있다.
>
> **참고** 기준선에서 +(상부), -(하부)를 가리킨다.(단, 단위는 mm이다.)

16 보일러 열정산에 대한 다음 물음에 답하시오.

(1) 기준온도 (2) 발열량 기준

(3) 부하 기준 (4) 열정산에 의한 효율표시방법 2가지

> **해답** (1) 외기온도
> (2) 고위발열량
> (3) 정격부하
> (4) ① 입출열법에 따른 효율
> ② 열손실법에 따른 효율

17 다음 도면은 보일러 연소제어계장도이다. ①~⑥의 명칭을 쓰시오.

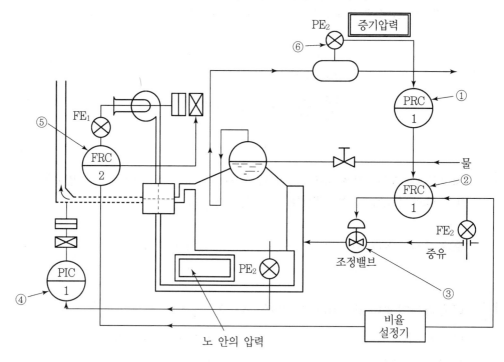

해답 ① 연료압력 조절기   ② 연료 조절기
     ③ 연료량을 가감하는 조작부   ④ 통풍력 조절기
     ⑤ 공기유량 조절기   ⑥ 증기압력 검출기

18 서로 관계되는 것을 연결하시오.

수소이온농도지수 ·   · 수중에 녹아 있는 탄산수소 등 수중의 알칼리도를 표시

경   도 ·   · 물 속에 현탁한 불순물에 의하여 물의 탁한 정도를 표시

알 칼 리 도 ·   · 물의 이온적으로 산성, 중성, 알칼리도를 표시

탁   도 ·   · 물을 연수와 경수로 구분하는 척도

해답 수소이온농도지수   수중에 녹아 있는 탄산수소 등 수중의 알칼리도를 표시
     경   도   물 속에 현탁한 불순물에 의하여 물의 탁한 정도를 표시
     알 칼 리 도   물의 이온적으로 산성, 중성, 알칼리도를 표시
     탁   도   물을 연수와 경수로 구분하는 척도

19 배기가스 성분 중 CO_2가 12%, O_2가 1.5%, CO 가스가 1.5%일 때 CO 가스에 의한 열손실은 몇 kcal/kg인가?(단, 이론배기가스량은 $11.443Nm^3/kg$, 이론공기량은 $10.709Nm^3/kg$이다.)

해답 CO 가스의 손실열량$(L_3) = 30.5[G_0 + (m-1)A_o](CO)$

$$공기비(m) = \frac{N_2}{N_2 - 3.76((O_2) - 0.5(CO))}$$

$$여기서, \ N_2 = 100 - (12 + 1.5 + 1.5) = 85\%$$

$$= \frac{85}{85 - 3.76(1.5 - 0.5 \times 1.5)} = 1.03$$

$$\therefore \ L_3 = 30.5[11.443 + (1.03 - 1) \times 10.709] \times 1.5 = 518.22kcal/kg$$

20 발열량 9,750kcal/kg인 중유연소에서 배기가스온도가 280℃, 외기온도가 15℃, 공기비가 1.59이다. 이 경우 공기비를 1.2로 줄여서 연소가 가능하다면 연료절감효과는 몇 %인가? (단, 배기가스량 $11.443Nm^3/kg$, 이론공기량 $10.709Nm^3/kg$, 배기가스의 비열 0.33kcal/$Nm^3℃$이다.)

해답 공기비 조절 후 연료절감효과$= (1.59 - 1.2) \times 10.709 \times 0.33(280 - 15) = 365kcal/kg$

$$\therefore \ 연료절감효과(G_f) = \frac{365}{9,750} \times 100 = 3.74\%$$

01 열정산 과정에서 출열항목을 5가지만 기술하시오.

해답 ① 노 내 분입증기에 의한 출열 ② 불완전 연소에 의한 손실열
③ 배기가스에 의한 손실열 ④ 방사 열손실
⑤ 미연탄소분에 의한 열손실

02 다음은 강철제 보일러의 최고사용압력이다. 각각 수압시험압력을 쓰시오.

(1) 0.3MPa   (2) 1MPa

해답 (1) $0.3 \times 2 = 0.6$MPa
(2) $1 \times 1.3 + 0.3 = 1.6$MPa

03 오일을 사용하는 보일러에서 난방부하가 100,000kcal/h, 급탕부하가 30,000kcal/h인 보일러의 정격출력(kcal/h)을 구하시오.(단, 배관부하 25%, 예열부하 20%, 출력저하계수(K) 1이다.)

해답 정격출력(Q) = $\dfrac{(난방부하 + 급탕부하) \times 배관부하 \times 예열부하}{출력저하계수}$ (kcal/h)

$= \dfrac{(100,000 + 30,000) \times (1 + 0.25) \times (1 + 0.2)}{1} = 195,000$kcal/h

04 다음 (   ) 안에 알맞은 말을 쓰시오.

보일러 부르동관 압력계와 연결된 증기관은 최고사용압력에 견디는 것으로 그 크기는 황동관 또는 동관을 사용할 때는 (①)mm 이상, 강관을 사용할 때는 (②)mm 이상이어야 하며 증기온도가 (③)K, 즉 (④)℃를 초과할 때에는 황동관 또는 동관을 사용하여서는 안 된다.

해답 ① 6.5   ② 12.7   ③ 483   ④ 210

05 다음 보일러 자동제어의 ①~③의 제어량과 조작량을 쓰시오.

제어장치명	제어량	조작량
자동연소 제어	(①)	연료량, 공기량, 연소가스량
자동급수 제어	보일러 수위	(②)
증기온도 제어	(③)	전열량

해답 ① 증기압력과 노 내 압력 ② 급수량 ③ 증기온도

06 배관에 보온재를 사용하였을 때 보온효율이 80%일 때 손실열량이 3,000kcal/h이다. 이 배관에서 보온하지 않은 나관의 손실열량을 몇 kcal/h인가?

해답 나관의 손실열량$(Q) = \dfrac{3,000}{(1-0.8)} = 15,000\,\text{kcal/h}$

07 보일러 세관 시 알칼리세관에 사용되는 약품을 3가지만 쓰시오.

해답 ① 가성소다 ② 탄산소다 ③ 제3인산소다

08 다음 프로판가스, 부탄가스의 연소반응식에서 (   ) 안에 맞는 내용을 쓰시오.

- $C_3H_8 + 5O_2 \rightarrow$ (①)$CO_2 +$ (②)H_2O (프로판가스)
- $C_4H_{10} + 6.5O_2 \rightarrow$ (③)$CO_2 +$ (④)H_2O (부탄가스)

해답 ① 3 ② 4 ③ 4 ④ 5

09 과열증기의 온도를 조절하는 방법을 3가지만 쓰시오.

해답 ① 과열증기를 통하는 연소가스량의 조절
② 연소가스의 재순환 방법
③ 과열저감기를 사용하는 방법
④ 연소실의 화염 위치를 조절하는 방법
⑤ 과열증기에 습증기나 급수를 분무하는 방법

10 급수사용량이 420m³/h, 전양정 10m, 급수펌프의 효율이 80%일 때 사용되는 급수펌프의 소요동력은 몇 kW인가?

> **해답** 소요동력$(L) = \dfrac{\gamma \cdot Q \cdot H}{102 \times 60 \times \eta} = \dfrac{1,000 \times 420 \times 10}{102 \times 3,600 \times 0.8} = 14.30 \text{kW}$

11 중유의 고위발열량이 10,250kcal/kg일 때 저위발열량은 몇 kcal/kg인가?(단, 연료 중 수소(H) 12%, 수분(W) 0.4%이다.)

> **해답** 저위발열량$(H_l) = H_h - 600(9H + W)$
> $\qquad\qquad\quad = 10,250 - 600(9 \times 0.12 + 0.004) = 9,599.6 \text{kcal/kg}$

12 캐리오버(Carry Over)에는 선택적 캐리오버와 규산캐리오버가 있다. 캐리오버에 대하여 간단히 설명하시오.

> **해답** 물방울이 수면 위로 튀어올라 송기되는 증기 속에 포함되어 외부로 나가는 현상을 말하며 프라이밍, 포밍, 규산캐리오버 현상으로 구분한다.

13 탄소(C) 12kg이 공기비(m) 1.2에서 연소 시 필요한 공기량은 몇 Nm³인가?(단, 공기 중 O₂는 21%이다.)

> **해답** 고체연료 실제공기량$(A) = \left(12 \times \dfrac{22.4}{12}\right) \times \dfrac{1}{0.21} \times 1.2 = 128 \text{Nm}^3$
> 또는, $A = \dfrac{12 \times 1.867 \times 1.2}{0.21} = 128.02 \text{Nm}^3$

14 건물 내에 설치된 방열기의 상당방열면적이 1,500m²이고 증기 생성 시 물의 증발잠열은 530kcal/kg(보일러 압력 5kg/cm²)일 때 전체 응축수량은 몇 kg/h인가?(단, 배관 내 응축수량은 방열기 내 응축수량의 20%로 본다.)

> **해답** 응축수량$(W_w) = \dfrac{650}{\gamma} \times$방열기 내 응축수량$\times EDR$
> $\qquad\qquad\quad = \dfrac{650}{530} \times 1.2 \times 1,500 = 2,207.55 \text{kg/h}$

15 다음은 강관의 공작용 공구이다. 이 공구의 크기를 나타내는 방법을 간단히 설명하시오.

(1) 쇠톱   (2) 파이프 커터

(3) 파이프 바이스   (4) 파이프 렌치

해답 (1) 톱날을 끼우는 구멍(피팅–홀의 간격) 또는 걸개구멍의 간격
(2) 관을 절단할 수 있는 최대의 관경
(3) 고정 가능한 관경의 최대 치수
(4) 입을 최대로 벌려 놓은 전장

16 노통연관식 보일러의 전열면적이 $49.8m^2$, 연소실 용적이 $2.5m^3$일 때 중유의 소비량이 197 kg/h, 보일러 실제 증기발생량 2,500kg/h, 환산증발량(상당증발량) 2,955kg/h일 때 다음을 계산하시오.(단, 중유의 저위발열량은 9,800kcal/kg이다.)

(1) 연소실 열 발생률   (2) 환산증발배수

해답 (1) 연소실 열 발생률(kcal/m³h)

$$\frac{\text{시간당 연소실 열 발생량}}{\text{연소실 용적}} = \frac{197 \times 9,800}{2.5} = 772,240 \text{kcal/m}^3\text{h}$$

(2) 환산증발배수(kg/kg)

$$\frac{\text{시간당 환산 증발량}}{\text{시간당 연료 소비량}} = \frac{2,955}{197} = 15 \text{kg/kg}$$

17 보일러 효율 80%에서 증기발생량 400kg/h, 급수온도 20℃, 증기의 엔탈피 670kcal/kg(증기 압력 10kg/cm²)일 때 연료소비량(kg/h)을 구하시오.(단, 연료의 저위발열량은 10,000kcal/kg이다.)

해답 $0.8 = \dfrac{400 \times (670 - 20)}{x \times 10,000}$

$$\therefore \text{연료소비량}(x) = \frac{400(670 - 20)}{0.8 \times 10,000} = 32.5 \text{kg/h}$$

18 중유(벙커 C유)의 연소장치에서 연소보조장치로서 보염장치(에어레지스터)가 사용된다. 다음 물음에 답하시오.

(1) 노 내로 공기를 송풍기에 의해 강제로 투입시 버너 주위로 원통형으로 만들어진 밀폐된 상자이며 내부에는 다수의 안내날개가 비스듬히 경사지게 각도를 이루고 있어 공기와 연료와의 혼합을 촉진시키는 보염장치는?

(2) 연소실 노 내에 분무된 연료에 연소용 공기를 유효하게 공급하여 연소촉진 및 확실한 착화와 화염의 안정을 도모하는 보염장치는?

(3) 연소실 입구에 버너 주위로 원형의 내화벽돌을 쌓는 것으로 기류식 버너와 같이 분무류에 의한 공기의 흡인력이 클 때 주로 사용되는 보염장치는?

해답 (1) 윈드박스(바람상자)   (2) 스태빌라이저   (3) 버너타일

19 다음 계통도는 급수설비 및 보일러 계장도이다. ①~⑤의 명칭을 쓰시오.

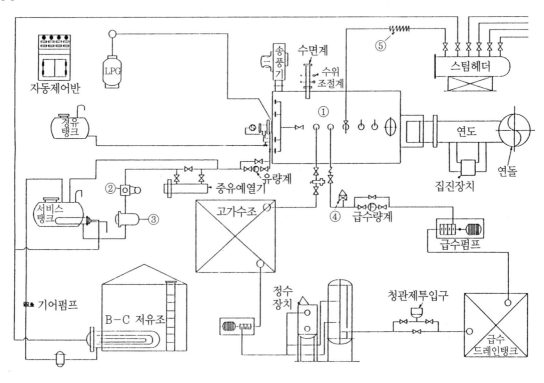

해답 ① 보일러   ② 분연펌프   ③ 여과기
     ④ 급수온도계   ⑤ 신축조인트

20 다음 계장도는 플래시탱크(제1종 압력용기)의 계통도이다. ①~③의 용도별 관의 명칭을 쓰시오.

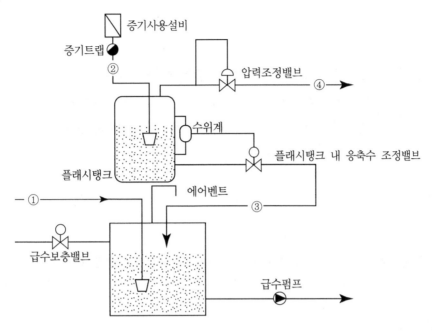

해답 ① 저압증기 응축수 드레인관
② 플래시탱크 고압응축수 회수관
③ 응축수탱크 저압응축수 회수관
④ 저압증기관(재생증기관)

참고 플래시탱크(증발탱크) 보조도면

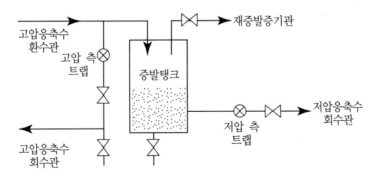

2005년 8월 27일 시행

과년도 출제문제

01 다음 수압시험 방법에 대하여 ( ) 안에 맞는 내용을 쓰시오.

(1) 규정된 수압에 도달한 후 ( )분이 경과된 뒤 검사를 실시한다.

(2) 시험수압은 규정된 압력의 ( )% 이상을 초과하지 않도록 한다.

(3) 수압시험 중 또는 시험 후에도 ( )이 얼지 않도록 한다.

해답 (1) 30 (2) 6 (3) 물

02 주형방열기 5세주형의 높이가 650mm, 유입 측 관경과 유출 측 관경이 25 × 20mm이고, 건물 전체에서 60개가 설치된 경우 방열기의 도면을 그리시오.(단, 쪽수는 25개이다.)

해답

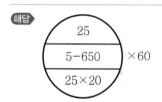

03 다음 강관의 KS 재료 기호를 보고 명칭을 표기하시오.

(1) SPPS (2) SPPH (3) SPLT

(4) SPPW (5) STLT

해답 (1) 압력배관용 탄소강 강관
(2) 고압배관용 탄소강 강관
(3) 저온배관용 탄소강 강관
(4) 수도용 아연도금 강관
(5) 저온열 교환기용 강관

참고 SPP : 배관용 탄소강 강관

04 펌프나 압축기에서 발생되는 진동이나 밸브류 등의 급속개폐에 따른 수격작용, 충격 및 지진 등에 의한 진동현상 등을 방지하는 지지쇠로서 브레이스가 있다. 다음 물음에 답하시오.(단, 구조에 따라 스프링식과 유압식이 있다.)

(1) 진동방지용으로 쓰이는 브레이스는?

(2) 충격완화용으로 사용되는 브레이스는?

해답 (1) 방진기　　　　　　　　　　(2) 완충기

05 동관(구리관)에 대한 물음에 답하시오.

(1) 표준치수는 (①), (②), (③)형의 3가지가 있다.

(2) 동관의 질별 분류는 (①), (②), (③), (④)이 있다.

(3) 두께별로는 L, K, N, M 4가지 타입이 있다. 두께가 두꺼운 순서대로 표시하시오.

해답 (1) ① K　　　　　　② L　　　　　　③ M

　　　(2) ① 연질　　　　② 반연질

　　　　　③ 반경질　　　④ 경질

　　　(3) K > L > M > N

06 다음 급수밸브와 체크밸브에 대한 물음에 답하시오.

(1) 최고사용압력이 몇 MPa 미만의 보일러에서 체크밸브는 생략되어도 되는가?

(2) 전열면적 10m² 이하 보일러에서 급수밸브나 체크밸브의 크기는 호칭 몇 A 이상이어야 하는가?

해답 (1) 0.1MPa 미만　　　　　　(2) 15A 이상

07 다음의 ①~③에 알맞은 말을 쓰시오.

증기난방배관 시공에서 드레인 포켓과 냉각관(Cooling Leg)의 설치 중 증기주관에서 응축수를 건식환수관에 배출하려면 주관과 동경으로 (①)mm 이상 내리고 하부로 (②)mm 이상 연장해 드레인 포켓(Drain Pocket)을 만들어 준다. 냉각관은 트랩 앞에서 (③)m 이상 떨어진 곳까지 나관배관을 한다.

해답 ① 100　　　　　　② 150　　　　　　③ 1.5

08 보일러 용량이 5ton/h인 보일러에서 증기엔탈피가 645kcal/kg, 급수엔탈피가 25kcal/kg, 증기압력이 2kgf/cm²라면 증발계수는?(단, 물의 증발잠열은 539kcal/kg이다.)

해답 증발계수 $= \dfrac{h_2 - h_1}{539} = \dfrac{645 - 25}{539} = 1.15$

참고 $539 \times 4.186\text{kJ/kg} = 2,256\text{kJ/kg}, \ 25 \times 4.186 = 104.65\text{kJ/kg}$

09 화학적인 가스분석계를 3가지만 쓰시오.

해답 ① 오르사트 가스분석기　　　　② 자동화학식 가스분석기
　　　③ 연소식 O_2계　　　　　　　　④ 미연소 가스분석기

10 보일러 운전시간이 8시간, 시간당 급수사용량이 3,000kg, 응축수 회수량이 시간당 2,500kg, 급수 중의 염화물의 허용농도가 200ppm, 보일러 관수 중의 염화물의 불순물 허용농도가 400ppm일 경우 일일 분출량은 몇 kg인가?

해답 보일러수 분출량 $= \dfrac{W(1-R)d}{b-d}$

응축수 회수율$(R) = \dfrac{2,500}{3,000} \times 100 = 83\%$

$\therefore$ 분출량$(w) = \dfrac{8 \times 3,000(1-0.83) \times 200}{400 - 200} = 4,080\text{kg}$

11 보일러 연료에서 점도가 높은 오일을 사용하는 경우 연소상태에서 나타나는 연소반응에 대하여 어떤 현상이 일어나는지 3가지만 쓰시오.

해답 ① 점화가 용이하지 못하다.
　　　② 불완전 연소가 일어난다.
　　　③ 탄화물(카본)이 발생된다.
　　　④ 무화용 매체가 많이 소비된다.

12 보일러 운전 중 급수사용량 3,000kg/h, 보일러 압력 5kg/cm², 증기엔탈피 650kcal/kg, 급수의 온도 20℃일 때 보일러 효율은 몇 %인가?(단, 연료의 발열량 9,750kcal/kg, 연료소비량이 300kg/h이다.)

(해답) 보일러효율(η) $= \dfrac{G(h_2 - h_1)}{G_f \times Hl} \times 100 = \dfrac{3,000(650 - 20)}{300 \times 9,750} \times 100 = 64.62\%$

13 다음은 보일러 중 산세관에 대한 설명이다. (   ) 안에 알맞은 말을 쓰시오.

보일러에 경질 스케일이 존재할 때 촉진제로 (①)을(를) 첨가하거나 알칼리세관 후 (②)을(를) 넣고 팽윤시킨 후 (③)을(를) 하면 양호한 세관 효과를 얻을 수 있다.

(해답) ① 불화수소산   ② 계면활성제   ③ 산세관

14 다음은 증기보일러의 증기압력제어기에 대한 설명이다. (   ) 안에 맞는 용어를 보기에서 골라 쓰시오.

증기압력제어기는 보일러에서 발생하는 증기의 (①)에 따라 (②)과(와) (③)을(를) 조절하여 소정의 증기압력을 유지하기 위하여 설치하는 것으로 증기압력의 검출방식은 (④)식과 (⑤)식이 있다.

▼ 보기
- 배가스량
- 벨로스
- 공기량
- 루프
- 부르동관
- 수위
- 압력
- 증기발생량
- 슬리브
- 연료량

(해답) ① 압력   ② 공기량   ③ 연료량
④ 벨로스   ⑤ 부르동관

15 증기배관에서 증기트랩의 정상 작동 여부를 확인하려 한다. 다음 그림을 참조하여 ( ) 안에 ⓐ, ⓑ 또는 적합한 용어를 쓰시오.

점검밸브인 (①)를 설치하고 출구밸브인 (②)를 잠근 후 밸브 (③)를 열어서 (④)가(이) 배출되면, 트랩이 정상이고 다량의 (⑤)가(이) 배출되면 고장이다.

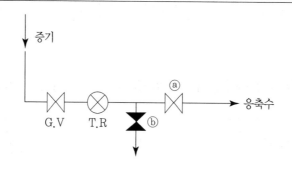

해답 ① ⓑ   ② ⓐ   ③ ⓑ
④ 응축수   ⑤ 증기

16 다음은 보일러 송풍기에 대한 관한 내용이다. ( ) 안에 알맞은 용어를 쓰시오.

동일한 밀도의 기체를 취급하는 동일한 송풍기에서 회전수의 변화가 ±20% 정도의 범위 내에서는 (①)은(는) 송풍기 회전수에 비례하고 (②)은(는) 송풍기 회전수의 제곱에 비례하며 (③)은(는) 송풍기 회전수의 세제곱에 비례한다.

해답 ① 유량   ② 풍압   ③ 동력

17 배기가스의 분석결과 CO_2가 12.5%, O_2가 2.5%, CO가 1% 검출되었다. 질소(%)를 구한 후 공기비를 구하시오.

해답 공기비$(m) = \dfrac{N_2}{N_2 - 3.76\{O_2 - 0.5(CO)\}}$

질소$(N_2) = 100 - (CO_2 + O_2 + CO) = 100 - (12.5 + 2.5 + 1) = 84\%$

$\therefore m = \dfrac{84}{84 - 3.76(2.5 - 0.5 \times 1)} = 1.10$

18 다음은 제2종 압력용기인 증기헤더에 관한 설명이다. (   ) 안에 알맞은 용어를 쓰시오.

> 증기헤더(Steam Header)의 크기는 헤더에 부착된 증기관의 가장 큰 지름의 (①) 이상으로 하며 이것을 설치하는 목적은 증기의 (②)을(를) 조절하고 불필요한 (③)을(를) 방지하는 데 있다. 또한 헤더 밑 부분에는 (④)을(를) 설치하며 이 헤더는 (⑤) 압력용기에 속한다.

해답 ① 2배　　　　　　② 사용량　　　　　　③ 열손실
　　　④ 트랩　　　　　　⑤ 제2종

19 정격출력이 35,000kcal/h인 온수보일러가 있다. 난방부하 27,000kcal/h, 배관부하 3,000 kcal/h, 예열부하 5,000kcal/h일 때 예열에 필요한 시간은 몇 분인가?

해답 보일러 예열시간(hr) $= \dfrac{H_4}{H_m - \dfrac{1}{2}(H_1 + H_3)}$

$$= \frac{5,000}{35,000 - \dfrac{1}{2}(27,000 + 3,000)} = 0.25\text{h}$$

∴ $0.25 \times 60 = 15$분

참고 $1\text{kWh} = 3,600\text{kJ}$

$\dfrac{35,000}{3,600} = 9.722\text{kW},\ \dfrac{27,000}{3,600} = 7.5\text{kW}$

$\dfrac{3,000}{3,600} = 0.833\text{kW},\ \dfrac{5,000}{3,600} = 1.39\text{kW}$

20 진공환수식 증기난방법과 관련된 다음 설명의 (   ) 안에 알맞은 용어를 쓰시오.

(1) 물받이 탱크는 진공도 (   )mmHg 정도로 유지된다.

(2) 진공상태가 과도해지면 (   )에 의해 과부하 운전을 방지하도록 되어 있다.

(3) 방열기 밸브로는 외부 공기가 유입되어 진공도 유지가 곤란하므로 (   )밸브를 사용한다.

해답 (1) 100~250mmHg
　　　(2) 배큐엄 브레이커(Vacuum Breaker)
　　　(3) 백 래시(Back Lash)

과년도 출제문제

01 보일러 청소 시 외부청소방법을 3가지만 쓰시오.

> **해답** ① 에어 속킹법(압축공기의 분무법)
> ② 스팀 속킹법(증기분무법)
> ③ 워터 속킹법(물 분무법)
> ④ 샌드 블루법(모래사용법)
> ⑤ 스틸 쇼트크리닝법(작은 강구 사용법)
> ⑥ 스크래퍼, 튜브클리너, 와이어브러시 사용법(원통형 보일러에 사용)

02 다음 보기에서 수면계의 점검순서를 기호로 쓰시오.

> **▼ 보기**
> ⓐ 물 콕을 열고 점검 후 닫는다.
> ⓑ 증기 콕을 열고 확인한다. 그리고 닫는다.
> ⓒ 드레인 콕을 닫는다.
> ⓓ 증기 콕, 물 콕을 잠근다.
> ⓔ 드레인 콕을 열고 수면계 내의 물을 드레인 시킨다.
> ⓕ 증기 콕을 연다.
> ⓖ 물 콕을 서서히 연다.

> **해답** ⓓ → ⓔ → ⓐ → ⓑ → ⓒ → ⓕ → ⓖ

03 보일러 내부부식인 점식 방지법을 3가지만 쓰시오.

> **해답** ① 내부에 아연판을 매달아둔다.
> ② 내면에 도료를 칠한다.
> ③ O_2나 CO_2 가스체를 배기한다.
> ④ 염류 등의 불순물을 처리한다.

04 동관의 작업과정에서 동관의 전용공구를 3가지만 쓰시오.

> **해답** ① 토치램프 　　　　② 사이징 툴 　　　　③ 플레어링 툴 세트
> 　　　　④ 익스팬더 　　　　⑤ 튜브벤더 　　　　⑥ 튜브커터

05 액체연료 중의 가연성 성분을 3가지만 쓰시오.

> **해답** ① 탄소 　　　　　　② 수소 　　　　　　③ 황

06 물리적인 가스분석계의 종류를 3가지만 쓰시오.

> **해답** ① 열전도율형 CO_2계 　　　　② 밀도식 CO_2계
> 　　　　③ 적외선 가스분석계 　　　　④ 자기식 O_2계
> 　　　　⑤ 세라믹식 O_2계

07 어떤 건물의 벽체면적이 가로 28m, 세로 4m(벽체 중간에 유리창이 4개가 있으며, 유리창 1개의 면적은 $2.2m \times 3.0m$)일 때 벽체의 열관류율이 $2.9kcal/m^2h℃$, 유리창의 열관류율이 $5.5kcal/m^2h℃$이라면 실내온도 18℃, 외기온도 3℃ 상태에서 벽체와 유리창의 전체 손실열량은 몇 kcal/h인가?(단, 방위에 따른 부가계수는 1.1이다.)

> **해답**　• 유리창을 통한 벽체 전체면적 : $4 \times 28 = 112m^2$
> 　　　　• 유리창의 면적 : $2.2 \times 3.0 \times 4 = 26.4m^2$
> 　　　　• 벽체 순수면적 : $112 - 26.4 = 85.6m^2$
> 　　　　• 벽체 열손실 $= 2.9 \times 85.6 \times (18-3) = 3,723.6kcal/h$
> 　　　　• 유리창의 열손실 $= 5.5 \times 26.4 \times (18-3) = 2,178kcal/h$
> 　　　　∴ 전체 손실열량$(Q) = (3,723.6 + 2,178) \times 1.1 = 6,491.76kcal/h$

08 대형보일러에서 공연비 제어를 하고 있다. 공연비 제어에서 검출이 필요한 배기가스 내 어떤 성분을 측정하여 공기량을 제어시키는지 배기가스의 성분 측정농도를 3가지만 쓰시오.

> **해답** ① CO_2 가스 　　　　② O_2 가스 　　　　③ CO 가스

09 급수처리 외처리 중 용존고형물 처리에서 이온 교환법의 조작법을 순서대로 쓰시오.

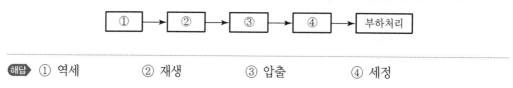

(해답) ① 역세　　　　② 재생　　　　③ 압출　　　　④ 세정

10 보일러 설치 시공기준에서 수면계의 개수에 대한 내용이다. ( ) 안에 알맞은 내용을 쓰시오.

(1) 증기보일러에는 ( )개 이상의 유리수면계를 부착하여야 한다.(소용량 및 소형 관류보일러에는 1개 이상) 다만, 단관식 관류보일러는 제외한다.

(2) 최고사용압력 1MPa(10kgf/cm^2) 이하로서 동체 안지름이 ( )mm 미만인 경우에 있어서는 수면계 중 1개를 다른 종류의 수면측정장치로 할 수 있다.

(3) 2개 이상의 원격지시 수면계를 시설하는 경우에 한하여 유리수면계를 ( )개 이상으로 할 수 있다.

(해답) (1) 2　　　　　　(2) 750　　　　　　(3) 1

11 보일러 열정산에서 연료사용량의 측정에 대한 내용 중 ( ) 안에 올바른 내용을 쓰시오.

(1) 고체연료는 계량 후 ( )의 증발을 피하기 위하여 가능한 한 연소 직전에 계량하고 그때마다 동시에 시료를 취한다. 계량은 원칙적으로 ( )를 사용하고 콜미터 기타의 계량기를 사용하였을 경우에는 지시량을 정확하게 보정한다. 측정의 허용오차는 ±1.5%로 한다.

(2) 액체연료는 중량탱크나 ( )식 또는 ( ) 유량계의 측정체적으로 구해진 것을 ( ) 또는 밀도를 곱하여 중량(질량)으로 환산한다. 측정의 허용오차는 ±1.0%로 한다.

(3) 기체연료는 체적식 또는 ( )식 유량계 기타로 측정하고 계측 시의 압력, 온도에 따라 표준상태의 용적 ( )으로 한다. 측정의 허용오차는 ±1.6%로 한다.

(해답) (1) 수분, 계량기　　　(2) 용량탱크, 체적식, 비중　　　(3) 오리피스, Nm^3

12 어떤 벽체에 열전도도가 0.05kcal/mh℃인 보온재를 두께 50mm로 보온시공하였다. 이때 열전도계수가 8kcal/m^{2}h℃이면 이 보온재를 통한 열손실은 몇 kcal/m^{2}h인가?(단, 벽체와 보온재 접촉부위는 380℃, 외부온도가 20℃이다.)

(해답) 벽체 열손실$(Q) = K \cdot A \cdot \Delta t_m = 8 \times 1 \times (380 - 20) = 2{,}880\text{kcal/m}^2\text{h}$

13 노통연관식 보일러에서 연소실 열발생률이 772,240kcal/m³h이다. B-C유 연료소비량이 197kg/h이고, 중유의 저위발열량이 9,800kcal/kg일 때 연소실 용적은 몇 m³인가?(단, 연소효율은 100%이다.)

해답 $772,240 = \dfrac{197 \times 9,800}{x}$

연소실 용적$(x) = \dfrac{197 \times 9,800}{772,240} = 2.5\text{m}^3$

참고 $\dfrac{772,240}{3,600} = 214.511\text{kW/m}^2$, $\dfrac{9,800}{3,600} = 2.722\text{kW}$

14 도시가스를 사용하는 수관식 보일러에서 다음과 같은 조건으로 운전할 때 환산증발량(kg/h)을 구하시오.

> ▼ 조건
> • 급수량 : 1,250kg/h
> • 증기건도 : 0.92
> • 급수온도 : 20℃(20kcal/kg)
> • 압력 : 6kg/cm²g(0.6MPa · g)
> • 전열면적 : 20m²

압력	포화온도	포화수엔탈피	증발잠열	포화증기엔탈피
6kg/cm²a	158.0℃	159.3kcal/kg	498.8kcal/kg	658.1kcal/kg
7kg/cm²a	161.0℃	162.0kcal/kg	496.8kcal/kg	658.8kcal/kg

해답 습증기엔탈피$= 162.0 + 0.92 \times 496.8 = 619.056\text{kcal/kg}$

∴ 환산증발량$= \dfrac{1,250 \times (619.056 - 20)}{539} = 1,389.28\text{kg/h}$

참고 압력이 게이지압이면 항상 (게이지압+1)하여 절대압력(abs)에서 수치를 찾는다.

15 온수난방에서 송수온도가 85℃, 환수온도가 65℃, 실내온도가 20℃일 때 온수방열기의 방열량은 몇 kcal/m²h인가?(단, 방열기의 방열계수는 7.2kcal/m²h℃이다.)

해답 평균온도$(\Delta t_m) = \dfrac{85 + 65}{2} = 75℃$

∴ 방열기의 소요방열량$(Q) = 7.2 \times (75 - 20) = 396\text{kcal/m}^2\text{h}$

16 다음 온수 보일러 계통도에서 배관도를 완성하시오.

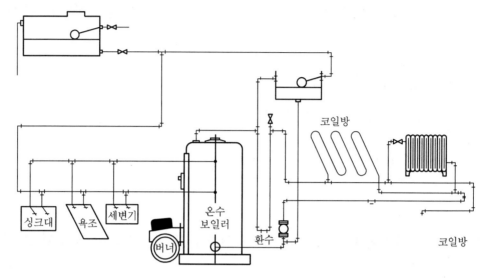

해답 ▶

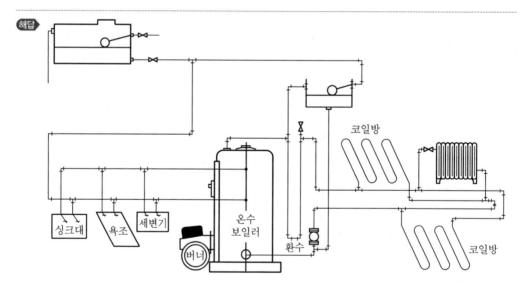

17 다음 배관의 평면도를 보고 등각 입체 배관도를 그리시오.

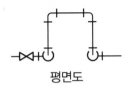

평면도

해답

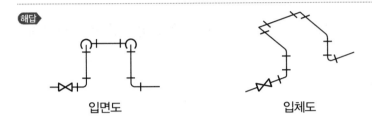

입면도   입체도

18 수관식 보일러의 연소실 열발생률이 350,000kcal/m³h이며 연료소비량이 100kg/h, 이 연료의 저위발열량이 9,700kcal/kg일 때 연소실 용적은 몇 m³인가?(단, 연소효율은 100%이다.)

해답 $350,000 = \dfrac{100 \times 9,700}{V}$

연소실 용적$(V) = \dfrac{100 \times 9,700}{350,000} = 2.77\text{m}^3$

참고 연소실 열발생률 $= \dfrac{\text{연료소비량} \times (\text{연료의 저위발열량} + \text{공기의 현열} + \text{연료의 현열})}{\text{연소실 용적}}$

19 중유 연소 시 공업분석 결과 수분이 1.10%, 원소분석 결과치로 C 85.59%, H 11.75%, O 0.63%, N 0.45%, S 0.41%, 기타 0.07%일 때 이 연료의 연소 시 저위발열량은 몇 kcal/kg 인가?

해답 연료의 저위발열량$(H_l) = 8,100\text{C} + 28,600\left(\text{H} - \dfrac{\text{O}}{8}\right) + 2,500\text{S} - 600\text{W}$

$H_l = 8,100 \times 0.8559 + 28,600\left(0.1175 - \dfrac{0.0063}{8}\right) + 2,500 \times 0.0041 - 600 \times 0.011$

$= 6,932.79 + 3,337.9775 + 10.25 - 6.6 = 10,274.42\text{kcal/kg}$

20 온수난방 방열기의 방열기계수가 $10kcal/m^2h℃$이고 송수온도가 95℃, 환수온도가 85℃, 실내온도를 15℃로 할 때 이 방열기의 방열량은 몇 $kcal/m^2h$인가?

해답 방열기의 소요방열량$(Q) = 10 \times \left[\dfrac{95+85}{2} - 15 \right] = 750kcal/m^2h$

21 미리 정해진 순서에 따라 순차적으로 제어의 각 단계를 진행하는 자동제어의 종류를 쓰시오.

해답 시퀀스 제어

22 다음 강제보일러 열정산 방식에 대하여 ( ) 안에 알맞은 내용을 써넣으시오.
(1) 열정산은 보일러의 실용적 또는 정상조업 상태에 있어서 원칙적으로 ( )시간 이상의 운전결과에 따른다.
(2) 발열량은 원칙적으로 사용할 때의 연료의 ( )으로 한다.
(3) 열정산의 기준온도는 시험 시의 ( )온도로 한다.

해답 (1) 2 (2) 고위발열량 (3) 외기

23 보일러 안전을 위한 인터록을 4가지만 쓰시오.

해답 ① 불착화 인터록 ② 프리퍼지 인터록 ③ 저수위 인터록
④ 저연소 인터록 ⑤ 압력초과 인터록

24 급수처리 외처리에서 O_2를 제거하는 탈산소제를 2가지만 쓰시오.

해답 아황산소다, 히드라진, 탄닌

25 보일러 노통 상부용 안전장치인 가용전의 재료를 2가지만 쓰시오.

해답 주석, 납

26 습식 집진장치인 가압수식 집진장치의 종류 3가지를 쓰시오.

해답 벤투리 스크러버, 제트 스크러버, 사이클론 스크러버, 충전탑

27 보일러 건조 보존 시 사용되는 흡습제를 2가지만 쓰시오.

해답 생석회, 실리카겔, 염화칼슘

28 포스트퍼지란 무엇인지 간단히 설명하시오.

해답 보일러 운전 중 소화나 불꽃의 점멸 또는 보일러 운전이 끝난 후 보일러 내 잔류가스를 제거하기 위하여 노 내를 환기시키는 것이다.

29 보일러 설치시공기준에서 연료를 저장할 때에는 보일러 외측으로부터 (①)m 이상 거리를 두거나 (②)을 설치하여야 한다. 다만 소형 보일러의 경우에만 (③)m 이상 거리를 두거나 반격벽으로 할 수 있다.

해답 ① 2　　　② 방화격벽　　　③ 1

30 응축수와 증기의 비중차(기계식)를 이용한 스팀트랩을 2가지만 쓰시오.

해답 ① 버킷 트랩
② 플로트식 트랩(다량 트랩)

참고 • 온도차에 의한 트랩 : 벨로스 트랩, 바이메탈 트랩
• 열역학적 트랩 : 디스크식 트랩, 오리피스 트랩

31 회전펌프(원심식)에서 프라이밍 작업에 대하여 설명하시오.

해답 펌프 시동 전에 펌프 내부에 물을 가득 붓는 작업을 프라이밍이라 한다.

32 온수난방에서 각 방열기까지 급기관과 복귀관의 길이가 거의 같아서 방열량이 거의 일정하여 고르게 따뜻하게 하는 역환수식을 방열기와 연결하여 도시하시오.

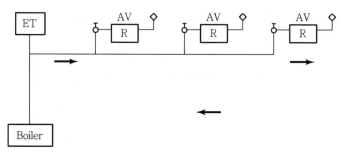

해답

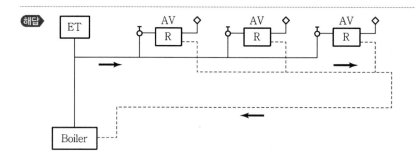

33 다음은 오일탱크 주위 배관도이다. ①~⑭의 명칭과 ⑮의 간격을 쓰시오.

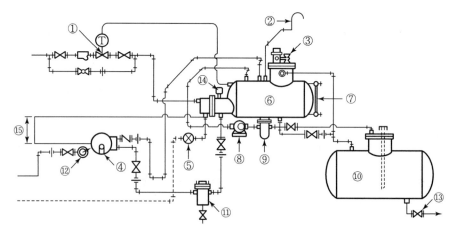

해답
① 온도조절 밸브	② 통기관	③ 플로트 스위치
④ 오일버너	⑤ 환수트랩 장치	⑥ 서비스 탱크
⑦ 유면계	⑧ 급유펌프	⑨ 오일여과기
⑩ 저유조	⑪ 유수분리기	⑫ 가스점화장치
⑬ 드레인 밸브	⑭ 온도계	⑮ 1,500mm 이상

34 다음 서비스 탱크 그림을 보고 ①~⑤의 명칭을 쓰시오.

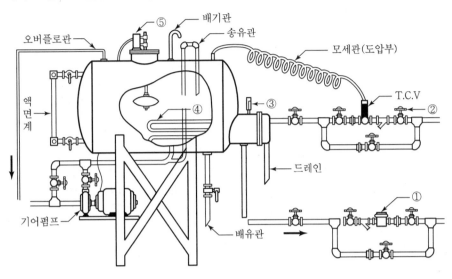

해답 ① 유량계　　　　　② 증기입구　　　　　③ 온도계
　　　④ 가열코일　　　　　⑤ 플로트 스위치

35 관의 길이가 2m인 원통관 외부에 석면보온재를 두께 50mm로 시공하였다. 석면의 열전도율은 0.1kcal/mh℃이고 보온층 내면의 온도가 120℃, 외면의 온도가 15℃라고 한다면 이 보온재를 통한 열손실은 몇 kcal/h인가?(단, 관 양단면의 열손실은 없는 것으로 본다. 그리고 관의 내반경은 10cm, 보온재를 포함한 외반경은 15cm이다.)

해답 보온 후 열손실$(Q) = \dfrac{\lambda \cdot (2\pi L n) \cdot \Delta t_m}{\ln\left(\dfrac{\gamma_2}{\gamma_1}\right)}$

$\qquad\qquad\quad = \dfrac{0.1 \times (2 \times 3.14 \times 2) \times (120 - 15)}{\ln\left(\dfrac{0.15}{0.1}\right)}$

$\qquad\qquad\quad = 325.26\text{kcal/h}$

또는,

평균면적$= \dfrac{2 \times 3.14 \times 2 \times (0.15 - 0.1)}{\ln\left(\dfrac{0.15}{0.1}\right)} = 1.548\text{m}^2$로 계산하여

$Q = 0.1 \times 1.548 \times \dfrac{120 - 15}{0.15 - 0.1} = 325.08\text{kcal/h}$

참고 실기시험에서는 3.14 대신 계산기로 π를 사용한다.

36 다음과 같은 조건에서 노벽 20m²의 손실열량을 구하시오.(단, 내벽의 온도가 1,300℃, 외벽의 온도가 40℃이다.)

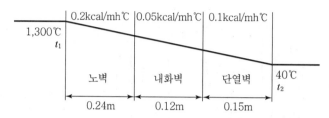

해답 노벽의 손실열량$(Q) = \dfrac{A(t_1 - t_2)}{\dfrac{L_1}{\lambda_1} + \dfrac{L_2}{\lambda_2} + \dfrac{L_3}{\lambda_3}} = \dfrac{20 \times (1,300 - 40)}{\dfrac{0.24}{0.2} + \dfrac{0.12}{0.05} + \dfrac{0.15}{0.1}} = 4,941.18 \text{kcal/h}$

참고 1W=0.86kcal
1kcal=4.186kJ

01 급수처리 중 외처리에서 현탁고형물 처리법을 2가지만 쓰시오.

해답 ① 응집법　　　　　　② 침강법　　　　　　③ 여과법

02 과열기의 형식 중 전열방식에 의한 종류 3가지를 쓰시오.

해답 ① 복사과열기　　　　② 대류과열기(접촉과열기)　　③ 복사대류 과열기

03 증기의 건조도가 0.8, 포화증기엔탈피 663kcal/kg, 포화수엔탈피가 180kcal/kg일 때 습포화증기엔탈피는 몇 kcal/kg인가?(단, 보일러 압력은 1MPa이다.)

해답 발생 습포화증기엔탈피$(h_2) = h' + rx = 180 + 0.8 \times (663 - 180)$
$$= 566.4 \text{kcal/kg} (2,370.95 \text{kJ/kg})$$

04 송풍기의 소요동력이 3.7kW에서 회전수가 2,000rpm이다. 회전수를 2,400rpm으로 증가시키면 소요동력은 몇 kW인가?

해답 회전수 변경 후 소요동력$(\text{kW}') = \text{kW} \times \left(\dfrac{N_2}{N_1}\right)^3$
$$= 3.7 \times \left(\dfrac{2,400}{2,000}\right)^3 = 6.39 \text{kW}$$

05 파이프 벤딩머신의 종류를 2가지만 쓰시오.

해답 ① 램식　　　　　　② 로터리식

06 연료의 원소성분이 C 86%, H 13%, S 1%이고 과잉공기계수(공기비)가 1.2에서 실제공기량은 몇 Nm^3/kg인가?

> **해답** 실제공기량$(A) = A_o \times m$(공기비)
>
> 이론공기량$(A_o) = 8.89C + 26.67\left(H - \dfrac{O}{8}\right) + 3.33S$
>
> $A = [8.89 \times 0.86 + 26.67 \times 0.13 + 3.33 \times 0.01] \times 1.2$
>
> $\quad = (7.6454 + 3.4671 + 0.0333) \times 1.2 = 13.37 Nm^3/kg$

07 청관제 중 경도성분 연화제의 종류 2가지를 화학식으로 쓰시오.

> **해답** ① $NaOH$(수산화나트륨)　　　　　② Na_2CO_3(탄산나트륨)

08 보일러 운전 중 증기보일러용 수면계의 점검시기를 3가지만 쓰시오.

> **해답** ① 보일러 점화 전
> ② 증기의 압력이 상승할 때
> ③ 두 개의 수면계 수위가 다르게 나타날 때
> ④ 수면계의 지시차가 의심이 날 때
> ⑤ 프라이밍이나 포밍이 발생할 때

09 관류보일러에서 증기를 얻는 과정은 증발관에서 (①), (②), (③)을 거쳐서 발생된다. ( ) 안에 알맞은 내용을 써넣으시오.

> **해답** ① 가열　　　　　② 증발　　　　　③ 과열

10 화염검출기인 프레임 아이(광전관)의 원리와 기능을 쓰시오.

> **해답** (1) 원리 : 연소 중에 발생하는 화염 빛을 감지부에서 전기적 신호로 바꾸어 화염 유무를 검출한다.(화염의 발광체를 이용)
> (2) 기능
> ① 잔류가스의 폭발을 방지한다.
> ② 신속한 연료 차단으로 보일러 사고를 사전에 예방한다.

11 다음 배관도면에서 관의 높이 표시기호에 대하여 설명하시오.

(1) TOP EL−1,500

(2) BOP EL−1,500

(3) TOB EL−3,000

해답 (1) TOP EL−1,500 : 관의 윗면까지의 높이가 1,500mm

(2) BOP EL−1,500 : 관의 밑면까지의 높이가 1,500mm

(3) TOB EL−3,000 : 가대(架臺) 윗면까지의 높이가 3,000mm

12 다음 강관의 KS 규격기호를 쓰시오.

(1) 압력배관용 탄소강 강관

(2) 고압배관용 탄소강 강관

(3) 고온배관용 탄소강 강관

해답 (1) 압력배관용 탄소강 강관 : SPPS

(2) 고압배관용 탄소강 강관 : SPPH

(3) 고온배관용 탄소강 강관 : SPHT

13 보일러 설치 검사기준에 의해 유량계의 전기 계량기 및 전기 개폐기와의 거리는 (①)cm 이상, 굴뚝이나 전기 점멸기, 전기접속기와는 (②)cm 이상, 절연조치를 하지 않은 전선과의 거리는 (③)cm 이상을 유지하여야 한다. ( ) 안에 알맞은 내용을 써넣으시오.

해답 ① 60   ② 30   ③ 30

14 증기원동소, 과열증기의 온도조절방법을 3가지만 쓰시오.

해답 ① 댐퍼로 배기가스량을 조절한다.

② 연소실 내의 화염의 위치를 전환시킨다.

③ 배기가스를 연소실 내로 재순환시키는 방법

④ 과열저감기를 이용하는 방법

15 저압 증기보일러의 하트포드 접속법에서 증기헤드와 환수헤드 사이에 밸런스관을 설치하고자한다. 보일러 기준수면에서 몇 mm 아래에 밸런스관을 설치하는가?

해답 50mm

참고 하트포드 접속

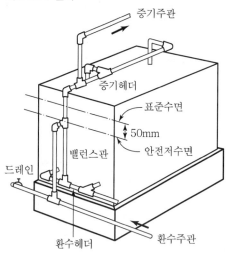

16 난방면적이 100m²이고 평균 난방부하가 150kcal/m²h일 때 이 건물에 1일당 소요되는 보일러 경유소비량은 몇 kg인가?(단, 열효율은 80%, 경유의 발열량은 9,000kcal/kg이다.

해답 경유소비량$(G_f) = \dfrac{\text{난방부하} \times 24\text{시간}}{\text{열효율} \times \text{연료발열량}} = \dfrac{(100 \times 150) \times 24}{0.8 \times 9,000} = 50\text{kg/day}$

17 보일러 증발압력이 0.5MPa이고 급수온도가 60℃일 때 상당증발량(kg/h)을 구하시오.(단, 증기발생량은 2,000kgf/h, 증기엔탈피는 642.1kcal/kg이다.)

해답 상당증발량$(W_e) = \dfrac{\text{시간당 증기발생량(발생증기엔탈피 - 급수엔탈피)}}{539\text{kcal/kg}(2,265\text{kJ/kg})}(\text{kg/h})$

$= \dfrac{2,000 \times (642.1 - 60)}{539} = 2,156.59\text{kg/h}$

18 다음의 평면도를 등각도로 그리시오.

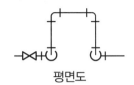

평면도

해답

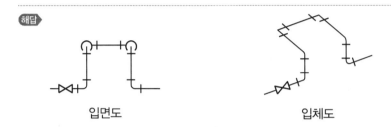

입면도   입체도

19 증기보일러의 과열방지대책을 5가지만 쓰시오.

해답 ① 저수위 사고 방지
     ② 동 내면에 스케일 생성 방지
     ③ 보일러수의 순환 불량 방지
     ④ 보일러수의 과도한 농축 방지
     ⑤ 전열면적의 국부과열 방지

2007년 8월 26일 시행

01 강관의 이음방법을 3가지만 쓰시오. 그리고 도시기호도 함께 표시하시오.

해답
① 나사이음 : ─┼─
② 용접이음 : ─●─ (또는 ─✕─)
③ 플랜지이음 : ─┤├─

02 다음과 같은 특징을 가진 신축이음쇠는 어떤 신축이음쇠인지 그 명칭을 쓰시오.

- 설치공간을 많이 차지한다.
- 신축에 따른 자체응력이 생긴다.
- 고온고압의 옥외배관에 많이 사용된다.

해답 루프형 신축이음쇠

03 강관의 벤딩에서 로터리 벤더에 의해 관이 파손되는 원인을 3가지만 쓰시오.

해답
① 압력 조정이 세고 저항이 크다.　② 받침쇠기 너무 나와 있다.
③ 굽힘 반경이 너무 작다.　④ 재료에 결함이 있다.

04 배수트랩의 구비조건을 3가지만 쓰시오.

해답
① 하수관 속에서 발생한 가스가 배수관을 통해 기구 배수구에서 실내로 역류하는 것이 방지되어야 한다.
② 트랩의 봉수가 확실하여야 한다.
③ 물은 자유로이 통과되어 공기나 가스의 유통이 차단되어야 한다.
④ 통기관의 보호가 확실하여야 한다.

05 작동방법에 따른 감압밸브의 종류를 3가지만 쓰시오.

해답 ① 피스톤식　　② 다이어프램식　　③ 벨로스식

06 자동급수제어(F.W.C)의 2요소식에서 검출요소 2가지를 쓰시오.

해답 ① 수위 검출　　② 증기량 검출

07 급수처리 외처리에서 용해 고형물 제거방법 3가지를 쓰시오.

해답 ① 약품처리법　　② 이온교환법　　③ 증류법

08 공기조절장치에서 착화를 원활하게 하고 화염의 안정을 도모하며 선회운동을 주어 원추상으로 분사시키는 것의 명칭을 쓰시오.

해답 보염기(Stabilizer, 스태빌라이저)

09 보일러 연소실 내 배플판의 설치목적을 쓰시오.

해답 배플판(화염이동판)이란, 수관보일러에서 화로나 연도 내의 연소가스 흐름을 기능상 필요로 하는 방향으로 유도하기 위한 내화성의 판 또는 칸막이이다.

10 보일러 운전 시 항상 점검이 필요한 장치나 계측기기를 3가지만 쓰시오.

해답 ① 수면계　　② 압력계　　③ 화염투시구　　④ 안전밸브

11 증기발생량이 5,390kgf/h이고, 발생증기 엔탈피가 660kcal/kg이며 급수온도가 20℃인 상태에서 급수하는 이 보일러의 마력은 몇 HP인가?

해답 상당증발량 $= \dfrac{5,390 \times (660-20)}{539} = 6,400$kg/h

보일러마력 $= \dfrac{\text{상당증발량}}{15.65} = \dfrac{6,400}{15.65} = 408.95$마력

12 다음과 같은 조건하에서 이론통풍력(mmAq)을 구하시오.

▼ 조건
- 굴뚝의 높이 20m
- 배기가스 비중량 1.34kgf/Nm³
- 배기가스 온도 300℃
- 공기의 비중량 1.29kgf/Nm³
- 외기온도 10℃

해답 이론통풍력 $(Z) = 273 \times H \left[\dfrac{r_a}{273 + t_a} - \dfrac{r_g}{273 + t_g} \right]$

$= 273 \times 20 \left[\dfrac{1.29}{273 + 10} - \dfrac{1.34}{273 + 300} \right] = 12.12$mmAq

13 다음과 같은 내용에 해당되는 알맞은 내용을 써넣으시오.

(1) 보일러 동 수면에서 작은 입자의 물방울이 증기와 함께 튀어오르는 현상

(2) 보일러 동 저부로부터 기포들이 수없이 수면 위로 오르면서 수면부가 물거품으로 덮이는 현상

해답 (1) 프라이밍   (2) 포밍

14 배기가스량 3,000Nm³/h가 배출되는 연도에서 배기가스 온도가 180℃, 외기온도가 20℃이라면 배가가스의 열손실은 몇 kcal/h가 되겠는가?(단, 배기가스 비열은 0.33kcal/m³℃이다.)

해답 배기가스 현열 (Q) = 배기가스량 × 배기가스 비열 × (배기가스온도 - 외기온도)

$= 3,000 \times 0.33 \times (180 - 20) = 158,400$kcal/h

15 다음과 같은 보일러 최고사용압력에서 수압시험압력은 몇 MPa인가?

(1) 0.35MPa   (2) 0.6MPa   (3) 1.8MPa

 (1) $0.35 \times 2 = 0.7\text{MPa}$ (2배)

(2) $0.6 \times 1.3 + 0.3 = 1.08\text{MPa}$ ($P \times 1.3$배 $+ 0.3$)

(3) $1.8 \times 1.5 = 2.7\text{MPa}$ ($P \times 1.5$배)

16 탄소(C) 5kg의 연소 시 이론산소량을 각각 중량(kg)과 용적(Nm^3)으로 구하시오.(단, 공기 중 산소의 중량당은 23.2%, 용적당은 21%로 한다.)

 $C + O_2 \rightarrow CO_2$

$12\text{kg} + 32\text{kg} \rightarrow 44\text{kg}$

$12\text{kg} + 22.4\text{Nm}^3 \rightarrow 22.4\text{Nm}^3$

이론산소량(중량당) $= 5 \times \dfrac{32}{12} = 13.33\,\text{kg}$

이론산소량(용적당) $= 5 \times \dfrac{22.4}{12} = 9.33\,\text{Nm}^3$

17 다음의 조건을 보고 대류방열기(Convector)를 도시하시오.

▼ 조건	
• 컨벡터 방열기 면적 4.3m²	• 열수 2열
• 베이스길이 C – 1,700mm	• 유입관경 25A
• 유출관경 20A	

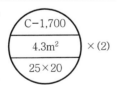

18 다음 설명에서 옳지 않은 내용의 기호를 쓰시오.

① 내화벽돌에는 강력한 화염을 받는 부위에는 스폴링 현상을 방지하는 조치가 필요하나 보일러 본체에는 이를 금한다.

② 연소량 증가 시는 연료량을 먼저 증가시킨 후 나중에 공기량을 증가시킨다.

③ 화격자연소에는 화층의 불균일한 온도변화에 의해 클링커 생성이 발생되나 이것을 발생시키지 않도록 하여야 한다.

④ 노 내 화염의 온도를 적정온도로 유지하기 위해서는 에어레지스터를 제거한 후 연소시킨다.

⑤ 굴뚝으로 배기되는 배기가스량에 의해 통풍력을 조절할 때에는 통풍계에 의해 통풍력을 조절시킨다.

⑥ 보일러 설치 시 보온재나 케이싱 등을 설치하는 이유는 불필요한 외기의 노 내 침입방지 및 노 내 온도를 저온으로 유지하기 위하여 단열 처리한다.

해답 ②, ④, ⑥

2008년 5월 17일 시행

과년도 출제문제

01 보일러에 설치하는 안전밸브의 크기는 호칭지름 25A 이상으로 하여야 하나 다만 어떤 경우의 보일러에 대하여는 호칭지름 20A 이상으로 할 수 있다. 그 조건을 3가지만 쓰시오.

해답
① 최고사용압력 0.1MPa 이하의 보일러
② 최고사용압력 0.5MPa 이하의 보일러로 동체의 안지름이 500mm 이하이며 동체의 길이가 1,000mm 이하의 것
③ 최고사용압력 0.5MPa 이하의 보일러로 전열면적 $2m^2$ 이하의 것
④ 최대증발량 5t/h 이하의 관류보일러
⑤ 소용량 강철제 보일러, 소용량 주철제 보일러

02 보일러 연료로 기체연료를 사용하는 경우 그 장점을 3가지만 쓰시오.

해답
① 적은 공기비로 완전연소가 가능하다.
② 점화 및 소화 또는 연소조절이 용이하다.
③ 회분이나 매연 발생이 거의 없다.
④ 연소효율이 높다.
⑤ 저발열량의 연료도 완전연소가 가능하다.

03 보일러 연소에서 이론공기량과 과잉공기량을 알 때의 공기비 계산식을 쓰시오.

해답 공기비 $= \dfrac{\text{이론공기량} + \text{과잉공기량}}{\text{이론공기량}}$

04 다음과 같은 특징을 가진 증기트랩은 어떤 트랩인지 그 종류를 쓰시오.

> • 부력을 이용한 기계식
> • 응축수를 증기압력에 의해 밀어 올릴 수 있다.
> • 고압과 중압의 증기배관에 적당하다.
> • 형식은 상향식, 하향식이 있다.

해답 버킷트랩

05 보일러 연소효율을 η_c, 전열면효율을 η_f 라 할 때 보일러 열효율 η은 어떻게 나타내는지 쓰시오

해답 열효율$(\eta) = \eta_c \times \eta_f$

06 온수난방 시 방열기 입구 온수온도가 92℃, 그 출구온도가 70℃, 실내공기온도를 18℃로 하려고 할 때 주철제 방열기의 소요방열량(kcal/m²h)을 구하시오.(단, 온수난방 표준온도차는 62℃로 한다.)

해답 온수방열기 소요방열량 $= 450 \times \dfrac{\left[\dfrac{92+70}{2} - 18\right]}{62} = 457.26\text{kcal/m}^2\text{h}$

07 보일러 굴뚝의 통풍력을 측정하니 3mmH₂O일 때 이 굴뚝(연돌)의 높이는 몇 m인가?(단, 배기가스온도는 150℃, 외기온도는 0℃, 실제통풍력은 이론통풍력의 80%로 한다.)

해답 실제통풍력$(Z) = H \times \left[\dfrac{353}{273+t_a} - \dfrac{367}{273+t_g}\right] \times 0.8$

$3 = x \times \left[\dfrac{353}{273+0} - \dfrac{367}{273+150}\right] \times 0.8$

$\therefore$ 굴뚝높이$(x) = \dfrac{3}{\left(\dfrac{353}{273+0} - \dfrac{367}{273+150}\right) \times 0.8} = \dfrac{3}{(1.2930 - 0.8676) \times 0.8}$

$= \dfrac{3}{(0.4254) \times 0.8} = \dfrac{3}{0.34032} = 8.82\text{m}$

08 난방, 급탕용 기름 온수보일러 자동제어장치 중 콤비네이션 릴레이를 보일러 본체에 부착하는데 이 장치에 적용되는 버너의 주안전 제어기능을 2가지만 쓰시오.

> **해답** ① 고온차단 　　　　　　　　② 저온점화

09 파이프렌치의 규격은 200, 250, 450, 900, 1,200mm 등이 있다. 이 호칭은 무엇을 기준으로 하는지 쓰시오.

> **해답** 입을 최대로 벌린 상태에서 전장

10 보일러 열정산 시 보일러에서 발생하는 출열 중 손실열 2가지만 쓰시오.

> **해답** ① 배기가스 손실열 　　　　② 불완전연소에 의한 손실열
> ③ 미연탄소분에 의한 손실열 　　④ 방사열손실
> ⑤ 노 내 분입증기에 의한 열손실

11 보일러 연도로 배기되는 연소가스량이 300kgf/h이며 배기가스의 온도가 260℃, 가스의 비열이 0.35kcal/kg℃, 외기온도가 12℃라면 배기가스에 의한 손실열량(kcal/h)은 얼마인가?

> **해답** 배기가스 손실열량(Q)=300×0.35×(260−12)=26,040kcal/h

12 어느 보일러에서 저위발열량이 9,700kcal/kg인 중유를 연소시킨 결과 연소실에서 발생한 연소열량이 9,000kcal/kg이고 증기발생에 이용된 열량이 8,000kcal/kg이라면 연소효율(%)과 열효율(%)은 얼마인가?

> **해답** 연소효율(η) = $\dfrac{연소실\ 연소열량}{연료의\ 발열량} \times 100 = \dfrac{9,000}{9,700} \times 100 = 92.78\%$
>
> 열효율(η) = $\dfrac{보일러\ 유효열}{연료의\ 연소열} \times 100 = \dfrac{8,000}{9,700} \times 100 = 82.47\%$

13 아래의 보기에서 보일러 정지순서를 번호로 기입하시오.

> ▼ 보기
> ① 연소용 공기의 공급을 정지한다.
> ② 연료공급을 정지한다.
> ③ 댐퍼를 닫는다.
> ④ 주증기밸브를 닫고 드레인밸브를 연다.
> ⑤ 급수한 후 증기압력을 저하시키고 급수밸브를 닫는다.

해답 ② → ① → ⑤ → ④ → ③

14 다음에서 설명하는 에어레지스터(공기조절장치)의 종류를 쓰시오.

(1) 착화를 확실하게 해주며 불꽃의 안정을 도모한다.

(2) 공기와 연료의 혼합을 촉진하며 연소용 공기의 동압을 정압으로 유지시켜 화염을 안정시킨다.

해답 (1) 보염기(스태빌라이저)　　　(2) 윈드박스(바람상자)

15 증기보일러 운전 중 캐리오버의 방지대책을 3가지만 쓰시오.

해답 ① 고수위 방지 운전　　　　② 주증기밸브 급개 방지
　　　③ 기수분리기 설치　　　　④ 비수나 물거품 생성 방지
　　　⑤ 보일러수의 농축 방지　　⑥ 보일러부하 급변 방지(보일러부하 과대 방지)
　　　⑦ 프라이밍, 포밍 방지

16 급수내관의 설치 시 이점을 3가지만 쓰시오.

해답 ① 보일러수 교란 방지
　　　② 급수의 일부 가열
　　　③ 보일러 부동팽창 방지

17 배관공사 시 입체도를 그리는 이유를 3가지만 쓰시오.

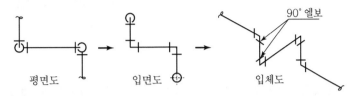

평면도   입면도   입체도   90° 엘보

해답 ① 관을 가공하기 위해 관의 가공도를 그릴 때
② 계통도를 보다 구체적으로 가리킬 경우
③ 손실수두 또는 유량 등을 계산할 경우
④ 관 및 이음쇠의 재료를 산출할 경우

18 아래에 주어진 평면도를 등각투상도로 나타내시오.

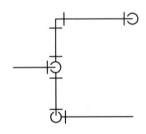

해답

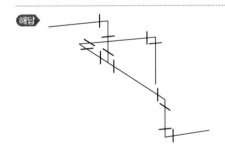

2008년 8월 23일 시행

01 다음과 같은 조건하에서 보일러 출력(정격용량)은 몇 kcal/h인지 계산하시오.(단, 난방은 증기난방이다.)

▼ 조건
- 상당방열면적(EDR) : 500m²
- 온수공급온도 : 70℃
- 물의 비열 : 1kcal/kg℃
- 배관부하 : 0.25
- 방열기 방열량 : 650kcal/m²h
- 온수사용량 : 500kg/h
- 급수공급온도 : 10℃
- 예열부하 : 1.45
- 석탄의 출력저하계수 : 0.69
- 1kW = 3,600kJ/h

해답 보일러 정격출력$(Q) = \dfrac{(난방부하 + 급탕부하) \times 배관부하 \times 예열부하}{출력저하계수}$

$= \dfrac{[(500 \times 650) + 500 \times 1 \times (70-10)] \times (1 + 0.25) \times 1.45}{0.69}$

$= \dfrac{(325,000 + 30,000) \times (1.25) \times 1.45}{0.69} = 932,518.16 \text{kcal/h}$

참고 난방부하 $= 500 \times 650 = 325,000 \text{kcal/h}$

급탕부하 $= 500 \times 1 \times (70-10) = 30,000 \text{kcal/h}$

$\dfrac{325,000}{3,600} \times 4.186 = 377.90 \text{kW}$, $\dfrac{30,000}{3,600} \times 4.186 = 34.88 \text{kW}$

$\dfrac{932,518.16}{3,600} \times 4.186 = 1,084.31 \text{kW}$

$(1,084.31 \text{kW} \times 10^3 \text{W} \times 0.86 \text{kcal/h} = 932,507.80 \text{kcal/h})$

02 보일러 산세관 시 사용하는 산의 종류 3가지를 쓰시오.

해답 ① 염산 ② 황산 ③ 인산 ④ 광산 ⑤ 질산

03 보일러 청관제 중 탈산소제의 종류 3가지를 쓰시오.

해답 ① 아황산소다 ② 히드라진 ③ 탄닌

04 다음 설명에 해당하는 화염검출기의 종류를 쓰시오.

(1) 화염 중에 양성자와 중성자의 전리에 근거하여 버너에 글랜드 로드를 부착하여 화염 중에 삽입하고 전기적 신호를 이용하여 화염의 유무를 검출하는 화염검출기

(2) 연소 중에 발생되는 연소가스의 열에 의해 바이메탈의 신축작용으로 전기적 신호를 만들어 화염의 유무를 검출하는 것

(3) 연소 중에 발생하는 화염 빛을 검지부에서 전기적 신호로(자외선, 적외선 등) 바꾸어 화염의 유무를 검출하는 것

> **해답** (1) 플레임 로드
> (2) 스택 스위치
> (3) 플레임 아이

05 파이프를 굽힐 때 하중을 제거하면 굽힘 각은 작고 굽힘 반경은 커지는 현상을 무엇이라 하는가?

> **해답** 스프링 백 현상

06 다음의 조건을 보고 펌프의 소요동력(kW)을 구하시오.

> **▼ 조건**
> • 수량 0.96m³/min
> • 감쇠높이 2m
> • 펌프의 효율 80%
>
> • 펌프에서 수면까지 흡입양정 5m
> • 펌프에서 보일러까지 급수필요토출양정 14m

> **해답** 펌프 소요동력 $= \dfrac{1{,}000 \times 분당\ 급수송출량 \times 전양정}{102 \times 60 \times 효율}$
>
> $= \dfrac{1{,}000 \times 0.96 \times (5 + 14 + 2)}{102 \times 60 \times 0.8} = 4.12\text{kW}$

> **참고** 수량(급수사용량)이 분당(min)일 때는 60으로 나누어준다.

07 다음의 조건을 보고 굴뚝의 이론통풍력(mmAq)을 구하시오.

▼ 조건
- 연돌높이 : 80m
- 배기가스온도 : 165℃
- 외기온도 : 28℃
- 외기비중량 : 1.29kg/Nm³
- 배기가스비중량 : 1.35kg/Nm³

해답 이론통풍력 $=273\times$ 연돌높이 $\times\left[\dfrac{\text{외기비중량}}{273+\text{외기온도}}-\dfrac{\text{배기가스비중량}}{273+\text{배기가스온도}}\right]$

$=273\times80\times\left[\left(\dfrac{1.29}{273+28}\right)-\left(\dfrac{1.35}{273+165}\right)\right]$

$=80\times\left[\dfrac{352.17}{301}-\dfrac{368.55}{438}\right]=80\times(1.17-0.8414)=26.29\text{mmAq}$

08 보일러 최고사용압력이 다음과 같은 조건하에서 수압시험압력을 써넣으시오.

보일러 최고사용압력	수압시험압력
0.43MPa 이하	
0.43MPa 초과~1.5MPa 이하	
1.5MPa 초과	

해답

보일러 최고사용압력	수압시험압력
0.43MPa 이하	최고사용압력×2배
0.43MPa 초과~1.5MPa 이하	최고사용압력×1.3배＋0.3MPa
1.5MPa 초과	최고사용압력×1.5배

09 다음 배관작업용 공구의 사용 용도를 쓰시오.

(1) 파이프 커터 (2) 다이헤드식 나사절삭기 (3) 링크형 파이프 커터

(4) 사이징 툴 (5) 봄볼

해답 (1) 파이프 커터 : 관의 절단
(2) 다이헤드식 나사절삭기 : 자동나사절삭
(3) 링크형 파이프커터 : 주철관의 전용 절단
(4) 사이징 툴 : 동관의 끝부분을 원형으로 교정
(5) 봄볼 : 연관의 분기관 따내기

10 다음을 참고하여 보일러의 상당증발량을 구하는 식을 나타내시오.

> ▼ 조건
> • D_e : 상당증발량(kgf/h)
> • D_a : 시간당 증기발생량(kgf/h)
> • h' : 발생습증기엔탈피(kcal/kg)
> • h : 급수엔탈피(kcal/kg)

(해답) $D_e = \dfrac{D_a \times (h' - h)}{539}$

11 보일러 증기압력(트랩입구 압력)이 $15\mathrm{kgf/cm^2}$, 출구 허용배압이 $12\mathrm{kgf/cm^2}$일 때 스팀트랩의 최고 배압허용도는 몇 %인가?

(해답) 트랩 배압허용도 $= \dfrac{\text{최고 배압허용도 압력}}{\text{입구 증기트랩의 압력}} \times 100(\%)$

$\qquad\qquad\qquad = \dfrac{12}{15} \times 100 = 80\%$

12 스팀제트버너에서 수분이 함유된 수증기가 연소실 내로 공급할 때 발생되는 장애를 3가지만 쓰시오.

(해답) ① 무화상태가 불량하다.
② 노 내 화면이 소멸되는 경우가 있다.
③ 버너 노즐의 부식이 발생된다.
④ 화염의 분사각도가 흐트러진다.

(참고) 무화 : 오일의 미립자를 안개방울화하여 공기소통을 원활하게 하여 완전연소시키는 작용

13 다음 (   ) 안에 알맞은 용어를 써넣으시오.

> 벨로스형 신축이음은 (①)이라고도 하며 관의 재료로는 스테인리스, (②)가 사용되며 관의 수축 시 (③)는 고정되고, 스테인리스는 미끄러지면서 벨로스와의 간극을 없게 한다.

(해답) ① 팩리스 신축이음 ② 인청동제 ③ 본체

14 다음의 조건하에서 보일러 효율은 몇 %인가?

▼ 조건
- 오일연료사용량 : 2kg/h
- 발생증기엔탈피 : 646.1kcal/kg
- 급수온도 : 10℃
- 연료의 발열량 : 10,000kcal/kg
- 발생증기량 : 20kg/h
- 물의 비열 : 1kcal/kg · K

해답 보일러 효율$(\eta) = \dfrac{20 \times (646.1 - 10)}{2 \times 10,000} \times 100 = 63.61\%$

참고 $\dfrac{10,000 \times 4.186\mathrm{kJ/kg} \times 10^3}{10^6} = 41.86\mathrm{MJ}$

15 다음의 급유량계의 바이패스 배관도를 완성하시오.(단, 부속품은 밸브 3개, 유니언 3개, 티 2개, 90° 엘보 2개, y자형 여과기 1개가 장착된다.)

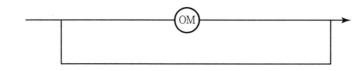

해답

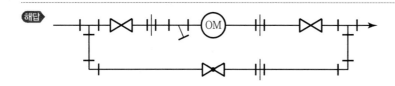

16 보일러의 부식 진행 중 부식도 측정방법을 3가지만 쓰시오.

해답 ① 침지시험법   ② 전기저항법   ③ 분극저항법
     ④ AE법(초음파센서법)   ⑤ 적외선 서모그래픽법

17 수분이 함유된 증기가 보일러에서 발생 시 장애가 되는 점을 3가지만 쓰시오.

해답 ① 수격작용(워터해머) 발생   ② 기수공발(캐리오버) 발생
     ③ 증기의 열손실 발생   ④ 열효율 저하
     ⑤ 배관 내 부식 발생

18 배관이나 판을 굽힐 때 하중을 제거하면 굽힘 각은 작고 굽힘 반경은 커지는 현상을 무엇이라 하는가?

해답 스프링 백 현상

19 온수보일러 설치 계략도를 보고 배관계통도를 완성하시오.

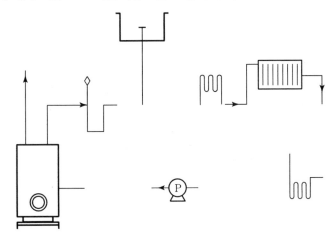

해답

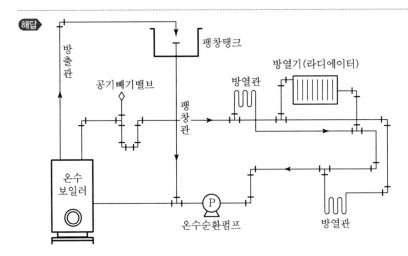

20 다음 배관도면을 보고 입체배관도면을 그리시오.

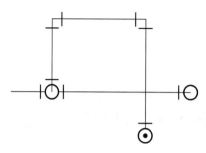

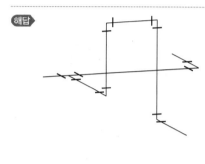

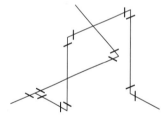

(2개 중 1개 선택)

2009년 5월 17일 시행

과년도 출제문제

01 강관의 공작용 공구로서 관접속부의 분해나 조립 시에 사용하며 보통형, 강력형, 체인형이 있고 그 크기는 입을 최대로 벌려놓은 전장으로 표시하며 150~350mm까지 있는 이 공구의 명칭은?

해답 파이프렌치

02 원심식 펌프의 회전수가 1,500rpm에서 소요동력이 7.5kW이다. 회전수를 1,800rpm으로 증가변형 시 소요동력은 몇 kW이어야 하는가?

해답 회전수 증가 후 소요동력$(kW') = kW \times \left(\dfrac{N_2}{N_1}\right)^3$

$$\therefore 7.5 \times \left(\dfrac{1,800}{1,500}\right)^3 = 12.96kW$$

03 다음 보일러 계통도를 보고 ①~⑤에 해당되는 명칭이나 관의 명칭을 쓰시오.

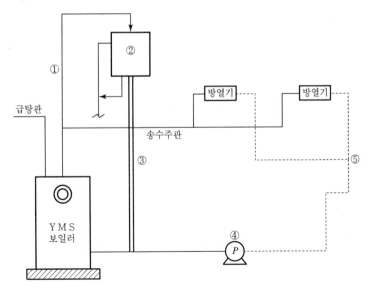

해답 ① 방출관(안전관)　　　② 팽창탱크　　　③ 팽창관
　　　④ 순환펌프　　　　　　⑤ 환수주관(리턴관)

04 온수보일러에서 온수의 공급온도가 80℃, 환수온도가 60℃, 외기온도가 20℃에서 방열기의 방열량을 구하시오.(단, 방열기의 방열계수는 7.5kcal/m²h℃)

해답 방열기 내 온수 평균온도 $= \dfrac{80+60}{2} = 70℃$

∴ 방열기의 소요방열량$(Q) = 7.5 \times (70-20) = 375\text{kcal/m}^2\text{h}$

05 오일연소장치에서 공기조절장치(에어레지스터)인 보염장치를 3가지만 쓰시오.

해답 ① 윈드박스　　　　　② 버너타일
　　　③ 보염기　　　　　　④ 콤버스터

06 보일러 급수장치에서 보일러동 내부에 급수내관을 설치하는 이유나 장점을 3가지만 쓰시오.

해답 ① 동 내부 보일러수 교란방지
　　　② 관수의 역류방지
　　　③ 보일러수 부동팽창방지
　　　④ 관수의 온도분포가 균일하다.

07 수격작용을 방지하는 방법을 3가지만 쓰시오.

해답 ① 프라이밍, 포밍을 방지한다.
　　　② 주증기밸브를 서서히 개폐한다.
　　　③ 보일러 고수위를 억제한다.
　　　④ 배관을 설치하고 보온을 철저히 한다.
　　　⑤ 증기트랩, 기수분리기, 비수방지관을 설치한다.
　　　⑥ 증기밸브를 조금 열어 증기배관을 사전에 예열시킨다.

08 보일러 연소 중 노의 실제 연소열량과 완전연소열량과의 비를 무엇이라고 하는가?

(해답) 연소효율

09 LNG 액화천연가스 연소 시 산소농도가 2%인 경우 배기가스 중의 이산화탄소 농도는 몇 %인가?(단, 배기가스 중의 탄산가스 최대량 CO_{2max}는 12%이다.)

(해답) $CO_{2max} = \dfrac{21 \times CO_2}{21 - O_2}(\%)$

$12 = \dfrac{21 \times CO_2}{21 - 2}$

$\therefore CO_2 = \dfrac{(21 - 2) \times 12}{21} = 10.86\%$

10 다음의 내용은 보일러 등 검사대상기기 설치검사기준이다. (   ) 안에 알맞은 내용을 써넣으시오.

(1) 급수장치에서 전열면적 $10m^2$ 이하에서는 급수밸브의 크기를 (①)A 이상으로 하고 전열면적이 $10m^2$ 초과 시에는 (②)A 이상이어야 한다. 그리고 체크밸브는 (③)MPa 미만의 경우에는 생략하여도 된다.

(2) 증기관에 설치하는 안전밸브 및 압력방출장치의 크기는 호칭지름 (①)A 이상이어야 한다. 소용량 보일러에서는 (②)A 이상으로도 할 수 있다.

(해답) (1) ① 15　　　　　② 20　　　　　③ 0.1
　　　 (2) ① 25　　　　　② 20

11 원심식 펌프의 운전 시 프라이밍 작업을 실시하는데, 프라이밍 작업이란 어떤 것인지 간단히 설명하시오.

(해답) 원심펌프를 운전할 때 물을 채워 넣어서 펌프 내 공기를 제거시키는 작업

12 보일러가 과열되는 원인을 3가지만 쓰시오.

> **해답** ① 저수위로 운전
> ② 전열면에 스케일 부착
> ③ 보일러수 순환불량
> ④ 보일러수의 과도한 농축
> ⑤ 급수량보다 증기량이 증가할 때

13 보일러 효율이 80%이고 상당증발량이 2,000kgf/h이며 연료의 발열량이 10,000kcal/kg일 때 연소 시 연료소비량(kg/h)을 구하시오.(단, 100℃의 증발열은 539kcal/kg(2,256kJ/kg)으로 한다.)

> **해답** 보일러 용량(H)=2,000×539=1,078,000kcal/h
>
> $$\therefore \text{연료소비량}(G_f)=\frac{1,078,000}{10,000\times0.8}=134.75\,\text{kgf/h}$$

14 보일러판에서 발생되는 라미네이션과 브리스터 현상에 대하여 설명하시오.

> **해답** ① 라미네이션 : 보일러 강판이 두 장으로 갈라져 층을 형성하는 것
> ② 브리스터 : 라미네이션 발생이 증가하여 외부로 부풀어 오르는 현상

15 포화수 1kgf와 포화증기 4kgf의 혼합 시 증기의 건도는 얼마인가?

> **해답** $\dfrac{4}{1+4}=0.8(80\%)$

16 관류보일러는 긴 관의 한쪽 끝에서 (①)를 압입하여 차례로 (②), (③), (④)의 과정을 거쳐 과열증기를 얻는 보일러이다. ( ) 안에 알맞은 말을 쓰시오.

> **해답** ① 급수   ② 가열   ③ 증발   ④ 과열

2009년 8월 23일 시행

01 미리 정해진 순서에 의해서 순차적으로 제어가 자동으로 진행되는 자동제어 방식은?

해답 시퀀스 제어

02 다음 도면은 온수온돌방의 배관(방열관)도이다. 유니언에서 유니언까지 총 연장길이는 몇 mm인가?(단, 방열관의 피치는 200mm이다.)

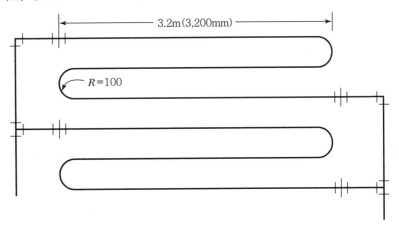

해답 $3,200 \times 6 + \dfrac{\pi \times 200}{2} \times 4 + 100 \times 4 = 19,200 + 1,656 = 20,856\text{mm}\,(20.856\text{m})$

또는 $2\pi R\dfrac{\theta}{360} = 2 \times 3.14 \times 100 \times \dfrac{180}{360} \times 4 = 1,256$

직관길이 6개 $= (3,200 - (100 + 100)) \times 6 = 18,000$

$\therefore \ L = 1,256 + 18,000 = 19,256\text{mm}$

03 수관식 보일러 중 관류보일러의 특징을 3가지만 쓰시오.

해답 ① 수관의 배치가 자유롭다.
② 전열면적에 비해 보유수량이 적어서 증기발생이 빠르다.
③ 관의 배열이 콤팩트하므로 청소나 검사, 수리가 불편하다.
④ 드럼이 없이 관으로만 보일러제작이 가능하다.

04 보일러 성능검사 시 다음의 온도측정부위는 어디에서 온도가 측정되어야 하는가?

(1) 연료온도

(2) 절탄기 설치 시 급수온도

(3) 공기예열기 설치 시 배기가스온도

해답 (1) 버너 급유입구　　　(2) 절탄기 전후　　　(3) 공기예열기 전후

05 증기발생량이 시간당 150kg/h이고 발생증기 엔탈피가 600kcal/kg 급수엔탈피가 50kcal/kg
이며 연료사용량이 200kg/h, 연료의 저위발열량이 1,000kcal/kg일 때 보일러 효율은 몇 %
인가?

해답 보일러 효율$(\eta) = \dfrac{G_a(h_2 - h_1)}{G_f \times H_l} \times 100(\%)$

$= \dfrac{150 \times (600 - 50)}{200 \times 1,000} \times 100 = 41.25\%$

06 다음 컨벡터 방열기 형식을 보고 물음에 답하시오.(단, 베이스보드히터 표시 형식이다.)

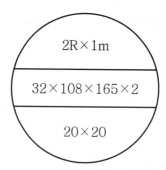

(1) 엘리먼트의 길이　　　　　　　　(2) 핀의 크기

(3) 엘리먼트의 관경　　　　　　　　(4) 엘리먼트의 수

(5) 1m당 부착된 핀의 개수　　　　　(6) 단수

(7) 유입관경×유출관경

해답 (1) 1m　　　(2) 108　　　(3) 32A　　　(4) 2열
　　 (5) 165　　　(6) 2　　　(7) 20×20

참고 방열기 표시

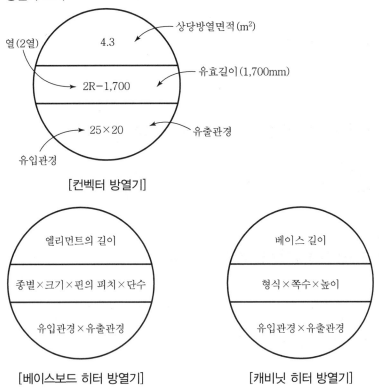

[컨벡터 방열기]

[베이스보드 히터 방열기]   [캐비닛 히터 방열기]

07 보일러 운전 중 동체 내에서 발생하는 다음의 내용에 대해 간단히 설명하시오.

(1) 포밍

(2) 프라이밍

해답 (1) 포밍 : 보일러수의 표면에 다량의 거품이 기수면을 덮는 현상
(2) 프라이밍 : 발생되는 증기내부에 수분이 혼재되어 물방울이 증기에 실려 함께 증발하는 현상

08 전열면의 그을음 제거를 위한 슈트 블로어 작동 시 주의사항을 3가지만 쓰시오.

해답 ① 부하가 50% 이하인 때는 사용금지
② 소화 후 슈트 블로어는 폭발을 대비하여 사용금지
③ 분출 시에는 유인통풍을 증가시킨다.
④ 분출 전에 분출기 내부에 증기가 응축된 드레인을 제거시킨다.

09 500℃ 이하에 사용하는 무기질 보온재의 종류를 3가지만 쓰시오.

해답 ① 석면   ② 암면   ③ 규조토
④ 글라스울   ⑤ 탄산마그네슘

10 보일러 정격출력 계산 시 해당하는 부하의 분류 4가지를 쓰시오.

해답 ① 난방부하   ② 급탕부하
③ 배관부하   ④ 시동부하(예열부하)

11 증기보일러 열정산 시 출열항목을 5가지만 쓰시오.

해답 ① 발생증기 보유열   ② 배기가스 열손실
③ 미연탄소분에 의한 열손실   ④ 방산열손실(방사열손실)
⑤ 노 내 분입증기에 의한 출열   ⑥ 불완전 열손실

12 다음의 최고사용압력을 보고 수압시험압력을 구하시오.

(1) 0.35MPa   (2) 0.6MPa   (3) 1.8MPa

해답 (1) $0.35 \times 2 = 0.7$MPa (0.43MPa 이하는 2배)
(2) $0.6 \times 1.3 + 0.3 = 1.08$MPa ($P \times 1.3$배$+0.3$MPa)
(3) $1.8 \times 1.5 = 2.7$MPa (1.5MPa 초과 시는 1.5배)

13 신설보일러 설치 시 유지분, 녹, 페인트를 제거하는 작업의 명칭을 쓰시오.

해답 소다 끓임(소다 보링)

참고 사용약제 : 탄산소다, 가성소다, 제3인산소다, 아황산소다 등

14 가성취화란 어떤 것인지 설명하시오.

해답 고온고압보일러에서 pH가 12 이상이 되면 알칼리도가 높아져서 Na, H 등이 강재의 결정경계에 침투하여 재질을 열화시키는 현상이다.

15 파이프 벤딩머신에 대한 내용을 읽고 그 내용에 합당한 벤딩머신의 형식을 쓰시오.

(1) 유압 또는 전동을 이용한 관굽힘기계로 주로 현장용으로 사용하는 형식

(2) 보일러공장 등에서 주로 동일 모양의 벤딩제품을 다량생산하는 적합한 형식

(3) 32A 이하 관굽힘 시 롤러와 포머사이에 관을 삽입 후 핸들을 돌려 180°까지 자유롭게 벤딩하는 형식

해답 (1) 램식   (2) 로터리식   (3) 수동롤러식

01 어떤 주택의 난방부하가 60,000kcal/h이다. 이 경우 난방에 필요한 방열기 쪽수를 구하시오.(단, 주철제 방열기로서 증기난방이며 5세주 650mm, 쪽당 방열면적은 $0.26m^2$로 한다.)

해답 증기난방 방열기 쪽수계산 $= \dfrac{난방부하}{650 \times 쪽당 표면적} = \dfrac{60,000}{650 \times 0.26} = 355$개

02 배기가스의 현열을 이용하여 절탄기에서 급수를 가열하고자 한다. 배기가스의 온도는 340℃, 급수가열기인 절탄기의 출구 배기가스온도는 160℃이고 배기가스의 비열은 $0.33Nm^3/Nm^3$℃, 배기가스의 소비량은 $2,500Nm^3/h$일 때 급수절탄기의 열효율은 몇 %인가?(단, 절탄기 급수사용량은 2,100kg/h이고 절탄기 입구 급수온도는 10℃, 절탄기 출구 급수온도는 60℃로 보일러에 공급된다.)

해답 배기가스의 현열 $= 2,500 \times 0.33 \times (340 - 160) = 148,500$kcal/h

절탄기의 현열 $= 2,100 \times 1 \times (60 - 10) = 105,000$kcal/h

$\therefore$ 절탄기의 열효율 $= \dfrac{105,000}{148,500} \times 100 = 70.71\%$

03 보일러에 설치하는 안전밸브의 호칭지름을 20A 이상으로 할 수 있는 조건을 5가지만 쓰시오.

해답 ① 최고사용압력 0.1MPa 이하의 보일러
② 최고사용압력 0.5MPa 이하의 보일러로 동체의 안지름이 500mm 이하이며 동체의 길이가 1,000mm 이하의 것
③ 최고사용압력 0.5MPa 이하의 보일러로 전열면적이 $2m^2$ 이하의 것
④ 최대 증발량 5t/h 이하의 관류 보일러
⑤ 소용량 강철제 보일러, 소용량 주철제 보일러

04 보일러의 3대 구성 요소를 3가지로 구별하여 쓰시오.

해답 ① 보일러 본체　　　　② 보일러 부속장치　　　　③ 보일러 연소장치

05 보일러 외부 청소방법을 5가지만 쓰시오.

> **해답** ① 스팀 소킹법(증기 청소법)   ② 워터 소킹법(습기 제거법)
> ③ 수세법(pH 8~9의 물 사용)   ④ 샌드 블라스트법
> ⑤ 스틸 쇼트클리닝법

06 다음 보일러의 자동제어 기호를 보고 그 해당 제어내용을 쓰시오.

(1) A, B, C   (2) A, C, C

(3) F, W, C   (4) S, T, C

> **해답** (1) 보일러자동제어   (2) 자동연소제어
> (3) 자동급수제어   (4) 증기온도제어

07 다음 보온재에 대한 설명 중 (   ) 안에 증가 또는 감소를 써넣으시오.

(1) 각종 재료의 열전도율은 밀도가 크면 (   )한다.

(2) 각종 재료의 열전도율은 습도가 높아지면 (   )한다.

(3) 각종 재료의 열전도율은 온도가 상승하면 (   )한다.

> **해답** (1) 증가   (2) 증가   (3) 증가

08 동관의 작업 시 필요한 공구 3가지를 쓰시오.

> **해답** ① 플레어링 툴 세트   ② 익스팬더
> ③ 사이징 툴   ④ T뽑기

09 노 내의 연소과정 중 카본이 발생하는 요인을 쓰시오.

> **해답** ① 기름의 점도 과대   ② 중유 연소 시 분무 불량
> ③ 기름의 예열온도 과대   ④ 연소용 공기량 부족
> ⑤ 오일분무가 균일하지 않았을 때   ⑥ 오일 중 카본성분 과대

10 굴뚝의 높이가 20m, 외기의 온도가 10℃(외기 비중량 1.29kg/Nm³), 연도의 배기가스는 300℃(배기가스 비중량 1.34kg/Nm³)일 때 연돌의 이론통풍력(mmH₂O)은 얼마인가?

해답 이론통풍력$(Z) = 273H\left[\dfrac{r_a}{273+t_a} - \dfrac{r_g}{273+t_g}\right]$

$= 273 \times 20 \times \left[\dfrac{1.29}{273+10} - \dfrac{1.34}{273+300}\right] = 12.12\text{mmH}_2\text{O}$

11 급수처리 시 급수처리가 불안전한 경우 보일러에 미치는 장애를 4가지만 쓰시오.

해답 ① 보일러관 내에 스케일 퇴적
② 증기나 급수의 순도저하 및 본체의 부식
③ 보일러수의 농축
④ 보일러의 분출과다로 열손실 초래
⑤ 가성취화 발생
⑥ 프라이밍, 포밍 발생

12 다음의 내용을 읽고 해당되는 현상을 쓰시오.

(1) 물방울이 수면 위로 튀어 올라 송기되는 증기 속에 섞여서 나가는 현상

(2) 관수 중에 용존 고형물 관수농축, 유지분, 부유물에 의해 증기 발생 시 거품이 발생하여 심하면 수위가 판별되지 않고 이 증상이 심하면 저수위 경보기도 작동이 될 수 있는 현상

(3) 비수나 포밍 발생 시 습증기가 보일러 외부 증기관으로 배출되어 관 내에 드레인이 고여서 심하면 수격작용 등을 일으키게 하는 현상

(4) 보일러 운전 중 저수위 사고로 인하여 고저수위 경보기가 작동하는 현상

(5) 증기관 내 드레인이 고여서 증기 이송 시 심하면 관이나 밸브에 막대한 타격을 주는 현상

해답 (1) 비수 현상(프라이밍 현상)
(2) 포밍 현상(거품발생 현상)
(3) 캐리오버 현상(기수공발 현상)
(4) 이상감수
(5) 워터해머(수격작용)

13 보일러 운전 시 연소효율이 85%, 전열면 효율이 90%라면 열효율은 몇 %인가?

> **해답** 열효율＝연소효율×전열면 효율＝$(0.85 \times 0.9) \times 100 = 76.5\%$

14 배관의 사용압력이 40kgf/cm²(4MPa), 관의 인장강도가 20kg/mm²일 때 관의 스케줄 번호 (Sch.No)는 얼마인가?(단, 안전효율은 4로 한다.)

> **해답** 관의 스케줄 번호(Sch) $= 10 \times \dfrac{\text{사용압력}}{\text{허용응력}}$
>
> 허용응력 $= \dfrac{20}{4} = 5$
>
> $\therefore$ Sch $= 10 \times \dfrac{40}{5} = 80$

15 중유는 점도에 따라 A, B, C등급으로 분류하고 A급은 저점도로 유동점이 낮아서 예열이 불필 요하다. B, C급은 점도가 높아서 송유 저항이 크고 (①)이 나빠 (②)연소로 버너 선단부분 에 (③)이 부착되기 때문에 적정한 온도로 (④)하여 점도를 낮춘다. ( ) 안에 들어갈 내용을 쓰시오.

> **해답** ① 무화성　　② 불완전　　③ 카본　　④ 예열

16 보일러 압력이 1.5MPa에서 건도 0.98의 습포화증기를 만들려고 한다. 급수온도 20℃를 절탄 기를 통하여 95℃까지 올린다면 연료가 몇 %까지 절감이 되는지 계산하시오.(단, 1.5MPa에 서 포화수엔탈피는 197kcal/kg, 증발잠열은 466kcal/kg이고, 물의 비열은 1kcal/kg℃, 절 탄기 효율은 100%로 본다.)

> **해답** 습증기 엔탈피$(h_2) = h_1 + rx = 197 + 0.98 \times 466 = 653.68$kcal/kg
>
> 절탄기 현열$(h) = 1 \times (95 - 20) = 75$kcal/kg
>
> $\therefore$ 연료 절감률 $= \dfrac{75}{653.68} \times 100 = 11.47\%$

17 아래에 주어진 평면도를 등각투상도로 나타내시오.

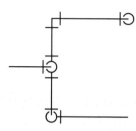

> **해답**
>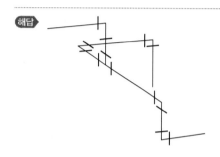

18 보일러 부식측정 중 부식속도를 측정하는 방법을 3가지만 쓰시오.

> **해답** ① Tafel 외삼법　　② 선형분극법　　③ 임피던스법
> ④ 무게감량법　　⑤ 용액분석법

19 급수처리 외처리 중 이온 교환수지법에서 유동법의 과정을 4가지로 구분하여 쓰시오.

(①) → (②) → (③) → (④)

> **해답** ① 역세　　② 통약　　③ 압출　　④ 수세

20 보일러 산세척 처리순서를 5가지로 구분하여 쓰시오.

(①) → (②) → (③) → (④) → (⑤)

> **해답** ① 전처리　　② 수세　　③ 산액처리
> ④ 수세　　⑤ 중화방청처리

21 C_3H_8 70%와 C_3H_6 30%의 혼합가스가 시간당 600kg이 소비될 때 여기에 필요한 공기량은 몇 Nm^3/h인가?(단, 과잉공기계수는 1.08이다.)

해답 C 원자량 : 12   H 원자량 : 1

C_3H_8 분자량 : 44 C_3H_6 분자량 : 42

$$탄소 = \left(\frac{12 \times 3}{44} \times \frac{70}{100}\right) + \left(\frac{12 \times 3}{42} \times \frac{30}{100}\right) = 0.82987 \,(82.987\%)$$

$$수소 = 1 - 0.82987 = 0.17013 \,(17.013\%)$$

실제공기량(A) = 이론공기량 × 공기비

$$시간당 \ 소요공기량 = \frac{(1.867 \times 0.82987) + (5.6 \times 0.17013)}{0.21} \times 1.08 \times 600$$

$$= 7,720.75 Nm^3/h$$

또는

$$C_3H_8 + 5O_2 \rightarrow 3CO_2 + 4H_2O$$

$$C_3H_6 + 4.5O_2 \rightarrow 3CO_2 + 3H_2O$$

$$이론산소량 = \left(5 \times \frac{22.4}{44} \times 0.7\right) + \left(4.5 \times \frac{22.4}{42} \times 0.3\right) = 2.501818 Nm^3$$

$$이론공기량(A_o) = \frac{2.501818}{0.21} = 11.9134 Nm^3$$

시간당 연료소비량에 의한 실제공기량 = 이론공기량 × 공기비

실제공기량(A) = $(11.9134 \times 1.08) \times 600 = 7,719.90 Nm^3/h$

참고 $C + O_2 \rightarrow CO_2$ $\dfrac{22.4}{12} = 1.867 Nm^3/kg$(탄소 1kg당 산소값)

$H_2 + \dfrac{1}{2}O_2 \rightarrow H_2O$ $\dfrac{11.2}{2} = 5.6 Nm^3/kg$(수소 1kg당 산소값)

22 감압밸브를 이용하여 증기의 흐름 계통도를 그리시오. (단, 부속장치는 아래와 같으며, 증기는 우측에서 좌측으로 이동한다.)

부속장치 : ① 압력계 : 2개   ② 밸브 : 3개
             ③ 티 : 5개   ④ 유니언 : 3개
             ⑤ 안전밸브 : 1개   ⑥ 감압밸브 : 1개
             ⑦ 엘보 : 2개   ⑧ 여과기 : 1개

해답

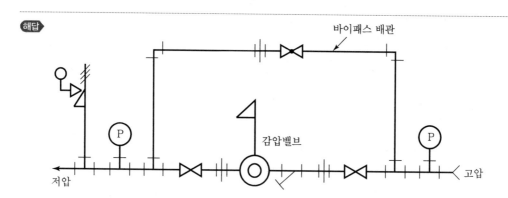

2010년 8월 2일 시행

01 **보일러 열정산 시 다음의 물음에 답하시오.**

(1) 보일러 열정산 시 원칙적으로 정격부하에서 적어도 몇 시간 이상 운전 후 열정산을 하여야 하는가?

(2) 연료의 발열량은 저위발열량, 고위발열량 중 어느 것을 기준하는가?

(3) 열정산에서 시험 시 기준온도는 어느 온도를 기준하는가?

> **해답** (1) 2시간 이상
> (2) 고위발열량
> (3) 외기온도

02 **연돌의 최소 단면적이 3,200cm²이고 연소가스량이 4,000Nm³/h일 때 연소가스의 유속은 몇 m/s인가?(단, 배기가스 온도는 220℃이다.)**

> **해답** 굴뚝상부단면적$(F) = \dfrac{G(1+0.0037t)}{3,600\,W}$, $\quad$ 3,200cm²=0.32m²
>
> $0.32 = \dfrac{4,000(1+0.0037\times220)}{3,600\times V}$
>
> $\therefore$ 연소가스유속$(V) = \dfrac{4,000(1+0.0037\times220)}{3,600\times0.32} = \dfrac{7,256}{1,152} = 6.30$m/s

03 **다음 ( ) 안에 알맞은 단어 또는 용어를 써넣으시오.**

안전밸브는 쉽게 검사할 수 있는 장소에 밸브 축을 (①)으로 하여 가능한 보일러의 (②)에 (③) 부착시켜야 하며 안전밸브와 (④)가 부착된 보일러 동체 등의 사이에는 어떠한 (⑤) 도 있어서는 안 된다.

> **해답** ① 수직 $\qquad$ ② 동체 $\qquad$ ③ 직접 $\qquad$ ④ 안전밸브 $\qquad$ ⑤ 차단밸브

04 내화물의 열적 성질인 스폴링(Spalling) 현상에 대하여 설명하시오.

> **해답** 스폴링 현상이란 내화물의 사용 중에 구조적, 열적, 조직적 변화 등에 의하여 내화물에서 발생하는 박락현상이다.

05 증기보일러에서 환산증발량(상당증발량)이 5ton/h이고 열효율이 85%인 보일러에서 가스버너 사용 시 버너용량은 몇 Nm^3/h인가?(단, 가스의 발열량은 22,000kcal/Nm^3이다.)

> **해답** 5ton/h=5,000kg/h, $5,000 \times 539kcal/kg = 2,695,000kcal/h$
>
> $\therefore$ 버너용량$(G_v) = \dfrac{2,695,000}{22,000 \times 0.85} = 144.12Nm^3/h$

06 증기보일러 운전 시 캐리오버(기수공발) 발생으로 나타나는 장해를 4가지만 쓰시오.

> **해답** ① 수면 동요가 심하여 수위 판단이 곤란하다.
> ② 배관 내 응축수 고임에 의한 수격작용이 발생한다.
> ③ 배관 등 열설비계통의 부식을 초래한다.
> ④ 증기의 이송 시 저항이 증가한다.
> ⑤ 습증기가 과다하게 발생한다.
> ⑥ 압력계 및 수면계의 연락관이 막히기 쉽다.

07 다음의 조건을 보고 대류방열기(Convector)를 도시하시오.

▼ 조건
- 베이스 길이 : 1,700mm
- 열수 : 2열
- 방열면적 : 4.3m²
- 유입-유출관경 : 25×20mm

> **해답**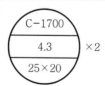

08 연소가스의 온도가 210℃이고 외기(대기)의 온도가 17℃ 이론통풍력이 9mmH₂O로 유지배출하려 할 때 이 연돌의 높이는 몇 m로 설계하여야 하는가?(단, 대기비중량 : 1.29kg/Nm³, 연소가스비중량 : 1.35kg/Nm³)

해답 이론통풍력 $(Z) = 273 \times H\left[\dfrac{r_a}{273+t_a} - \dfrac{r_g}{273+t_g}\right]$

$9 = 273 \times H\left[\dfrac{1.293}{273+17} - \dfrac{1.35}{273+210}\right]$

$\therefore$ 연돌높이 $(H) = \left[\dfrac{9}{\dfrac{1.293 \times 273}{290} - \dfrac{273 \times 1.35}{483}}\right] = \dfrac{9}{1.2172 - 0.7630} = 19.82\text{m}$

09 보일러 운전 중 수시로 감시하여야 할 사항 2가지를 쓰시오.

해답 ① 수면계 감시   ② 압력계 감시
③ 화염상태 확인   ④ 배기가스 온도 확인

10 보일러 자동제어의 자동급수제어(FWC)에서 수위검출방식 4가지는?

해답 ① 맥도널식(플루트식)   ② 차압식
③ 열팽창식(코프식)   ④ 전극식

11 보일러수의 급수처리 목적을 4가지만 쓰시오.

해답 ① 전열면의 스케일 생성 방지   ② 프라이밍, 포밍 발생 방지
③ 보일러수나 관수의 농축 방지   ④ 가성취화 방지
⑤ 캐리오버 발생 방지

12 공기조절장치(에어 레지스터)로서 착화를 원활하게 하고 화염의 안정을 도모하며 연소용 공기에 선회운동을 주어서 화염상태를 방추형으로 만들어주는 장치를 쓰시오.

해답 ① 보염기
② Stabilizer(스태빌라이저)

13 보일러용 급수펌프의 구비조건을 5가지만 쓰시오.

> 해답 ① 고온 고압에 잘 견딜 수 있어야 한다.
> ② 병렬 운전에도 지장이 없어야 한다.
> ③ 저부하 운전에도 효율이 좋아야 한다.
> ④ 급격한 부하변동 시 대응할 수 있어야 한다.
> ⑤ 작동이 확실하고 조작이 간편하여야 한다.

14 건물 난방부하가 10,000kcal/h일 때 온수방열기(5세주형 650mm) 주철제용 방열기 쪽수는 몇 개로 하여야 하는가?(단, 방열량은 표준방열량 450kcal/m²h이고 쪽당 표면적은 0.26m 이다.)

> 해답 방열기 쪽수(EA) $= \dfrac{\text{난방부하}}{450 \times s_b} = \dfrac{10,000}{450 \times 0.26} = 85.47 = 86쪽$

15 발열량 10,500kcal/kg의 연료를 연소시키는 보일러에서 배기가스 온도가 300℃일 때 이 보일러 효율은 몇 %인가?(단, 연소가스량 : 12Nm³/kg, 연소가스비열 : 0.33kcal/Nm³℃, 외기온도 5℃)

> 해답 효율 $= \dfrac{\text{입열} - \text{손실열}}{\text{입열}}$
>
> 손실열 $= 12 \times 0.33 \times (300 - 5) = 1,168.2 \text{kcal/kg}$
>
> ∴ 보일러 효율$(\eta) = \dfrac{10,500 - 1,168.2}{10,500} \times 100 = \dfrac{9331.8}{10,500} \times 100 = 88.87\%$

16 곡관형 2동 D형 수관식 보일러에서 관판과 수관의 부착 시 두께감소율은 몇 %인가?

▼ 조건
- 확장 전 관구멍과 관외경과의 차 : 1mm
- 확관 후 관 내경 : 57.5mm
- 확장 전 관의 내경 : 56mm
- 확관 전의 관두께 : 4mm

> 해답 두께감소율$(\eta_t) = \left(\dfrac{d_1 - (d_o + c)}{2t} \right) \times 100\,(\%)$
>
> $= \dfrac{57.5 - (56 + 1)}{2 \times 4} \times 100 = 6.25\%$

17 배관제도에서 다음의 높이표시를 간단히 설명하시오.

(1) EL + 750   (2) EL − 330BOP   (3) EL − 330TOP

해답 (1) 관의 중심이 기준면보다 750mm 높은 장소에 있다.
      (2) 관의 밑면이 기준면보다 330mm 낮은 장소에 있다.
      (3) 관의 윗면이 기준면보다 330mm 낮은 장소에 있다.

참고 • BOP : EL에서 관외경의 밑면 표시
    • TOP : EL에서 관외경의 윗면 표시
    • GL : 지면의 높이를 기준할 때 사용하고 치수 숫자 앞에 기입
    • FL : 건물의 바닥면을 기준으로 하여 높이 표시
    • EL(CEL) : 배관의 높이를 표시할 때 기준선(기준선은 지반면이 반드시 수평이 되지 않으므로 지반면의 최고 위치를 기준으로 하여 150~200mm 정도의 상부를 기준선이라 한다.)

18 증기헤더에서 증기트랩을 거쳐서 응축수가 응축수관으로 흐르는 배관 계통도를 그리시오. (단, 보기의 부속을 이용하시오.)

> ▼ 보기
> • 티 : 3개   • 밸브 : 3개   • 트랩 : 1개
> • 엘보 : 2개   • 여과기 : 1개   • 유니언 : 4개

해답

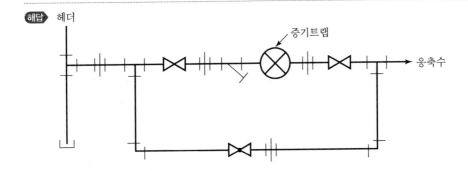

19 다음의 벤딩을 포함한 관계통도에서 ⓐ~ⓓ 중 ⓐ~ⓒ까지의 거리는 몇 mm인지 계산하시오.

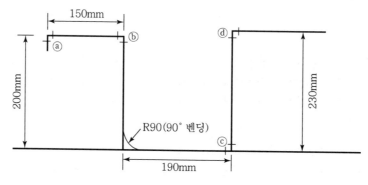

해답 우선 직관 길이 2개 중

$200 - 90 = 110$mm

$190 - 90 = 100$mm

곡관의 길이 $= 1.5R + \dfrac{1.5R}{20} = \dfrac{(2 \times 3.14 \times 90) \times 90}{360} = 141$mm

총길이 $= 360 + 141 = 501$mm

참고 곡관의 길이$(L) = 2\pi R \times \dfrac{\theta}{360} = 141$mm

20 노통연관보일러에서 평형반사식 수면계 설치에 대하여 (   ) 안에 알맞은 말을 쓰시오.

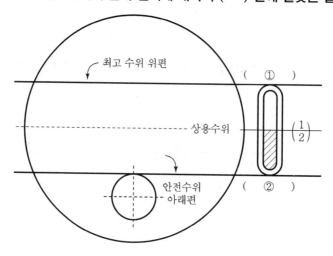

해답 ① 수평 또는 내림 하향 기울기 부착
② 수평 또는 올림 상향 기울기 부착

21 다음 조건을 보고 향류형 급수예열기의 열교환면적(m²)을 계산하시오. (단, 대수평균온도차를 이용한다.)

> ▼ 조건
> • 급수사용량 : 5,000L
> • 증기온도 : 118℃
> • 물의 비열 : 1kcal/kg℃
> • 급수예열기 출구 급수온도 : 70℃
> • 증기압력 : 1.5MPa
> • 열관류율 : 340kcal/m²h℃
> • 급수온도 : 40℃

해답

$$\begin{pmatrix} 118 \longrightarrow 118℃ \\ 40 \longrightarrow 70℃ \end{pmatrix} \quad \begin{matrix} 118 - 40 = 78℃(\Delta t_2) \\ 118 - 70 = 48℃(\Delta t_1) \end{matrix}$$

$$대수평균온도차(\Delta t_m) = \frac{78 - 48}{\ln \dfrac{78}{48}} = 61.79℃$$

$$\therefore \ 열교환면적(A) = \frac{5,000 \times 1 \times (70 - 40)}{340 \times 61.79} = 7\,m^2$$

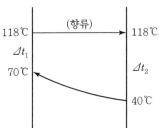

2011년 5월 29일 시행

01 다음과 같은 조건에서 보일러의 상당증발배수(kg/kg)를 구하시오.

▼ **조건**
- 연료소비량 : 350kg/h
- 증기발생량 : 2,500kg/h
- 발생 증기 엔탈피 : 650kcal/kg
- 급수엔탈피 : 25kcal/kg

해답 상당(환산)증발배수 $= \dfrac{\text{상당증발량}}{\text{연료소비량}} = \dfrac{2,500 \times (650 - 25)}{539 \times 350} = 8.28\text{kg/kg}$

참고
- 증발배수 $= \dfrac{\text{증기발생량}}{\text{연료소비량}} = \dfrac{2,500}{350} = 7.14\text{kg/kg}$

- 상당증발량 $= \dfrac{\text{시간당 증기발생량(발생증기엔탈피} - \text{급수엔탈피)}}{539}$ (kg/h)

- $\dfrac{2,500 \times 1(650 \times 4.186) - (25 \times 4.186)}{2,256 \times 350} = 8.28\text{kg/kg}$

02 다음 ( ) 안에 들어갈 내용을 쓰시오.

$$(\quad) = \dfrac{\text{실제 증기발생량(kg/h)}}{\text{최대 연속 증기발생량}} \text{(kg/kg)} \times 100(\%)$$

해답 보일러 부하율(부하율)

03 수관식 보일러 중 관류보일러의 특징 5가지를 쓰시오.

해답
① 관으로만 제작하기 때문에 기수 드럼이 필요 없다.
② 관을 자유로이 배치할 수 있어 컴팩트형 구조로 할 수 있다.
③ 전열 면적에 비해 보유수량이 적어 증기발생시간이 짧다.
④ 부하변동에 의한 큰 압력변동을 야기하기 쉬워서 자동제어 장치가 필요하다.
⑤ 급수처리가 심각하다.

04 가정용 온수 보일러 팽창탱크 기능 2가지를 쓰시오.

> **해답** ① 보일러수가 팽창하면 팽창수를 저장할 수 있다.
> ② 보일러가 온도상승으로 인한 압력이 상승할 때 압력을 정상화 할 수 있다.
> ③ 보일러수가 부족하면 보충수를 공급할 수 있다.
> ④ 공기빼기를 할 수 있다.

05 배관이음에서 턱걸이이음, 플랜지이음, 나사이음을 그리시오.

> **해답**
>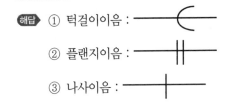
> ① 턱걸이이음 :
> ② 플랜지이음 :
> ③ 나사이음 :

06 다음 동관용 공구의 기능을 간단히 쓰시오.
(1) 플레어링 툴 세트   (2) 사이징 툴   (3) 익스팬더

> **해답** (1) 동관 압축용 접합에 사용한다.
> (2) 동관의 끝 부분을 원으로 정형한다.
> (3) 동관의 관 끝 확관용 공구이다.

07 다음의 조건을 이용하여 증기보일러 열정산을 할 경우에 증발흡수열(kcal/h)을 구하시오.

> **▼ 조건**
> • 급수량 : 5,000kg/h   • 연료 소모량 : 400kg/h
> • 급수엔탈피 : 660kcal/kg   • 발생증기 엔탈피 : 60kcal/kg

> **해답** 증발흡수열 $= 5,000 \times (660 - 60) = 3,000,000$ kcal/h(833.33kW)

08 기름을 사용하는 보일러에서 연소중에 화염이 연속적으로 점멸되는 원인 또는 갑자기 소화되는 원인을 4가지만 쓰시오.

해답 ① 기름의 점도 과대   ② 1차 공급 공기의 풍압 과대
③ 기름 내에 수분 함량이 많을 때   ④ 기름의 예열온도가 너무 낮을 때
⑤ 연료 공급 상태 불량 및 여과기 폐쇄 등

09 보일러 운전 장해 중 프라이밍(비수)이란 무엇인지 간단히 설명하시오.

해답 보일러 기수 드럼이나 동에서 증기 발생 시 물방울이 심하게 수면위로 튀어 올라서 습증기 발생을 유발하는 현상이다.

10 다음 설명은 어떤 자동 제어에 해당되는지 쓰시오.

> 미리 정해진 순서 또는 일정한 논리에 의해 정해지는 순서에 따라 제어의 각 단계를 점차 진행해 나가는 정성적 제어

해답 시퀀스 제어

11 다음 컨벡터 방열기(Convector, 대류방열기)를 보고 물음에 알맞은 숫자나 기호를 써넣으시오.

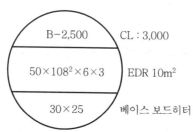

(1) 엘리먼트의 길이   (2) 베이스 길이   (3) 상당방열면적
(4) 유입 – 유출관경   (5) 종별   (6) 크기
(7) 핀의 피치   (8) 단수

해답 (1) B－2,500   (2) CL : 3,000   (3) EDR 10m^2 (4) 30×25
(5) 50   (6) 108^2 (7) 6   (8) 3

12 아래 보기를 보고 보일러 운전의 정지 순서를 쓰시오.

> ▼ 보기
> ① 연소용 공기 공급을 정지한다.
> ② 연료공급을 정지한다.
> ③ 댐퍼를 닫는다.
> ④ 주증기밸브를 닫고 드레인밸브를 연다.
> ⑤ 급수를 한 후 증기압력을 저하시키고 급수밸브를 닫는다.

해답 ② → ① → ⑤ → ④ → ③

13 어떤 빌딩의 방열기의 면적이 500m²(상당방열면적), 매시 급탕량의 최대가 500l/h, 급탕수의 온도가 70℃, 급수의 온도가 10℃라고 한다. 이 건물에 주철제 증기보일러를 사용하여 난방을 하려고 할 때 보일러의 크기를 구하시오.(단, 배관부하 $\alpha = 20\%$, 예열부하 $\beta = 25\%$, 증발잠열 539kcal/kg, 물의 비열 1kcal/l℃, 연료는 석탄이며 출력저하계수 $K = 0.69$이다.)

해답 보일러의 크기 $= \dfrac{\{500 \times 650 + 500 \times 1(70-10)\} \times 1.2 \times 1.25}{0.69}$

$= \dfrac{(325,000 + 30,000) \times 1.2 \times 1.25}{0.69} = 771,739.13 \text{kcal/h}$

참고 난방부하(500×650), 급탕부하$\{500 \times 1 \times (70-10)\}$

14 메탄가스(CH_4) 1Nm³가 연소하는 데 필요한 이론공기량(Nm³/Nm³)을 구하시오.

해답 연소반응식 : $CH_4 + 2O_2 \rightarrow CO_2 + 2H_2O$

이론공기량$(A_o) = $ 이론산소량 $\times \dfrac{1}{0.21} = 2 \times \dfrac{1}{0.21} = 9.52 \text{ Nm}^3/\text{Nm}^3$

15 가스용 보일러 연료배관에서 배관의 이음부와 전기계량기 및 전기개폐기와의 거리는 (①)cm 이상, 굴뚝, 전기점열기, 전기접속기와의 거리는 (②)cm 이상, 절연전선과의 거리는 (③)cm 이상, 절연조치를 하지 아니한 전선과의 거리는 (④)cm 이상의 거리를 유지한다. ( ) 안에 들어갈 내용을 쓰시오.

해답 ① 60   ② 30   ③ 10   ④ 30

16 다음에 설명하는 패킹제의 명칭을 쓰시오.

(1) 기름에 침해되지 않고 내열범위가 −260℃∼260℃인 패킹제

(2) 화학약품에 강하고 내유성이 크며 내열범위가 −30℃∼130℃인 패킹제

(3) 소형밸브, 수면계의 콕, 기타 소형 그랜드용 패킹제

(4) 고무패킹의 일종으로 합성 고무 제품으로 내유성, 내후성 및 내산화성이 있다.

(5) 탄성이 크고 흡수성이 없고 열과 기름에 약하며 산 · 알칼리에 침식이 어렵다.

해답 (1) 테프론(합성수지)　　(2) 액상합성수지　　(3) 석면 얀
　　　 (4) 네오프렌　　　　　 (5) 천연고무

17 보일러가 동시간 5시간 동안 중유사용량이 800kg을 연소시키는 데 급수온도가 20℃인 보일러수를 1시간에 2,000kg 증기발생 시 증발배수(kg/kg)는 얼마인가?

해답 증기보일러 증발배수 $= \dfrac{증기발생량}{연료소비량} = \dfrac{2,000}{\left(\dfrac{800}{5}\right)} = 12.5 \text{kg/kg}$

18 보일러 긴급운전정지 시 비상 해지 순서를 쓰시오.

> ▼ 보기
> ① 다른 보일러와 접속된 경우는 주증기 밸브를 닫는다.
> ② 댐퍼는 개방된 상태로 두고 통풍을 한다.
> ③ 연소용 공기의 공급을 정지한다.
> ④ 급수를 할 필요가 있는 경우에는 급수를 하며 수위를 유지한다.
> ⑤ 연료공급을 중지 한다.

해답 ⑤ → ③ → ④ → ① → ②

19 어떤 건물의 난방부하가 100,000kcal/h이고 급탕 부하가 30,000kcal/h일 때 보일러 정격출력(kcal/h)을 계산하시오.(단 배관부하 25%, 예열부하 20%, 출력저하계수 1이다.)

해답 정격출력$= \dfrac{(난방부하 + 급탕부하) \times 배관부하 \times 예열부하}{출력저하계수}$

$= \dfrac{(100,000 + 30,000) \times (1+0.25) \times (1+0.2)}{1} = 195,000 kcal/h$

20 강철제 컨벡터 방열기 표시방법을 보고 다음 물음에 답하시오.

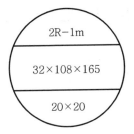

(1) 엘리먼트의 관경   (2) 핀의 치수   (3) 엘리먼트의 단수

해답 (1) 32   (2) 108×165   (3) 2

2011년 9월 24일 시행

과년도 출제문제

01 보일러 열정산에서 입열사항 항목을 3가지만 쓰시오.

해답 ① 연료의 연소열   ② 공기의 현열   ③ 연료의 현열

02 탄소(C) 10kg의 연소과정에서 발생되는 CO_2 양은 몇 Nm^3인가?

해답
$$\underline{C} \quad + \quad \underline{O_2} \quad \rightarrow \quad \underline{CO_2}$$
$$12kg \; + \; 22.4 \, Nm^3 \quad \rightarrow \quad 22.4 \, Nm^3$$

$$12 : 22.4 = 10 : x$$

$$\therefore CO_2 \; 양(x) = 22.4 \times \frac{10}{12} = 18.67 Nm^3$$

03 석유계에서 발생되는 기체연료를 3가지만 쓰시오.

해답 ① 프로판   ② 부탄   ③ 프로필렌
④ 부틸렌   ⑤ 부타디엔

04 인젝터(급수설비)의 작동불능 원인을 3가지만 쓰시오.

해답 ① 급수의 온도가 너무 높을 때
② 증기압력이 0.2 MPa 이하로 낮을 때나 1 MPa 이상일 때
③ 노즐이 폐색됐을 때
④ 인젝터 자체의 온도가 너무 높을 때
⑤ 흡상관에 공기가 누입될 때

05 개방식 팽창탱크에서 ①~④에 알맞은 부속장치의 명칭을 쓰시오.

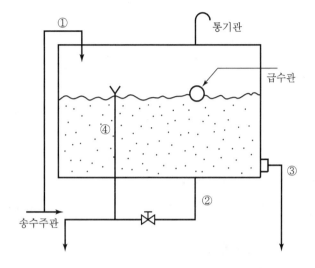

해답 ① 안전관(방출관)　　　　　　　② 드레인관(배수관)
　　　 ③ 팽창관　　　　　　　　　　　④ 오버플로관(일수관)

06 증기보일러 용량 2톤(2,000kg/h)의 연료소비량(kg/h)을 구하시오.(단, 연료의 발열량은 10,000kcal/kg이고 보일러 효율은 80%이다. 소수 첫째 자리에서 반올림하여 정수자리까지만 기재하며 물의 증발잠열은 539kcal/kg로 한다.)

해답 $연료소비량 = \dfrac{보일러용량 \times 증발잠열}{연료의\ 발열량 \times 보일러\ 효율}$

$\qquad\qquad\quad = \dfrac{2,000 \times 539}{10,000 \times 0.8} = 135\text{kg/h}$

07 보일러 운전의 자동연소제어(A.C.C)에서 제어량 2가지와 조작량 3가지를 쓰시오.

해답 ① 제어량 : 증기압력제어, 노내압력제어
　　　 ② 조작량 : 연료량, 공기량, 연소가스량

08 동관의 공구에서 다음에 해당되는 공구의 명칭을 써넣으시오.

(1) 동관용 벤딩용 공구

(2) 동관의 관끝확관용 공구

(3) 동관의 끝부분을 원형으로 정형하는 공구

해답 (1) 튜브 벤더　　　　　(2) 익스팬더　　　　　(3) 사이징 툴

09 다음 배관용 탄소강 강관의 명칭을 쓰시오.

(1) SPHT　　　　　　　(2) SPLT　　　　　　　(3) STHB

해답 (1) SPHT : 고온배관용 탄소강 강관
　　　(2) SPLT : 저온배관용 탄소강 강관
　　　(3) STHB : 보일러 열교환기용 합금강 강관

10 다음 내용에 해당되는 용어를 기술하시오.

> 보일러수의 비등에 의한 프라이밍 현상과 수면 부근에 거품이 발생하여 보일러로부터 증기관 편에 보내지는 증기에 물방울이 다량 함유되어 배출되는 현상

해답 캐리오버 현상(기수공발, Carry-over)

11 급수처리에 사용되는 히드라진(N_2H_4)의 용도 및 반응식을 쓰시오.

(1) 용도　　　　　　　　　　　(2) 반응식

해답 (1) 용도 : 탈산소제(산소제거제)
　　　(2) 반응식 : $N_2H_4 + O_2 \rightarrow N_2 + 2H_2O$

참고 아황산소다(탈산소제) 반응식 : $Na_2SO_3 + \dfrac{1}{2}O_2 \rightarrow Na_2SO_4$

12 증기난방에서 표준방열량에 대한 증기압력은 0.5MPa이고 습증기엔탈피가 650kcal/kg, 포화수엔탈피가 150kcal/kg, 증기의 건조도가 0.98, 방열기 면적이 10m²일 때, 방열기 내 응축수량(kg/h)을 구하시오.

해답 응축수 발생량$= \dfrac{650}{잠열} \times$ 방열기 면적

잠열$(\gamma) = h_2 - h_1 = 650 - 150 = 500$kcal/kg

$\therefore$ 응축수 회수량$= \dfrac{650}{500} \times 10 = 13$kg/h

참고 배관 내 응축수량을 방열기 내 응축수량의 30%로 본다고 가정한 계산식

$\dfrac{650}{500} \times 1.3 \times 10 = 16.9$kg/h

13 다음 ( ) 안에 알맞은 내용을 써넣으시오.

(1) 보일러는 동체 최상부로부터 천장 배관 등 보일러 상부에 있는 구조물 거리까지는 ( )m 이상이어야 한다.(단, 소형보일러나 주철제보일러는 0.6m 이상으로 할 수 있다.)

(2) 보일러 동체에서 벽, 배관 기타 보일러측부에 있는 구조물까지 거리는 ( )m 이상이어야 한다.

(3) 보일러 금속제 굴뚝 또는 연도의 외측으로부터 ( )m 이내에 있는 가연성 물체에 대하여는 금속 이외의 불연성 재료로 피복한다.

(4) 가스용 보일러 배관의 이음부와 전기계량기 및 전기개폐기와의 거리는 ( )cm 이상이어야 한다.

(5) 급수밸브 및 체크밸브 크기는 전열면적 10m² 이하에서는 호칭 15A 이상이나 전열면적 10m²를 초과하면 호칭 ( )A 이상이어야 한다.

해답 (1) 1.2   (2) 0.45   (3) 0.3   (4) 60   (5) 20

14 20mm 강관에서 90° 벤딩을 하고자 한다. 반지름(R)이 100mm일 때 벤딩길이(mm)를 산출하시오.

해답 파이프 벤딩길이$(L) = 2\pi R \times \dfrac{\theta}{360} = 2 \times 3.14 \times 100 \times \dfrac{90}{360} = 157$mm

15 로터리벤더기로 벤딩을 할 때 관의 파손원인을 3가지만 쓰시오.

해답 ① 압력조정이 세고 저항이 크다.
② 받침쇠가 너무 나와 있다.
③ 굽힘반경이 너무 작다.
④ 재료에 결함이 있다.

16 연소용 공기의 공기량별 불꽃색을 적으시오.(단, 연료는 오일이다.)

(1) 공기량이 부족하다.

(2) 공기량이 이상적이다.

(3) 공기량이 너무 많다.

해답 (1) 암적색
(2) 노란 오렌지색
(3) 눈부신 황백색(또는 희백색)

2012년 5월 27일 시행

과년도 출제문제

01 보일러 내부 청소 시 수동으로 할 수 있는 공구 명칭을 2가지만 쓰시오.

해답 ① 스케일 해머
② 와이어 브러시

02 급수처리에서 수질 분석 시 독일 경도(1°dH)에 대하여 설명하시오.

해답 물 100cc당 산화칼슘(CaO) 1mg 함유 시 1°dH(독일경도 1도)로 표시한다.

03 보일러 운전 시 배기가스의 온도를 측정하는 장소를 쓰시오.(단, 보일러 열정산일 때)

해답 보일러 전열면 최종출구

04 보일러 운전 중 역화의 방지책을 3가지만 쓰시오.

해답 ① 프리퍼지를 완벽하게 실시한다.
② 오일배관 내 공기 침입을 예방한다.
③ 연료를 노 내에서 완전 연소시킨다.
④ 노 내에 소요공기량을 풍부하게 공급한다.
⑤ 무리한 분소를 하지 않는다.
⑥ 통풍력을 적당하게 한다.
⑦ 연소기술을 향상시킨다.

05 가성취화에 대하여 간단히 설명하시오.

해답 농알칼리에 의하여 수산이온이 증가되어 이것이 강재와 작용해서 생성하는 수소 또는 고온고압하에서 작용하여 생기는 나트륨이 강재의 결정입계를 침입하여 재질을 열화시키는 것

06 동관용에 사용되는 공구를 5가지만 쓰시오.

해답 ① 사이징 툴
② 플레어링 툴 세트
③ 동관벤더
④ 익스팬더
⑤ 튜브커터
⑥ 관용리머

07 보일러 용량을 표시하는 방법을 3가지만 쓰시오.

해답 ① 정격용량
② 정격출력
③ 전열면적
④ 상당 방열면적
⑤ 보일러 마력

08 시퀀스 자동제어에서 유류용 보일러 점화 시 조작순서를 쓰시오.

해답 ① 노 내 환기 → 점화버너 작동 → 화염검출 → 전자밸브 열림 → 주연료 점화 → 공기댐퍼 작동 → 저 · 고연소
② 통풍 및 환기 → 버너연료 분사 → 점화용 버너 작동 → 점화용 불꽃점화 → 점화용 불꽃 제거 → 연소조절 조작

09 기체연료의 특징 5가지를 쓰시오.

해답 ① 공해문제가 거의 없다.
② 연소효율이 높고 연소자동제어에도 용이하다.
③ 적은 공기비로 완전연소가 가능하다.
④ 누설 시 화재 폭발의 위험이 크다.
⑤ 저장이나 수송이 곤란하다.
⑥ 시설비가 많이 들고 설비공사에 기술을 요한다.

10 보온배관에서 보온을 한 후 열손실이 3,000kcal/h이었다. 보온효율이 80%일 때 나관의 열손실은 몇 kcal/h인가?

해답 20%의 열손실이 3,000kcal/h이므로 100% 열손실(나관손실) 중 보온 후 이득 본 열은 12,000kcal/h

$$20 : 3,000\text{kcal/h} = 100 : x$$

$$\therefore \ \text{나관의 열손실}(x) = 3,000 \times \frac{100}{20} = 15,000\text{kcal/h}$$

11 다음 수면계의 부착위치를 쓰시오.

(1) 입형횡관 보일러 : 화실천장판 최고부 위 ( )mm

(2) 수평연관(횡연관) 보일러 : 최상단 연관 최고부 위 ( )mm

(3) 노통연관 보일러 : 최상단 연관 최고부 위 ( )mm

(4) 노통 보일러 : 노통상부 최고부(플랜지부 제외)에서 ( )mm

해답 (1) 75　　　　　　(2) 75　　　　　　(3) 75　　　　　　(4) 100

12 연소 시 노 내 역화의 원인을 보기에서 단어를 골라 쓰시오.

> **▼ 보기**
> 부족한, 과대, 늦은, 많은, 빠른

(1) 프리퍼지가 ( ) 경우

(2) 착화시간이 ( ) 경우

(3) 연료를 ( ) 공급한 경우

(4) 흡입통풍량이 ( ) 경우

해답 (1) 부족한　　　　(2) 늦은　　　　(3) 과대　　　　(4) 부족한

13 다음 온수보일러 계통도를 완성하시오.

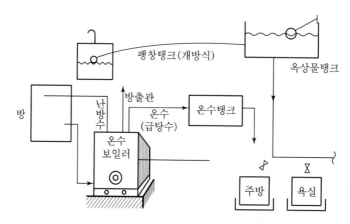

해답

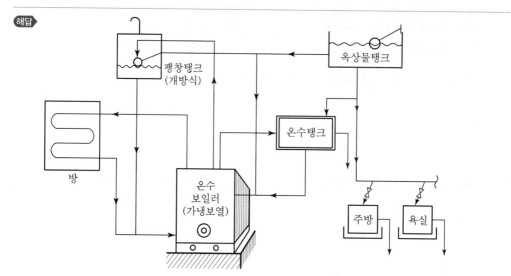

2012년 9월 9일 시행

01 보일러 운전 중 수면계의 점검시기를 3가지만 쓰시오.

> **해답** ① 두 개의 수면계 수위가 다를 때
> ② 포밍, 프라이밍 현상이 발생했을 때
> ③ 수위가 의심스러울 때
> ④ 보일러 가동 직전과 압력이 오르기 시작할 때

02 급수처리에서 청관제를 사용할 때의 장점을 3가지만 쓰시오.

> **해답** ① 부식을 방지할 수 있다.
> ② 경수를 연수로 만들 수 있다.
> ③ 스케일 생성을 방지할 수 있다.
> ④ 보일러수 중의 불순물에 대한 악영향을 방지할 수 있다.
> ⑤ 스케일 생성 방지로 전열효과를 크게 할 수 있다.
> ⑥ 연료의 절감 및 열효율을 향상시킬 수 있다.

03 증기축열기(어큐뮬레이터) 설치 시 장점을 3가지만 쓰시오.

> **해답** ① 보일러 용량 부족을 해소할 수 있다.
> ② 연료 소비량을 감소시킬 수 있다.
> ③ 부하변동에 대한 압력변화가 적다.
> ④ 저부하 시 잉여증기를 고부하 시에 이용할 수 있다.

04 다음에 열거한 보일러의 수면계 설치 시 수면계 하부는 보일러 안전저수위(최저수위)와 일치시킨다. 다음에 열거한 보일러의 안전저수위를 기재하시오.

(1) 입형(직립) 보일러   (2) 입형(직립) 연관보일러

(3) 횡연관(수평) 연관보일러   (4) 노통 연관보일러

(5) 노통 보일러

해답 (1) 연소실 천장판 최고부위 75 mm   (2) 연소실 천장판 최고부위 연관길이의 $\dfrac{1}{3}$

     (3) 연관의 최고부 위 75 mm   (4) 연관의 최고부 위 75 mm

     (5) 노통 최고부 위 100 mm

05 다음 ( ) 안에 알맞은 내용을 써넣으시오.

> 보일러 마력이란 표준대기압 상태에서 (①)℃ 물 (②)kg을 1시간에 같은 온도의 증기로 변화시킬 수 있는 능력, 즉 (③)lb의 상당증발량을 갖는 보일러를 보일러 1마력이라고 한다.

해답 ① 100   ② 15.65   ③ 30

참고 70psi(4.9kg/cm²)에서 37.8℃의 급수가 1시간에 13.6kg(30 lb)의 증기를 발생하는 능력을 보일러 1마력이라고 한다.

보일러 1마력을 상당증발량으로 환산하면,

$$G_e = \frac{13.6(658 - 37.8)}{539} = 15.65\,\text{kg/h(상당증발량)}$$

$$보일러 \; 마력 = \frac{G_e(상당증발량 : \text{kg/h})}{15.65}(마력)$$

06 진공환수식 증기난방의 장점을 3가지만 쓰시오.

해답 ① 장치 내 공기를 제거하므로 증기의 순환이 빠르게 된다.

② 응축수의 유속을 빠르게 하므로 환수관의 직경을 적게 할 수 있다.

③ 환수관의 기울기를 낮게 할 수 있어서 대규모 난방에 적합하다.

④ 리프트 이음을 사용하여 환수를 위쪽 환수관으로 올릴 수 있어 방열기 설치 위치에 제한을 받지 않는다.

⑤ 방열기 밸브의 개폐도를 조절하면 방열량을 광범위하게 조절할 수 있다.

07 온수발생 보일러의 방출관의 크기를 써넣으시오.

전열면적(m²)	방출관의 안지름(mm)
10 미만	(①) 이상
10 이상 15 미만	(②) 이상
15 이상 20 미만	(③) 이상
20 이상	(④) 이상

해답 ① 25　　② 30　　③ 40　　④ 50

08 바이스 종류에는 평바이스와 파이프바이스가 있다. 각각의 크기를 설명하시오.

해답 ① 평바이스 크기 : 고정 가능한 파이프에서 조우의 폭으로 표시한다.
② 파이프바이스 크기 : 고정 가능한 관경의 치수로 나타낸다.

09 다음 보일러 가동순서에서 ①~③에 알맞은 내용을 써넣으시오.

송풍기 노 내 환기 → 버너 동작 → 노 내 압력 조정 → ① → 화염검출 → ② → 주버너 점화 → (점화버너 작동정지) → ③ → 저·고연소

해답 ① 점화버너 작동　　② 전자밸브 열림　　③ 공기댐퍼 작동

10 보일러용 연료사용량이 600kg/h이다. 이때 효율을 80%에서 90%로 높일 경우 1일 12시간 30일간 사용한 보일러에서 연료가 절약되는 양은 몇 kg이 되겠는가?

해답 30일간 총 연료 사용량 $=600 \times 12 \times 30 = 216,000$kg

∴ 절약되는 연료량 $= 216,000 \times \left(\dfrac{90-80}{90} \right) = 24,000$kg

11 다음 온수보일러에서 ①~⑯에 해당되는 부위의 명칭을 각각 쓰시오.

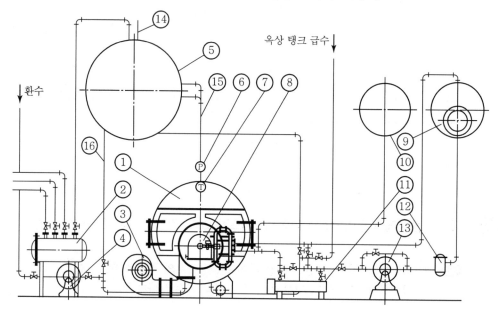

해답 ① 온수보일러　② 온수헤더　③ 압입송풍기　④ 순환펌프
⑤ 온수탱크　⑥ 압력계　⑦ 온도계　⑧ 버너
⑨ 서비스탱크　⑩ 경유탱크　⑪ 오일히터　⑫ 스테이너
⑬ 기어펌프　⑭ 에어벤트　⑮ 급탕관　⑯ 순환관

12 다음 배관의 총 연장길이(m)를 구하시오.

▼ **조건**
- 옥내 40A 배관 200m
- 관 내 유체의 최초온도 15℃
- 강관의 체적팽창계수 0.00012/℃
- 옥외 40A 배관 300m
- 보일러 운전 후의 온도 75℃

해답 온도상승에 의한 강관의 열팽창량 $= (200+300) \times 0.00012 \times (75-15) = 3.6\text{m}$
∴ 강관의 총 연장길이 $= 3.6 + (200+300) = 503.6\text{m}$

참고 • 신축곡관의 길이(단, 강관의 선팽창계수가 0.000012/℃일 경우)
　$\Delta L = (200+300) \times 0.000012 \times (75-15) \times 1,000 = 360\text{mm}$(관의 팽창량)
• 신축관의 길이$(L) = 0.073\sqrt{A \cdot \Delta L} = 0.073\sqrt{40 \times 360} = 8.76\text{m}$
• 신축관을 포함한 총 관의 연장길이 = 관의 길이 + 신축관의 길이
　　　　　　　　　$= 500 + 8.76 = 508.76$

13 액화석유가스(LPG)의 저위발열량이 8,000kcal/kg이다. 이 연료를 고위발열량 10,500kcal/kg으로 교체사용한다면 최대 몇 %의 열효율을 높일 수 있는가?

> **해답** 열효율$(\eta) = \dfrac{10,500-8,000}{10,500} \times 100 = 23.81\%$

14 급수처리 중 내처리에서 사용되는 청관제의 종류를 4가지만 쓰시오.

> **해답** ① pH 알칼리도 조정제   ② 경수 연화제
> ③ 슬러지 조정제   ④ 탈산소제
> ⑤ 가성취화 억제제   ⑥ 기포방지제

15 액체연료 10kg의 연소 시 소요되는 필요공기량(Nm³)을 계산하시오.(단, 원소성분이 탄소 85%, 수소 13%, 산소 2%이고, 공기비가 1.2이다.)

> **해답** 이론공기량$(A_0) = 8.89\text{C} + 26.67\left(\text{H} - \dfrac{\text{O}}{8}\right) + 3.33\text{S}$
>
> $\qquad = 8.89 \times 0.85 + 26.67\left(0.13 - \dfrac{0.02}{8}\right)$
>
> $\qquad = 7.5565 + 3.400425 = 10.956925 \text{Nm}^3/\text{kg}$
>
> 실제공기량$(A) = ($이론공기량$\times$공기비$) \times$연료사용량
>
> $\qquad = 10.956925 \times 1.2 \times 10 = 131.48 \text{Nm}^3$

16 보일러용 과열기 중 열가스 접촉에 의한 종류 3가지와 열가스 흐름방향에 의한 과열기 종류 3가지를 쓰시오.

> **해답** (1) 열가스 접촉에 의한 분류 3가지
>   ① 접촉과열기
>   ② 복사접촉과열기
>   ③ 복사 과열기
>
> (2) 열가스 흐름에 의한 분류 3가지
>   ① 병류형
>   ② 향류형
>   ③ 혼류형

2013년 5월 26일 시행

01 보일러 자동제어에서 인터록 종류를 4가지만 쓰시오.

해답 ① 프리퍼지인터록　　　　　　　② 불착화인터록
③ 압력초과인터록　　　　　　　④ 저수위인터록
⑤ 저연소인터록　　　　　　　　⑥ 배기가스 온도조절인터록

02 보일러 열정산 시 입열항목 3가지를 쓰시오.

해답 ① 연료의 연소열　　　　　　　② 연료의 현열
③ 공기의 현열　　　　　　　　④ 노 내 분입증기에 의한 입열

03 메탄가스(CH_4), 프로판가스의 완전연소 시 연소될 때 생성되는 물질 2가지를 쓰시오.

해답 ① 탄산가스(CO_2)
② 수증기(H_2O)

참고 • 메탄가스 반응식 : $CH_4 + 2O_2 \rightarrow CO_2 + 2H_2O$
• 프로판가스 반응식 : $C_3H_8 + 5O_2 \rightarrow 3CO + 4H_2O$

04 보일러 급수송출량은 420㎥/h, 급수의 전양정은 10m, 펌프효율 80%에 필요한 급수펌프 축동력(kW)을 계산하시오.

해답 축동력$(P) = \dfrac{r \cdot Q \cdot H}{102 \times \eta} = \dfrac{1{,}000 \times \left(\dfrac{420}{3{,}600}\right) \times 10}{102 \times 0.8} = 14.30 \text{kW}$

참고 $1\,\text{kW} = 102\text{kg} \cdot \text{m/s}$, 1시간 $= 3{,}600\text{sec}$

05 다음의 조건을 보고 보일러 효율을 구하시오.

▼ 조건
- 연료사용량 : x(kg/h)
- 상당증발량 : G_e(kg/h)
- 저위발열량 : H_1(kcal/kg)
- 실제증기발생량 : G_a(kg/h)

해답 보일러 효율$(\eta) = \dfrac{G_e \times 539}{x \times H_1} \times 100\,(\%)$

06 고체연료에서 연료비란 (①)값을 (②)값으로 나눈 비의 값이다. ( ) 안에 올바른 내용을 쓰시오.

해답 ① 고정탄소
② 휘발분

참고 고체연료의 공업분석 : 고정탄소, 수분, 휘발분, 회분

07 중앙식 급탕에서 탱크 속에 증기를 직접 분사하여 물을 가열하는 탕비기로, 열효율은 좋지만 소음이 따르는 결점이 있는 급탕법은?

해답 기수혼합식 급탕법

참고 재생사이클
증기를 급수에 분출, 즉 열효율 향상을 도모하며 증기터빈에서 팽창 도중의 증기 일부를 추출하여 급수의 예열에 사용하는 증기 사이클

08 강관 공작용 공구의 하나인 파이프렌치의 표시가 250mm, 300mm 등으로 표시되었다면 이 숫자가 표시하는 의미를 쓰시오.

해답 사용치수

참고 파이프렌치의 크기 표시 : 입을 최대로 벌려놓은 전장으로 표시한다.

09 보일러 운전 중 발생되는 캐리오버에는 기계적 캐리오버 및 선택적 캐리오버가 있다. 이 중 선택적 캐리오버에 관하여 간단히 기술하시오.

해답 물속에 용해된 실리카가 증기 중에 용해된 그대로 운반되어 보일러 외부로 배출되는 캐리오버이다.

참고 기계적 캐리오버 : 증기에 혼입되는 물방울의 액적, 즉 비누나 거품(포밍)이 증기에 혼입되어 배출되는 캐리오버

10 기체연료 및 기화하기가 용이한 액체연료 발열량 측정에 사용되는 발열량계 명칭을 쓰시오.

해답 윤켈스식 유수형 발열량계

참고 기체연료 발열량계 : 윤켈스식 유수형식, 시그마식

11 보일러 정격출력은 난방부하(H_1), 급탕부하(H_2), 배관부하(H_3), 예열부하(H_4)로 열출력을 구한다. 이 중 상용출력은 어떤 부하로 이루어지는가?

해답 보일러상용출력 = $H_1 + H_2 + H_3$

참고 정격출력 = $H_1 + H_2 + H_3 + H_4$

12 보일러 설치 건축물의 상당방열면적은 539m², 물의 증발잠열은 539kcal/kg일 때 응축수 펌프에서 펌프용량(kg/min)을 구하시오. (단, 배관 내에 발생되는 응축수량은 무시하고 펌프는 방열기에서 발생되는 응축수량의 3배 크기로 한다.)

해답 배관에서 발생되는 응축수량을 제외한 전 응축수 발생량 = $\dfrac{650}{539} \times 539 = 650$kg/h

∴ 분당 응축수 펌프용량 = $\dfrac{650}{60} \times 3 = 32.5$kg/min

참고 • 응축수량 = $\dfrac{650}{\gamma} \times 1.3 \times$ 상당방열면적(kg/h)

여기서, γ : 증발잠열(kcal/kg)

• 응축수 펌프의 용량 = $\dfrac{\text{장치 내 응축수량}}{60} \times n$배(kg/min)

13 증기보일러 급탕수사용량이 5,000L/h, 압력이 1.5cm²인 상태에서 증기를 이용한 향류 열교환기에서 40℃의 급수를 90℃의 온수로 만들 경우 열교환기 면적은 몇 m²가 소요되는가?(단, 증기조건은 온도 118℃, 열관류율 342kcal/m²h℃, 물의 비중은 1, 물의 비열은 1kcal/kg℃, 증기출구온도는 90℃)

해답 향류형 열교환기의 대수평균온도차(t_m)

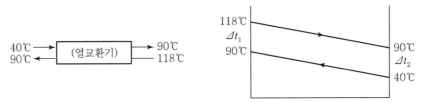

$90 - 40 = 50, \quad 118 - 90 = 28$

대수평균온도차$(\Delta t_m) = \dfrac{50 - 28}{\ln\dfrac{50}{28}} = \dfrac{22}{0.5798} = 37.944$℃

급탕사용량 $= 5,000 \times 1 = 5,000$kg/h

소요열량$(\theta) = 5,000 \times 1(90 - 40) = 250,000$kcal/h

$\therefore$ 열교환기 면적$(F) = \dfrac{Q}{K \cdot LMTD} = \dfrac{250,000}{342 \times 37.944} = 19.27$m²

14 안전밸브 및 압력방출장치에서 그 크기를 호칭지름 20A 이상으로 할 수 있는 조건을 5가지만 쓰시오.

해답 ① 최고사용압력 0.1MPa 이하 보일러
② 최고사용압력 0.5MPa 이하 보일러로서 동체의 안지름이 500mm 이하이며, 동체의 길이가 1,000mm 이하인 것
③ 최고사용압력 0.5MPa 이하의 보일러로 전열면적 2m² 이하인 것
④ 최대 증발량 5T/h 이하의 관류보일러
⑤ 소용량 보일러

참고 소용량 보일러 : 0.35MPa 이하, 전열면적 5m² 이하

15 다음 도면을 보고 부속장치의 개수 또는 치수를 쓰시오.

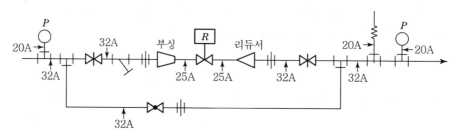

(1) 압력계　　　　　　　　(2) 감압밸브　　　　　　　(3) 이경 티

(4) 32A 동경 티　　　　　(5) 유니언　　　　　　　　(6) 게이트밸브

(7) 부싱 치수　　　　　　　(8) 리듀서 치수　　　　　　(9) 스프링안전밸브

(10) 정티　　　　　　　　　(11) 글로브밸브

해답 (1) 2개　　　　　　　　(2) 1개　　　　　　　　(3) 3개
　　　　(4) 2개　　　　　　　　(5) 3개　　　　　　　　(6) 2개
　　　　(7) 32×25A　　　　　(8) 32×25A　　　　　(9) 1개
　　　　(10) 2개　　　　　　　(11) 1개

16 다음의 평면도를 등각투상도로 그리시오.

평면도

해답

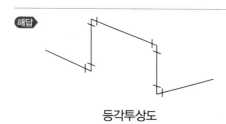

등각투상도

참고

평면도	등각투상도	평면도	등각투상도

등각투상도 : 물체를 등각(축선 상호 간 간격 120°)이 되도록 회전시킨 투상도

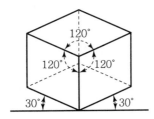

2013년 8월 31일 시행

01 온수보일러에서 배플플레이트의 설치 목적을 3가지만 쓰시오.

해답 ① 고온 열가스를 확산시켜 전열량을 증가시키기 위하여
② 노 내 압력의 증가로 연소효율을 향상시키기 위하여
③ 열가스의 회전으로 전열면에 그을음 부착을 감소시키기 위하여

02 광학적 화염검출기의 종류를 4가지만 쓰시오.

해답 ① 황화카드뮴 광전셀(CdS셀)   ② 황화납 광전셀(PbS셀)
③ 자외선 광전관   ④ 광전관

참고 화염검출기의 검출방법
• 열적 화염검출기 : Stack Switch(서모스탯 이용)
• 광학적 화염검출기 : Flame Eye(화염 빛을 이용 : 적외선, 가시광선, 자외선 이용)
• 전기전도 화염검출기 : Flame Rod(전기전도성 이용)

03 기계적 캐리오버에 대하여 설명하시오.

해답 보일러 수중에 액적이나 거품, 수분이 증기와 함께 보일러 본체 밖으로 배출되는 현상

참고 선택적 캐리오버 : 실리카 등이 증기 중에 용해된 그대로 운반되어 보일러 본체 외부로 배출되는 현상

04 보일러 급수장치에서 주펌프 및 보조펌프세트를 갖춘 급수장치가 있어야 한다. 보조펌프를 생략할 수 있는 조건을 2가지만 쓰시오.

해답 ① 전열면적 $12m^2$ 이하의 보일러
② 전열면적 $14m^2$ 이하의 가스용 온수보일러 및 전열면적 $100m^2$ 이하의 관류보일러

05 전열면적 10m²를 초과하는 보일러에서 급수관경은 몇 A(mm) 이상이어야 하는가?

> **해답** 20A(20mm)

> **참고** 전열면적 10m² 이하의 경우 : 15 A 이상

06 포스트퍼지에 대하여 설명하시오.

> **해답** 보일러 운전 정지 후 노 내 잔류가스를 송풍기로 치환하는 퍼지

07 보일러 설치 검사에서 체크밸브를 설치하지 않아도 되는 조건을 쓰시오.

> **해답** 최고사용압력 0.1MPa 미만의 보일러

08 보일러 급수장치 중 동 내부에 급수내관을 설치하는 경우 장점 3가지를 쓰시오.

> **해답** ① 급수가 내관을 통하면서 예열된다.
> ② 급수를 산포시켜 열응력을 방지한다.
> ③ 급수로 인한 부동팽창을 방지한다.

> **참고** 설치위치 : 보일러 안전저수위 아래 50mm 지점

09 저압증기난방장치에서 환수주관을 보일러 수면 밑에 설치하여 생기는 나쁜 결과를 막기 위해 증기관과 환수관 사이에 표준수면 50mm 아래에 균형관을 연결하는 배관은 어떤 연결법을 이용한 것인가?

> **해답** 하트포드 연결법(Hartford Connection)

10 진공환수식 증기난방에서 저압증기 환수관이 진공펌프의 흡입구보다 낮은 위치에 있을 때 응축수를 끓어올리기 위해 환수주관보다 지름이 1~2 정도 작은 치수를 사용하고 1단의 흡상 높이는 1.5m 이내로 설치하는 설비 시설을 무엇이라고 하는가?

해답 리프트 피팅(Lift Fitting)

11 열정산 방식에서 출열에 해당되는 것을 3가지만 쓰시오.

해답 ① 배기가스 손실열　　　　② 방사 열손실
③ 미연탄소분에 의한 열손실　④ 불완전 열손실
⑤ 노 내 분입증기에 의한 손실열　⑥ 발생증기 보유열

참고 입열 : 연료의 현열, 공기의 현열, 연료의 연소열, 노 내 분입증기에 의한 입열

12 다음 설명에 해당하는 각 공구의 명칭을 쓰시오.

(1) 관경 20mm 이하인 동관의 압축접합용에 사용한다.

(2) 동관의 절단면 또는 끝부분을 진원(원형)으로 정형한다.

(3) 동관의 관끝 확관용 공구이다.(동관을 소켓 모양으로 확관한다.)

해답 (1) 플레어링 툴 세트
(2) 사이징 툴
(3) 익스팬더

13 메탄가스(CH_4) 7Nm^3 연소 시 필요한 이론공기량(Nm^3)을 구하시오.

해답 반응식 : $CH_4 + 2O_2 \rightarrow CO_2 + 2H_2O$

이론공기량(A_o) = 이론산소량(O_o) $\times \dfrac{1}{0.21}$ (Nm^3/Nm^3)

$\therefore \left(2 \times \dfrac{1}{0.21}\right) \times 7 = 66.67\,\text{Nm}^3$

참고 $CH_4 \ + \ 2O_2 \ \rightarrow \ CO_2 \ + \ 2H_2O$

$16\text{kg} \ + \ 2 \times 22.4\text{Nm}^3 \ \rightarrow \ 22.4\text{Nm}^3 \ + \ 2 \times 22.4\text{Nm}^3$

$A_o = \left(2 \times \dfrac{1}{0.21}\right) \times \dfrac{22.4}{16} \times 7 = 93.33\,\text{Nm}^3/\text{kg}$

14 다음의 조건을 참고하여 난방부하(kcal/h)를 계산하시오.

> ▼ 조건
> - 난방 전체면적 : 105m²
> - 실내외 온도차 : 20℃
> - 열관류율 : 5 kcal/m²h℃
> - 방위에 따른 부가계수 : 1.1

해답 부하＝난방면적×열관류율×실내외온도차×방위에 따른 부가계수
＝105×5×20×1.1＝11,550 kcal/h

참고 1W＝1J/s, 1kW＝1kJ/s, 1kWh＝3,600kJ

$$\frac{11,550}{3,600} = 3.21\text{kW}$$

15 온수난방에서 방열기계수 7kcal/m²h℃, 방열기 입구 온수온도 : 80℃, 방열기 출구 온수온도 60℃, 실내온도 20℃일 때 방열기 소요방열량(kcal/m²h)을 구하시오.

해답 온수평균온도＝$\dfrac{80+60}{2}$＝70℃

소요방열량＝방열기계수×(온수의 평균 온도－실내온도)
＝7×(70－20)＝350kcal/m²h

참고 1W＝0.86kcal/h, 1kW＝860kcal/h＝3,600kJ/h

$$\frac{350}{860} = 0.41\text{kW}$$

16 다음 각 배관도시기호에 해당하는 명칭을 쓰시오.

① ─┼─   ② ─●─   ③ ─┤├─

④ ─〈─   ⑤ ─┤│├─

해답
① 나사이음
② 용접이음
③ 플랜지 이음
④ 턱걸이이음
⑤ 유니언 이음

17 배관제도에서 관의 높이 표시를 하였다. 다음에 해당되는 높이 표시를 설명하시오.

(1) EL + 5500   (2) EL − 600 BOP   (3) EL − 350 TOP

해답 (1) 관의 중심이 기준면보다 5500 높은 장소에 있다.
       (2) 관의 밑면이 기준면보다 600 낮은 장소에 있다.
       (3) 관의 윗면이 기준면보다 350 낮은 장소에 있다.

참고 • BOP : EL에서 관 외경의 밑면까지를 높이로 표시할 때
      • TOP : EL에서 관 외경의 윗면까지를 높이로 표시할 때
      • GL : 지면의 높이를 기준으로 할 때 사용하고 치수 숫자 앞에 기입
      • FL : 건물의 바닥면을 기준으로 하여 높이를 표시할 때
      • EL(CEL) : 배관의 높이를 표시할 때 사용하는 기준선으로, 기준선에 의해 높이를 표시하는
        법을 EL 표시법이라 한다.(기준선은 평균해면에서 측량된 어떤 기준선이다.)

18 다음은 오일탱크 주위의 배관계통도이다. ①~⑯까지 부속장치의 명칭을 쓰시오.

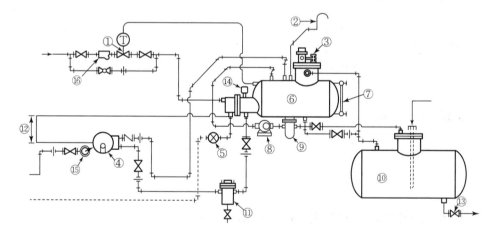

해답 ① 온도조절밸브   ② 통기관(Air Vent)
      ③ 플로트 스위치(Float Switch)   ④ 오일버너(Oil Burner)
      ⑤ 환수트랩   ⑥ 서비스(Oil Service) 탱크
      ⑦ 유면계   ⑧ 급유펌프(Oil Pump)
      ⑨ 기름여과기(Oil Strainer)   ⑩ 저유조(Oil Storage Tank)
      ⑪ 유수분리기   ⑫ 1,500mm 이상(1.5m 이상)
      ⑬ 드레인밸브(Drain Valve)   ⑭ 온도계
      ⑮ 가스점화장치   ⑯ 여과기

19 다음의 보일러 계통도(노통연관식 보일러)에서 ⑩, ⑯, ㉖, ㉗, ㉜, ㊱, ㊺의 명칭을 쓰시오.

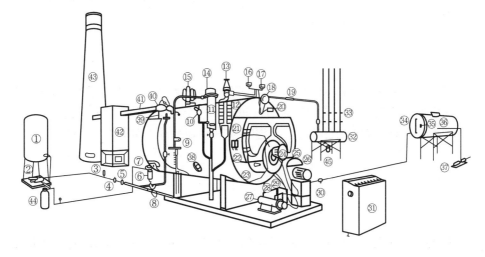

해답 ⑩ 저수위 경보장치   ⑯ 압력제한기
     ㉖ 송풍기   ㉗ 연료예열기
     ㉜ 증기헤더   ㊱ 서비스탱크
     ㊺ 증기트랩

참고 보일러 계통도의 명칭

① 물탱크	② 터빈펌프	③ 온도계	④ 여과기
⑤ 수량계	⑥ 청관제 주입구	⑦ 방폭문	⑧ 여과기
⑨ 인젝터	⑩ 저수위 경보장치	⑪ 수주	⑫ 수면계
⑬ 주증기밸브	⑭ 보조증기밸브	⑮ 안전밸브	⑯ 압력제한기
⑰ 압력조절기	⑱ 압력계	⑲ 신축관	⑳ 보일러명판
㉑ 윈드박스	㉒ 변압기	㉓ 투시구	㉔ 회전식 버너
㉕ 전자밸브	㉖ 송풍기	㉗ 연료예열기	㉘ 연료유온도계
㉙ 유량계	㉚ 연료여과기	㉛ 자동제어 패널	㉜ 증기헤더
㉝ 압력계	㉞ 액면계	㉟ 온도계	㊱ 서비스탱크
㊲ 기어펌프	㊳ 맨홀	㊴ 배기가스온도계	㊵ 통풍기
㊶ 연도	㊷ 집진기	㊸ 연돌	㊹ LPG용기
㊺ 증기트랩			

2014년 5월 25일 시행

01 보일러 운전 중 외부부식에서 고온부식이란 중유연료 연소 시 중유 중에 포함되어 있는 (①)가 연소 시 산화된 후 (②)으로 되어 과열기 등 고온의 전열면에 융착한 후 (③)℃ 이상이 되면 그 부분을 부식시킨다. ( ) 안에 알맞은 내용이나 수치를 써넣으시오.

해답 ① 바나듐 ② 오산화바나듐 ③ 550

02 증기온도 400℃, 압력 1MPa의 과열증기 100kg에 온도 20℃의 물(H_2O) 20kg을 주입하여 같은 압력의 온도 179℃의 습증기를 얻었다. 이 습증기의 건도(x)는 얼마인가?(단, 1MPa의 경우 400℃의 과열증기 엔탈피 780kcal/kg, 포화수 엔탈피 181kcal/kg, 물의 증발잠열 482 kcal/kg이다.)

해답 주입수량을 $x$kg이라고 할 때 열평형에 의해 계산하면

$(100 \times 780) + (20 \times 20) = (100 + 20)\{181 + 480x\}$

$78,400 = (100 + 20)\{181 + 480 \times x\}$

$480x = \dfrac{78,400}{(100 + 20)} - 181 = 472.33$

∴ 증기건도(x) $= \dfrac{472.33}{480} = 0.98$

참고 증기건도만 높으면 양질이 좋은 스팀이다.

03 메탄가스(CH_4) 10Nm³의 연소 시 다음을 구하시오.

(1) 이론산소량

(2) 이론공기량

해답 (1) $2 \times 10 = 20Nm^3$

(2) $20 \times \dfrac{1}{0.21} = 95.24Nm^3$

참고 연소반응식 : $CH_4 + 2O_2 \rightarrow CO_2 + 2H_2O$

04 다음 물음에 답하시오.

(1) 연료의 발열량을 측정하는 방법을 3가지만 쓰시오.

(2) 고체나 액체 연료의 발열량 측정 발열량계 명칭은?

(3) 기체연료의 발열량 측정 발열량계 2가지 명칭은?

해답 (1) ① 열량계에 의한 방법(봄브식 열량계 사용)
② 원소분석에 의한 방법
③ 공업분석에 의한 방법

(2) 봄브식 열량계(단열식, 비단열식)

(3) ① 융켈스식
② 시그마식

05 다음 동관(구리관)에 대한 물음에 답하시오.

(1) 표준치수 3가지를 쓰시오.

(2) 질별에 의한 종류 3가지를 쓰시오.

(3) 두께별 형식기호를 두께가 두꺼운 기호부터 쓰시오. (단, 3가지로 구분하여 쓰시오.)

해답 (1) K형, L형, M형

(2) • O(연질)
• $\frac{1}{2}$ H(반경질)
• OL(반연질)
• H(경질)

(3) K타입 > L타입 > M타입

참고 • 표준치수 : K형(의료배관용), L형(의료배관, 급배수배관, 급탕배관, 냉난방배관용), M형(L형과 같다.)
• 용도별 분류 : 워터튜브, ACR 튜브, 콘덴서 튜브
• 형태별 분류 : 직관, 코일, PMC(온돌난방용)

06 다음 도면은 온수온돌방의 180° 벤딩 방열관이다. 유니언에서 유니언까지 총 연장길이는 몇 m인가?(단, 방열관의 피치는 200mm이다.)

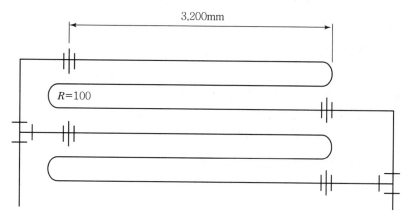

3,200mm

$R=100$

> **해답** 180° 벤더가 4개
>
> 벤더 계산 $= 2\pi R \dfrac{\theta}{360} = 2 \times 3.14 \times 100 \times \dfrac{180}{360} \times 4 = 1,256\text{mm}$
>
> 직관길이(6개) $= (3,200 - (100+100)) \times 6 = 18,000\text{mm}$
>
> 총 연장길이(L) $= 18,000 + 1,256 = 19,256\text{mm}(19.256\text{m})$

07 보일러 점화 시나 운전 도중 어떤 조건이 충족되지 않으면 전자밸브(솔레노이드 밸브)를 닫아서 사고를 미연에 방지하는 인터록 제어방식이 이용된다. 이 인터록 검출대상을 4가지만 쓰시오.

> **해답** ① 압력초과   ② 저수위
> ③ 프리퍼지   ④ 불착화
> ⑤ 저연소
>
> **참고** 인터록의 종류
> • 압력초과 인터록   • 저수위 인터록
> • 프리퍼지 인터록   • 불착화 인터록
> • 저연소 인터록   • 배기가스 상한 인터록

08 보일러의 보염장치의 설치목적과 보염장치 종류를 3가지만 쓰시오.

해답 (1) 설치목적
    ① 안정된 착화를 도모한다.
    ② 화염의 형상을 조절한다.
    ③ 연료의 분무촉진 및 공기와의 혼합을 양호하게 한다.
    ④ 연소가스의 체류시간을 노 내에 연장시켜 전열효율을 촉진시킨다.
    ⑤ 연소실의 온도분포를 고르게 하여 안정된 화염을 얻는다.
    ⑥ 노 내 및 전열면의 국부과열을 방지한다.

    (2) 보염장치의 종류
    ① 윈드박스
    ② 스태빌라이저
    ③ 버너타일
    ④ 콤버스터

09 주철제 방열기 중 5세주 높이 650mm, 쪽수 20개, 방열기 입출구 배관 25 × 20mm일 때 방열기를 그림으로 도시하시오.

해답

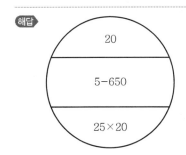

10 강철제 증기보일러 설치 시 반드시 온도계를 부착 설치해야 하는 곳을 3가지만 쓰시오.

해답 ① 급수입구의 급수온도계
    ② 버너 급유 입구의 급유온도계
    ③ 절탄기, 공기예열기의 각 유체 전후 온도계
    ④ 보일러 본체 배기가스 온도계
    ⑤ 과열기, 재열기의 출구 온도계
    ⑥ 유량계를 통과하는 온도측정 온도계

11 보일러 운전 중 그루빙(구식)이 발생하기 쉬운 곳을 3가지만 쓰시오.

해답 ① 수직보일러 화실천장판의 연돌관을 부착하는 플랜지 만곡부 및 화실 하단의 플랜지 만곡부
② 거싯스테이를 부착하는 산 모양의 형강 모퉁이 부분
③ 라벳이음의 판의 겹친 가장자리
④ 접시형 모퉁이의 만곡부
⑤ 경판에 뚫린 급수구멍

참고 그루빙(Grooving) : 도랑형태 부식

12 응축수 배관에 스팀트랩의 설치 시 이점을 3가지만 쓰시오.

해답 ① 수격작용을 방지한다.
② 열의 유효한 이용과 증기소비량을 감소시킨다.
③ 관 내 공기의 배출이 가능하여 관 내 부식을 방지한다.
④ 관 내 응축수 배출이 가능하다.

13 배관작업 시 강관을 절단하는 데 사용하는 공구를 3가지만 쓰시오.

해답 ① 파이프 커터
② 쇠톱
③ 가스절단기
④ 호브식 동력나사 절삭기(호브와 사이드커터를 설치한 경우)

14 증기밸브를 처음 열 때 워터해머(수격작용)가 발생하지 않게 하기 위하여 다음 보기에서 그 순서를 기호로 쓰시오.

> ▼ 보기
> ① 주증기관 내 소량의 증기를 조금 공급하여 관의 온도를 높인다.
> ② 주증기 밸브를 단계적으로 서서히 연다.
> ③ 증기 송기 측에 연결되어 있는 주증기관이나 헤더 등에 있는 드레인 밸브를 열고 응축수를 배출시킨다.

해답 ③ → ① → ②

2014년 9월 13일 시행

01 파이프 바이스 호칭번호(#1) 호칭치수 80의 파이프사용 관경은 몇 A인가?

> **해답** 6~65A(6~65mm 사용)
>
> **참고** • 호칭번호(#0) : 호칭치수 50(6~50A)
> • 호칭번호(#2) : 호칭치수 105(6~90A)
> • 호칭번호(#3) : 호칭치수 130(6~115A)
> • 호칭번호(#4) : 호칭치수 170(15~150A)

02 공작용 공구 중 동관용 공구 종류를 5가지만 쓰시오.

> **해답** ① 사이징 툴(동관의 끝을 원형으로 교정)
> ② 플레어링 툴 세트(동관 압축접합용)
> ③ 튜브벤더
> ④ 튜브커터
> ⑤ 리이머
> ⑥ 익스팬더(동관 확관용)
> ⑦ 토치 램프

03 보일러 부속장치 중 급수내관을 설치할 때 그 장점을 3가지만 쓰시오.

> **해답** ① 내관을 통과하는 급수가 예열된다.
> ② 급수를 보일러동 내부에 산포시켜 열응력을 방지한다.
> ③ 부동팽창을 방지한다.

04 보일러 운전 중 가성취화가 발생하였다면 가성취화란 무엇인지 간단히 설명하시오.

> **해답** 보일러판의 국부 리벳 연결부 등이 농알칼리 용액의 작용에 의하여 취화 균열을 일으키는 일종의 부식(철강 조직의 입자 사이가 부식되어 취약하게 되고 결정입자의 경계에 따라 균열이 생긴다.)

05 보일러에 발생하는 부식 중 점식의 방지법을 3가지만 쓰시오.

> 해답 ① 보일러수의 용존산소를 제거한다.
> ② 보일러에 아연판을 매단다.
> ③ 방청도장이나 그래파이트(보호피막)를 형성한다.
> ④ 약한 전류를 통전시킨다.

06 수관식 보일러 운전 중 캐리오버를 방지할 수 있는 부품명칭과 그 종류를 3가지만 쓰시오.

> 해답 (1) 부품명칭 : 기수분리기
> (2) 종류
> ① 스크러버형
> ② 사이클론형
> ③ 건조스크린형
> ④ 배플형

07 다음 그림에서 ①~⑤에 해당되는 것을 보기에서 골라 쓰시오.

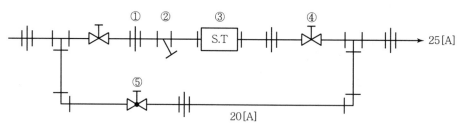

> **▼ 보기**
> 글로브 밸브, 게이트 밸브, 유니언, 스트레이너, 증기트랩

> 해답 ① 유니언   ② 스트레이너   ③ 증기트랩
> ④ 게이트 밸브   ⑤ 글로브 밸브

08 보일러 설치 시 안전밸브나 압력 방출밸브를 20A 이상으로 할 수 있는 조건을 3가지만 쓰시오.

> **해답** ① 최고사용압력 0.1MPa 이하 보일러
> ② 최고사용압력 0.5MPa 이하 보일러로서 동체 안지름이 500mm 이하이며 동체의 길이가 1,000mm 이하의 것
> ③ 최고사용압력 0.5MPa 이하의 보일러로 전열면적 $2m^2$ 이하의 것
> ④ 최대증발량 5t/h 이하의 관류보일러
> ⑤ 소용량 강철제 보일러, 소용량 주철제 보일러

09 보일러 스프링식 안전밸브의 누설원인을 3가지만 쓰시오.

> **해답** ① 밸브와 변좌의 기공이 불량할 때
> ② 이물질이 끼어 있을 때
> ③ 스프링의 장력이 감쇄될 때
> ④ 변좌에 밸브축이 이완되었을 때
> ⑤ 변좌의 마모가 클 때
> ⑥ 조정압력이 낮을 때

10 상당증발량(G_e)을 구하는 식을 보기의 기호를 이용하여 나타내시오.(단, 물의 증발잠열은 539kcal/kg으로 한다.)

> ▼ 보기
> ① 실제증발량(kg/h)　　　② 급수엔탈피(kcal/kg)　　　③ 발생증기 엔탈피(kcal/kg)

> **해답** $G_e = \dfrac{①(③-②)}{539}(\text{kgt/h})$

11 다음 프로판가스(C_3H_8) 연료의 연소반응식에 올바른 숫자를 써넣으시오.

> $C_3H_8 + \boxed{①}\ O_2 \rightarrow \boxed{②}\ CO_2 + \boxed{③}\ H_2O$

> **해답** ① 5　　　　　② 3　　　　　③ 4

12 보일러 증기발생량 4t/h, 전열면적 42m², 연료사용량 24kg/h, 발생증기엔탈피 620kcal/kg, 급수엔탈피 42kcal/kg일 때 다음 물음에 답하시오.

(1) 전열면의 증발률(kg/m²h)을 계산하시오.

(2) 전열면의 열부하율(kcal/m²h)을 계산하시오.

해답 (1) 전열면의 증발률 $= \dfrac{증기발생량(kg/h)}{전열면적(m^2)}$

$= \dfrac{4 \times 10^3}{42} = 95.24 kg/m^2h$

(2) 전열면의 열부하율 $= \dfrac{증기발생량(kg/h)(발생증기엔탈피 - 급수엔탈피)}{전열면적(m^2)}$

$= \dfrac{4 \times 10^3(620 - 42)}{42} = 55,047.62 kcal/m^2h$

13 보일러 운전 중 캐리오버(기수공발) 발생 방지법을 4가지만 쓰시오.

해답 ① 보일러수를 농축시키지 말 것
② 프라이밍, 포밍을 일으키지 말 것
③ 과부하 연소를 피할 것
④ 주중기밸브를 천천히 열 것
⑤ 고수위 운전 방지
⑥ 비수방지관, 기수분리기 설치

14 건물 내 하수관, 배수관에 설치하는 배수트랩의 구비조건을 3가지만 쓰시오.

해답 ① 트랩의 봉수가 확실할 것(50~100mm 정도 높이)
② 통기관의 보호가 확실할 것
③ 물은 흐르되 공기나 가스체의 흐름은 실내로 유입되는 것을 차단할 것

15 배관(나관)의 길이 100m에 규조토보온재를 사용한 결과 보온 효율이 65% 효과를 보았다. 보온재 사용 이후의 배관 열손실은 몇 kcal/h인가?(단, 관의 외경 150mm, 표면온도 120℃, 배관 보온재 외부공기 온도 15℃, 강관 표면 열전달률 20kcal/m²h℃)

해답 나관 1개의 표면적$(S_b) = \pi DL = 3.14 \times 0.15 \times 100 = 47.1\mathrm{m}^2$

$\therefore$ 보온 이후 열손실$(Q) = (1-e)S_b \cdot K \cdot (t_2 - t_1)$

$= (1 - 0.65) \times 47.1 \times 20 \times (120 - 15)$

$= 34,618.5\mathrm{kcal/h}$

2015년 5월 23일 시행

과년도 출제문제

01 다음은 보일러의 자동점화 시퀀스 제어 순서이다. ( ) 안에 알맞은 기호를 써넣으시오.

(ⓐ) → 파일럿 버너 점화 → (ⓑ) → 주 버너 점화 → (ⓒ) → 고연소 → (ⓓ) → 배기가스 배출 송풍기 정지

▼ 보기
① 연료분사정지   ② 화염검출기작동
③ 점화장치제거   ④ 노 내 환기

해답 ⓐ ④   ⓑ ②   ⓒ ③   ⓓ ①

참고 오일연소 시퀀스 제어 순서
노 내 환기 → 버너 동작 → 노 내 압력 조절 → 파일럿 버너 작동 → 화염검출기 화염검출
→ 전자밸브 열림 → 점화 → 공기댐퍼작동 → 저연소 → 고연소

노 내 압력 : 2mmH_2O 정도

02 유효출열의 정의 및 출열 중 열손실이 가장 큰 것을 기술하시오.

해답 ① 유효출열 : 온수나 증기 발생에 이용된 열(온수의 현열 또는 증기보유열량)
② 출열 중 열손실이 가장 큰 것 : 배기가스 현열(배기가스 손실열)

참고 출열 : 배기가스 손실열, 방사 손실열, 미연탄소분에 의한 열손실, 불완전에 의한 열손실, 노
내 분입증기에 대한 손실열, 증기 또는 온수의 보유열

03 보일러에서 발생하는 스케일의 주성분은 Ca, Mg이다. 스케일의 종류를 4가지만 쓰시오.

해답 ① 탄산마그네슘   ② 수산화마그네슘   ③ 인산칼슘
④ 탄산칼슘   ⑤ 황산칼슘   ⑥ 염화마그네슘
⑦ 황산마그네슘   ⑧ 실리카

04 보일러에서 증기발생량 1,000kg/h, 발생증기엔탈피 660kcal/kg, 급수엔탈피 60kcal/kg일 때 상당증발량(kg/h)을 계산하시오.

해답 상당증발량$(W_e) = \dfrac{G(h_2 - h_1)}{539}$

$= \dfrac{1,000 \times (660 - 60)}{539} = 1,113.17\,\text{kg/h}$

참고 단위가 kJ인 경우
- $660 \times 4.186\,\text{kJ/kg} = 2,762.76\,\text{kJ/kg}$
- $60 \times 1 \times 4.186\,\text{kJ/kg} = 251.16\,\text{kJ/kg}$
- $539 \times 4.186\,\text{kJ/kg} = 2,256\,\text{kJ/kg}$

05 압력 1MPa, 증기온도 180℃, 보일러에 공급된 급수량 5,000kg/h, 증기엔탈피 660kcal/kg, 급수엔탈피 60kcal/kg에서 증기발생에 이용된 흡수열(kcal/h)을 구하시오.

해답 증기발생 흡수열 = $5,000 \times (660 - 60) = 3,000,000\,\text{kcal/h}$

06 급수처리 탈산소제인 히드라진(N_2H_4)의 용도와 그 화학반응식을 쓰시오.

해답 ① 사용 용도 : 미량의 용존산소 제거(탈산소제)
② 탈산소 반응식 : $N_2H_4 + O_2 \rightarrow N_2 + 2H_2O$

07 강관의 벤딩작업 시 관이 파손되는 원인을 3가지만 쓰시오.(단, 로터리 벤딩기 작업이다.)

해답 ① 압력 조정이 세고 저항이 크다.
② 받침쇠가 너무 나와 있다.
③ 굽힘 반경이 너무 작다.
④ 재료에 결함이 있다.

08 보일러의 부하율(%) 공식을 쓰시오.

해답 부하율= $\dfrac{(\text{보일러 실제 증발량})}{(\text{보일러 최대 연속증발량})} \times 100$

참고 • 전열면의 증발률(kg/m²h) = $\dfrac{\text{시간당 증기 발생량}}{\text{전열면적}}$

　　 • 보일러 부하율(%)이 높을수록 양호한 보일러 운전이다.

09 보일러 연속운전 중 항상 주의해서 감시해야 할 것을 2가지만 쓰시오.

해답 ① 보일러 수면 상태 감시
　　② 노통 또는 화실이나 연소실 내 연소상태 감시(화염 감시)
　　③ 압력계 감시
　　④ 배기가스 온도 감시

10 석탄이 아닌 오일 연료사용 보일러에서 다음의 조건을 이용하여 보일러의 정격출력(kcal/h)을 계산하시오.

▼ 조건
• 상당방열면적 : 50m²
• 온수공급온도 : 80℃
• 배관부하 : 0.25
• 출력저하계수 : 1.0
• 온수의 비열 : 1kcal/kg℃
• 온수급탕량 : 500kg/h
• 급수온도 : 20℃
• 예열부하 : 1.5
• 보일러열매 : 온수
• 표준방열량(온수) : 450kcal/m²h

해답 온수보일러 정격출력 $= \dfrac{[(EDR \times 450) + G \times 1(t_2 - t_1)] \times (1 + a) \times B}{K}$

$= \dfrac{[(50 \times 450) + 500 \times 1(80 - 20)] \times (1 + 0.25) \times 1.5}{1.0}$

$= (22{,}500 + 30{,}000) \times 1.25 \times 1.5 = 98{,}437.5 \text{kcal/h}$

참고 상용출력(H_3) = (난방부하 + 급탕부하) × 배관부하

11 탄소(C) 6kg의 연소 시 소요되는 이론산소량(Nm^3) 및 이론공기량(Nm^3)을 구하시오.

해답
$$C \quad + \quad O_2 \quad \rightarrow \quad CO_2$$
$$12kg \quad + \quad 22.4Nm^3 \quad \rightarrow \quad 22.4Nm^3$$

(1) 이론산소량(O_0)

$$12 : 22.4 = 6 : x$$

$$\therefore \ x = 22.4 \times \frac{6}{12} = 11.2Nm^3$$

(2) 이론공기량(A_0)

$$= 이론산소량 \times \frac{1}{0.21} = 11.2 \times \frac{1}{0.21} = 53.33Nm^3$$

참고
- 산소의 몰수 : $11.2 \times 1,000 = 11,200L$, $\dfrac{11,200}{22.4} = 500 mol(0.5kmol)$

- 공기의 몰수 : $53.33 \times 1,000 = 53,333.33L$, $\dfrac{53,333.33}{22.4} = 2,380.95 mol(2.38kmol)$

- $1mol = 1몰 = 분자량 \ 값 = 22.4L$
- $1m^3 = 1,000L$, $1kmol = 1,000mol$

12 사무실 난방부하가 60,000kcal/h이고 난방은 온수난방을 선택할 때 5세주 650mm 주철제 방열기 소요쪽수를 계산하시오.(단, 방열기 한쪽당 방열면적은 $0.26m^2$이다.)

해답 온수난방 방열기 소요쪽수$= \dfrac{난방부하}{450 \times 쪽당 \ 방열면적}$

$$= \frac{60,000}{450 \times 0.26} = 512.82(513쪽)$$

참고 $\dfrac{60,000kcal/h}{860kcal/h} = 69.77kW$

$\dfrac{450kcal/m^2h}{860kcal/h} = 0.523kW/m^2$

13 중유연소 시 공기조절장치(에어레지스터), 즉 보염장치를 3가지만 쓰시오.

해답 ① 윈드박스
② 버너타일
③ 컴버스터
④ 보염기(스태빌라이저)

14 신축이음에서 벨로스 신축이음(Packless)은 Bellows의 변형에 의해 흡수시키는 구조로서 그 재료는 (①) 및 스테인리스강을 (②)으로 주름 잡아서 아코디온과 같이 만드는데, 미끄럼 내관을 벨로스로 싸고 (③)의 미끄럼에 따라 벨로스가 신축하기 때문에 (④)가 없어도 유체가 새는 것이 방지된다. 설치장소가 적어도 되고 (⑤)이 생기지 않으며 누설은 없으나 고압배관 사용에는 부적당하다. ( ) 안에 알맞은 내용을 써넣으시오.

해답 ① 청동   ② 파형   ③ 슬리브
④ 패킹재(패킹)   ⑤ 응력

15 보일러 운전 중 수면계의 점검시기를 3가지만 쓰시오.

해답 ① 두 개의 수면계 수위가 다를 때
② 프라이밍, 포밍 현상이 발생할 때
③ 보일러 수위가 의심스러울 때
④ 보일러 가동 직전 및 증기압력이 오르기 시작할 때

16 보일러 효율저하를 일으키는 발생요인을 3가지만 쓰시오.

해답 ① 과잉공기가 지나치게 공급되어 배기가스 열손실이 증가할 때
② 스케일 생성이 심할 때
③ 완전연소 불량으로 불완전연소 발생이 심할 때
④ 보일러 분출수량이 많이 발생할 때
⑤ 화실 내 그을음이 발생할 때

17 연소용 공기비가 1.2, 액체연료의 원소 성분 중 C 72%, H 15%, S 2%, O 1.5% 상태에서 연소 과정 중 실제 배기가스량(Nm^3/kg)을 구하시오. (단, 수분은 2%이다.)

해답 실제 습배기가스량(G_w) = 이론습배기가스량 + (공기비 − 1) × 이론공기량

- 이론공기량(A_0) = $8.89C + 26.67\left(H - \dfrac{O}{8}\right) + 3.33S$

$$= 8.89 \times 0.72 + 26.67\left(0.15 - \dfrac{0.015}{8}\right) + 3.33 \times 0.02$$

$$= 6.4008 + 3.95 + 0.0666 = 10.4174 \, Nm^3/kg$$

- 이론습배기가스량(G_{ow}) = $(1 - 0.21)A_0 + 1.867C + 11.2H + 0.7S + 0.8N + 1.244W$

$$= 0.79 \times 10.4174 + 1.867 \times 0.72 + 11.2 \times 0.15 + 0.7 \times 0.02$$
$$+ 0.8 \times 0 + 1.244 \times 0.02$$
$$= 11.2931$$

∴ 실제 습배기가스량 = $11.2931 + (1.2 - 1) \times 10.4174 = 13.38 \, Nm^3/kg$

참고 연소가스 계산에서 질소(N_2) 값이 주어지지 않으므로 $0.8N = 0$이 된다.

2015년 9월 6일 시행

01 보일러 설치검사 기준에서 안전밸브나 방출밸브 크기는 호칭지름 25A 이상으로 하여야 한다. 다만 다음의 보일러에는 호칭지름 20A 이상으로 할 수 있다. (   ) 안에 알맞은 내용을 써넣으시오.

(1) 최고사용압력 (   )kgf/cm^2 이하의 보일러

(2) 최고사용압력 5kgf/cm^2 이하의 보일러로 동체의 안지름이 500mm 이하이며 동체의 길이가 (   )mm 이하의 것

(3) 최고사용압력 5kgf/cm^2 이하의 보일러로서 전열면적 (   )m^2 이하의 것

(4) 최대증발량 (   )t/h 이하의 관류보일러

(5) 소용량 강철제 보일러, 소용량 (   ) 보일러

해답 (1) 1   (2) 1,000   (3) 2
(4) 5   (5) 주철제

참고 0.1MPa＝1kgf/cm^2, 1MPa＝10kgf/cm^2

02 보일러 운전 중 저수위 사고를 방지하기 위한 고 · 저수위 검출기의 종류를 4가지만 쓰시오.

해답 ① 맥도널식   ② 전극봉식
③ 차압식   ④ 코프식(열팽창식)

03 보일러 청소법에서 사용하는 외부청소법의 종류를 4가지만 쓰시오.

해답 ① 스팀 소킹법   ② 워터 소킹법
③ 수세법   ④ 샌드 블라스트법
⑤ 스틸 쇼트클리닝법

04 어느 건물의 난방에 소요되는 열량이 22,500kcal/h이다. 5세주 650mm의 주철제 방열기를 이용하여 온수난방을 하고자 할 때 방열기의 쪽수를 계산하시오.(단, 5세주 650mm 주철제 방열기의 쪽당 방열면적은 0.25m²이고 온수난방 방열기 방열량은 표준난방으로 한다.)

해답 온수난방 방열기 쪽수 $= \dfrac{\text{난방부하(kcal/h)}}{450\text{kcal/m}^2\text{h} \times \text{표면적(m}^2)}$

$= \dfrac{22,500}{450 \times 0.25} = 200$쪽(개)

참고 $\dfrac{\left(\dfrac{22,500}{860}\right)}{\dfrac{450}{860} \times 0.25} = 200$쪽

05 보일러 운전 중 발생할 수 있는 프라이밍(비수) 현상에 대하여 설명하시오.

해답 압력의 급강하 등 보일러 운전 중 수면 위로 물방울이 튀어올라서 증기에 혼입되는 현상(기포가 수면을 파괴하고 교란시켜서 이로 인하여 물방울 수적이 작은 입자로 분해하여 증기와 함께 이탈하는 현상이다.)

06 고온 · 고압보일러에서 알칼리도가 높아져서 생기는 Na, H 성분 등이 강재의 결정 경계에 침투하여 재질을 열화시키는 현상이 무엇인지 쓰시오.

해답 가성취화

07 보일러 운전 중 과열을 방지하기 위한 대책을 3가지만 쓰시오.

해답 ① 스케일 생성 방지(스케일, 슬러지 생성 방지)
② 관석이 붙은 부분에 국부적 방사열을 받지 않게 한다.
③ 보일러 운전 중 저수위 운전을 피한다.
④ 보일러의 보일러수 순환을 촉진시킨다.
⑤ 고온의 열가스가 고속도로 전열면에 마찰하지 않게 한다.
⑥ 화염이 본체의 전열면에 충돌하지 않게 한다.
⑦ 관석 부착 상태를 수시로 점검하고 전열면에 고온의 화염을 집중과열되지 않도록 한다.

08 보일러 운전 중 분출(수면분출, 수저분출)을 하는 목적을 3가지만 쓰시오.

해답 ① 관수의 불순물 농도를 한계치 이하로 유지하기 위하여
② 관수의 신진대사를 이룩하기 위하여
③ 슬러지분을 배출하여 스케일 생성을 방지하기 위하여
④ 보일러 청소나 장기보존을 위하여
⑤ 보일러수의 pH를 조절하기 위하여

09 보일러 건조보존 시에 필요한 흡습제 종류 2가지만 쓰시오.

해답 ① 생석회　　　　　　　　② 실리카겔
③ 활성알루미나　　　　　　④ 염화칼슘

10 오르자트(화학식) 가스분석기에서 검출하는 배기가스의 분석순서대로 사용되는 3가지 흡수용액 명칭을 쓰시오.

해답 ① CO_2 : 수산화칼륨 용액 30%(KOH 30%)
② O_2 : 알칼리성 피로갈롤 용액
③ CO : 암모니아성 염화제1동 용액

11 보일러 운전 중 비수 프라이밍 발생 시 무수규산, 거품, 물방울이 증기와 함께 송기되어 보일러 외부관으로 나가는 현상의 명칭을 쓰시오.

해답 캐리오버(Carry Over) 또는 기수공발

12 증기난방에서 응축수 환수방법을 3가지만 쓰시오.

해답 ① 중력환수식　　　　　② 기계환수식　　　　　③ 진공환수식

참고 응축수 환수 크기량 순서 : ③ > ② > ①

13 아래 난방배관 계통도를 역순환 배관(Reverse Return) 방식으로 완성하시오.

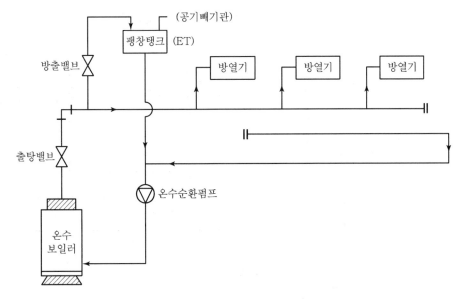

해답

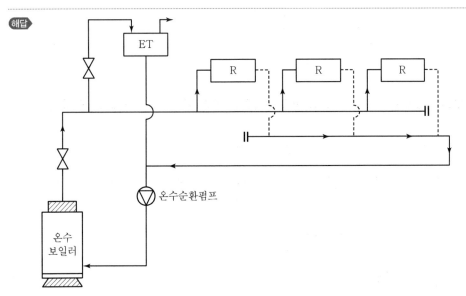

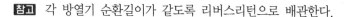

참고 각 방열기 순환길이가 같도록 리버스리턴으로 배관한다.

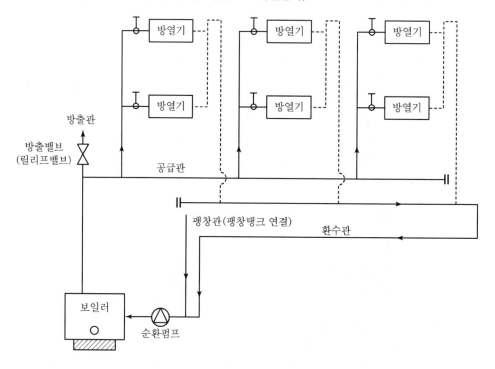

14 강관의 벤딩부 B → C 구간의 배관길이를 산출하시오.(단, 관은 20A 관이다.)

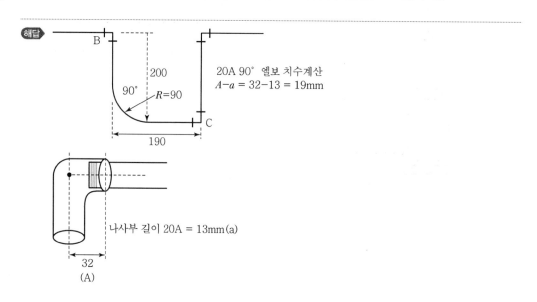

해답

B

200

90° R=90

20A 90° 엘보 치수계산
$A-a = 32-13 = 19mm$

C

190

나사부 길이 20A = 13mm(a)

32
(A)

반지름$(R)=90$mm

$190-90=100$mm

$200-90=110$mm

$l=$ ㉠ $110-(32-13)=91$mm

㉡ $\dfrac{2\times3.14\times90}{4}=\dfrac{565.2}{4}=141.3$mm

㉢ $100-(32-13)=81$mm

$\therefore$ ㉠$+$㉡$+$㉢$=91+141.3+81=313.3$mm

참고 벤딩부 길이$(l)=2\pi R\dfrac{\theta}{360}=2\times3.14\times90\times\dfrac{90}{360}=141.3$

---

15 다음 증기표를 이용하여 보일러 효율을 구하시오.(단, 보일러 증기발생량 22,500kg, 증기게이지 압력 0.5MPa, 급수온도 20℃(84kJ/kg), 증기의 건도 0.9, 연료소비량 1,590kg, 보일러 운전시간 5시간, 연료의 발열량 40,950kJ/kg이다.)

▼ 증기압력표

증기절대압력 (MPa)	포화수엔탈피 (kJ/kg)	증기엔탈피 (kJ/kg)	증발잠열 (kJ/kg)
0.4	609	2,709	2,100
0.5	634.2	2,730	2,095.8
0.6	667.8	2,751	2,083.2

해답 • 습포화증기 엔탈피$(h_2')=$ 포화수엔탈피$+$증기건도$\times$증발잠열

$\qquad\qquad =667.8+0.9\times2,083.2=2,542.68$kJ/kg

• 증기발생량 $=\dfrac{22,500}{5}=4,500$kg/h, 연료소비량 $=\dfrac{1,590}{5}=318$kg/h

$\therefore$ 보일러 효율 $=\dfrac{G_s(h_2'-h_1)}{G_f\times H_l}\times100$

$\qquad\qquad\quad =\dfrac{4,500\times(2,542.68-84)}{318\times40,950}\times100=84.96\%$

참고 게이지압력$+0.1=0.6$MPa을 표에서 찾는다.

(급수온도 20℃$=$급수엔탈피 84kJ/kg이 된다.)

16 다음 내용을 읽고 ( ) 안에 알맞은 말을 써넣으시오.

> 표면결로를 방지하기 위해서는 공기와의 접촉면 온도를 (①) 이상으로 유지해야 한다. 이 방법으로는 유리창의 경우에는 공기층이 밀폐된 (②)를 사용하거나 벽체인 경우 (③)를 부착하여 벽면의 온도가 (④) 온도 이상이 되도록 한다. 한편 실내에서는 발생되는 (⑤)양을 억제하고 다습한 외기를 도입하지 않도록 한다.

해답 ① 노점온도   ② 2중 유리   ③ 단열재
        ④ 노점   ⑤ 수증기

참고 • 결로 현상 : 습공기가 차가운 벽이나 천장 바닥 등에 닿으면 공기 중 함유된 수분이 응축하여 그 표면에 이슬이 맺히는 현상(결로 현상은 공기와 접한 물체의 온도가 그 공기의 노점 온도보다 낮을 때 일어나며 온도가 0℃ 이하가 되면 결로 또는 결빙이 된다.)
       • 결로의 피해 : 표면, 내부결로 발생 시 벽체 및 구조체에 얼룩이 지고 변색되며, 곰팡이가 발생한다. 또한 부식이 심하고 구조체의 결빙과 해빙 반복으로 강도의 저하, 파손과 단열재의 단열성을 저해한다.

17 다음 냉방부하에서 현열, 잠열에 해당하는 내용을 기호로 구별하시오.

> **▼ 보기**
> ① 벽체로부터 취득열량
> ② 유리로부터 취득열량(직달일사, 전도대류에 의한 취득열량)
> ③ 극간풍(틈새바람)에 의한 취득열량
> ④ 인체의 발생 열량
> ⑤ 기구로부터 발생열량(조리기구 등)
> ⑥ 송풍기 동력에 의한 취득열량
> ⑦ 덕트로부터의 취득열량(기기)
> ⑧ 재열기의 가열량(취득열량)
> ⑨ 외기 도입에 의한 취득열량
> ※ 외벽, 창유리, 지붕, 내벽, 방바닥, 조명기구(형광등) : 현열 발생

(1) 현열만 발생시키는 취득열량

(2) 현열, 잠열을 모두 발생시키는 취득열량

해답 (1) ①, ②, ⑥, ⑦, ⑧
       (2) ③, ④, ⑤, ⑨

18 캐리오버(기수공발) 현상이 나타날 때 발생하는 장애요인을 5가지만 쓰시오.

해답 ① 증기와 혼입되어 보일러 외부 관으로 송기된다.
② 심하면 압력계 파동 또는 파손현상이 발생한다.
③ 보일러 수위가 요동치며 수위오판이 발생한다.
④ 워터해머현상(수격작용)이 발생하여 관이나 밸브가 파손된다.
⑤ 증기 중에 규산, 나트륨 등 선택적 캐리오버가 발생한다.
⑥ 습증기 발생으로 증기의 건도가 저하되어 증기의 질이 나빠진다.

참고 • 포밍(거품) 현상 : 관수 중 용존고형물, 관수농축, 유지분, 부유물 등이 다량 함유된 경우 증기 발생 시 거품이 계속 생기는 현상
• 건조증기 취출을 위한 기기 : 비수방지관, 기수분리기

기수분리기(기수분리, 증기청정, 증기건조 순) 종류
(1) 배관 설치용
　　① 방향전환 이용
　　② 장애판 이용
　　③ 원심력 이용
　　④ 여러 겹의 그물망 이용

(2) 증기드럼 내 설치용
　　① 장애판 조립
　　② 파도형의 다수 강판
　　③ 사이클론식(원심력 분리기 이용)

2016년 5월 22일 시행

과년도 출제문제

01 가스버너의 질소산화물(NOₓ)의 저감대책을 3가지만 쓰시오.

해답 ① 연소 시 과잉공기를 줄인다.
② 연소실 내 온도를 너무 높게 하지 않는다.
③ 선택적 촉매환원법, 선택적 비촉매환원법을 이용한다.
④ 배기가스를 재순환시킨다.
⑤ 탈질소설비를 장착한다.
⑥ 2단계 연소법을 이용한다.
⑦ 수증기 물분사방법을 이용한다.

02 다음 배관기호의 명칭을 쓰시오.

(1) SPP   (2) SPPS   (3) STHB

해답 (1) SPP : 일반배관용 탄소강 강관
(2) SPPS : 압력배관용 탄소강 강관
(3) STHB : 보일러 열교환기용 합금강 강관

03 증기보일러 운전 중 캐리오버(기수공발)의 장애요인을 4가지만 쓰시오.

해답 ① 수격작용(워터해머) 발생   ② 배관의 부식
③ 증기 이송 시 저항 증가   ④ 밸브 및 부속품 파괴

04 연소장치에서 안전장치 일종인 화염검출기를 2가지만 쓰시오.

해답 ① 플레임 아이   ② 플레임 로드   ③ 스택 스위치

05 보일러 용량을 나타내는 표시방법을 3가지만 쓰시오.

> **해답** ① 상당증발량　　② 정격출력　　③ 전열면적
> ④ 상당방열면적　　⑤ 보일러 마력

06 슬러지 조정제의 종류를 3가지만 쓰시오.

> **해답** ① 전분　　② 탄닌　　③ 리그린　　④ 덱스트린

07 인젝터 급수설비의 작동불능 원인을 3가지만 쓰시오.

> **해답** ① 급수의 온도가 50℃ 이상 높을 때
> ② 증기압력이 0.2MPa 이하 또는 1MPa 이상일 때
> ③ 인젝터 자체의 과열
> ④ 인젝터 체크밸브 고장
> ⑤ 증기 속의 수분 과다
> ⑥ 인젝터 내 공기의 다량 누입

08 강관공작용 공구에서 파이프렌치의 크기를 쓰시오. (단, 사용치수는 150, 200, 250, 300, 350 등이 있다.)

> **해답** 사용이 가능한 최대 관을 물었을 때 전장길이로 표시한다.

09 다음의 수치를 이용하여 방열기의 상당소요방열량(kcal/m²h)을 구하시오.

> ▼ **조건**
> 방열기계수 : 7.2kcal/m²h℃, 송수온도 : 85℃, 환수온도 : 65℃, 실내온도 : 20℃

> **해답** 방열기 내 평균온도 $= \dfrac{85+65}{2} = 75℃$
>
> ∴ 소요방열량 $= 7.2 \times (75-20) = 396 \text{kcal/m}^2\text{h}$
>
> **참고** 7.2kcal/m²h℃(7.2×4.186kJ = 30.1392kJ/m²hK)
> 30.1392×(75−20) = 1,657.656kJ/h

10 플랜지 패킹의 종류를 3가지만 쓰시오.

해답 ① 고무패킹(천연고무, 합성고무), 네오프렌(합성고무)
② 오일시트
③ 펠트
④ 테플론

참고 주요 패킹의 특징

- 천연고무 : 탄성이 크며 흡수성이 없다. 산이나 알칼리에 침식되며, 100℃ 이상의 고온을 취급하는 배관이나 기름 사용 배관에는 사용할 수 없다. 또한 −55℃에서 경화된다.
- 네오프렌 : 천연고무제품의 개선품으로서 내유성, 내산화성, 기계적 성질이 우수하며, 내열온도는 −60~121℃ 사이에서 안전하다. 따라서 120℃ 이하의 배관에 거의 사용이 가능하다.
- 오일시트패킹 : 식물성 패킹, 한지를 여러 겹 붙여서 일정한 두께로 하여 내유가공한 패킹이다.
- 테플론 : 합성수지이며 기름이나 약품에 침식되지 않는다. 탄성이 부족하여 석면, 고무, 파형금속관으로 표면처리하며, −260~260℃까지 사용 가능하다.
- 액상합성수지 : 약품에 강하고 내유성이 크며 내열범위는 −30~130℃이다. 증기나 기름에 약하다.
- 일산화연 : 페인트에 일산화연을 조금 섞어서 사용한다.

패킹의 종류

- 플랜지 패킹 : 고무제품, 네오프렌(합성고무), 오일시트, 가죽, 펠트, 테플론, 금속패킹
- 나사용 패킹 : 페인트, 일산화연, 액상합성수지
- 글랜드 패킹 : 석면각형, 석면얀, 아마존, 몰드

11 다음 조건을 보고 방열기를 표시하시오.

> ▼ 조건
> 3주형, 높이 650mm, 섹션수 20, 유입관 25A, 유출관 20A

해답

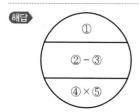
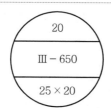

참고
- 벽걸이 수직 : W−V
- 길드형 : G−S
- 벽걸이 수평 : W−H
- 알루미늄 : AR

12 다음의 조건을 보고 보일러 상당증발량(kg/h)을 계산하시오.

> ▼ 조건
> - 증기발생량 : 2,500kg/h
> - 전열면적 : 50m²
> - 증기압력 : 5kg/cm²abs
> - 증발잠열 : 539kcal/kg
> - 습증기엔탈피 : 650kcal/kg
> - 급수온도 : 30℃
> - 포화수엔탈피 : 120kcal/kg

해답 상당증발량(W_e) $= \dfrac{증기발생량(습포화증기엔탈피 - 급수엔탈피)}{539}$

$$= \dfrac{2,500 \times (650 - 30)}{539} = 2,875.70 \, \text{kg/h}$$

참고 전열면의 상당증발량 $= \dfrac{증기발생량(습포화증기엔탈피 - 급수엔탈피)}{539 \times 전열면적} [\text{kg/m}^2\text{h}]$

13 다음 연료의 원소분석치를 이용하여 이론건연소가스량(Nm³/kg)을 구하시오.

> C 85%, H 13%, S 2%

해답 고체, 액체 이론건연소가스량(G_{od}) $= (1 - 0.21)\text{A}_0 + 1.867\text{C} + 0.7\text{S} + 0.8\text{N}$

이론공기량(A_0) $= 8.89\text{C} + 26.67\left(\text{H} - \dfrac{\text{O}}{8}\right) + 3.33\text{S}$

$$= 8.89 \times 0.85 + 26.67 \times 0.13 + 3.33 \times 0.02$$

$$= 11.0902 \text{Nm}^3/\text{kg}$$

$\therefore \; G_{od} = (1 - 0.21) \times 11.0902 + 1.867 \times 0.85 + 0.7 \times 0.02$

$$= 10.36 \text{Nm}^3/\text{kg}$$

14 다음의 온수보일러 계통도를 보고 ①~⑤가 표시하는 부속품의 명칭을 쓰시오.

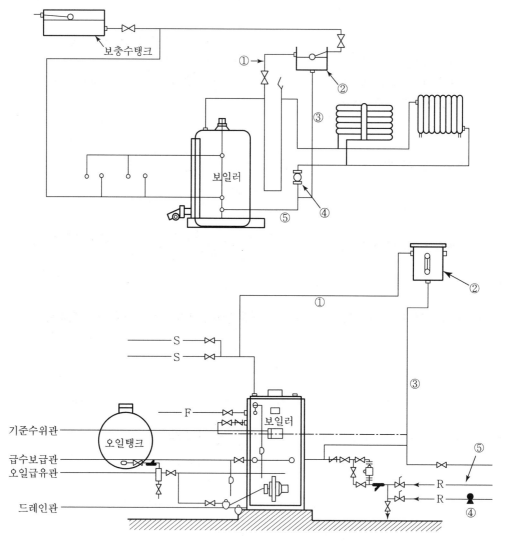

해답 ① 방출관   ② 팽창탱크
      ③ 팽창관   ④ 온수순환펌프
      ⑤ 환수주관

15 다음 베이스보드 히터 방열기의 기호에 보기에서 주어지는 숫자를 써넣으시오.

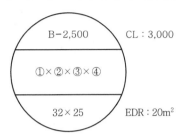

B-2,500 CL : 3,000

①×②×③×④

32×25 EDR : 20m²

▼ 보기
- 핀의 크기 : 108
- 단수 : 2
- 핀의 피치 : 165
- 방열기 내의 관의 관경 : 32

해답 ① 32 　　 ② 108 　　 ③ 165 　　 ④ 2

참고 베이스보드 히터 방열기 특징
- 베이스보드 방열기(대류방열기에서 높이가 낮은 방열기)
- 관과 핀으로 된 엘리먼트와 덮개로 구성되어 실내 벽면 아랫부분의 나비나무 부분을 따라서 부착하여 방열하는 것(바닥에서 90mm 이상 높게 설치한다.)
- 강관 혹은 동관에 1변 108mm 정방형 알루미늄 핀 또는 강철제 핀을 꽂아서 만든 엘리먼트와 강판제의 케이싱으로 이루어진다.

16 다음 급유량계의 바이패스 배관도를 완성하시오.(단, 부속품은 밸브 3개, 유니언 3개, 티 2개, 90° 엘보 2개, 여과기 1개이다.)

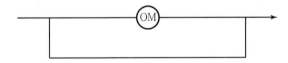

해답

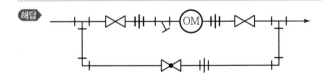

17 다음 보일러 설치검사기준에 관한 물음에 답하시오.

(1) 전열면적 10m² 초과 시 급수밸브 체크밸브 크기는 몇 A 이상인가?

(2) 안전밸브나 방출밸브 크기는 호칭지름 몇 A 이상인가?

(3) 액상식 열매체 보일러 및 120℃(393K) 이하의 온수발생보일러의 방출밸브 크기는 지름이 몇 mm 이상인가?

(4) 절탄기, 공기예열기 설치 시 각 유체의 온도 측정부위를 2가지로 쓰시오.

(5) 과열기 재열기의 측정온도계 설치위치를 쓰시오.

해답 (1) 20A 이상

(2) 25A 이상

(3) 20mm 이상

(4) ① 유체의 전에 설치한다(절탄기, 공기예열기 입구).
② 유체의 후부에 설치한다(절탄기, 공기예열기 출구).

(5) 과열기 재열기의 출구 측

18 다음 공조냉동 선도(냉매 $P-i$ 몰리에르 선도)에 나타난 ㉠~㉥까지의 구역 또는 선의 명칭을 써넣으시오.

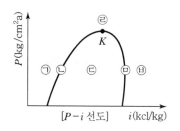
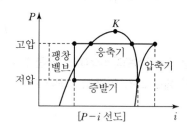

해답 ㉠ 과냉각액 ㉡ 포화액선 ㉢ 습포화증기구역
㉣ 임계점 ㉤ 건포화증기선 ㉥ 과열증기구역

참고 기준 냉동사이클
• 증발온도 : -15℃
• 응축온도 : 30℃
• 압축기 흡입가스온도 : -15℃(건포화증기)
• 팽창밸브 직전 온도 : 25℃

2016년 8월 28일 시행

01 프로판가스 $10Nm^3$ 연소 시 이론공기량을 계산하시오.

> 반응식 : $C_3H_8 + 5O_2 \rightarrow 3CO_2 + 4H_2O$

해답 이론공기량(A_o) = 이론산소량 $\times \dfrac{1}{0.21}$

$$= \left(5 \times \dfrac{1}{0.21}\right) \times 10 = 238.10Nm^3$$

02 펌프나 압축기에서 발생되는 진동이나 밸브류 등의 급속개폐에 따른 수격작용, 충격 및 지진 등에 의한 진동현상 등을 방지하는 지지쇠로서 브레이스가 있다. 다음 물음에 답하시오.(단, 구조에 따라 스프링식과 유압식이 있다.)

(1) 진동방지용으로 쓰이는 브레이스는?

(2) 충격완화용으로 사용되는 브레이스는?

해답 (1) 방진기
　　　(2) 완충기

03 보일러 열정산에 대한 다음 물음에 답하시오.

(1) 기준온도

(2) 발열량 기준

(3) 부하 기준

(4) 열정산에 의한 효율표시방법 2가지

해답 (1) 외기온도
　　　(2) 고위발열량
　　　(3) 정격부하
　　　(4) ① 입출열법에 따른 효율
　　　　　② 열손실법에 따른 효율

04 다음에서 설명하는 내용을 읽고 에어레지스터 종류를 쓰시오.

(1) 착화를 확실하게 해주며 불꽃의 안정을 도모하는 것

(2) 공기와 연료의 혼합을 촉진하며 연소용 공기의 동압을 정압으로 유지시켜 화염을 안정시킨다.

───────────────────

해답 (1) 보염기(스태빌라이저)

　　　(2) 윈드박스(바람상자)

05 다음 설명에 해당하는 화염검출기의 종류를 쓰시오.

(1) 화염 중에 양성자와 중성자의 전리에 근거하여 버너에 글랜드 로드를 부착하여 화염 중에 삽입하고 전기적 신호를 이용하여 화염의 유무를 검출하는 화염검출기

(2) 연소 중에 발생되는 연소가스의 열에 의해 바이메탈의 신축작용으로 전기적 신호를 만들어 화염의 유무를 검출하는 것

(3) 연소 중에 발생하는 화염 빛을 검지부에서 전기적 신호로(자외선, 적외선 등) 바꾸어 화염의 유무를 검출하는 것

───────────────────

해답 (1) 플레임 로드

　　　(2) 스택 스위치

　　　(3) 플레임 아이

06 다음의 급유량계의 바이패스 배관도를 완성하시오. (단, 부속품은 밸브 3개, 유니언 3개, 티 2개, 90° 엘보 2개, y자형 여과기 1개가 장착된다.)

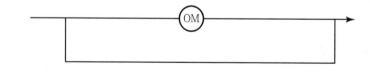

해답

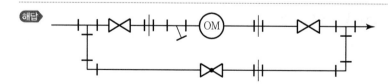

07 증기발생량이 시간당 150kg/h이고 발생증기 엔탈피가 600kcal/kg 급수엔탈피가 50kcal/kg 이며 연료사용량이 200kg/h, 연료의 저위발열량이 1,000kcal/kg일 때 보일러 효율은 몇 % 인가?

해답 보일러 효율$(\eta) = \dfrac{150 \times (600 - 50)}{200 \times 1,000} \times 100 = 41.25\%$

08 전열면의 그을음 제거를 위한 슈트 블로어 작동 시 주의사항을 3가지만 쓰시오.

해답 ① 부하가 50% 이하인 때는 사용금지
② 소화 후 슈트 블로어는 폭발을 대비하여 사용금지
③ 분출 시에는 유인통풍을 증가시킨다.
④ 분출 전에 분출기 내부에 증기가 응축된 드레인을 제거시킨다.

09 탄소(C) 10kg의 연소과정에서 발생되는 CO_2 양은 몇 Nm^3인가?(단, 탄소 1kmol = 12kg이다.)

해답 $C \quad + \quad O_2 \quad\quad \rightarrow \quad\quad CO_2$
$12kg \quad + \quad 22.4\,Nm^3 \quad \rightarrow \quad 22.4\,Nm^3$
$12 : 22.4 = 10 : x$
$\therefore \ CO_2 \ 양(x) = 22.4 \times \dfrac{10}{12} = 18.67 Nm^3$

10 안전밸브 및 압력방출장치에서 그 크기를 호칭지름 20A 이상으로 할 수 있는 조건을 5가지만 쓰시오.

해답 ① 최고사용압력 0.1MPa 이하 보일러
② 최고사용압력 0.5MPa 이하 보일러로서 동체의 안지름이 500mm 이하이며, 동체의 길이 가 1,000mm 이하인 것
③ 최고사용압력 0.5MPa 이하의 보일러로 전열면적 $2m^2$ 이하인 것
④ 최대 증발량 5T/h 이하의 관류보일러
⑤ 소용량 보일러

참고 소용량 보일러 : 0.35MPa 이하, 전열면적 $5m^2$ 이하

11 열정산 방식에서 출열에 해당되는 것을 3가지만 쓰시오.

해답 ① 배기가스 손실열 　　　　② 방사 열손실
　　　③ 미연탄소분에 의한 열손실 　　④ 불완전 열손실
　　　⑤ 노 내 분입증기에 의한 손실열 　⑥ 발생증기 보유열

참고 입열 : 연료의 현열, 공기의 현열, 연료의 연소열, 노 내 분입증기에 의한 입열

12 자동 나사절삭기의 종류 3가지를 쓰시오.

해답 ① 다이헤드식
　　　② 호브식
　　　③ 올스터식

13 증기난방에서 응축수 환수방법(기계환수식, 중력환수식, 진공환수식) 중에서 응축수의 환수가 제일 빠른 순서대로 적으시오.

해답 진공환수식 → 기계환수식 → 중력환수식

14 온수보일러 철금속 중량이 250kg, 비열이 0.12kcal/kg · ℃이고 보일러 내 물의 중량이 80kg, 보일러 가동 전 물의 온도가 5℃이다. 이 보일러를 90℃ 온수로 만들어서 난방수로 공급한다면 보일러 예열부하는 몇 kcal/h인가?(단, 물의 비열은 1kcal/kg · ℃이다.)

해답 보일러 예열부하＝(철 무게×비열＋물의 중량)×물의 온도차
　　　　　　　＝(250×0.12＋80×1)×(90－5)＝9,350kcal/h

15 강관에서 동관을 연결하거나 또는 동관을 이종관으로 연결할 때 필요한 부속품을 3가지만 쓰시오.

해답 ① CM어댑터
　　　② CF어댑터
　　　③ 경질염화비닐관 이음쇠

16 다음 배관도면의 해석은 어느 배관도를 나타내는 것인가?

> • 관을 가공하기 위한 관 가공도를 그린다.
> • 계통도를 보다 구체적으로 그린다.
> • 손실수두 또는 유량 등을 계산할 경우에 사용된다.
> • 관(파이프)이나 관의 이음쇠의 재료를 산출할 경우에 사용된다.

해답 입체도

17 질소산화물인 녹스(NO_X)의 저감방법을 3가지만 쓰시오.

해답 ① 다단계 연소를 이행한다.
② 연소가스를 재순환시킨다.
③ 여열장치 등 공기예열기를 폐기하거나 여열장치 등 금속의 표면을 방식시킨다.
④ 촉매제를 사용하여 질소산화물(탈질)을 제거하는 장치를 설치한다.
 (SCR, SNCR 등 촉매제 사용)

18 프로판가스(C_3H_8)의 연소 시 필요한 공기량(Nm^3/kg)을 계산하시오.(단, 프로판 1kmol = $22.4m^3$)

해답 가스중량당 이론공기량$(A_o) = \left(5 \times \dfrac{1}{0.21}\right) \times \dfrac{22.4}{44} = 12.12 Nm^3/kg$

참고 • C_3H_8 분자량 = 44
 • 연소반응식 : $C_3H_8 + 5O_2 \rightarrow 3CO_2 + 4H_2O$

2017년 4월 16일 시행

01 보일러 운전 중 캐리오버(기수공발)의 발생 시 그 방지대책을 3가지만 쓰시오.

> **해답** ① 관수의 농축을 방지한다.
> ② 비수방지관이나 기수분리기를 설치한다.
> ③ 주증기 밸브를 천천히 연다.
> ④ 유지분이나 알칼리분, 부유물 생성을 억제한다.
> ⑤ 고수위 운전을 하지 않는다.

02 보일러 설치검사기준에서 보조펌프나 체크밸브의 생략조건을 쓰시오.

> **해답** (1) 보조펌프 설치 생략조건 3가지
> ① 전열면적 $12m^2$ 이하의 보일러
> ② 전열면적 $14m^2$ 이하의 가스용 온수보일러
> ③ 전열면적 $100m^2$ 이하의 관류보일러
>
> (2) 체크밸브(역류방지밸브) 생략조건
> 최고사용압력 0.1MPa 미만의 보일러
>
> **참고** 급수밸브, 체크밸브의 크기
> • 전열면적 $10m^2$ 이하 보일러 : 호칭 15A 이상
> • 전열면적 $10m^2$ 초과 보일러 : 호칭 20A 이상

03 송풍기의 풍량제어 방법을 3가지만 쓰시오.

> **해답** ① 토출댐퍼에 의한 제어
> ② 흡입댐퍼에 의한 제어
> ③ 흡입베인에 의한 제어(가동날개 열림 정도 조정)
> ④ 회전수 변환에 의한 제어
> ⑤ 가변 피치 제어(날개의 각도 변화 제어)

04 열정산 시 입출열 중 입열항목을 3가지만 쓰시오.

> **해답** ① 연료의 연소열
> ② 연료의 현열
> ③ 공기의 현열

05 자동급수제어 수위 제어에서 단요소식, 2요소식, 3요소식 중 3요소식에 해당하는 3가지를 쓰시오.

> **해답** ① 수위 제어
> ② 증기량 제어
> ③ 급수량 제어

06 보일러 효율 80%에서 상당증발량 2,000kg/h, 연료의 저위발열량 10,000kcal/kg 사용 시 연료소비량은 몇 kg/h인가?(단, 물의 증발열은 539kcal/kg이다.)

> **해답** $80 = \dfrac{2,000 \times 539}{x \times 10,000} \times 100$
>
> 연료소비량$(x) = \dfrac{2,000 \times 539}{0.8 \times 10,000} = 134.75\text{kg/h}$

07 보일러 이상상태에 의한 긴급정지 운전 시 가장 먼저 취해야 하는 동작은?

> **해답** 연료공급 차단
>
> **참고** 두 번째는 연소용 공기 차단

08 건물에서 창문을 제외한 벽체 총면적은 48m²이고 실내온도 22℃, 외기온도 −8℃, 건물의 벽체 열관류율이 5kcal/m²h℃일 때 난방부하(kcal/h)를 계산하시오.(단, 건물은 서남향이고 방위에 따른 부가계수는 1.1이다.)

> **해답** 난방부하(Q) = 난방 전면적 × 열관류율 × (실내온도 − 외기온도) × 방위계수
> $= 48 \times 5 \times [22 - (-8)] \times 1.1 = 7,920\text{kcal/h}$

09 다음은 화염검출기에 대한 설명이다. 해당 내용에 필요한 화염검출기의 명칭을 쓰시오.

(1) 화염의 발광체를 이용한 화염검출기

(2) 전기의 전도성을 이용한 화염검출기

(3) 연도에 설치하고 온수보일러, 저압증기보일러에 사용되는 화염검출기(단, 화염의 발열체를 이용한다.)

해답 (1) 플레임 아이
(2) 플레임 로드
(3) 스택 스위치

참고 플레임 아이의 종류
• 황화카드뮴 광도전 셀
• 황화납 광도전 셀
• 적외선 광전관
• 자외선 광전관

10 팽창탱크의 설치목적을 2가지만 쓰시오.(단, 온수보일러용이다.)

해답 ① 온수의 체적팽창 및 이상팽창 시 압력을 흡수한다.
② 보일러 장치 내 압력을 일정하게 유지하여 온수 온도를 설정온도로 유지한다.
③ 열수의 넘침을 방지하여 온수에 의한 현열손실 방지
④ 보일러나 배관 등에서 누수 발생 시 보충수 공급 및 공기침입 방지

11 재료가 고온건조한 상태에서 발생하는 부식이 건식이다. 이러한 건식이 나타나는 다양한 형태의 환경이나 현상 5가지를 쓰시오.(단, 철과 산소와의 반응에 의한 부식이다.)

해답 ① 수소에 의한 탈탄작용
② 질소에 의한 질화작용
③ 일산화탄소에 의한 카보닐 작용
④ 염소에 의한 염산작용
⑤ 산소에 의한 산화작용
⑥ 암모니아에 의한 합금작용

12 보일러용 B – C 중유 성분이 다음과 같을 때, 이 연료 10kg의 연소 시 실제공기량은 몇 Nm^3 인가?

- 원소성분 : 탄소(C) 80%, 수소(H) 20%
- 배기가스 : CO_2 12%, O_2 3%, CO 1%

해답 • 고체, 액체연료의 이론공기량$(A_o) = 8.89C + 26.67\left(H - \dfrac{O}{8}\right) + 3.33S$

$A_o = 8.89 \times 0.8 + 26.67 \times 0.2 = 12.446 Nm^3/kg$

$12.446 \times 10 = 124.46 Nm^3$

• 실제공기량(A) = 이론공기량 × 공기비, $N_2 = 100 - (CO_2 + O_2 + CO) = 100 - 16 = 84\%$

$$공기비(m) = \frac{N_2}{N_2 - 3.76(O_2 - 0.5CO)} = \frac{84}{84 - 3.76(3 - 0.5 \times 1)} = \frac{84}{84 - 9.4}$$

$$= 1.126$$

∴ 실제공기량$(A) = 124.16 \times 1.126 = 139.80 Nm^3$

참고 계산식 없이 공기비가 주어지면 바로 '이론공기량 × 공기비'로 계산하면 된다.

13 어떤 보일러의 기름 소비량이 200L/h이고, 연료의 예열온도가 80℃, 예열하기 전 온도가 50℃일 때 전기식 오일프리히터 용량은 몇 kWh인가?(단, 연료의 비중은 0.98, 오일의 비열은 0.45kcal/kg℃, 전기히터 효율은 85%, 1kWh = 860kcal이다.)

해답 전기식 히터 용량 $= \dfrac{기름의 현열}{860} = \dfrac{200 \times 0.98 \times 0.45(80 - 50)}{860 \times 0.85} = 3.62kWh$

14 다음의 기호를 이용하여 상당증발량을 구하는 공식을 쓰시오.

▼ 조건
- 시간당 증기발생량(W)
- 급수엔탈피(h_1)
- 물의 증발열(2,256kJ/kg)
- 발생증기엔탈피(h_2)
- 보일러 효율(η)
- 보일러 연료소비량(F)

해답 상당증발량 $= \dfrac{W(h_2 - h_1)}{2,256}$ (kgf/h)

15 파이프 벤딩머신의 종류를 2가지만 쓰시오.

> 해답 ① 강관용 : 램식(수동작 키식), 로터리식(동일 모양의 제품 다량 생산용)
> ② 동관용 : 튜브벤더
> ③ 연관용 : 벤드벤

16 아래 도면은 유류용 온수보일러 배관도이다. 도면에서 난방수 공급라인에서 방열코일과 방열기를 통하여 난방환수라인에 이르기까지의 미완성된 배관을 완성하시오.

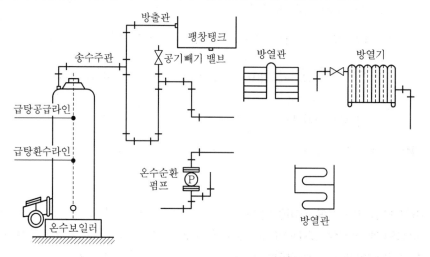

> 해답

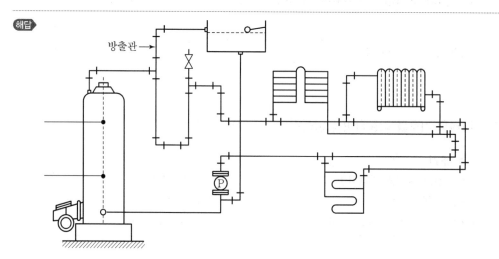

2017년 9월 9일 시행

01 보일러 설치 시 신설보일러의 전열면의 유지분을 제거하기 위한 소다떼기 시 사용하는 약품을 쓰시오.

해답 탄산소다

참고 보일러 세관 시 알칼리세관에 사용되는 화학세관제 종류
가성소다, 탄산소다, 인산소다, 암모니아

02 증기보일러용 안전밸브의 크기는 25A 이상이지만 다음과 같은 조건에서는 20A 이상으로도 가능하다. ( ) 안에 알맞은 내용을 써넣으시오.

(1) 최고사용압력 ( )MPa 이하의 보일러

(2) 최고사용압력 0.5MPa 이하의 보일러로서 보일러 동체의 안지름이 500mm 이하이며 동체의 길이가 ( )mm 이하인 것

(3) 최고사용압력 0.5MPa 이하의 보일러로서 보일러 전열면적 ( )m² 이하의 것

(4) 최대증발량 ( )t/h 이하의 관류보일러

(5) 소용량 ( ) 보일러, 소용량 주철제 보일러

해답 (1) 0.1 　　　　　 (2) 1,000 　　　　　 (3) 2
(4) 5 　　　　　 (5) 강철제

03 열정산의 목적을 3가지만 쓰시오.

해답 ① 열의 행방 파악
② 조업방법의 개선
③ 열설비의 성능 파악
④ 노의 개축자료로 이용
⑤ 열의 손실 파악

04 연료의 조성이 탄소 90%, 수소 10%인 액체연료의 연소 시 필요한 실제공기량(A)을 계산하시오.(단, 공기비(m)는 1.2이다.)

해답 고체, 액체연료의 실제공기량(A) = 이론공기량(A_o) × 공기비(m) = (Nm³/kg)

이론공기량(A_o) = $8.89C + 26.67\left(H - \dfrac{O}{8}\right) + 3.33S$

원소성분에서 산소, 황의 성분이 없으므로($A_o = 8.89C + 26.67H$)

∴ 실제공기량(A) = $(8.89 \times 0.9 + 26.67 \times 0.1) \times 1.2 = 12.80$Nm³/kg

05 관류보일러용 전극식 수위검출기에서 ①~⑤ 전극봉의 사용용도나 측정용도를 쓰시오.

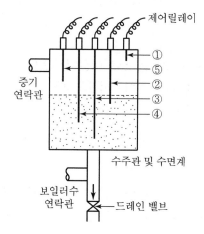

해답 ① 고수위 경보용   ② 급수 개시용
      ③ 저수위 차단용   ④ 저수위 경보용
      ⑤ 급수 정지용

06 강철제 보일러의 최고사용압력이 1MPa일 때 수압시험압력은 몇 MPa인가?

해답 0.43MPa 초과 시 1.5MPa 이하 수압시험압력 = P_{max} × 1.3배 + 0.3MPa

∴ $1 \times 1.3 + 0.3 = 1.6$MPa

참고 • 0.43MPa 이하 수압시험 : 2배 압력(최고사용압력의 2배 압력)
      • 1.5MPa 초과 수압시험 : 최고사용압력 × 1.5배 압력

07 보온재 사용 시 보온재의 밀도, 습도, 온도에 따라 열전도의 상태 변화를 표시하였다. (   ) 안에 알맞은 말을 고르시오.

(1) 밀도가 크면 열전도율은 (증가, 감소)한다.

(2) 습도가 증가하면 열전도율은 (증가, 감소)한다.

(3) 온도가 상승하면 열전도율은 (증가, 감소)한다.

해답 (1) 증가　　　　　　　(2) 증가　　　　　　　(3) 증가

참고 열전도율 단위 : kcal/m h ℃, W/m℃, kJ/m h K

08 동관작업 시 필요한 공구 중 다음 공구의 용도를 쓰시오.

(1) 사이징 툴　　　　　　(2) 플레어링 툴 세트　　　　(3) 익스팬더

해답 (1) 동관의 끝부분을 원형으로 교정한다.
　　　 (2) 20mm 이하의 동관의 압축 플레어 접합에 사용한다.
　　　 (3) 동관의 관 끝 확관용이다.

09 보일러 매연을 제거하기 위한 세정식 집진장치 중 가압수식 집진장치 3가지를 쓰시오.

해답 ① 벤투리 스크러버　　　　　　② 사이클론 스크러버
　　　 ③ 제트 스크러버　　　　　　　④ 충전탑

10 다음과 같은 조건하에서 열효율(%)을 계산하시오.

▼ 조건
• 연료소비량 : 1,200kg/h　　　　　　• 증기발생량 : 14,000kg/h
• 연료의 저위발열량 : 9,800kcal/kg　　• 발생증기엔탈피 : 723kcal/kg
• 급수온도 : 23℃　　　　　　　　　• 보일러 압력 : 1MPa

해답 보일러 효율$(\eta) = \dfrac{W_s(h_2 - h_1)}{G_f \times H_L} \times 100(\%)$

$$= \frac{14,000 \times (723 - 23)}{1,200 \times 9,800} \times 100 = 83.33\%$$

11 기체연료 중 메탄(CH_4), 프로판(C_3H_8)이 완전연소 후 발생하는 연소생성물질 2가지를 쓰시오.

(해답) $CH_4 + 2O_2 \rightarrow CO_2 + 2H_2O$

$C_3H_8 + 5O_2 \rightarrow 3CO_2 + 4H_2O$

∴ 생성물질 : CO_2, H_2O

12 보일러 열정산 중 입, 출열 항목을 각각 5가지만 쓰시오.

(해답) (1) 입열

① 연료의 연소열

② 연료의 현열

③ 연소용 공기의 현열

④ 노 내 분입증기에 의한 보유열

⑤ 피열물이 가지고 들어오는 열량

(2) 출열

① 증기의 보유열량

② 불완전연소의 연소 열량

③ 배기가스 보유 열량

④ 노벽의 흡수 열량

⑤ 방사 열손실

⑥ 재의 현열

⑦ 기타 열손실

13 아래의 조건에서 보온효율이 92%인 열기관의 배관열손실(kcal/h)을 계산하시오.

▼ 조건
- 배관 총 길이 : 1,250m
- 배관 1m당 표면적 : 0.3m²
- 배관의 평균 열관류율 : 6kcal/m²h℃
- 관의 내외부 온도차 : 35℃

(해답) 보온 후 손실열량(Q) $= (1-0.92) \times 1,250 \times 0.3 \times 6 \times 35 = 6,300$kcal/h

14 증기압력 0.4MPa에서 대류난방 시 발생되는 증기의 엔탈피가 654.92kcal/kg, 증기의 건도 0.98, 포화수온도 144.92℃인 방열기 내에 생성되는 응축수량은 몇 kg/m²h인가?

해답 응축수량 = $\dfrac{650}{\text{증발잠열}}$ (kg/m²h)

γ(증발잠열) = 발생건포화증기 − 포화수엔탈피

　　　　　　 = 654.92 − 144.92 = 510kcal/kg

발생습포화증기엔탈피(h_2) = 포화수엔탈피 + 건조도 × 증발잠열

　　　　　　　　　 = 144.92 + 0.98 × 510 = 644.72kcal/kg

실제 증발잠열 = 644.72 − 144.92 = 499.8kcal/kg

∴ 방열기 실제 응축수량 = $\dfrac{650}{499.8}$ = 1.30kg/m²h

15 보일러에서 그루빙의 발생이 나타나기 용이한 곳 3가지를 쓰시오.

해답 ① 수직보일러 화실 천장판의 연돌관 부착 플랜지 만곡부 및 화실 하단부 플랜지 만곡부
② 노통의 플랜지 만곡부
③ 거싯스테이를 부착하는 산 모양의 형강 모퉁이 부분
④ 리벳이음의 판의 겹친 가장자리
⑤ 접시형 경판의 모퉁이 만곡부
⑥ 경판에 뚫린 급수 구멍

참고 그루빙(grooving, 홈내기) : 도랑형태의 부식이며 V형, U형 형태로 나타난다. 기계적 응력이나 일응력이 복합적으로 작용하여 발생한다.

01 자연통풍방식의 보일러에서 연돌의 통풍력을 증가시키기 위한 방법을 5가지 쓰시오.

해답 ① 굴뚝을 주위건물보다 높인다.
② 배기가스의 온도를 높인다.
③ 연돌의 상부단면적을 크게 한다.
④ 연도의 길이를 짧게 한다.
⑤ 외기 온도 또는 외기 습도가 낮을 때 연소시킨다.

02 난방면적이 120m²인 사무실에 온수로 난방을 하려고 한다. 열손실지수가 150kcal/m²h일 때, 난방부하(kcal/h)와 방열기 소요 쪽수를 구하시오.(단, 방열기의 방열량은 표준으로 하고, 쪽당 방열면적은 0.2m²이다.)

(1) 난방부하   (2) 방열기 쪽수

해답 (1) 난방면적×열손실지수＝120×150＝18,000kcal/h

(2) 온수난방 방열기 쪽수＝$\dfrac{난방부하}{450×쪽당\ 방열면적}$＝$\dfrac{18,000}{450×0.2}$＝200쪽

03 배관계에 걸리는 하중을 위에서 걸어 당겨 지지하는 장치인 행거의 종류를 3가지만 쓰시오.

해답 ① 리지드 행거   ② 스프링 행거   ③ 콘스턴트 행거

04 온수난방에서 보일러, 방열기 및 배관 등의 장치 내에 있는 전수량(全水量)이 1,000kg이고 전철량(全鐵量)이 4,000kg일 때, 이 난방장치를 예열하는 데 필요한 예열부하(kcal)를 구하시오.(단, 물의 비열 1kcal/kg℃, 철의 비열 0.12kcal/kg℃, 운전 시 온수온도의 평균온도 80℃, 운전개시 전 물의 온도 5℃이다.)

해답 보일러 예열부하＝(전철량×철의 비열)＋(전수량×비열)×온도차
＝(4,000×0.12＋1,000×1)×(80－5)＝111,000kcal

05 다음 보일러 시공 작업도면을 보고, A – A′의 단면도를 그리시오.(단, 단면도의 높이는 170mm 로 하고, 각 부속 사이의 관경 및 치수도 기입하시오.)

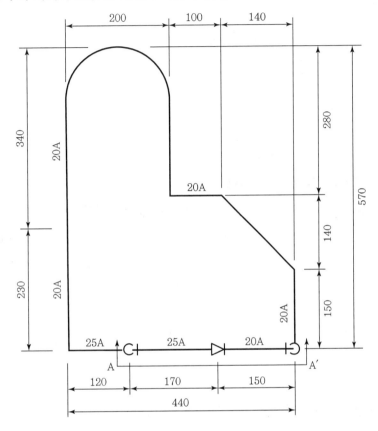

해답 ▶

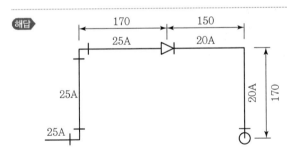

06 용기 내의 어떤 가스의 압력이 0.6MPa, 체적 50L, 온도 5℃였는데, 이 가스가 상태변화를 일
으킨 후 압력이 0.6MPa, 온도가 35℃로 변화된 경우, 체적(L)을 구하시오.

해답 압력은 변동이 없으므로

$$V_2 = V_1 \times \frac{T_2}{T_1} \times \frac{P_1}{P_2} = V_1 \times \frac{T_2}{T_1}$$

$$= 50 \times \frac{273 + 35}{273 + 5} = 55.40 \text{L}$$

07 다음 자동제어 방식에 맞는 용어를 쓰시오.

(1) 보일러의 기본 제어로 제어량과 결과치의 비교로 수정이나 정정 동작을 하는 제어

(2) 보일러 운전 중 소정의 구비조건에 맞지 않을 때 작동정지를 시키는 제어

(3) 점화나 소화과정과 같이 미리 정해진 순서 단계를 연소실에서 순차적으로 진행하는 제어

해답 (1) 피드백 제어
　　　 (2) 인터록 제어
　　　 (3) 시퀀스 제어

08 다음 동관 작업 시 사용되는 공구 명칭을 각각 쓰시오.

(1) 동관의 끝부분을 원형으로 정형하는 공구

(2) 동관의 관 끝 직경을 크게 확대하는 데 사용하는 공구

(3) 동관을 압축 이음하기 위하여 관 끝을 나팔 모양으로 만드는 데 사용하는 공구

해답 (1) 사이징 툴
　　　 (2) 익스팬더
　　　 (3) 플레어링 툴 세트

09 다음은 유류용 온수보일러의 설치 개략도이다. 각 부품에 맞는 번호를 개략도에서 찾아 쓰시오.

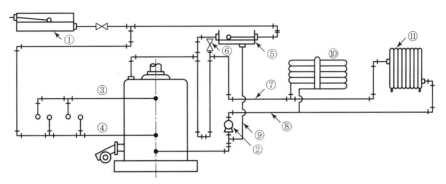

(1) 급탕용 온수공급관　　　　　　　　(2) 난방용 온수환수관

(3) 급수탱크　　　　　　　　　　　　(4) 팽창관

(5) 방열관　　　　　　　　　　　　　(6) 방열기

해답 (1) ③　　　　　　　(2) ⑧　　　　　　　(3) ①
　　　　(4) ⑨　　　　　　　(5) ⑩　　　　　　　(6) ⑪

10 증기난방과 비교한 온수난방의 특징을 5가지만 쓰시오.

해답 ① 난방부하의 변동에 따라 온도조절이 용이하다.
　　　② 가열시간은 길지만 잘 식지 않아서 배관동결의 우려가 적다.
　　　③ 방열기 표면온도가 낮아서 화상의 염려가 적다.
　　　④ 실내의 쾌감도가 좋다.
　　　⑤ 보일러 취급이 용이하여 소규모 주택에 적합하다.

11 다음 온수난방 방식에 대한 설명에서 ①~⑤에 알맞은 용어를 각각 쓰시오.

> 온수난방 방식은 분류 방법에 따라 여러 가지가 있는데, 온수의 온도에 따라 분류하면 저온수 난방과 (①)난방이 있으며, 온수의 순환 방법에 따라 (②)식과 (③)식으로 구분할 수 있으며, 온수의 공급 방향에 따라 (④)식과 (⑤)식이 있다.

해답 ① 고온수　　　　　② 중력순환　　　　　③ 강제순환
　　　④ 상향공급　　　　⑤ 하향공급

2018년 8월 19일 시행

과년도 출제문제

01 보일러에 중화방청 처리로 사용되는 약품을 5가지만 쓰시오.

해답 ① 탄산소다   ② 가성소다
      ③ 인산소다   ④ 히드라진
      ⑤ 암모니아

02 입열열량을 10,000kcal/h를 공급하여 운전 중 열손실이 2,000kcal/h로 파악되었다. 이 경우 열효율은 몇 %인가?

해답 $\text{열효율}(\eta) = \dfrac{\text{입열량} - \text{손실열량}}{\text{입열량}} \times 100 = \dfrac{10,000 - 2,000}{10,000} \times 100 = 80\%$

03 보일러(수관식) 운전에서 순환비를 구하는 공식을 쓰시오.

해답 $\text{순환비} = \dfrac{\text{순환수량(송수량)}}{\text{증기발생량}}$

04 보일러용 액체연료(중유)의 가열온도가 너무 높을 경우 일어나는 장해를 3가지만 쓰시오.

해답 ① 관 내에서 기름의 분해가 일어난다.
      ② 분무상태가 고르지 못한다.
      ③ 분무 시 분사각도가 흐트러진다.
      ④ 탄화물 생성의 원인이 된다.

참고 가열온도가 너무 낮을 경우 현상
     • 무화 불량이 발생한다.
     • 불길이 한편으로 흐른다.
     • 그을음, 분진이 발생한다.

05 강관용 공작기계에서 다음과 같은 기능을 가진 공구명(동력용 나사절삭기)을 쓰시오.

> ▼ **기능**
> 관의 절단, 나사 절삭, 거스러미 제거

해답 다이헤드식

06 보일러 운전 중 가성취화가 발생하였는데 가성취화가 무엇인지 간단히 설명하시오.

해답 보일러판의 국부 리벳 연결부 등이 농알칼리 용액의 작용에 의하여 취화 균열을 일으키는 일종의 부식이다.(철강 조직의 입자 사이가 부식되어 취약하게 되고 결정입자의 경계에 따라 균열이 생긴다.)

07 다음 그림에서 ①~⑤에 해당하는 것을 보기에서 골라 쓰시오.

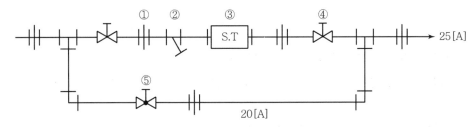

> ▼ **보기**
> 글로브 밸브, 게이트 밸브, 유니언, 스트레이너, 증기트랩

해답 ① 유니언　　　　　② 스트레이너　　　　　③ 증기트랩
④ 게이트 밸브　　　⑤ 글로브 밸브

08 온수보일러에서 배플플레이트의 설치 목적을 3가지만 쓰시오.

해답 ① 고온 열가스를 방향전환 또는 확산시켜 전열량을 증가시키기 위하여
② 노 내 압력의 증가로 연소효율을 향상시키기 위하여
③ 열가스의 회전으로 전열면에 그을음 부착을 감소시키기 위하여

09 보일러 점화 시나 운전 도중 어떤 조건이 충족되지 않으면 전자 밸브(솔레노이드 밸브)를 닫아서 사고를 미연에 방지하는 인터록 제어방식이 이용된다. 이 인터록 검출대상을 4가지만 쓰시오.

해답 ① 압력 초과   ② 저수위
　　　③ 프리퍼지   ④ 불착화
　　　⑤ 저연소

참고 인터록의 종류
　　　• 압력초과 인터록   • 저수위 인터록
　　　• 프리퍼지 인터록   • 불착화 인터록
　　　• 저연소 인터록   • 배기가스 상한 인터록

10 석유계에서 발생되는 기체연료를 3가지만 쓰시오.

해답 ① 프로판   ② 부탄   ③ 프로필렌
　　　④ 부틸렌   ⑤ 부타디엔

11 다음 동관용 공구의 기능을 간단히 쓰시오.
(1) 플레어링 툴 세트   (2) 사이징 툴   (3) 익스팬더

해답 (1) 동관 압축용 접합에 사용한다.
　　　(2) 동관의 끝부분을 원으로 정형한다.
　　　(3) 동관의 관 끝 직경을 크게 확대한다.

12 수관식 보일러 중 관류보일러의 특징 5가지를 쓰시오.

해답 ① 관으로만 제작하기 때문에 기수 드럼이 필요 없다.
　　　② 관을 자유로이 배치할 수 있어 콤팩트형 구조로 할 수 있다.
　　　③ 전열 면적에 비해 보유수량이 적어 증기발생시간이 짧다.
　　　④ 부하변동에 의한 큰 압력변동을 야기하기 쉬워서 자동제어 장치가 필요하다.
　　　⑤ 급수처리가 심각하다.

13 연돌의 최소 단면적이 3,200cm²이고 연소가스양이 4,000Nm³/h일 때 연소가스의 유속은 몇 m/s인가?(단, 배기가스 온도는 220℃이다.)

해답 굴뚝상부단면적$(F) = \dfrac{G(1+0.0037t)}{3,600\,W}$, 3,200cm²=0.32m²

$$0.32 = \dfrac{4,000(1+0.0037 \times 220)}{3,600 \times V}$$

∴ 배기가스유속$(V) = \dfrac{4,000(1+0.0037 \times 220)}{3,600 \times 0.32} = \dfrac{7,256}{1,152} = 6.30\text{m/s}$

14 배관이나 판을 굽힐 때 하중을 제거하면 굽힘 각은 작아지고 굽힘 반경은 커지는 현상을 무엇이라 하는가?

해답 스프링 백 현상

15 보일러의 설치검사기준에서 배관의 설치 시 가스배관 외부에 표시해야 하는 3가지가 있다. 무엇을 표시하여야 하는가?

해답 ① 사용 가스명
② 가스의 최고사용압력
③ 가스의 흐름방향

16 다음 물음에 답하시오.

(1) 박락현상이라고도 하며 내화물이 사용 도중에 갈라지거나 떨어져 나가는 현상을 무엇이라 하는가?

(2) 마그네시아 벽돌이나 돌로마이트 벽돌을 저장 중이나 사용 후에 수증기를 흡수하여 체적변화를 일으켜 분화 떨어져 나가는 현상을 무엇이라 하는가?

(3) 크롬철광을 사용하는 내화물은 1,600℃ 이상에서 산화철을 흡수하여 표면이 부풀어 오르고 떨어져 나가는데 이 현상을 무엇이라 하는가?

해답 (1) 스폴링 현상
(2) 슬래킹 현상(소화성)
(3) 버스팅 현상

17 중유(벙커C유)를 사용하는 보일러에서(수관식) 다음과 같은 조건으로 운전하였다. 물음에 답하시오.

▼ **조건**
- 급수량 : 1,250kg/h
- 건도 : 0.92
- 접촉전열면적 : 8m²
- 압력 : 5kg/cm²g
- 복사전열면적 : 12m²
- 급수온도 : 20℃

▼ **증기표**

압력	포화온도(℃)	엔탈피(kcal/kg)		증발열(kcal/kg)
		포화수(h')	포화증기(h'')	
5kg/cm²ata	151.13	152.13	656.03	503.9
6kg/cm²ata	159.3	159.3	658.1	498.8

(1) 상당증발량은 얼마인가?

(2) 전열면의 상당(환산)증발량은 얼마인가?

해답 (1) 습증기엔탈피

$$h_1 + \gamma x = 159.3 + 498.8 \times 0.92 = 618.19 \text{kcal/kg}$$

$$\therefore \ \text{상당증발량} = \frac{1,250 \times (618.19 - 20)}{539} = 1,387.26 \text{kg/m}^2\text{h}$$

(2) 전열면의 상당(환산)증발량

$$\frac{1,387.29}{12 + 8} = 69.36 \text{kg/m}^2\text{h}$$

참고
- 증기표는 항상 절대압(ata)으로 찾는다.(5+1=6ata)
- 최근에는 시험장에서 kcal/kg 대신 kJ/kg 단위로 주어질 수 있다.

2019년 4월 14일 시행

01 증기난방에서 응축수 환수방법에 의하여 중력환수식, 기계환수식, 진공환수식이 있다. 이 중 응축수 환수가 빠른 순서대로 기술하시오.

해답 진공환수식 > 기계환수식 > 중력환수식

02 급수펌프의 회전수가 1,000rpm에서 양정이 15m이다. 펌프임펠러 회전수를 1,500rpm으로 증가시키는 경우 양정의 높이(m)를 구하시오.

해답 펌프의 양정증가＝기존양정 $\times \left(\dfrac{N_2}{N_1} \right)^2$

$$= 15 \times \left(\frac{1,500}{1,000} \right)^2 = 33.75\text{m}$$

03 과열증기의 온도를 조절하는 방법을 5가지만 쓰시오.

해답 ① 과열증기를 통하는 연소가스량을 조절하는 방법
② 연소가스의 재순환 방법
③ 과열저감기를 사용하는 방법
④ 연소실의 화염 위치를 조절하는 방법
⑤ 과열증기에 습증기나 급수로 분무하는 방법

참고 • 과열저감기를 사용하는 방법
• 연소 후 배기되는 열가스 유량을 댐퍼로 조절하는 방법
• 연소실 화염의 위치를 바꾸는 방법
• 폐가스를 연소실로 재순환하는 방법

04 고위발열량과 저위발열량의 차이점을 쓰시오.

해답 연료의 연소 후 배기가스 중 수증기의 응축잠열을 부가한 발열량을 고위발열량이라 하고 수증기의 응축잠열을 제외한 발열량을 저위발열량이라고 한다.

참고 일반적으로 노 내의 온도가 고온이라서 배기가스 배출 시에는 수증기 응축잠열을 회수하지 못하고 일반적으로 저위발열량 상태로 연돌로 배기된다.

05 송풍기의 풍량 조절방법 3가지를 쓰시오.

해답 ① 송풍기 회전수 변경
② 섹션베인의 개도
③ 가이드베인의 각도 조절

06 가성취화에 대하여 간단히 쓰시오.

해답 고온고압보일러 운전 중 보일러수의 pH가 12 이상이면 보일러수 내에 알칼리도가 높아져서 Na, H 등이 강재나 강판의 결정경계에 침투하여 재질을 열화시키는 현상이다.

참고 농알칼리에 의하여 수산이온이 증가되어 이것이 강재와 작용해서 생성하는 수소 또는 고온고압하에서 작용하여 생기는 나트륨이 강재의 결정입계를 침입하여 재질을 열화시키는 것

07 과열증기 사용 시의 이점을 3가지만 쓰시오.

해답 ① 이론상의 열효율이 증가한다.
② 증기의 마찰손실이 적다.
③ 같은 압력의 포화증기에 비해 보유열량이 많다.
④ 증기 원동소의 터빈 날개의 부식이 적다.

08 개방식 팽창탱크에서 부착된 관의 명칭을 5개만 쓰시오.

해답 ① 오버플로관　② 방출관　③ 팽창관
④ 급수관　⑤ 배수관

09 다음 가스의 연소반응식에서 ( ) 안에 들어갈 숫자를 쓰시오.

> - 프로판가스 : $C_3H_8 + 5O_2 \rightarrow$ (①)$CO_2 +$ (②)H_2O
> - 부탄가스 : $C_4H_{10} + 6.5O_2 \rightarrow$ (③)$CO_2 +$ (④)H_2O

해답 ① 3 　　　② 4 　　　③ 4 　　　④ 5

10 보일러 정격출력 계산 시 해당하는 부하 4가지를 쓰시오.

해답 ① 난방부하 　　　　　② 급탕부하
③ 배관부하 　　　　　④ 시동부하(예열부하)

11 다음 ( ) 안에 알맞은 단어 또는 용어를 써넣으시오.

> 안전밸브는 쉽게 검사할 수 있는 장소에 밸브 축을 (①)으로 하여 가능한 보일러의 (②)에 (③) 부착시켜야 하며 안전밸브와 (④)가 부착된 보일러 동체 등의 사이에는 어떠한 (⑤)도 있어서는 안 된다.

해답 ① 수직 　　　　② 동체 　　　　③ 직접
④ 안전밸브 　　② 차단밸브

12 보일러 운전 시 배기가스의 온도를 측정하는 장소를 쓰시오.(단, 보일러 열정산일 때)

해답 보일러 전열면 최종 출구

13 진공환수식 증기난방의 장점을 3가지만 쓰시오.

해답 ① 장치 내 공기를 제거하여 진공상태가 유지되므로 응축수 회수의 순환이 빠르게 된다.
② 응축수의 유속을 빠르게 하므로 환수관의 직경을 적게 할 수 있다.
③ 환수관의 기울기를 낮게 할 수 있어서 대규모 난방에 적합하다.
④ 리프트 이음을 사용하여 환수를 위쪽 환수관으로 올릴 수 있어 방열기 설치 위치에 제한을 받지 않는다.
⑤ 방열기 밸브의 개폐도를 조절하면 방열량을 광범위하게 조절할 수 있다.

14 다음 프로판가스(C_3H_8) 연료의 연소반응식에 올바른 숫자를 써넣으시오.

$$C_3H_8 + \boxed{①}\ O_2 \rightarrow \boxed{②}\ CO_2 + \boxed{③}\ H_2O$$

해답 ① 5   ② 3   ③ 4

15 다음과 같은 조건하에서 열효율(%)을 계산하시오.

▼ 조건
- 연료소비량 : 1,200kg/h
- 증기발생량 : 14,000kg/h
- 연료의 저위발열량 : 9,800kcal/kg
- 발생증기엔탈피 : 723kcal/kg
- 급수온도 : 23℃
- 보일러 압력 : 1MPa

해답 보일러 효율$(\eta) = \dfrac{W_s(h_2 - h_1)}{G_f \times H_L} \times 100(\%)$

$$= \frac{14,000 \times (723 - 23)}{1,200 \times 9,800} \times 100 = 83.33\%$$

16 다음 배관도면의 해석은 어느 배관도를 나타내는 것인가?

- 관을 가공하기 위한 관 가공도를 그린다.
- 계통도를 보다 구체적으로 그린다.
- 손실수두 또는 유량 등을 계산할 경우에 사용된다.
- 관(파이프)이나 관의 이음쇠의 재료를 산출할 경우에 사용된다.

해답 입체도

17 보일러 계속사용운전 중에는 급수처리를 실시해야 한다. 급수처리의 목적을 5가지만 쓰시오.

해답 ① 전열면의 스케일 생성 방지   ② 보일러수의 농축 방지
③ 부식의 방지   ④ 가성취화 방지
⑤ 기수공발 현상의 방지

18 다음 증기표를 이용하여 보일러 효율을 구하시오. (단, 보일러 증기발생량 22,500kg, 증기게이지 압력 0.5MPa, 급수온도 20℃(84kJ/kg), 증기의 건도 0.9, 연료소비량 1,590kg, 보일러 운전시간 5시간, 연료의 발열량 40,950kJ/kg이다.)

▼ 증기압력표

증기절대압력(MPa)	포화수엔탈피(kJ/kg)	증기엔탈피(kJ/kg)	증발잠열(kJ/kg)
0.4	609	2,709	2,100
0.5	634.2	2,730	2,095.8
0.6	667.8	2,751	2,083.2

해답 • 습포화증기 엔탈피(h_2') = 포화수엔탈피 + 증기건도 × 증발잠열

$$= 667.8 + 0.9 \times 2,083.2 = 2,542.68 \text{kJ/kg}$$

• 증기발생량 $= \dfrac{22,500}{5} = 4,500 \text{kg/h}$, 연료소비량 $= \dfrac{1,590}{5} = 318 \text{kg/h}$

∴ 보일러 효율 $= \dfrac{G_s(h_2' - h_1)}{G_f \times H_l} \times 100$

$$= \dfrac{4,500 \times (2,542.68 - 84)}{318 \times 40,950} \times 100 = 84.96\%$$

참고 게이지압력 + 1 = 0.6MPa을 표에서 찾는다.

19 펌프 회전수가 1,500rpm 상태에서 양정이 80m이고 유량이 0.6m³/min이면 회전수가 1,800rpm에서 유량은 몇 m³/min인가?

해답 송풍유량증가 = 기본유량 $\times \left(\dfrac{N_2}{N_1} \right)$

$$= 0.6 \times \left(\dfrac{1,800}{1,500} \right) = 0.72 \text{m}^3/\text{min}$$

참고 유량은 회전수 증가에 비례한다.

20 저수위 안전장치를 설치하려고 할 때 최고사용압력이 몇 MPa을 초과하는 증기보일러에서 해야 하는가?

해답 0.1MPa 초과

2019년 8월 24일 시행

01 다음 설명에 해당되는 동관용 공구목록을 쓰시오.

(1) 동관을 90°, 180° 꺾는 데 필요한 공구명을 쓰시오.

(2) 동관의 끝부분을 진원으로 정형하는 공구명을 쓰시오.

(3) 동관의 끝을 나팔관으로 만들어 압축이음 시 사용하는 세트의 공구명을 쓰시오.

해답 (1) 튜브밴더(굴관기, Bender)   (2) 사이징 툴
      (3) 플레어링 툴 세트

02 보일러 급수처리 내처리에서 청관제에 해당하는 내용에 다음 보기의 기호를 쓰시오.

> ▼ 보기
> ① 탄닌, 아황산소다, 히드라진   ② 수산화나트륨, 암모니아, 제1 · 3인산소다
> ③ 전분, 탄닌, 리그린   ④ 탄산나트륨, 인산나트륨

(1) 경수(관수)연화제   (2) 탈산소제

(3) 슬러지조정제   (4) pH 알칼리조정제

해답 (1) ④   (2) ①   (3) ③   (4) ②

03 다음은 보일러 순환방식 중 중력순환식 온수난방을 나타낸 것이다. 각각 어떤 순환방식인지 쓰시오.

(1)
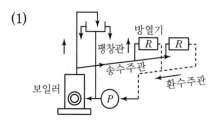

(2)
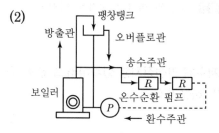

해답 (1) 상향순환식   (2) 하향순환식

04 다음 개방식 팽창탱크에서 ①~⑥까지 기호가 나타내는 관의 명칭을 쓰시오.

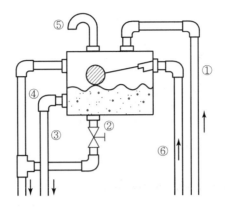

해답 ① 안전관(방출관)　　② 배수관　　③ 팽창관
④ 오버플로관(일수관)　　⑤ 공기빼기관　　⑥ 급수관

05 다음 보일러 자동제어에서 (　) 안에 해당되는 제어량이나 조작량을 써넣으시오.

제어장치 명칭	제어량	조작량
자동연소제어(ACC)	(①)	연료량, 공기량
	노내압력	(②)
자동급수제어(FWC)	보일러 수위	(③)
과열증기온도제어(STC)	증기온도	(④)

해답 ① 증기압력　　② 연소가스량
③ 급수량　　④ 전열량

06 보일러 등에서 부식속도 측정법을 5가지만 쓰시오.

해답 ① 선형분극법　　② 임피던스법
③ 무게감량법　　④ 용액분석법
⑤ Tafel 외삽법(타펠외삽법)　　⑥ 분극저항법

07 보일러 열정산 결과 유효열이 90%, 연소효율이 95%이면 전열효율은 몇 %인가?

해답 전열효율 = $\dfrac{유효열}{연소효율} \times 100 = \dfrac{0.9}{0.95} \times 100 = 94.74\%$

참고 • 열효율 = $\dfrac{유효열}{공급열}$, 연소효율 = $\dfrac{실제연소열}{공급열}$

• 열효율(보일러효율) = 연소효율 × 전열효율

08 다음 (   ) 안에 알맞은 내용을 써넣으시오.

> 상당증발량이란 (①)℃의 포화수가 (②)℃의 건조포화증기로 발생되었을 때를 의미한다.

해답 ① 100   ② 100

09 증기보일러 부르동관 압력계에 연결된 사이펀관의 안지름은 몇 mm 이상인가?

해답 6.5mm 이상

참고 부르동관 압력계

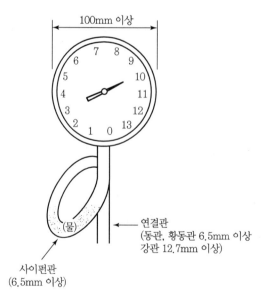

10 송풍기 회전수 400rpm에서 풍량이 300m³, 소요동력이 6PS일 때 회전수를 500rpm으로 증가 시 풍량(m³), 소요동력(PS)을 구하시오.

해답 ① 풍량$=Q\times\left(\dfrac{N_2}{N_1}\right)=300\times\left(\dfrac{500}{400}\right)=375\text{m}^3$

② 동력$=\text{PS}\times\left(\dfrac{N_2}{N_1}\right)^3=6\times\left(\dfrac{500}{400}\right)^3=11.72\text{PS}$

참고 풍압$=H\times\left(\dfrac{N_2}{N_1}\right)^2(\text{mmAq})$

(풍량은 회전수에 비례하고, 풍압은 회전수의 2승에 비례, 동력은 회전수의 3승에 비례한다.)

11 난방부하 10,000kcal/h에서 방열기 한쪽당 표면적이 0.26m²의 주철제 온수난방일 때 다음 물음에 답하시오.

(1) 방열기 소요 방열면적(EDR)은 몇 m²인가?(단, 온수표준방열량은 450kcal/m²h로 한다.)

(2) 방열기 전체 쪽수(EA)는 몇 개인지 계산하시오.

해답 (1) $\text{EDR}=\dfrac{난방부하}{450}=\dfrac{10,000}{450}=22.22\text{m}^2$

(2) $\text{EA}=\dfrac{난방부하}{450\times한쪽당 표면적}=\dfrac{10,000}{450\times0.26}=85.47쪽(개)$

또는, $\dfrac{\left(\dfrac{10,000}{860}\right)}{\dfrac{450}{860}\times0.26}=85.47쪽$

$\dfrac{10,000}{860}=11.63\text{kW}, \dfrac{450}{860}=0.523\text{kW}$

참고 SI 단위 W 또는 kW로도 계산할 수 있어야 한다.

12 다음 조건을 보고 연소실 열부하율(kcal/m³h)을 계산하시오.

▼ 조건
- 연소실 용적 : 13m³
- 연료의 저위발열량 : 9,700kcal/kg
- 오일연료 사용량 : 80kg/h

해답 연소실 열부하율 $= \dfrac{연소소비량 \times 연료사용량}{연소실\ 용적}$

$$= \frac{80 \times 9,700}{13} = 59,692.31\text{kcal/m}^3$$

13 다음 조건을 보고 보일러 여열장치인 공기예열기 열효율(%)을 계산하시오.

▼ 조건
- 배기가스 보유량 : 3,600Nm³/h
- 공기공급량 : 2,030Nm³/h
- 공기의 비열 : 0.31kcal/Nm³℃
- 배기가스 입·출구온도 : 300℃, 230℃
- 공기예열기 입·출구온도 : 25℃, 200℃
- 배기가스비열 : 0.47kcal/Nm³℃

해답 배기가스 현열$(Q_1) = 3,600 \times 0.47 \times (300 - 230)$

$$= 118,440\text{kcal/h}$$

공기의 흡수 현열$(Q_2) = 2,030 \times 0.31 \times (200 - 25)$

$$= 110,127.5\text{kcal/h}$$

$\therefore$ 공기예열기 효율$(\eta) = \dfrac{110,127.5}{118,440} \times 100 = 92.98\%$

14 보일러 정기점검 시기를 3가지만 쓰시오.

해답 ① 보일러 열효율 저하 시
② 연소실 내 온도상승이 느려질 때
③ 연소배기가스 출구온도가 상승할 때
④ 증기나 온수발생시간이 길어질 때
⑤ 보일러 계속 사용 검사 전
⑥ 배기가스 중 CO가스 및 O_2 양이 증가할 때
⑦ 배기가스 중 CO_2 양이 감소할 때

15 카본(탄화물) 트러블 현상에 대하여 간단하게 쓰시오.

(해답) 버너팁에 카본이 퇴적되며 연소실 벽에 클링커가 발생하고 연도에 클링커 등에 의한 퇴적물이 쌓이며 통풍을 저해한다. 또한 연소실 열발생량을 감소시킨다.

16 평형반사식 수면계 점검순서를 6가지로 구분하여 쓰시오.

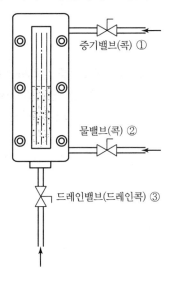

증기밸브(콕) ①

물밸브(콕) ②

드레인밸브(드레인콕) ③

(해답) 1일 1회 이상 수면계 점검순서 6단계
① 증기밸브, 물밸브를 닫는다.
② 드레인밸브를 연다.
③ 물밸브를 열어서 통수 후 닫는다.
④ 증기밸브를 열고 증기분출을 확인한 후 닫는다.
⑤ 드레인밸브를 닫고 증기밸브를 서서히 연다.
⑥ 제일 마지막으로 물밸브를 연다.

(참고) 수면계 파손 시 가장 먼저 물밸브 차단, 그 다음으로 증기 밸브를 차단한다.

2020년 6월 14일 시행

과년도 출제문제

---

01 나사이음에서 동관 직선이음에 필요한 부속품 종류 3가지를 쓰시오.

해답 ① 소켓　　　　　② 유니언　　　　　③ 니플

---

02 배기가스의 폐열회수를 위하여 공기예열기를 설치하여 배기가스 온도를 150℃로 전환했을 때 배기가스 손실열량은 몇 kcal/kg인가?(단, 연료의 실제 배기가스양은 13.5848Nm³/kg, 배기가스의 평균 비열은 0.33kcal/Nm³℃, 외기온도는 25℃이다.)

해답 배기가스 손실열량(G) = 실제배기가스양×배기가스비열×(배기가스출구온도－외기온도)
　　　　　　　　　　　　 = 13.5848×0.33×(150－25)
　　　　　　　　　　　　 = 560.37kcal/kg

참고 실제배기가스양＝이론배기가스양＋(공기비－1)×이론공기량(Nm³/kg, Nm³연료)

---

03 다음 내용을 읽고 (　) 안에 알맞은 말을 써넣으시오.

> 표면 결로를 방지하기 위해서는 공기와의 접촉면 온도를 (　①　) 이상으로 유지해야 한다. 이 방법으로는 유리창의 경우에는 공기층이 밀폐된 (　②　)를 사용하거나 벽체인 경우 (　③　)를 부착하여 벽면의 온도가 (　④　)온도 이상이 되도록 한다. 한편 실내에서는 발생되는 (　⑤　) 양을 억제하고 다습한 외기를 도입하지 않도록 한다.

해답 ① 노점온도　　　　② 2중 유리　　　　③ 단열재
　　 ④ 노점　　　　　　⑤ 수증기

참고 • 결로 현상 : 습공기가 차가운 벽이나 천장, 바닥 등에 닿으면 공기 중 함유된 수분이 응축하여 그 표면에 이슬이 맺히는 현상(결로 현상은 공기와 접한 물체의 온도가 그 공기의 노점온도보다 낮을 때 일어나며 온도가 0℃ 이하가 되면 결로 또는 결빙이 된다.)
　　 • 결로의 피해 : 표면, 내부 결로 발생 시 벽체 및 구조체에 얼룩과 변색, 곰팡이가 발생한다. 또한 부식이 심하고 구조체의 결빙과 해빙이 반복되어 강도의 저하와 파손이 발생하며 단열재의 단열성을 저해한다.

04 증기보일러 운전 중 캐리오버(기수공발) 발생 시 나타나는 장해를 4가지만 쓰시오.

해답 ① 수면 동요가 심하여 수위 판단이 곤란하다.
② 배관 내 응축수 고임에 의한 수격작용이 발생한다.
③ 배관 등 열설비계통의 부식을 초래한다.
④ 증기의 이송 시 저항이 증가한다.
⑤ 습증기가 과다하게 발생한다.
⑥ 압력계 및 수면계의 연락관이 막히기 쉽다.

05 보일러 신설치 시 유지분 제거 등에 필요한 소다 끓임 시 사용하는 약제를 3가지만 쓰시오.

해답 ① 가성소다   ② 탄산소다   ③ 인산소다

06 급수처리에서 현탁질 고형 협잡물 처리법 3가지를 쓰시오.

해답 ① 여과법   ② 침강법   ③ 응집법

참고 용해 고형물 처리법 : 증류법, 약품첨가법, 이온교환법

07 다음 수압시험 방법에 대하여 (   ) 안에 알맞는 내용을 쓰시오.
(1) 규정된 수압에 도달한 후 (   )분이 경과된 뒤 검사를 실시한다.
(2) 시험수압은 규정된 압력의 (   )% 이상을 초과하지 않도록 한다.
(3) 수압시험 중 또는 시험 후에도 (   )이 얼지 않도록 한다.

해답 (1) 30   (2) 6   (3) 물

08 가스용 보일러 연료배관에서 배관의 이음부와 전기계량기 및 전기개폐기와의 거리는 (①)cm 이상, 굴뚝, 전기점멸기, 전기접속기와의 거리는 (②)cm 이상, 절연전선과의 거리는 (③) cm 이상, 절연조치를 하지 아니한 전선과의 거리는 (④)cm 이상의 거리를 유지한다. (   ) 안에 들어갈 내용을 쓰시오.

해답 ① 60   ② 30   ③ 10   ④ 30

09 송풍기 회전수 400rpm에서 풍량이 300m³, 소요동력이 6PS일 때 회전수를 500rpm으로 증가 시 풍량(m³), 소요동력(PS)을 구하시오.

해답 ① 풍량 $Q_2 = Q_1 \times \left(\dfrac{N_2}{N_1}\right) = 300 \times \left(\dfrac{500}{400}\right) = 375\text{m}^3$

② 동력 $P_2 = P_1 \times \left(\dfrac{N_2}{N_1}\right)^3 = 6 \times \left(\dfrac{500}{400}\right)^3 = 11.72\text{PS}$

참고 풍압 $= H \times \left(\dfrac{N_2}{N_1}\right)^2$ (mmAq)

(풍량은 회전수에 비례하고, 풍압은 회전수의 2승에 비례, 동력은 회전수의 3승에 비례한다.)

10 연료의 원소분석 결과가 다음과 같을 때 이론연소가스양(Nm³/kg)을 구하시오.

탄소 87%, 수소 7%, 황 6%

해답 이론연소가스량(G_{ow}) $= 8.89\text{C} + 32.27\left(\text{H} - \dfrac{\text{O}}{8}\right) + 3.33\text{S} + 0.8\text{N} + 1.25\text{W}$

$= 8.89\text{C} + 32.27\text{H} - 2.63\text{O} + 3.33\text{S} + 0.8\text{N} + 1.25\text{W}$

$= 8.89\text{C} + 32.27\text{H} + 3.33\text{S}$

$= 8.89 \times 0.87 + 32.27 \times 0.07 + 3.33 \times 0.06$

$= 7.7343 + 2.2589 + 0.1998$

$= 10.19\text{Nm}^3/\text{kg}$

11 주형방열기 5세주형이 높이가 650mm, 유입 측 관경이 25mm, 유출 측 관경이 20mm이고, 건물 전체에서 60개가 설치된 경우 방열기의 도면을 그리시오.(단, 쪽수는 25개이다.)

해답

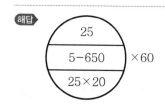

12 보일러가 증기발생량 4t/h, 전열면적 42m², 연료사용량 24kg/h, 발생증기엔탈피 620kcal/kg, 급수엔탈피 42kcal/kg일 때 다음 물음에 답하시오.

(1) 전열면의 증발률(kg/m²h)을 계산하시오.

(2) 전열면의 열부하율(kcal/m²h)을 계산하시오.

해답 (1) 전열면 증발률 $= \dfrac{\text{증기발생량}(\text{kg/h})}{\text{전열면적}(\text{m}^2)} = \dfrac{4 \times 10^3}{42} = 95.24\,\text{kg/m}^2\text{h}$

(2) 전열면 열부하율 $= \dfrac{\text{증기발생량}(\text{kg/h})(\text{발생증기엔탈피} - \text{급수엔탈피})}{\text{전열면적}(\text{m}^2)}$

$= \dfrac{4 \times 10^3(620 - 42)}{42} = 55,047.62\,\text{kcal/m}^2\text{h}$

---

13 대형 보일러에서 공연비 제어를 하고 있다. 공연비 제어에서 검출이 필요한 배기가스 내 어떤 성분을 측정하여 공기량을 제어시키는지 배기가스의 농도 측정 성분을 3가지만 쓰시오.

해답 ① CO_2 가스   ② O_2 가스   ③ CO 가스

---

14 보일러에 설치하는 안전밸브를 25A 이상이 아닌 20A 이상으로 설치할 수 있는 조건 5가지를 쓰시오.

해답 ① 최고사용압력 1kg/cm^2(0.1MPa) 이하인 보일러

② 최고사용압력 5kg/cm^2(0.5MPa) 이하의 보일러로서 동체의 안지름이 500mm 이하, 동체의 길이가 1,000mm 이하인 보일러

③ 최고사용압력 5kg/cm^2(0.5MPa) 이하의 보일러로서 전열면적 2m^2 이하인 보일러

④ 최대증발량 5ton/h 이하의 관류보일러

⑤ 소용량 보일러

---

15 증기발생량이 150kg/h이고 발생증기 엔탈피가 600kcal/kg, 급수엔탈피가 50kcal/kg이며 연료사용량이 200kg/h, 연료의 저위발열량이 1,000kcal/kg일 때 보일러 효율은 몇 %인가?

해답 보일러 효율$(\eta) = \dfrac{\text{시간당 증기발생량} \times (\text{발생증기 엔탈피} - \text{급수 엔탈피})}{\text{시간당 연료소비량} \times \text{연료의 저위발열량}} \times 100$

$= \dfrac{150 \times (600 - 50)}{200 \times 1,000} \times 100 = 41.25\%$

16 미리 정해진 순서에 따라 순차적으로 제어의 각 단계를 진행하는 자동제어의 종류를 쓰시오.

> **해답** 시퀀스 제어

17 다음 ①~⑧의 문장 중 옳지 않은 내용을 찾아 번호를 쓰시오.

> ① 내화벽돌에는 강력한 화염을 받는 부위에 스폴링 현상을 방지하는 조치가 필요하나 보일러 본체에는 이를 금한다.
> ② 연소량 증가 시 연료량을 먼저 증가시킨 후 나중에 공기량을 증가시킨다.
> ③ 화격자연소에는 화층의 불균일한 온도 변화에 의해 클링커 생성이 발생하는데 이것이 발생하지 않도록 하여야 한다.
> ④ 노 내 화염의 온도를 적정 온도로 유지하기 위해서는 에어레지스터를 제거한 후 연소시킨다.
> ⑤ 가압연소 시 굴뚝으로 배기되는 배기가스양에 의해 통풍력을 조절할 때에는 통풍계에 의해 통풍력을 조절한다.
> ⑥ 보일러 설치 시 보온재나 케이싱 등을 설치하는 이유는 불필요한 외기의 노 내 침입 방지 및 노 내 온도를 저온으로 유지하기 위하여 단열 처리하는 것이다.
> ⑦ 내화벽돌은 화염이 강한 곳에는 사용이 가능하나 보일러 화실에는 사용이 불가능하다.
> ⑧ 연소실이나 노 내 온도는 가급적 낮추어 저온으로 운전하여 열손실을 줄인다.

> **해답** ②, ④, ⑥, ⑦, ⑧
>
> **참고** ② 연료량 증가 시 공기량을 먼저 증가시킨 후 연료량을 증가시킨다.
> ④ 노 내 화염의 온도를 적정 온도로 유지하기 위하여 에어레지스터(공기조절기)를 사용한다.
> ⑥ 보일러 설치 시 보온재나 케이싱 등을 설치하는 이유는 불필요한 외기의 노 내 침입 방지 및 노 내 온도를 고온으로 유지하기 위하여 단열 처리하는 것이다.
> ⑦ 내화벽돌은 보일러 연소실에 사용이 가능하다.
> ⑧ 연소실이나 노 내 온도는 가급적 고온으로 유지하여 완전연소하게 한다.

2020년 8월 28일 시행

01 메탄가스(CH_4) 2.5kg 연소 시 필요한 공기량은 몇 Nm^3인가?(단, 공기 중 산소량은 23%이다.)

해답 CH_4 + $2O_2$ → CO_2 + $2H_2O$

16kg　　$2 \times 22.4Nm^3$

가스 중량당 이론공기량(A_0) = 이론산소량 $\times \dfrac{1}{0.23}$ (Nm^3/kg)

∴ $A_0 = 2 \times 22.4 \times \dfrac{2.5}{16} \times \dfrac{1}{0.23} = 30.44 N m^3$

참고 메탄의 분자량=16, 산소 1kmol=$22.4Nm^3$

02 증기사이클에서 터빈에서 팽창 도중의 증기 일부를 추가하여 보일러로 공급되는 급수(물)를 예열하는 데 사용하는 사이클의 명칭을 쓰시오.

해답 재생사이클

03 급수처리에서 폭기법(기폭법)을 이용하여 처리가 가능한 불순물이나 가스 종류를 3가지만 쓰시오.

해답 ① 탄산가스　　　　② 황화수소　　　　③ 철, 망간

04 광전관식 화염검출기 설치 시 주의사항을 3가지만 쓰시오.

해답 ① 센서와 화염 사이 거리를 400mm 이하로 설치한다.
② 냉각용 공기라인을 설치하여 과열 및 응축수의 발생을 방지한다.
③ 센서를 태양 직사광선에 노출시키지 않는 곳에 설치한다.
④ 센서는 화염의 Top 부분을 보도록 설치한다.

05 배관유속 10m/s에서 속도수두를 구하시오.

해답 속도수두$(H) = \dfrac{V^2}{2g} = \dfrac{10^2}{2 \times 9.8} = 5.10\text{mAq}$

06 원소성분 중량비가 탄소 80%, 수소 10%, 회분 10%인 연료 100kg의 연소 시 필요한 이론공기량(Nm³)을 구하시오.

해답 이론공기량$(A_o) = 8.89\text{C} + 26.67\left(\text{H} - \dfrac{\text{O}}{8}\right) + 3.33\text{S}$

$\qquad\qquad\qquad = 8.89 \times 0.8 + 26.67 \times 0.1 = 9.779\,\text{Nm}^3/\text{kg}$

$\qquad \therefore\ 9.779 \times 100 = 977.9\text{Nm}^3$

참고 원소성분에서 산소가 주어지지 않으므로
$A_o = 8.89\text{C} + 26.67\text{H} + 3.33\text{S}$로 한다.

07 다음 옥내 연료저장탱크에 대한 내용의 (   ) 안에 알맞은 답을 쓰시오.

(1) 밸브가 없는 통기관 선단은 건축물 개구부에서 (①)m 이상, 옥외에 (②)m 이상 높이로 설치한다.

(2) 통기관의 직경은 (③)mm 이상으로 해야 하며, 통기관 선단은 수평면보다 (④)도(°) 이상 구부려 빗물 등의 침투를 막는 구조로 해야 한다.

해답 ① 1　　　　　　② 4　　　　　　③ 40　　　　　　④ 45

08 다음 동관용 공구의 기능을 간단히 쓰시오.

(1) 플레어링 툴 세트　　　　　(2) 사이징 툴　　　　　　　(3) 익스팬더

해답 (1) 동관 압축용 접합에 사용한다.
　　　(2) 동관의 끝부분을 원형으로 정형한다.
　　　(3) 동관의 관 끝 확관용 공구이다.

09 열정산의 목적을 3가지만 쓰시오.

해답 ① 열의 행방 파악
② 조업방법의 개선
③ 열설비의 성능 파악
④ 노의 개축자료로 이용
⑤ 열의 손실 파악

10 연소용 공기비가 1.2이고, 연료의 원소 성분 중 C 72%, H 15%, S 2%, O 1.5%인 상태에서 연소과정 중 실제 배기가스양(Nm³/kg)을 구하시오.(단, 수분은 2%이다.)

해답 실제 습배기가스양(G_w)=이론습배기가스양+(공기비－1)×이론공기량

- 이론공기량(A_0)= $8.89C + 26.67\left(H - \dfrac{O}{8}\right) + 3.33S$

$$= 8.89 \times 0.72 + 26.67\left(0.15 - \frac{0.015}{8}\right) + 3.33 \times 0.02$$
$$= 6.4008 + 3.95 + 0.0666$$
$$= 10.4174 \, \text{Nm}^3/\text{kg}$$

- 이론습배기가스양(G_{ow}) = $(1-0.21)A_0 + 1.867C + 11.2H + 0.7S + 0.8N + 1.244W$
$$= 0.79 \times 10.4174 + 1.867 \times 0.72 + 11.2 \times 0.15 + 0.7 \times 0.02$$
$$+ 0.8 \times 0 + 1.244 \times 0.02$$
$$= 11.2931 \, \text{Nm}^3/\text{kg}$$

∴ 실제 습배기가스양 $= 11.2931 + (1.2-1) \times 10.4174 = 13.38 \, \text{Nm}^3/\text{kg}$

참고 연소가스 계산에서 질소(N_2) 값이 주어지지 않으므로 0.8N=0이 된다.

11 가스용 보일러 연료배관에서 배관의 이음부와 전기계량기 및 전기개폐기와의 거리는 (①)cm 이상, 굴뚝, 전기점멸기, 전기접속기와의 거리는 (②) cm 이상, 절연전선과의 거리는 (③) cm 이상, 절연조치를 하지 아니한 전선과의 거리는 (④)cm 이상의 거리를 유지한다. ( ) 안에 들어갈 내용을 쓰시오.

해답 ① 60　　② 30　　③ 10　　④ 30

12 배관이음에서 턱걸이이음, 플랜지이음, 나사이음을 그리시오.

> **해답** ① 턱걸이이음 :
>
> ② 플랜지이음 :
>
> ③ 나사이음 :

13 증기보일러 운전 시 캐리오버(기수공발) 발생 시 나타나는 장해를 4가지만 쓰시오.

> **해답** ① 수면 동요가 심하여 수위 판단이 곤란하다.
> ② 배관 내 응축수 고임에 의한 수격작용이 발생한다.
> ③ 배관 등 열설비계통의 부식을 초래한다.
> ④ 증기의 이송 시 저항이 증가한다.
> ⑤ 습증기가 과다하게 발생한다.
> ⑥ 압력계 및 수면계의 연락관이 막히기 쉽다.

14 어느 수관 보일러 급수량이 1일 70ton이다. 급수 중 염화물의 농도가 15ppm이고 보일러수의 허용농도는 400ppm이다. 그리고 $(1-R)$은 0.6이라면 분출량(ton/day)은 얼마인가?(단, R은 응축수 회수율이다.)

> **해답** 보일러 관수 분출량 $= \dfrac{W(1-R)d}{b-d} = \dfrac{70 \times 0.6 \times 15}{400 - 15} = 1.64\text{ton/day}$

15 보일러 열정산에 관한 다음 물음에 답하시오.

(1) 보일러 열정산 시 원칙적으로 정격부하에서 적어도 몇 시간 이상 운전 후 열정산을 하여야 하는가?

(2) 연료의 발열량은 저위발열량, 고위발열량 중 어느 것을 기준하는가?

(3) 열정산에서 시험 시 기준온도는 어느 온도를 기준하는가?

> **해답** (1) 2시간 이상
> (2) 고위발열량
> (3) 외기온도

16 보일러의 이상 현상 중 캐리오버(Carry – over)에 대하여 간단히 쓰시오.

해답 보일러에 발생되는 증기 속에 물방울이나 기타 불순물이 함유되어 보일러 외부의 배관으로 함께 나가는 현상을 말한다.

17 보일러 열정산 시 입열, 출열 중 출열항목 5가지를 쓰시오.

해답 ① 발생증기 보유열
② 배기가스 손실열
③ 불완전연소에 의한 손실열
④ 미연탄소분 의한 손실열
⑤ 노벽방산열에 의한 손실열

18 수관식 보일러의 장점을 5가지만 쓰시오.

해답 ① 구조상 고압, 대용량의 제작이 가능하다.
② 전열면적이 크고 효율이 좋다.
③ 증기발생이 빠르다.
④ 동일 용량이면 둥근 보일러에 비하여 설치면적이 작다.
⑤ 수관의 배열이 용이하다.

19 로터리 벤더에 의한 벤딩의 결함에서 관이 타원형으로 되는 원인을 3가지만 쓰시오.

해답 ① 받침쇠가 너무 들어가 있다.
② 받침쇠와 관 내경의 간격이 크다.
③ 받침쇠의 모양이 나쁘다.

20 화염검출기 중 화염의 밝기를 이용하는 플레임아이의 종류 4가지를 쓰시오.

해답 ① 황화카드뮴 광도전 셀
② 황화납 광도전 셀
③ 적외선 광전관
④ 자외선 광전관

21 연료유 저장탱크 천장에 탱크 내 압력을 대기압 이상으로 유지하기 위한 통기관을 설치한다. 다음 ( ) 안에 알맞은 답을 쓰시오.

(1) 통기관 내경의 크기는 최소한 (①)mm 이상이어야 한다.

(2) 개구부의 높이는 지상에서 몇 (②)m 이상이어야 하며 반드시 (③)에 설치한다.

(3) 통기관에는 일체의 (④)를 사용하면 아니 된다.

(4) 주유관은 (⑤)에 부착한다.

(5) 탱크 내외면은 방청페인트를 설치하고 외부는 (⑥)를 38~100mm 두께로 하고 마지막으로 방수시공을 한다.

해답 ① 40   ② 5   ③ 옥외
④ 밸브   ⑤ 탱크상부   ⑥ 보온재

참고 • 기름용 서비스탱크는 보일러 사용 용량 2~3시간 정도 연료량을 저장하고 버너 선단보다 1.5m 정도 높은 곳에 설치하여 자연 압력에 의해 연료 공급이 가능하게 한다. 펌프 없이 자연낙하로 버너에 연료를 공급하는 경우라면 보일러실 바닥으로부터 3m 이상 높이에 설치한다.
• 서비스탱크 오버플로관 크기는 송유관 단면적보다 2배 이상 큰 크기로 한다.
• 탱크 내부 오일의 온도는 점도를 생각하여 최소한 40~60℃ 사이 온도를 유지하나 적정선 온도는 60℃ 정도가 바람직하다.
• 보일러 공급 기름은 기름가열 매체는 온수나 증기를 이용하며 증기로 예열하는 탱크가 많다. 다만 보일러로 공급 시 중유를 사용한다면 A급 중유는 예열하지 않고 B급 중유 예열은 50~60℃, C급 중유는 80~105℃로 버너에 공급한다.

2021년 4월 3일 시행

과년도 출제문제

01 석유계에서 얻어지는 정유가스에서 액화석유가스의 기체연료 성분을 3가지만 쓰시오.

해답 ① 프로판가스
② 부탄가스
③ 프로필렌, 부틸렌, 부타디엔 중 택일

참고 석유계 기체연료
LPG가스, 나프타, 대체천연가스

02 보일러 연소실 등에서 화실이나 연도 내부 청소에 사용되는 기계식 청소에 필요한 공구명을 3가지만 쓰시오.

해답 ① 스케일해머   ② 스크래퍼
③ 와이어브러시   ④ 튜브클리닝

03 증기난방에서 응축수 환수방법을 3가지만 쓰시오.

해답 ① 중력환수법   ② 기계환수법   ③ 진공환수법

04 바닥면적이 20m²인 거실에서 실내온도 17℃, 바닥온도 37℃일 때 바닥으로부터 전열되는 복사열량은 몇 W인가?(단, 방사율은 0.8, 스테판−볼츠만 상수는 $5.67 \times 10^{-8} \text{W/m}^2\text{K}^4$이다.)

해답 복사열량$(Q) = \varepsilon \cdot \sigma [T_1^4 - T_2^4] \times A$
$= 0.8 \times 5.67 \times 10^{-8} \times (310^4 - 290^4)$
$= 98.1 \text{W/m}^2$

05 보일러 운전 중 프라이밍 발생으로 증기 내부에 규산실리카, 칼슘, 나트륨 등이 혼입되어 발생하는 캐리오버(기수공발)는 어떤 종류의 캐리오버에 해당하는가?

해답 선택적 캐리오버(규산캐리오버)

참고 물방울이 수면 위로 튀어올라 송기되는 증기 속에 포함되어 외부로 나가는 현상을 말하며 프라이밍, 포밍, 규산캐리오버 현상으로 구분한다.

06 보일러 송풍기에서 풍량조절방법을 3가지만 쓰시오.

해답 ① 토출댐퍼에 의한 제어
② 회전수에 의한 제어
③ 가변피치에 의한 제어
④ 흡입댐퍼에 의한 제어
⑤ 흡입베인에 의한 제어

07 보일러용 안전밸브의 크기는 호칭지름 25A 이상으로 하여야 하나 다음 보일러에서는 20A 이상으로 할 수 있다. (   ) 안에 알맞은 말을 넣으시오.

(1) 최고사용압력 (   )MPa 이하의 보일러

(2) 최고사용압력 (   )MPa 이하의 보일러로 동체의 안지름이 (   )mm 이하이며 그 길이가 (   )mm 이하의 것

(3) 최고사용압력 0.5MPa 이하의 보일러로 전열면적 (   )m² 이하의 것

(4) 최대증발량 (   )t/h 이하의 관류 보일러

(5) 소용량 강철제 보일러, 소용량 (   ) 보일러

해답 (1) 0.1　　　　　　　　(2) 0.5, 500, 1,000　　　(3) 2
(4) 5　　　　　　　　　(5) 주철제

08 다음은 관류보일러인 슐저 보일러(Sulzer Boiler)의 내부 계통도이다. ①~⑥까지의 명칭을 쓰시오.

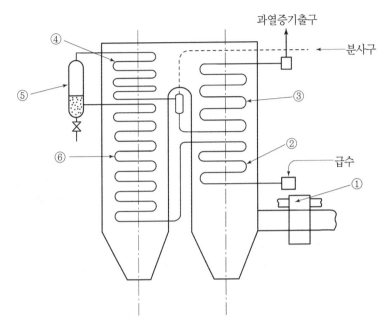

해답 ① 공기예열기 ② 절탄기(급수가열기)
③ 대류과열기 ④ 복사(방사)과열기
⑤ 염분리기(기수분리기) ⑥ 증발관

09 어떤 건물의 벽체면적이 가로 28m, 세로 4m(벽체 중간에 유리창이 4개가 있으며, 유리창 1개의 면적은 2.2m×3.0m)일 때 벽체의 열관류율이 2.9kcal/m²h℃, 유리창의 열관류율이 5.5kcal/m²h℃이라면 실내온도 18℃, 외기온도 3℃ 상태에서 벽체와 유리창의 전체 손실열량은 몇 kcal/h인가?(단, 방위에 따른 부가계수는 1.1이다.)

해답 • 유리창을 통한 벽체 전체면적 : $4 \times 28 = 112 \text{m}^2$
• 유리창의 면적 : $2.2 \times 3.0 \times 4 = 26.4 \text{m}^2$
• 벽체 순수면적 : $112 - 26.4 = 85.6 \text{m}^2$
• 벽체 열손실 $= 2.9 \times 85.6 \times (18 - 3) = 3,723.6 \text{kcal/h}$
• 유리창의 열손실 $= 5.5 \times 26.4 \times (18 - 3) = 2,178 \text{kcal/h}$
∴ 총 손실열량$(Q) = (3,723.6 + 2,178) \times 1.1 = 6,491.76 \text{kcal/h}$

10 다음 보일러 급수처리 수질에 관한 설명에서 산성, 알칼리성에 대하여 (   ) 안에 알맞은 용어
나 숫자를 써넣으시오.

> 물이 산성인지 알칼리성인지는 수중의 수소이온 (①)과 수산이온 (②) 양에 따라 정해지는
> 데 이것을 표시하는 방법으로는 수소이온지수 (③)가 쓰인다. 상온에서 pH (④) 미만은 산
> 성, 7은 (⑤), 7을 넘는 것은 (⑥)이다. (⑦)과 (⑧)의 사이에는 다음과 같은 관계가 성
> 립된다. $K = [\text{H}^+] \times [\text{OH}^-]$. 이 관계를 물의 이온적이라 하고 K로 나타내며 보일러수에는 (⑨)
> 가 이상적이다.

해답 ① H^+ ② OH^- ③ pH
④ 7   ⑤ 중성   ⑥ 알칼리성
⑦ H^+ ⑧ OH^- ⑨ 약알칼리

참고 $K = [\text{H}^+] \times [\text{OH}^-]$

25℃ 상온에서 $K = [\text{H}^+] \times [\text{OH}^-] = 10^{-14}$

중성의 물에서는 $[\text{H}^+]$와 $[\text{OH}^-]$의 값이 같으므로 $[\text{H}^+] = [\text{OH}^-] = 10^{-7}$이다.

$$\text{pH} = \log\frac{1}{[\text{H}^+]} = -\log[\text{H}^+] = -\log 10^{-7} = 7$$

11 연료의 원소성분이 C 86%, H 13%, S 1%이고 과잉공기계수(공기비)가 1.2일 때 실제공기량
은 몇 Nm^3/kg인가?

해답 실제공기량$(A) = A_o \times m$(이론공기량×공기비)

이론공기량$(A_o) = 8.89\text{C} + 26.67\left(\text{H} - \dfrac{\text{O}}{8}\right) + 3.33\text{S} = 8.89\text{C} + 26.67\text{H} + 3.33\text{S}$

$\therefore A = [8.89 \times 0.86 + 26.67 \times 0.13 + 3.33 \times 0.01] \times 1.2$
$\qquad = (7.6454 + 3.4671 + 0.0333) \times 1.2 = 13.37\text{Nm}^3/\text{kg}$

12 증기보일러 운전 중 증발잠열을 구하고 응축수량(kg/h)을 계산하시오.(단, 보일러 압력은
400kPa, 주철제 방열기에서 표준방열량은 2.73MJ/m^2h로 하고, 방열면적 50m^2, 증기 엔탈
피 2.70MJ, 포화수 엔탈피 0.686MJ이다.)

해답 증발잠열 $= 2.70 - 0.686 = 2.014\text{MJ}$

응축수량 $= \dfrac{2.73}{2.014} \times 50 = 67.78\text{kg/h}$

참고 $1\text{MJ} = 10^6\text{J} = 1,000\text{kJ}$

13 다음 물음에 답하시오.

(1) 박락현상이라고도 하며 내화물이 사용 도중에 갈라지거나 떨어져 나가는 현상을 무엇이라 하는가?

(2) 마그네시아 벽돌이나 돌로마이트 벽돌을 저장 중이나 사용 후에 수증기를 흡수하여 체적 변화를 일으켜 분화하여 떨어져 나가는 현상을 무엇이라 하는가?

(3) 크롬철광을 사용하는 내화물은 1,600℃ 이상에서 산화철을 흡수하여 표면이 부풀어 오르고 떨어져 나가는데, 이 현상을 무엇이라 하는가?

해답 (1) 스폴링 현상(박락현상)
(2) 슬래킹 현상
(3) 버스팅 현상

14 다음 바이패스 회로에서 ①~⑤에 해당되는 내용을 보기에서 골라 쓰시오.

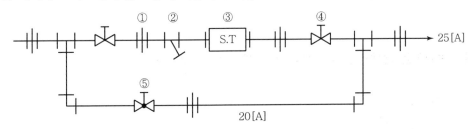

> **▼ 보기**
> 글로브 밸브, 게이트 밸브, 유니언, 스트레이너, 증기트랩

해답 ① 유니언　　　② 스트레이너　　　③ 증기트랩
④ 게이트 밸브　　　⑤ 글로브 밸브

15 파이프렌치의 크기를 표시하시오.

해답 파이프렌치 입을 최대로 벌려놓은 상태에서의 전장길이

2021년 8월 22일 시행

01 측정범위가 약 600~2,000℃이며 점토, 규석질 등 내열성의 금속 산화물을 배합하여 만든 삼각추로서 소성온도에서의 연화변형으로 각 단계에서의 온도를 얻을 수 있도록 제작된 온도계의 명칭을 쓰시오.

해답 제게르콘 온도계

02 파이프벤딩기의 종류를 2가지만 쓰시오.

해답 ① 현장용 : 램식　　　　② 공장용 : 로터리식

03 보일러를 감시하는 계측장치의 종류를 3가지만 쓰시오.

해답 ① 온도계
② 압력계
③ 유량계(급수량계, 급유량계, 가스미터기, 증기유량계)

04 보일러 신설 후 유지분을 제거하는 데 가장 적합한 방법을 한 가지만 쓰시오.

해답 ① 소다보링　　　　② 알칼리세관

05 보일러 스프링식 안전밸브의 누설원인을 3가지만 쓰시오.

해답 ① 밸브와 변좌의 기공이 불량할 때
② 이물질이 끼어 있을 때
③ 스프링의 장력이 감쇄될 때
④ 변좌에 밸브축이 이완되었을 때
⑤ 변좌의 마모가 클 때
⑥ 조정압력이 낮을 때

06 보일러에 설치하는 안전밸브의 크기는 호칭지름 25A 이상으로 하여야 하나 다만 어떤 경우의 보일러에 대하여는 호칭지름 20A 이상으로 할 수 있다. 그 조건을 3가지만 쓰시오.

해답 ① 최고사용압력 0.1MPa 이하의 보일러
② 최고사용압력 0.5MPa 이하의 보일러로 동체의 안지름이 500mm 이하이며 동체의 길이가 1,000mm 이하의 것
③ 최고사용압력 0.5MPa 이하의 보일러로 전열면적 2m² 이하의 것
④ 최대증발량 5t/h 이하의 관류보일러
⑤ 소용량 강철제 보일러, 소용량 주철제 보일러

07 동관(구리관)에 대한 다음 물음에 답하시오.

(1) 표준치수 3가지를 쓰시오.

(2) 질별에 의한 종류 3가지를 쓰시오.

(3) 두께별 형식기호를 두께가 두꺼운 기호부터 쓰시오. (단, 3가지로 구분하여 쓰시오.)

해답 (1) K형, L형, M형

(2) • O(연질)
• $\frac{1}{2}$H (반경질)
• OL(반연질)
• H(경질)

(3) K타입 > L타입 > M타입

참고 • 표준치수 : K형(의료배관용), L형(의료배관, 급배수배관, 급탕배관, 냉난방배관용), M형(L형과 같다.)
• 용도별 분류 : 워터 튜브, ACR 튜브, 콘덴서 튜브
• 형태별 분류 : 직관, 코일, PMC(온돌난방용)

08 보일러 청소 시 외부청소방법을 3가지만 쓰시오.

> **해답** ① 에어 속킹법(압축공기의 분무법)
> ② 스팀 속킹법(증기분무법)
> ③ 워터 속킹법(물 분무법)
> ④ 샌드 블루법(모래사용법)
> ⑤ 스틸 쇼트클리닝법(작은 강구 사용법)
> ⑥ 스크래퍼, 튜브클리너, 와이어브러시 사용법(원통형 보일러에 사용)

09 주철제 온수보일러의 난방부하가 24,000W/h이고 방열기의 쪽당 방열면적이 0.15m²일 때 방열기 쪽수는 몇 개로 해야 하는가?(단, 방열기의 표준방열량은 524W/m²h이다.)

> **해답** 방열기 쪽수 $= \dfrac{\text{난방부하}}{\text{표준방열량} \times \text{쪽당 표면적}} = \dfrac{24,000}{524 \times 0.15} = 306$개

10 방열기 등 입상관에서 엘보를 2개 이상 사용하여 저압 증기난방이나 온수방열기 등에서 필요로 하는 관의 팽창을 흡수하는 이음의 명칭을 쓰시오.

> **해답** 리프트형 신축이음

11 급수펌프에서 동력이 15kW이고 펌프효율이 90%, 물의 비중량이 1,000kg/m³, 급수펌프에 필요한 양정이 10m일 경우 펌프의 급수사용량은 몇 m³/min인가?

> **해답** 펌프동력 $= \dfrac{1,000 \times \text{급수량} \times \text{양정}}{102 \times 60 \times \text{효율}}$
>
> $15 = \dfrac{1,000 \times G_w \times 10}{102 \times 60 \times 0.9}$
>
> $\therefore$ 급수사용량$(G_w) = 15 \times \dfrac{102 \times 60 \times 0.9}{1,000 \times 10} = 8.26 \text{m}^3/\text{min}$
>
> **참고** 급수사용량은 분당(min)으로 주어질 경우 1min=60sec가 삽입된다.

12 난방부하 3,000W, 급탕부하 1,500W일 경우 보일러 정격부하(상용출력)는 몇 W인가?(단, 예열부하는 무시하고, 배관부하는 10%이다.)

해답 상용출력＝(난방부하＋급탕부하)×배관부하
$$= (3,000 + 1,500) \times (1 + 0.1) = 4,950W$$

참고 정격출력＝(난방부하＋급탕부하)×배관부하×예열부하(시동부하)

13 다음의 최고사용압력을 보고, 수압시험압력을 각각 구하시오.

(1) 0.35MPa   (2) 0.6MPa   (3) 1.8MPa

해답 (1) $0.35 \times 2 = 0.7MPa$ (0.43MPa 이하는 2배)
(2) $0.6 \times 1.3 + 0.3 = 1.08MPa$ ($P \times 1.3$배$+0.3MPa$)
(3) $1.8 \times 1.5 = 2.7MPa$ (1.5MPa 초과 시는 1.5배)

14 증기발생량이 시간당 150kg/h이고 발생증기 엔탈피가 600kcal/kg, 급수엔탈피가 50kcal/kg이며 연료사용량이 200kg/h, 연료의 저위발열량이 1,000kcal/kg일 때 보일러 효율은 몇 %인가?

해답 보일러 효율(η)＝$\dfrac{\text{시간당 증기발생량} \times (\text{발생증기엔탈피} - \text{급수엔탈피})}{\text{시간당 연료발열량} \times \text{연료의 저위발열량}} \times 100(\%)$

$$= \frac{150 \times (600 - 50)}{200 \times 1,000} \times 100 = 41.25\%$$

참고 $1kcal = 4.186kJ(≒4.2kJ), \ 1W = 1J/s, \ 1kW = 1kJ/s, \ 1W = 0.86kcal/h$

15 보일러 운전 중 캐리오버(기수공발)의 발생 시 그 방지대책을 3가지만 쓰시오.

해답 ① 관수의 농축을 방지한다.
② 비수방지관이나 기수분리기를 설치한다.
③ 주증기 밸브를 천천히 연다.
④ 유지분이나 알칼리분, 부유물 생성을 억제한다.
⑤ 고수위 운전을 하지 않는다.

16 다음 평면도를 보고 등각투상도를 그리시오.

(1)
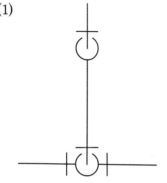

(2)
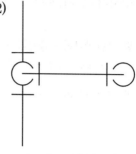

 (1)
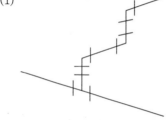

(2)
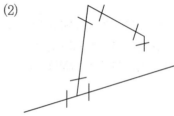

17 다음 보일러에서 효율이 높은 순서대로 그 번호를 쓰시오.

▼ 보기
① 입형 보일러　　　　　　　② 관류 보일러
③ 노통연관식 보일러　　　　④ 수관식 보일러
⑤ 노통 보일러

해답 ②, ④, ③, ⑤, ①

2022년 5월 7일 시행

과년도 출제문제

01 부탄가스(C_4H_{10}) $1Nm^3$의 연소 시 물음에 답하시오.

(1) 반응식을 쓰시오.

(2) 이론산소량(Nm^3/Nm^3)을 계산하시오.

(3) 이론습연소가스양(G_{ow})을 계산하시오.

> **해답** (1) 반응식 : $C_4H_{10} + 6.5O_2 \rightarrow 4CO_2 + 5H_2O$
>
> (2) 이론산소량(O_o) $= \dfrac{6.5 \times 22.4}{22.4} = 6.5 Nm^3/Nm^3$
>
> (3) 이론습연소가스양(G_{ow}) $= (1-0.21)A_o + CO_2 + H_2O$
>
> $$= (1-0.21) \times \frac{6.5}{0.21} + (4+5)$$
>
> $$= 33.45 Nm^3/Nm^3$$
>
> **참고** 이론건연소가스양(G_{od}) $= (1-0.21)A_o + CO_2$
>
> $$= (1-0.21) \times \frac{6.5}{0.21} + 4 = 28.45 Nm^3/Nm^3$$

02 배관을 위에서 아래로 하중을 걸어당겨 지지하는 행거의 종류를 3가지만 쓰시오.

> **해답** ① 리지드 행거
> ② 스프링 행거
> ③ 콘스탄트 행거

03 용접작업에서 작업 후 모재의 잔류응력을 제거하는 방법 5가지를 쓰시오.

> **해답** ① 노 내 풀림법
> ② 국부 풀림법
> ③ 저온 응력 완화법
> ④ 기계적 응력 완화법
> ⑤ 피닝법

04 다음과 같은 조건의 복사난방에서 열관류율($W/m^2℃$)을 계산하시오.(단, 구조체 평판의 열전도율은 $1.16W/m℃$, 두께는 150mm, 내측 열전달률은 $2.33W/m^2℃$, 외측 열전달률은 $3.55W/m^2℃$이다.)

해답 열관류율$(K)=\dfrac{1}{\dfrac{1}{a_1}+\dfrac{b}{\lambda}+\dfrac{1}{a_2}}=\dfrac{1}{\dfrac{1}{2.33}+\dfrac{0.15}{1.16}+\dfrac{1}{3.55}}=0.84W/m^2℃$

참고 $150mm=0.15m$

05 다음 물음에 답하시오.

(1) 만수보존법에 사용하는 사용약품 3가지를 쓰시오.

(2) 건조보존법에 사용하는 사용약품 3가지를 쓰시오.

해답 (1) ① 가성소다　　② 탄산소다　　③ 아황산소다
　　　　④ 하이드라진　⑤ 암모니아
　　　(2) ① 생석회　　　② 활성 알루미나　③ 염화칼슘
　　　　④ 방수제　　　⑤ 기화성 방청제

06 다음 물음에 답하시오.

(1) 경수연화제 3가지를 쓰시오.

(2) 슬러지 조정제 3가지를 쓰시오.

해답 (1) ① 수산화나트륨　② 탄산나트륨　③ 인산나트륨
　　　(2) ① 탄닌　　　　② 리그닌　　　③ 전분

07 점식(피팅)의 부식방지법 4가지를 쓰시오.

해답 ① 용존산소 제거
　　　② 물속에 아연판 매달기
　　　③ 방청도장, 보호피막 처리하기
　　　④ 약한 전류의 통전

08 다음의 조건을 이용하여 상당증발량(G_e), 보일러 효율(η)을 계산하시오.(단, 물의 증발잠열(γ)은 2,257kJ/kg으로 한다.)

> **▼ 조건**
> • 발생증기량 : 2,000kg/h
> • 발생증기 엔탈피 : 2,860kJ/kg
> • 연료의 발열량 : 40MJ/kg
> • 급수온도 : 20℃(엔탈피 84kJ/kg)
> • 연료소비량 : 150kg/h

해답 상당증발량(G_e) $= \dfrac{W_a(h_2 - h_1)}{\gamma} = \dfrac{2,000 \times (2,860 - 84)}{2,257} = 2,459.90\text{kg/h}$

보일러 효율(η) $= \dfrac{W_a(h_2 - h_1)}{G_f \times H_L} \times 100 = \dfrac{2,000 \times (2,860 - 84)}{150 \times (40 \times 10^3)} \times 100 = 92.53\%$

참고 • 1MJ $= 10^6$J $= 10^3$kJ, 1kcal $= 4.186$kJ $\fallingdotseq 4.2$kJ
• 증기엔탈피가 kJ/kg으로 나오면 잠열(539kcal/kg)에 대해 2,256kJ/kg, 2,257kJ/kg 등 문제에서 주어진 값을 이용한다.

09 보일러의 급수밸브 크기를 전열면적에 따라 나누었을 때, 그 크기는 몇 A 이상이어야 하는지 써넣으시오.

전열면적 크기	급수밸브 크기	비고
10m² 이하	(①)A 이상	A(mm)
10m² 초과	(②)A 이상	A(mm)

해답 ① 15 ② 20

10 다음 ( ) 안에 보일러 자동제어 연속동작의 기호를 써넣으시오.

동작	종류	기호	동작	종류
연속 동작	비례동작	(①)	불연속 동작	2위치 동작(ON−OFF)
	적분동작	(②)		다위치 동작
	미분동작	(③)		불연속 속도동작
	비례적분동작	PI		
	비례미분동작	PD		간헐동작
	비례적분미분동작	(④)		

해답 ① P ② I ③ D ④ PID

11 다음 배관의 도면을 보고 등각투상도를 그리시오.

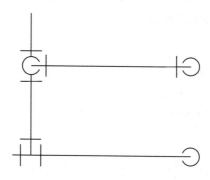

해답
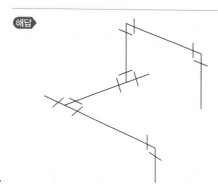

12 다이헤드형 자동나사 절삭기의 기능을 3가지만 쓰시오.

해답 ① 파이프나사 절삭
② 파이프 절단
③ 거스러미 제거

13 보일러동 내부에서 발생하는 기계적, 선택적 캐리오버를 설명하시오.

해답 ① 기계적 캐리오버 : 보일러 수면에서 물방울이 수면 위로 튀어 올라서 증기 내부로 혼입되어 습증기를 유발하는 현상과 유지분 등과 함께 외부로 이송하는 현상이다.
② 선택적 캐리오버 : 송기되는 증기에 무수규산 등이 혼입하여 물거품 등과 함께 포함되어 증기관으로 이송되는 규산캐리오버 현상이다.(실리카 캐리오버)

14 다음 (   ) 안에 전극식 수위검출기에 대한 이상 유무 점검시기를 써넣으시오.

(1) 1일 (   )회 이상 검출통 내를 분출시킨다.

(2) (   )일 1회 이상 그 작동상황의 이상 유무를 점검한다.

(3) (   )개월에 1회 이상 전극봉을 고운 샌드페이퍼로 닦는다.

(4) 수위계의 누설방지와 (   )을 겸해서 테프론을 사용한다.

(5) 1년에 (   )회 이상 통전시험 및 절연저항을 측정한다.

(6) 전기절연성의 테프론의 내열온도는 (   )K 이상이다.

해답 (1) 1   (2) 1   (3) 6
       (4) 전기절연성   (5) 1   (6) 513(240℃)

참고 수면계의 종류

전극식, 평형반사식, 열팽창관식, 평형투시식, 차압식, 2색식 등이 있다.

15 부탄가스(C_4H_{10}) 1kg의 연소 시 필요한 이론산소량, 이론공기량, 이론연소가스양을 계산하시오.(단, 공기 중 산소(O_2)는 용적당 21%이다.)

$$C_4H_{10} + 6.5O_2 \longrightarrow 4CO_2 + 5H_2O$$

해답 $\underline{C_4H_{10}} + \underline{6.5O_2} \longrightarrow \underline{4CO_2} + \underline{5H_2O}$
      58kg $6.5 \times 22.4m^3$ $4 \times 22.4m^3$ $5 \times 22.4m^3$

① 이론산소량$(O_o) = (6.5 \times 22.4) \times \dfrac{1}{58} = 2.51 \mathrm{Nm^3/kg}$

② 이론공기량$(A_o) = 2.51 \times \dfrac{1}{0.21} = 11.95 \mathrm{Nm^3/kg}$

③ 이론습연소가스양$(G_{ow}) = (1 - 0.21)A_o + CO_2 + H_2O$

$$= (1 - 0.21) \times 11.95 + (4 + 5) \times \dfrac{22.4}{58}$$

$$= 12.92 \mathrm{Nm^3/kg}$$

또는 $\left\{(1 - 0.21) \times \dfrac{6.5}{0.21} + (4 + 5)\right\} \times \dfrac{22.4}{58} = 12.92 \mathrm{Nm^3/kg}$

참고 $C_4H_{10} \ 1kmol = 22.4 \mathrm{Nm^3} = 58kg(분자량)$

16 원주상의 파이프 안지름이 140mm, 두께가 10mm, 최고사용압력이 1MPa, 이음효율이 80%
일 때 허용응력(kg/mm²)은 얼마인가?(단, 부식여유치수 C는 없는 것으로 한다.)

해답 파이프 두께$(t) = \dfrac{PD}{2\sigma\eta}$

$$10 = \frac{1 \times 140}{2 \times \sigma \times 0.8}$$

$$\therefore \; 허용응력(\sigma) = \frac{1 \times 140}{2 \times 10 \times 0.8} = 8.75 \mathrm{kg/mm^2}$$

2022년 8월 14일 시행

01 연소 시 공기비가 작을 때 나타나는 현상이나 장애를 4가지만 쓰시오.

> **해답** ① 불완전연소가 발생한다.(CO 발생)
> ② 매연이 발생한다.
> ③ 잔류가스 발생으로 노 내 가스폭발이 일어날 수 있다.
> ④ 연료의 발열량이 저하된다.
> ⑤ 역화가 발생한다.

> **참고** 불완전연소의 원인
> • 공기와의 접촉 · 혼합이 불충분할 경우
> • 과대한 가스량이나 연료량 또는 충분한 공기가 공급되지 못할 때
> • 배기가스의 배출이 불량할 때
> • 불꽃이 저온물체에 접촉해서 온도가 내려갈 때

02 플랜지 패킹의 종류를 4가지만 쓰시오.

> **해답** ① 천연고무(고무패킹)
> ② 네오프렌(고무패킹)
> ③ 석면조인트
> ④ 합성수지(테프론)
> ⑤ 금속패킹(구리, 납, 연강, 스테인리스강)

03 파이프렌치의 크기를 정의하시오.(단, 치수는 150, 200, 250, 300, 350mm이다.)

> **해답** 파이프렌치 입을 최대로 벌려놓은 전장으로 표시한다.
> **참고** 파이프렌치 종류 : 보통형, 강력형, 체인형

04 세정식(습식) 집진장치에서 가압수식 집진장치 3가지를 쓰시오.

해답 ① 벤투리 스크러버   ② 사이클론 스크러버
③ 제트 스크러버   ④ 충진탑

05 보일러 운전 시 발생하는 프라이밍(비누) 현상을 설명하시오.

해답 보일러 수면에서 증기 내부에 물을 다량 혼입하고 증기드럼의 증기 취출구에서 운반되는 현상이다.

참고 프라이밍의 주요 원인
- 보일러 부하의 급격한 증대
- 규정압력 이하 및 고수위로 운전
- 용해고형물 · 현탁고형물 · 유기물이 보일러수에 많이 혼입된 경우

포밍(거품) : 보일러수의 피막이 거품을 감싸고 다량의 거품이 기수면을 덮는 경우에 일어난다.

06 수질처리에서 탈산소제의 종류를 3가지만 쓰시오.

해답 ① 아황산나트륨   ② 히드라진   ③ 탄닌

07 Ca, Mg에 의한 스케일의 종류를 3가지만 쓰시오.

해답 ① 중탄산칼슘   ② 황산칼슘   ③ 중탄산마그네슘
④ 염화마그네슘   ⑤ 황산마그네슘

08 기수분리기의 종류를 4가지만 쓰시오.

해답 ① 스크러버형   ② 사이클론형
③ 배플형   ④ 건조스크린형

09 패킹제에 대한 다음 물음에 답하시오.

(1) 기름에도 침해되지 않고 내열범위가 $-260℃ \sim 260℃$인 합성수지 패킹제는?

(2) 탄성이 우수하고 내알칼리성은 크지만 기름에 약하고 흡수성이 없는 고무패킹제는?

(3) 물이나 공기, 기름, 냉매배관용으로 내열범위가 $-46℃ \sim 121℃$인 합성고무 패킹제는?

───────────────────────────────

해답 (1) 테프론 패킹　　　　　(2) 천연고무 패킹　　　　　(3) 네오프렌 패킹

10 다음 내용을 보고 입열, 출열에 해당하는 기호를 각각 써넣으시오.

> ▼ 보기
> ① 연료의 현열　　　　　② 발생증기 보유열　　　　　③ 불완전 열손실
> ④ 공기의 현열　　　　　⑤ 노 내 분입증기열　　　　　⑥ 방사 열손실
> ⑦ 연료의 연소열　　　　⑧ 미연탄소분에 의한 손실열

(1) 입열　　　　　　　　　　　(2) 출열

───────────────────────────────

해답 (1) 입열 : ①, ④, ⑤, ⑦
　　　 (2) 출열 : ②, ③, ⑤, ⑥, ⑧

11 다음은 보일러 설치검사기준에 대한 설명이다. (　) 안에 알맞은 내용을 써넣으시오.

(1) 보일러 동체 최상부로부터(보일러 검사 및 취급에 지장이 없도록 설치한 작업대로부터) 천장, 배관 등 보일러 상부에 있는 구조물까지의 거리는 (　①　)m 이상이어야 한다.

(2) 보일러에 설치된 계기들은 육안으로 관찰하는 데 지장이 없도록 충분한 (　②　)이 있어야 한다.

(3) 보일러실은 연소 및 환경을 유지하기에 충분한 (　③　) 및 (　④　)가 있어야 한다. (　⑤　)는 보일러 배기가스 덕트의 유효단면적 이상이어야 하며 도시가스를 사용하는 경우에는 (　⑥　)를 가능한 한 높게 설치한다.

───────────────────────────────

해답 ① 1.2　　　　　　　② 조명시설　　　　　③ 급기구
　　　 ④ 환기구　　　　　　⑤ 급기구　　　　　　⑥ 환기구

12 보일러 열정산 시 액체연료 사용량 측정에 필요한 유량계를 3가지만 쓰시오.

해답 ① 중량탱크식 유량계   ② 용량탱크식 유량계   ③ 체적식 유량계

13 다음 (   ) 안에 알맞은 내용을 써넣으시오.

> 가스배관에서 자기압력기록계로 시험할 경우에는 밸브를 잠그고 압력발생기구를 사용하여 천천히 공기 또는 불활성 가스 등으로 최고사용압력의 (①)배 또는 (②)mmH$_2$O 중 높은 압력 이상으로 가압한 후 (③)분 이상 유지하여 압력의 변동을 측정한다.

해답 ① 1.1   ② 840   ③ 24

14 다음 조건을 이용하여 보일러 효율(%)을 계산하시오.

▼ 조건
- 증기발생량 : 9,000kg/h
- 연료소비량 : 650kg/h
- 연료의 저위발열량 : 40,800kJ/kg
- 증기압력 : 0.6MPa · g
- 증기건도 : 90%
- 증발잠열 : 2,065.56kJ/kg

압력(MPa)	급수엔탈피(kJ/kg)	증기엔탈피(kJ/kg)	포화수엔탈피(kJ/kg)
0.6	84	2,750.78	690.18
0.7	84	2,762.70	697.14

해답 절대압력(abs)=0.6+0.1=0.7MPa

습포화증기엔탈피$(h_2) = h_1 + \gamma x$

$$= 697.14 + 2,065.56 \times 0.9$$
$$= 2,556.144 \text{kJ/kg}$$

∴ 보일러 효율$(\eta) = \dfrac{G(h_2 - h_1)}{G_f \times H_l} \times 100(\%)$

$$= \frac{9,000 \times (2,556.144 - 84)}{650 \times 40,800} \times 100 = 83.90\%$$

15 다음 원심식 펌프의 소요동력(kW)을 계산하시오.

> **▼ 조건**
> - 급수사용량 0.96m³/min
> - 배관수두손실 2m
> - 원심펌프의 중심에서 급수탱크 하부까지의 거리 5m
> - 펌프에서 보일러 상부 토출배관까지의 거리 14m
> - 펌프효율 80%

해답 동력$(L) = \dfrac{\gamma Q H}{102 \times 60 \times \eta} = \dfrac{1,000 \times 0.96 \times (2+5+14)}{102 \times 60 \times 0.8} = 4.12\text{kW}$

16 다음의 조건을 이용하여 실내 측 벽면의 온도를 구하고 결로 발생 여부를 판정하시오.(단, 노점 온도는 16℃, 실내 측 열전달률(a_1)은 10W/m²K, 실외 측 열전달률(a_2)은 25W/m²K이다.)

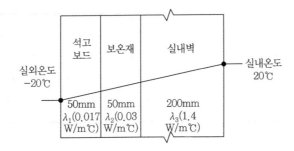

해답 열관류율$(K) = \dfrac{1}{R} = \dfrac{1}{\dfrac{1}{25} + \dfrac{0.05}{0.017} + \dfrac{0.05}{0.03} + \dfrac{0.2}{1.4} + \dfrac{1}{10}}$

$\qquad\qquad = \dfrac{1}{4.89070028} = 0.20446\text{W/m}^2\text{K}$

- 실내 측 벽면온도

$\quad t = K(t_r - t_o) = a(t_r - t_{w2})$

$\qquad = 0.20446 \times \{20 - (-20)\} = 10 \times (20 - t_{w2})$

$\quad \therefore \; t_{w2} = 20 - \dfrac{0.20446 \times \{20 - (-20)\}}{10} = 20 - 0.81784 = 19.18℃$

- 결로 판정 : 실내 측 벽면온도가 이슬점 온도 16℃보다 높기 때문에 결로가 발생하지 않는다.

17 다음 도면을 보고 부속품의 명칭 및 수량을 써넣으시오.

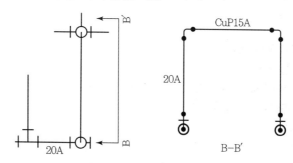

규격	명칭	수량
20A		
20×15A		
15A		
15A		

해답

규격	명칭	수량
20A	티	2
20×15A	이경엘보	2
15A	CM 어댑터	2
15A	동 90° 엘보	2

2023년 3월 26일 시행

01 증기를 이용하여 급수하는 소형 급수설비인 인젝터의 작동불량 원인을 4가지만 쓰시오.

해답 ① 급수온도가 50℃ 이상일 때
② 증기압력이 0.2MPa 이하일 때
③ 증기압력이 1MPa 이상일 때
④ 인젝터 자체의 과열 시
⑤ 체크밸브의 고장 시
⑥ 급수 흡입 측에 공기가 누입된 경우
⑦ 증기 속에 수분이 많은 경우

02 폐열회수장치인 절탄기(급수가열기) 사용 시 주의사항을 4가지만 쓰시오.

해답 ① 배기가스온도와 급수온도 차이를 작게 한다.
② 배기가스온도를 150℃ 이하로 내리지 않는다.
③ 보일러 운전을 단속운전으로 하지 않는다.
④ 점화 시나 소화 시 주연도가 아닌 부연도를 사용한다.
⑤ 최초 작동 시 절탄기 내부의 물의 움직임 유동에 주의한다.

참고 절탄기의 단점
• 배기가스 온도저하로 통풍력이 감소한다.
• 연소가스 마찰손실에 의해 통풍력이 감소한다.
• 저온부식이 발생할 수 있다.
• 연도 내부 청소, 검사, 점검이 곤란하다.
• 설비비가 많이 든다.

03 보일러 설치시공기준에서 가스배관의 외부 표시사항 3가지를 쓰시오.

해답 ① 가스명   ② 최고사용압력   ③ 가스 흐름방향

04 보일러 설치시공기준에 의하여 안전밸브나 압력방출장치 중 호칭지름을 20A 이상으로 할 수 있는 조건을 5가지만 쓰시오.

해답 ① 최고사용압력 0.1MPa 이하의 보일러
② 최고사용압력 0.5MPa 이하의 보일러로서 동체의 안지름이 500mm 이하이며 동체의 길이가 1,000mm 이하의 것
③ 최고사용압력 0.5MPa 이하의 보일러로서 전열면적이 $2m^2$ 이하의 것
④ 최대증발량 5ton/h 이하의 관류보일러
⑤ 소용량 보일러

05 보일러 저수위 경보장치는 압력 몇 MPa 이상인 증기보일러에 설치하여야 하는가?

해답 0.1MPa 이상

참고 증기온도가 120℃ 이상인 보일러

06 고압에 잘 견디며 고장이 적고 고온 고압용의 옥외배관에 많이 사용하는 신축이음의 종류를 쓰시오.

해답 루프형

07 보일러에서 급수 내처리 보존 시 사용하는 청관제인 히드라진(N_2H_4)의 용도 및 반응식을 쓰시오.

해답 ① 용도 : 탈산소제
② 반응식 : $N_2H_4 + O_2 \rightarrow N_2 + 2H_2O$

참고 아황산나트륨(탈산소제) 반응식 : $2NaSO_3 + O_2 \rightarrow 2Na_2SO_4$

08 다음 설명에 해당하는 공구명을 쓰시오.

(1) 관의 절단용 공구로서 톱날을 끼우는 구멍(피팅홀)의 간격에 따라 나타내며 200, 250, 300 의 3종류가 있다.

(2) 관을 절단할 때 사용하며 1개의 날에 2개의 롤러로 된 것과 날만 3개로 된 것이 있다.

(3) 관의 절단, 나사절삭, 거스러미 제거가 동시에 가능한 자동나사 절삭기이다.

(4) 연관용 공구의 표면에 부착한 산화물을 제거한다.

(5) 대형의 주철관 전용 절단기로서 커터 날이 여러 개 부착된다.

해답 (1) 톱날   (2) 파이프커터   (3) 다이헤드형 나사절삭기
         (4) 드레셔   (5) 링크형 파이프커터

09 다음은 온수온돌의 시공순서를 나타낸 것이다. ( ) 안에 알맞은 작업명칭을 쓰시오.

배관기초 – (①) – (②) – 받침재 설치 – (③) – 공기방출기 설치 – 보일러 설치 – 팽창탱크 설치 – 굴뚝 설치 – (④) – (⑤) 및 경사조정 – 골재충진작업 – 시멘트 모르타르 바르기 – 양생 건조작업

해답 ① 방수처리   ② 단열처리   ③ 배관작업
         ④ 수압시험   ⑤ 온수순환시험

참고 실기시험에서 ( ) 안에 알맞은 시공순서를 쓰라는 문제가 자주 출제된다.

10 효율이 80%인 보일러에서 효율을 90%로 증가한 보일러로 교체 시 시간당 연료사용량 600kg 을 일일 12시간씩 30일간 사용하면 연료절감량은 몇 kg이 되겠는지 계산하시오.

해답 연료절감률 $= \dfrac{90-80}{90} = 0.11111$

∴ 연료절감량 = 연료절감률 × 시간당 연료사용량 × 1일가동시간 × 30일
             $= 0.11111 \times 600 \times 12 \times 30 = 24,000 \text{kg}$

11 액체연료 원소분석 결과 탄소(C) 90%, 수소(H) 10%일 때 공기비가 1.2인 상태로 연소한다면 실제공기량은 몇 Nm³/kg인지 계산하시오.

해답 이론공기량(A_o) = $8.89C + 26.67\left(H - \dfrac{O}{8}\right) + 3.33S$

$\qquad\qquad = 8.89C + 26.67H$

$\qquad\qquad = 8.89 \times 0.9 + 26.67 \times 0.1 = 10.668Nm^3/kg$

$\quad$ 실제공기량(A) = $A_o \times m$

$\qquad\qquad = 10.668 \times 1.2 = 12.80Nm^3/kg$

12 보일러 열정산 측정방법에서 연료에 대한 내용이다. 어떤 연료에 해당하는지 쓰시오.

(1) 수분의 증발을 피하기 위해 가능한 한 연소 직전에 측정한다. 측정은 보통 저울을 사용하나 콜미터나 그 밖의 계측기를 사용할 때는 지시량을 정확하게 보전한다.

(2) 용적식, 오리피스식 유량계 등으로 측정하고 유량계 입구나 출구에서 압력, 온도를 측정하여 표준상태의 용적(Nm³)으로 환산한다.

(3) 중량탱크식 또는 용량탱크식 혹은 용적식 유량계로 측정한다. 용적유량은 유량계 가까이에서 측정한 유온을 보정하기 위해 중량유량으로 환산한다.

해답 (1) 고체연료 $\qquad\qquad$ (2) 기체연료 $\qquad\qquad$ (3) 액체연료

13 배관적산에서 다음 정면도(평면도)를 보고 해당하는 부속이 몇 개인지 쓰시오.

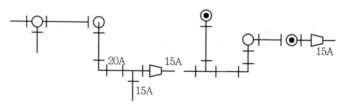

(1) 20A × 15A 이경티 $\qquad\qquad$ (2) 90° 엘보 20A

(3) 20A × 15A 부싱 $\qquad\qquad$ (4) 20A 티

해답 (1) 1개 $\qquad$ (2) 4개 $\qquad$ (3) 1개 $\qquad$ (4) 1개

14 외기온도 10℃, 증기온도 210℃, 배관길이 10m, 관의 선팽창계수가 1.15×10^{-5}이고 $\varepsilon =$ 2.1×10^5kgf/cm²일 때 배관 전장에서 발생하는 응력(MPa)을 계산하시오.

> **해답** 열응력 $= E \cdot a(t-t_o)$
>
> 신축길이 $= 10 \times 10^2 \times 1.15 \times 10^{-5} \times (210-10) = 2.3$cm
>
> $\therefore$ 응력 $= \dfrac{2.1 \times 10^5 \times 2.3}{10 \times 10^2} = 483$kgf/cm² $= 48.3$MPa

15 리벳이음 보일러에서 리벳의 피치가 76mm, 리벳의 지름이 21mm일 때 이 보일러 강판의 효율은 몇 %인지 구하시오.

> **해답** 효율 $= \dfrac{리벳피치 - 리벳지름}{리벳피치} \times 100 = \dfrac{76-21}{76} \times 100 = 72.37\%$

2023년 8월 12일 시행

과년도 출제문제

01 보일러 열정산에 대한 다음 물음에 답하시오.

(1) 출열을 4가지만 쓰시오.

(2) 출열 중 열손실에 해당하는 출열을 3가지만 쓰시오.

> **해답** (1) ① 발생증기 보유열
> ② 배기가스 열손실
> ③ 방사 열손실
> ④ 미연탄소분에 의한 열손실
> (2) ① 배기가스 손실열
> ② 방사 열손실
> ③ 불완전 열손실

02 주형 방열기 5세주형에서 높이가 650mm, 쪽수가 20ea, 유입 측 관지름이 25mm, 유출 측 관지름이 20mm일 경우 방열기를 도시하시오.(단, 방열기 높이는 표준 650mm로 한다.)

> **해답**
>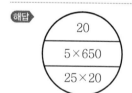

03 어떤 고체연료의 원소분석 결과 탄소(C) 86%, 수소(H) 13%, 황(S) 1%일 때 실제공기량 (Nm^3/kg)을 계산하시오.(단, 공기비는 1.2이다.)

> **해답** 실제공기량$(A) = A_o \times m$
>
> 이론공기량$(A_o) = 8.89C + 26.67\left(H - \dfrac{O}{8}\right) + 3.33S$
>
> $\therefore A = (8.89 \times 0.86 + 26.67 \times 0.13 + 3.33 \times 0.01) \times 1.2 = 13.37 Nm^3/kg$

04 급수처리 중 외처리에서 기폭법(폭기법)에서 장해물질인 불순물 처리가 가능한 물질을 3가지만 쓰시오.

해답 ① 이산화탄소(CO_2)
② 철(Fe)
③ 망간(Mn)

05 다음 보기의 기호를 수면계 점검 순서대로 표시하시오.

▼ 보기
① 드레인콕을 연다.
② 증기콕을 열고 증기의 분출을 확인한다.
③ 드레인콕을 닫는다.
④ 증기콕 및 물콕을 닫는다.
⑤ 물콕을 열고 관수가 분출되는지 확인한 후 물콕을 닫는다.
⑥ 물콕과 증기콕을 열고 수위가 정상수위에 도달하는지 확인한다.

해답 ④ → ① → ⑤ → ② → ③ → ⑥

06 난방배관에서 신축이음의 종류를 3가지만 쓰시오.

해답 ① 벨로스형
② 루프형
③ 스위블형(온수난방용, 저압증기난방용)

07 보일러 운전 중 과열이 발생하는 원인을 3가지만 쓰시오.

해답 ① 스케일 부착
② 저수위 발생
③ 보일러수의 과도한 농축
④ 보일러수의 순환불량
⑤ 전열면의 국부과열

08 열정산에설 보일러 효율을 구하는 방식 2가지를 쓰시오.

해답 ① 입출열법에 따른 보일러 효율 : $\eta_1 = \dfrac{Q_s}{H_h + Q} \times 100$

② 열손실법에 따른 보일러 효율 : $\eta_2 = \left(1 - \dfrac{L_h}{H_h + Q}\right) \times 100$

여기서, Q_s : 유효출열, $H_h + Q$: 입열 합계, L_h : 열손실 합계

09 기체연료에서 메탄, 프로판, 부탄가스 각 $1Nm^3$의 이론공기량(Nm^3)을 계산하시오.(단, 공기 중 산소는 체적당 21%이다.)

(1) 메탄(CH_4)

(2) 프로판(C_3H_8)

(3) 부탄(C_4H_{10})

해답 (1) $\underset{22.4m^3}{CH_4} + \underset{2 \times 22.4m^3}{2O_2} \rightarrow CO_2 + 2H_2O$

이론공기량$(A_o) = \dfrac{1 \times (2 \times 22.4)}{22.4 \times 0.21} = 9.52 Nm^3$

(2) $\underset{22.4m^3}{C_3H_8} + \underset{5 \times 22.4m^3}{5O_2} \rightarrow 3CO_2 + 4H_2O$

이론공기량$(A_o) = \dfrac{1 \times (5 \times 22.4)}{22.4 \times 0.21} = 23.81 Nm^3$

(3) $\underset{22.4m^3}{C_4H_{10}} + \underset{6.5 \times 22.4m^3}{6.5O_2} \rightarrow 4CO_2 + 5H_2O$

이론공기량$(A_o) = \dfrac{1 \times (6.5 \times 22.4)}{22.4 \times 0.21} = 30.95 Nm^3$

10 보일러에서 1일 운전시간 8시간 중 급수사용량이 1,000L/h, 응축수 회수량이 340L/h, 관수의 불순물 허용농도가 3,000ppm, 급수의 불순물 허용농도가 30ppm일 때 분출량(L/day)을 계산하시오.

해답 분출량(G_w) = $\dfrac{W(1-R)d}{\gamma - d}$ (L/day)

$\therefore\ G_w = \dfrac{1,000 \times 8\,(1-0.34) \times 30}{3,000 - 30} = 53.33\text{L/d}$

참고 R(응축수 회수율) = $\dfrac{340}{1,000} \times 100 = 34\%$

11 배관에서 유량이 $0.4\text{m}^3/\text{s}$로 흐르고 있는 관의 단면적이 0.4m^2이다. 이 관을 0.2m^2로 돌연 축소하는 관이 있다. 축소계수 C_c가 0.681일 때 돌연 축소손실수두는 몇 cm인지 계산하시오.

해답 손실수두(H_L) = $\left(\dfrac{1}{C_c} - 1\right)^2 \times \dfrac{V_2^{\,2}}{2g}$

유속(V_2) = $\dfrac{Q}{A_2} = \dfrac{0.4}{0.2} = 2\text{m/s}$

$\therefore\ H_L = \left(\dfrac{1}{0.681} - 1\right)^2 \times \dfrac{2^2}{2 \times 9.8} \times 100 = 4.48\text{cm}$

12 관의 길이가 30m, 관의 내경이 50mm인 원형관 속을 유량 $0.9\text{m}^3/\text{min}$의 속도로 유체가 흐른다. 마찰손실계수가 0.096이고 유체의 비중이 0.9일 때 마찰손실수두는 몇 kPa인가?

해답 유량 = $(90 \times 0.9) \times 10^3 = 81,000\text{kg/min}$

유속(V) = $\dfrac{G}{A} = \dfrac{0.9}{\dfrac{3.14}{4} \times (0.05)^2 \times 60} = \dfrac{0.9}{0.0019625 \times 60} = 7.64\text{m/s}$

마찰손실수두(H_L) = $\lambda \dfrac{L}{d} \times \dfrac{V^2}{2g} = 0.096 \times \dfrac{30}{0.05} \times \dfrac{7.64}{2 \times 9.8} = 22.45\text{m}$

$\therefore\ 101.325\text{kPa} \times \dfrac{22.45\text{m}}{10.332\text{m}} = 220.17\text{kPa}$

참고 $1\text{atm} = 10.332\text{mAq} = 101.325\text{kPa} = 1.0332\text{kgf/cm}^2$

13 흐르는 물이 지름 15mm인 원형관 속을 평균속도 4.5m/s의 속도로 흐르고 있다. 관의 전체 길이 30m에 걸친 실험 결과 수두손실이 5m이었다면 마찰손실계수는 얼마인지 계산하시오.

해답 $H_L = \lambda \times \dfrac{L}{d} \times \dfrac{V^2}{2g}$

$\therefore \ \lambda = H_L \times \dfrac{d}{L} \times \dfrac{2g}{V^2} = 5 \times \dfrac{0.015}{30} \times \dfrac{2 \times 9.8}{4.5^2} = 0.0024$

14 보일러 옥내설치에 대한 내용의 (   ) 안에 알맞은 답을 쓰시오.

> 액체연료 저장 시는 보일러 외측으로부터 (①)m 이상 거리를 두거나 (②)을 설치하여야 한다. 다만, 소형 보일러의 경우에서는 (③)m 이상 거리를 두거나 (④)으로 할 수 있다.

해답 ① 2　　　　　　　　　② 방화격벽

③ 1　　　　　　　　　④ 반격벽

15 보일러 설치검사 중 압력방출장치에서 안전밸브에 대한 내용이다. 다음 보기를 인용하여 (   ) 안에 적절한 숫자나 내용을 써넣으시오.

> ▼ 보기
>
> 1, 2, 3, 4, 5, 10, 30, 50, L, T, U, 수직, 수평, 안전밸브

(1) 증기보일러에는 2개 이상의 안전밸브를 설치하여야 한다. 다만, 전열면적 (①)m² 이하의 증기보일러에서는 (②)개 이상으로 하며, (③)자형 입관을 부착한 보일러에는 (④)를 부착하지 않아도 된다.

(2) 안전밸브는 쉽게 검사할 수 있는 장소에 밸브축을 (⑤)으로 하여 가능한 한 보일러 동체에 직접 부착시켜야 한다.

해답 ① 50　　　　　　　② 1　　　　　　　③ U

④ 안전밸브　　　　⑤ 수직

16 다음 동관이음에서 부속 크기별(25, 20, 15)로 납땜 용접개소가 몇 개인지 쓰시오.

부속품	규격	개소	부속품	규격	개소
티	25×20	12	티	20×15	15
엘보	20	10	엘보	15	8
리듀서	25×20	7	리듀서	20×15	5
소켓	25	6	소켓	20	0

(1) 25A 용접개소

(2) 20A 용접개소

(3) 15A 용접개소

해답 (1) $(2 \times 12) + 7 + (2 \times 6) = 43$개소

(2) $12 + (2 \times 15) + (2 \times 10) + 7 + 5 + (2 \times 9) = 92$개소

(3) $15 + (2 \times 8) + 5 = 36$개소

2024년 3월 16일 시행

과년도 출제문제

01 보일러 배플판(Baffle Plate)에 대하여 그 역할이나 기능을 쓰시오.

해답 수관보일러의 화로나 연도 내에 있어서 연소가스의 흐름을 기능상 필요한 방향으로 유도하기 위해 설치되는 내화성의 판 또는 칸막이를 말한다.(내열주물에 내화재를 접착시켜 만드는 경우의 내화벽돌로 구성하는 판이다.)

02 보일러 안전운전을 위한 수위검출기의 종류를 3가지만 쓰시오.

해답
① 전극식   ② 기계식(맥도널식)
③ 코프식   ④ 차압식
⑤ 마그네틱식

참고 수위제어방식
• 단요소식 : 수위만 조절
• 2요소식 : 수위, 증기량 조절
• 3요소식 : 수위, 증기량, 급수량 조절

03 중앙식 난방법 중 복사난방의 장점 3가지 및 단점 2가지를 쓰시오.

해답 (1) 장점
① 실내온도가 균일하여 쾌감도가 높다.
② 방열기의 설치가 불필요하여 바닥면의 이용도가 높다.
③ 공기의 대류가 적어서 공기의 오염도가 적다.
④ 동일 방열량에 비하여 대체적으로 열손실이 적다.
(2) 단점
① 외기온도 변화에 따른 온도조절이 어렵다.
② 배관시공상 매설하기 때문에 시공이 어렵다.
③ 고장 시 발견이 어렵고 벽 표면이나 시멘트 모르타르 부분에 균열이 발생한다.
④ 열손실 차단을 위하여 단열재 시공이 반드시 필요하다.

04 보일러에서 급수처리 중 현탁물(고체협잡물) 급수처리방법 3가지를 쓰시오.

해답 ① 여과법
② 침강법
③ 응집법

참고 용해고형물 처리법
• 증류법
• 약품첨가법
• 이온교환법

05 0.5MPa의 보일러 최고사용압력의 제조과정에서 수압시험압력을 쓰시오.

해답 0.43MPa 초과 1.5MPa 이하에서 수압시험압력은 최고사용압력×1.3배+0.3MPa이다.
∴ $0.5 \times 1.3 + 0.3 = 0.95$MPa

06 고체연료 석탄의 원소성분 분석 결과 탄소 85%, 수소 10%, 황분 3%, 회분 2%일 때 이론공기량(Nm^3/kg)을 구하시오.

해답 이론공기량 계산식
$$이론공기량(A_o) = 8.89C + 26.67\left(H - \frac{O}{8}\right) + 3.33S$$
$$\therefore A_o = 8.89 \times 0.85 + 26.67 \times 0.1 + 3.33 \times 0.03$$
$$= 10.32 Nm^3/kg$$

07 독일경도에 대하여 설명하시오.

해답 ① 물속의 칼슘(Ca)과 마그네슘(Mg)의 양을 산화칼슘(CaO)으로 환산해서 나타낸다.
② 물속에 칼슘과 마그네슘이 함유된 경우 마그네슘을 산화마그네슘으로, 마그네슘량을 1.4배 하여 산화칼슘으로 환산한다.(물 100mL 속에 산화칼슘 1mg을 함유하면 독일경도 1도(dH°)라고 한다.)

08 내화물의 스폴링 현상(박락 현상)에 대하여 설명하시오.

(해답) 내화물에서 온도의 급변화, 불균일한 가열 냉각 등에 의해 내화물에 열응력이 생겨 균열이 생기거나 표면이 갈라지는 현상이다. 열적 스폴링, 구조적 스폴링, 기계적 스폴링의 3가지 스폴링이 있다.

09 인젝터의 급수불량 원인을 3가지만 쓰시오.

(해답) ① 급수온도가 50~55℃ 이상이면 급수가 불가하다.
② 증기압력이 0.2MPa 이하 또는 1MPa 이상이면 급수가 불가하다.
③ 인젝터 자체의 과열
④ 인젝터 노즐의 마모나 폐쇄
⑤ 체크밸브 고장

10 다음에서 설명하는 공구명을 쓰시오.

(1) 관의 절단, 나사 절삭, 거스러미 제거가 가능한 동력용 나사절삭기의 명칭을 쓰시오.

(2) 관을 절삭할 때 사용하며 1개의 날에 2개의 롤러가 부착된 것과 3개의 날로만 구성된 공구명을 쓰시오.

(3) 주철관 전용 공구 절단기로서 75~150A의 절삭이 가능한 공구명을 쓰시오.

(4) 동관의 끝부분을 진원으로 교정하는 공구명을 쓰시오.

(5) 연관용 공구로서 주관에서 분기관의 따내기 작업 시 구멍을 뚫을 때 사용하는 공구명을 쓰시오.

(해답) (1) 다이헤드형 나사절삭기
(2) 파이프 커터
(3) 링크형 파이프 커터
(4) 사이징 툴
(5) 봄볼

11 온수보일러에서 팽창탱크 및 팽창관 설치 중 주의사항을 2가지만 쓰시오.

> **해답** (1) 팽창탱크
> ① 최고부위의 방열기나 방열코일 높이보다 1m 이상 높은 곳에 설치한다.
> ② 재료는 100℃ 이상 견디는 재료를 사용한다.
> ③ 내부의 수위를 쉽게 알 수 있는 재료를 사용한다.
> ④ 겨울철 동결을 방지하기 위한 조치가 필요하다.
> ⑤ 상부에 공기빼기관을 설치한다.
>
> (2) 팽창관
> ① 팽창관이나 안전관(방출관)에는 밸브 또는 체크밸브 등을 설치하지 않는다.
> ② 팽창관은 굽힘이 적고 겨울철 동결을 방지하는 조치가 필요하다.
> ③ 강제순환방식의 보일러에서 팽창관이나 방출관의 설치위치는 순환펌프 작동에 의하여 작동이 폐쇄되거나 차단되지 않는 위치에 설정한다.
>
> **참고** • 개방식 팽창탱크 부속장치 : 방출관, 일수관(오버플로관), 팽창관, 배수관, 공기빼기관, 보충수공급관, 볼탑
> • 밀폐식 팽창탱크 부속장치 : 압력계, 안전밸브(방출밸브), 수위계, 압축공기관, 급수관, 배수관, 주관

12 급수처리 내처리에서 청관제 중 탈산소제의 종류를 3가지만 쓰시오.

> **해답** ① 아황산소다
> ② 히드라진
> ③ 탄닌

13 증기난방 시공방법에서 수평관에서 관의 지름을 축소할 경우 어떤 조인트를 사용하여 응축수가 체류하지 않도록 하는가?

> **해답** 편심이음(편심리듀서)

14 1일 8시간 가동하는 보일러에서 분출량이 15,000L/day이고 응축수 회수율이 85%, 급수 중의 불순물의 허용농도가 200ppm, 관수 중의 불순물의 허용농도가 1,500ppm일 경우 분출량 (L/d)을 구하시오.

[해답] 분출량$(W) = \dfrac{G_s \times (1-R)d}{r-d} = \dfrac{15,000 \times (1-0.85) \times 200}{1,500 - 200} = 346.15 \text{L/d}$

[참고] 분출률$(\eta) = \dfrac{d}{r-d} \times 100 = \dfrac{200}{1,500-200} \times 100 = 15.38\%$

15 그림과 같은 온수난방 계통 리버스 리턴방식의 환수관을 연결하여 완성하시오. (단, 환수관은 일점쇄선으로 표시한다.)

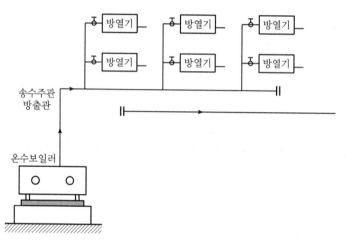

[해답]

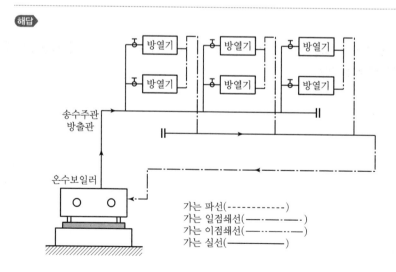

가는 파선(------------)
가는 일점쇄선(—·—·—·—·—)
가는 이점쇄선(—··—··—)
가는 실선(————————)

참고

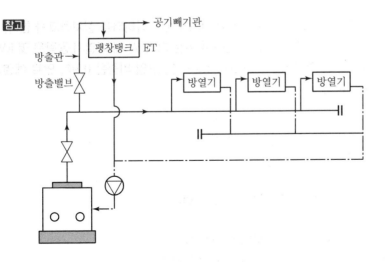

참고 증기난방계통도

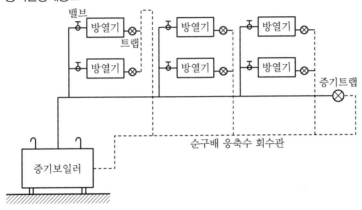

16 어떤 벽체의 구조에서 면적 5m², 내부온도 80℃, 외기온도 50℃이며, 내표면 열전달률은 1,200W/m² · K, 외표면 열전달률은 2,200W/m² · K, 벽체의 열전도율은 50W/m · K일 때 손실열량은 몇 kW인지 계산하시오.(단, 벽체 두께는 50mm이다.)

해답 열관류율$(K) = \dfrac{1}{\dfrac{1}{a_1} + \dfrac{b}{\lambda_1} + \dfrac{1}{a_2}} = \dfrac{1}{\dfrac{1}{1,200} + \dfrac{0.05}{50} + \dfrac{1}{2,200}}$

손실열량$(Q) = K \times F \times \Delta t$

$\qquad = \dfrac{1}{\dfrac{1}{1,200} + \dfrac{0.05}{50} + \dfrac{1}{2,200}} \times 5 \times (80 - 50)$

$\qquad = \dfrac{1}{0.002287878} \times 5 \times 30 = 65,562.94\text{W} = 65.56\text{kW}$

17 중유C급 연료소비량이 시간당 200L/h인 버너에서 오일프리히터를 설치하고자 한다. 연료의 최종공급 예열온도는 80℃, 오일프리히터 입구 유온은 50℃일 때 예열기 용량은 몇 kWh인지 계산하시오.(단, 연료의 평균비열은 0.45kcal/kg · ℃, 오일 비중은 0.95, 연료 예열기 오일 프리히터 효율은 80%이다.)

해답 연료소비량＝200L/h×0.95kg/L＝190kg/h

히터용량＝$\dfrac{G_f \times C_p \times \Delta t}{860 \times \eta}$ (kWh)

$\quad\quad\quad = \dfrac{190 \times 0.45 \times (80-50)}{860 \times 0.8} = 3.73\text{kWh}$

참고 • 1kcal＝4.186kJ   • 1kWh＝3,600kJ
       • 1W＝1J/s   • 1h＝60min＝3,600s

에너지관리기능장 실기(작업형) 연습도면

더 많은 실기 작업형 도면은 네이버카페 '가냉보열'을 참고하세요.

권오수

- 한국에너지관리자격증 연합회 회장
- (사)한국가스기술인협회 회장
- 한국기계설비유지관리자협회 공동회장
- 한국보일러사랑재단 이사장
- 직업훈련교사

문덕인

- 대한민국산업현장 교수
- 한국에너지관리기능장협회 회장 역임
- 충청북도 보일러 명장
- 직업훈련교사
- 보일러분야 우수숙련기술인 선정

가종철

- 대한민국산업현장 교수
- 직업훈련교사
- 한국에너지기술상 수상자
- 배관기능장 적산 전문가
- 기술학원 학원장 역임

에너지관리기능장 실기

발행일 | 2006. 1. 15　초판 발행
2008. 1. 10　개정 1판1쇄
2009. 5. 10　개정 2판1쇄
2010. 4. 10　개정 3판1쇄
2012. 1. 10　개정 4판1쇄
2013. 6. 10　개정 5판1쇄
2014. 1. 15　개정 6판1쇄
2014. 5. 5　개정 7판1쇄
2015. 4. 20　개정 8판1쇄
2016. 1. 20　개정 9판1쇄
2016. 8. 10　개정10판1쇄
2017. 3. 30　개정11판1쇄
2019. 4. 10　개정12판1쇄
2020. 1. 10　개정13판1쇄
2021. 3. 30　개정14판1쇄
2022. 8. 30　개정15판1쇄
2024. 4. 10　개정16판1쇄

저　자 | 권오수 · 문덕인 · 가종철
발행인 | 정용수
발행처 | 예문사

주　소 | 경기도 파주시 직지길 460(출판도시) 도서출판 예문사
T E L | 031) 955 – 0550
F A X | 031) 955 – 0660
등록번호 | 11 – 76호

정가 : 32,000원

ISBN 978–89–274–5425–0　13530